云南省现代农业产业技术体系建设成果

云南马铃薯生产技术案例与评价

杨艳丽　主编

科学出版社

北　京

内容简介

本书是云南省现代农业产业技术体系建设成果,主要展示体系建设开展以来的生产技术研发、试验和示范推广情况。全书共6章,第1章在概述云南省马铃薯产业基本现状的基础上,对产业技术体系的运行及成效进行说明;第2~5章总结了马铃薯品种选育、良种繁育、栽培和病虫害防控相关技术成果及试验案例;第6章对所开展的生产技术案例进行总结和评价,并对云南马铃薯产业发展和体系建设提出建议。本书内容丰富,结合相关试验案例,从应用技术研发到示范推广,从技术评价到经济评价,全面介绍了产业链各环节关键技术、试验方案的设计及具体实施过程,具有较强的实用性和可操作性。

本书可供马铃薯产业生产技术人员和涉农院校相关专业的教师与学生参阅。

图书在版编目(CIP)数据

云南马铃薯生产技术案例与评价/杨艳丽主编. —北京:科学出版社,2018.1

(云南省现代农业产业技术体系建设成果)

ISBN 978-7-03-055308-9

Ⅰ. ①云⋯ Ⅱ. ①杨⋯ Ⅲ. ①马铃薯–栽培技术–云南 Ⅳ. ①S532

中国版本图书馆CIP数据核字(2017)第274427号

责任编辑:刘 畅 / 责任校对:王 瑞
责任印制:师艳茹 / 封面设计:迷底书装

科学出版社出版
北京东黄城根北街16号
邮政编码:100717
http://www.sciencep.com

中国科学院印刷厂 印刷
科学出版社发行 各地新华书店经销
*

2018年1月第 一 版 开本:787×1092 1/16
2018年1月第一次印刷 印张:19 1/2
字数:510 000

定价:158.00元
(如有印装质量问题,我社负责调换)

《云南马铃薯生产技术案例与评价》编写委员会

主　　　编　杨艳丽

副 主 编　张德亮　刘　霞

编 写 人 员　（按姓氏汉语拼音排序）

陈　斌　陈际才　陈建林　丰加文　和平根
黄开顺　刘　霞　刘彦和　龙　蔚　卢春玲
闵　康　王　进　王孟宇　肖旺保　徐发海
杨家伟　杨艳丽　杨永梅　杨正富　易祥华
张德亮　张凤文　张宽华　赵　彪　钟学梅
周洪友

前　言

云南省是中国马铃薯五大主产区之一。据清代吴其濬著《植物名实图考》（1848年）卷六记载推断，1848年以前云南就已引进马铃薯。另据云南师范大学王军教授考证，雍正九年（1731年）在云南省的《会泽县志》中早有马铃薯的记载，因此，马铃薯传入云南有近300年的历史。据云南农业年鉴统计数据，2013年主要粮食总产量中稻谷为667.9万吨；小麦为80.5万吨；玉米为734.2万吨；豆类为131.4万吨；薯类为207.6万吨（折粮），其中马铃薯为194.5万吨（折粮）。2015年马铃薯种植面积增加到837.15万亩，占粮食播种面积的12.4%，马铃薯已发展成为云南省继水稻、玉米之后的第三大作物。马铃薯主粮化战略的实施，将会进一步提升云南马铃薯在全国的地位，以及在粮食安全方面的作用和意义。首先，因云南多样性的地理、气候特点，全年皆在种植、收获马铃薯，满足了全国各地人们一年四季都能吃到新鲜马铃薯的消费需求，同时真正做到了"藏粮于田"；其次，从粮食安全的角度看，云南马铃薯基本上100天一个生产周期，周年生产，在出现粮食危机时，云南将是备粮备荒的重要生产基地；再次，马铃薯生产也是农民增收致富的一条重要途径。

云南省于2009年建立了云南省现代农业马铃薯产业技术体系。该体系设置技术研发中心，下设育种研究室、病虫害防控研究室、栽培研究室和产业经济研究室，在各主要马铃薯生产州、市、县设置综合试验站和区域推广站。2013年，该体系自我完善，率先改革，为增强体系凝聚力和发展动力，聘请云南农业大学植物保护学院杨艳丽教授任首席科学家；依托云南农业大学设立病虫害防控、栽培、产业经济功能研究室；依托云南省农业科学院经济作物研究所设立育种和良种繁育功能研究室；依托云南理世集团建设加工研究室，聘请了6位岗位专家；依托云南农业职业技术学院、曲靖市农业科学院、大理白族自治州（以下简称大理州）农业科学推广研究院、迪庆藏族自治州（以下简称迪庆州）农业科学研究所、丽江市农业科学研究所、德宏傣族景颇族自治州（以下简称德宏州）农业技术推广中心、临沧市农业科学研究所、剑川县农业技术推广中心、寻甸县农业技术推广中心、昭阳区农业技术推广中心、鲁甸县农业技术推广中心、开远市农业技术推广中心、宣威市农业技术推广中心和马龙县农业技术推广中心设立14个试验站；依托云南英茂集团大理种业建设创新示范基地，研究团队共有130余人。体系建设以来，涌现大批科技成果，并进行示范和推广，获得了社会认可。同时发挥体系技术优势，服务"高产创建""科技示范县""示范村"和"示范基地"建设。

本书介绍了云南省现代农业马铃薯产业技术体系建设成果，此成果是体系团队成员辛勤工作、共同奋斗的智慧结晶。全书共6章，第1章在概述云南省马铃薯产业基本现状的基础上，对产业技术体系运行及成效进行了介绍；第2章主要介绍了云南州市农业科学研究院（所、试验站）马铃薯育种技术案例及育成品种；第3章介绍了云南马铃薯种薯生产体系技术案例；第4章简述了云南多样性的栽培技术案例及示范成效；第5章阐述了云南马铃薯主要病虫害发生危害特点和研究、试验案例；第 6 章对所开展的生产技术案例进行总结和评价，并对云南马铃薯产业发展和体系建设提出建议。本书内容丰富，结合相关试验案例，从应用技术到示范推广，从技术评价到经济评价，全面介绍了产业链各环节关键技术、试验方案的设计及具体实施过程，具有较强的实用性和可操作性，可供生产技术人员和涉农院校相关专业的教师、学生参阅。

  本书由杨艳丽、张德亮进行总体设计与策划，由陈际才、陈建林、丰加文、和平根、黄开顺、卢春玲、刘彦和、闵康、王进、王孟宇、肖旺保、徐发海、杨家伟、杨永梅、杨正富、易祥华、张凤文、张宽华、赵彪、钟学梅和周洪友带领团队成员完成了 2009～2016 年开展的试验示范工作，并完成了相应案例的初稿编写工作；陈斌、刘霞、刘彦和、龙蔚、杨艳丽完成了病虫害和栽培方面的研究及技术示范工作，在此基础上，由云南农业大学杨艳丽教授主笔第 2～5 章的内容，张德亮教授主笔第 1 章和第 6 章的内容，云南农业大学刘霞博士负责协调工作，李科迪同学负责文字处理工作；国家体系宣威试验站、丽江试验站和德宏试验站给予了大力支持；云南省农业厅相关领导对本书的编写提出了建设性建议；云南省财政厅给予了经费保障；在此，一并表示衷心的感谢。

  本书内容皆是体系各岗位的工作结晶，涉及面广，书中难免存在不足之处，望同行专家和读者批评指正。

杨艳丽
2017 年 11 月

目 录

前言
1 绪论 ··· 1
  1.1 云南马铃薯生产概况 ·· 1
    1.1.1 马铃薯种植区划 ·· 1
    1.1.2 种植面积和产量 ·· 4
    1.1.3 冬马铃薯生产 ··· 4
  1.2 马铃薯产业技术体系建设过程 ··· 8
    1.2.1 马铃薯产业技术体系建设背景 ··· 8
    1.2.2 第一轮建设（2009～2013 年） ··· 9
    1.2.3 第二轮建设（2014～2018 年） ··· 13
  1.3 马铃薯产业技术体系建设成效 ··· 15
    1.3.1 试验示范区增产增效 ·· 15
    1.3.2 品种选育及种薯繁育 ·· 16
    1.3.3 技术研发集成及推广 ·· 17
    1.3.4 培训服务及咨询 ·· 19
2 云南地方品种选育及推广 ··· 21
  2.1 马铃薯品种选育及推广 ··· 21
    2.1.1 '靖薯'选育及推广 ··· 22
    2.1.2 '丽薯'选育及推广 ··· 25
    2.1.3 '剑川红'选育及推广 ·· 31
    2.1.4 '凤薯'选育及推广 ··· 33
    2.1.5 '宣薯'选育及推广 ··· 34
    2.1.6 '德薯'选育及推广 ··· 35
  2.2 马铃薯品种不同生态区评价 ·· 37
    2.2.1 春作区（含早春）马铃薯品种不同生态区评价 ··························· 37
    2.2.2 冬作区品种比较试验案例 ··· 44
  2.3 主推品种效益分析案例 ··· 50
  2.4 马铃薯新品种栽培技术示范推广案例 ·· 52
    2.4.1 德宏州冬马铃薯新品种栽培技术示范推广案例 ··························· 52
    2.4.2 春作区鲁甸县马铃薯新品种'云薯505'试验示范推广案例 ············· 55
    2.4.3 丽江市主推品种'丽薯6号'应用评价案例 ·································· 56
    2.4.4 主推品种'丽薯7号'应用评价案例 ·· 58

3 云南省种薯繁育技术及案例 60
3.1 种薯繁育体系案例 60
3.1.1 剑川县种薯基地建设案例 60
3.1.2 大理州脱毒马铃薯小群体大规模种薯生产技术示范案例 62
3.1.3 种薯规模化、标准化生产案例 67
3.2 种薯生产技术案例 74
3.2.1 冬马铃薯不同品种不同种薯级别引种试验案例 74
3.2.2 大春作区不同大小种薯田间比较试验 78
3.2.3 马铃薯原原种种植基质筛选试验案例 82
3.2.4 脱毒马铃薯原原种仿雾培法栽培技术案例 84
3.2.5 马铃薯种薯抑芽剂筛选试验案例 87
3.2.6 丽江市马铃薯种薯生产技术集成试验示范推广案例 90
3.3 云南省种薯生产和调运简况 94
3.3.1 剑川县 2015~2016 年马铃薯种薯生产销售情况 94
3.3.2 丽江市种薯外调及种薯质量保障运行机制情况 94
3.3.3 迪庆试验站种薯调出情况 95

4 云南马铃薯栽培模式及技术案例 98
4.1 云南马铃薯栽培模式 98
4.1.1 高垄双行栽培模式 99
4.1.2 玉米套作马铃薯栽培模式 100
4.1.3 甘蔗间作马铃薯栽培模式 102
4.1.4 烤烟后间种马铃薯栽培模式 103
4.2 云南马铃薯四季栽培技术案例 103
4.2.1 春作抗旱保苗栽培技术案例 104
4.2.2 大春作马铃薯高产栽培技术案例 122
4.2.3 冬作区高产栽培技术案例 123
4.2.4 秋作马铃薯栽培技术案例 142
4.3 其他栽培技术案例 146
4.3.1 宣威市马铃薯玉米"4套4"栽培技术案例 146
4.3.2 低纬高原冬早马铃薯防霜冻栽培技术案例 147
4.3.3 大理州鹤庆县桑园间种马铃薯品种比较试验案例 150
4.3.4 鲁甸县坡耕地马铃薯高产攻关技术集成案例 154
4.3.5 昭阳区净作马铃薯"2+X"氮肥总量调控试验案例 156
4.3.6 昭阳区净作马铃薯"2+X"氮肥分期调控试验案例 159
4.3.7 昭阳区马铃薯轮作试验案例 161
4.4 集成技术示范案例 165
4.4.1 石屏县冬马铃薯高产栽培集成技术百亩示范案例 165

  4.4.2 石屏县冬马铃薯高产栽培集成技术千亩示范案例 165
  4.4.3 临沧市冬马铃薯高产高效集成技术百亩示范案例 166
  4.4.4 昭阳区试验站马铃薯高产高效集成技术百亩示范案例 169
  4.4.5 寻甸试验站大春作区高产栽培千亩示范案例 171
  4.4.6 鲁甸试验站大春作区高产栽培技术千亩示范案例 172

5 云南马铃薯主要病虫害防控技术及案例 174
5.1 马铃薯主要病虫害发生特点及防控技术 174
  5.1.1 马铃薯真菌、卵菌、细菌病害 174
  5.1.2 马铃薯病毒、类病毒病害 181
  5.1.3 马铃薯主要虫害 181
5.2 马铃薯病害研究常规技术及案例 183
  5.2.1 马铃薯抗病性鉴定技术及案例 183
  5.2.2 病原菌鉴定技术及案例 199
  5.2.3 生理小种鉴定技术及案例 204
  5.2.4 致病性测定技术及案例 217
  5.2.5 诱导抗病性技术及案例 221
  5.2.6 农药毒力测定技术及案例 230
  5.2.7 抗药性测定技术及案例 234
  5.2.8 病害调查方法及案例 239
  5.2.9 病害防控技术及案例 246
  5.2.10 发病规律研究及案例 262
5.3 马铃薯虫害研究和防控技术及案例 266
  5.3.1 玉米马铃薯套作对马铃薯块茎蛾发生危害的影响 266
  5.3.2 玉米马铃薯套作对玉米田天敌昆虫群落组成的影响研究 269
  5.3.3 玉米马铃薯套作对小绿叶蝉种群的控制作用及对其时空动态格局的影响 272
  5.3.4 金龟子绿僵菌 KMa0107 对马铃薯块茎蛾的侵染致病效应 279
  5.3.5 马铃薯冬作区不同药剂对地下害虫防效及残留分析技术及案例 283
5.4 云南马铃薯重要病害晚疫病大田防控技术案例 286

6 综合评价及建议 291
6.1 品种选育 291
  6.1.1 存在问题 292
  6.1.2 技术措施 292
6.2 种薯繁育 292
  6.2.1 经验做法 292
  6.2.2 存在问题 293
  6.2.3 技术措施 294
6.3 栽培技术 294

6.3.1	存在问题	294
6.3.2	技术措施	295

6.4 病虫害防控 ... 296
6.4.1	马铃薯晚疫病	296
6.4.2	马铃薯细菌性病害	297
6.4.3	马铃薯粉痂病	297
6.4.4	存在问题	297
6.4.5	技术措施	298

6.5 发展建议 ... 298

主要参考文献 ... 300

1 绪 论

国家启动马铃薯主粮化战略,标志着马铃薯已"晋升"为我国主要粮食作物。云南省是中国马铃薯优势特色产区,种植面积和总产量均居全国前 4 名,是我国 4 个千万吨级马铃薯生产大省之一。马铃薯作为云南省重要的农作物,种植面积仅次于玉米和水稻。由于云南省海拔差异较大和生态垂直变化的立体农业特点,马铃薯可以多季栽培,周年生产,发挥着"藏粮于田"的调节作用,也成为备荒救饥的重要作物,在解决云南粮食安全问题及推动农业农村经济发展、农民增收致富中发挥了十分重要的作用。

1.1 云南马铃薯生产概况

1.1.1 马铃薯种植区划

在中国马铃薯栽培区划中,云南被划入西南单、双季混作栽培区,分区为云贵高原山区。自然特点是地域辽阔,万山重叠,大部分山地虽然侧坡陡峭,但顶部却较平缓,上有灰岩丘陵,连绵起伏,并有山间平地或平坝错落其间,以山地为主,占土地总面积的 71.70%。本区气候温和,主要栽培区域处于高海拔山区,夏无炎热、气候凉爽,雨水云雾多,湿度大、日照寡,又有山间盆地,因此气候的垂直差异明显。云贵高原土壤一般较瘠薄、坡地多、易受旱,中低产田的比例大。该栽培区的划分和生态描述,主要针对东经 $98°\sim171°30'$、北纬 $22°30'\sim34°30'$ 的马铃薯产区。近 20 年来冬季农业的开发,在云南热带河谷、亚热带坝区形成冬马铃薯种植区,从适宜品种的选育、栽培技术、病虫害防控等方面开创了新局面。将马铃薯生产区域南移到最南端的广大区域,极大地丰富了马铃薯栽培、生产区的适宜范围,从而形成了云南马铃薯能够多季生产、周年供应的高原马铃薯生产特色。

根据云南省马铃薯栽培的耕作制度、自然生态条件、地理区域和产业发展现状,可以将马铃薯种植区域划分为三个区,即滇东北、滇西北马铃薯大春作一季种植区,滇中马铃薯多季种植区,以及滇南、滇西南马铃薯冬播作一季种植区。需要说明的是,由于云南特殊的高山、河谷交错的地理环境,形成山区冷凉、河谷干热的立体气候,在同一区域内有春播和冬播交错的现象,如滇东北、滇西北大春作一季种植区内,沿金沙江河谷热区也是冬播马铃薯生产区,在滇南马铃薯冬播作一季种植区,也有高山地区春播生产马铃薯,但相对面积和产量均较小,不具代表性。按种植区的区划,各区的地理位置、生态特点、耕作制度和品种分布详述如下。

1.1.1.1 滇东北、滇西北马铃薯大春作一季种植区

大春马铃薯种植区主要集中于滇东北、滇西北高原,海拔为 1900~3000 米。马铃薯

主要种植在山地，区域内的山头常常有大面积较平缓的坡地。冷凉的气候，湿润、灰质和较肥沃的土壤条件，十分有利于马铃薯的生长发育，能够获得高产。在海拔2500米左右的高海拔寒冷山区，农民只能种植马铃薯、荞麦、萝卜、芜菁或耐寒蔬菜等作物，马铃薯成为农民主要的粮食和饲料作物。该区包括曲靖市、昭通市、丽江市、迪庆州、怒江傈僳族自治州（以下简称怒江州）及大理州，以及昆明市的部分县（东川、寻甸、禄劝、嵩明、石林等）。2016年播种面积约726.52万亩[①]。其中昭通市、曲靖市两地种植面积最大，共计约597.16万亩，鲜薯总产量达820万吨。该区种植马铃薯的自然条件优越，历史上马铃薯一直作为主要作物栽培，用作粮食和饲料，其产量对于当地经济发展和农民生活有着重要影响。

该区一般在3~4月播种，种植方式为开沟条播，在农户耕地面积大的山区，常见以牛犁开沟播种。基肥为农家肥和普钙，播种密度为4000株/亩左右，出苗后起垄，中耕除草起垄时，可追施氮肥。8~9月可收获。在高寒山区，不播种早春作物的地块，农民一直将马铃薯块茎留在地里，随用随收，可留至翌年初，这种方法对于调节马铃薯的市场供应起到一定的作用。有的地方收获后，撒播一茬萝卜、芜菁或耐寒蔬菜。在该区由于低温影响，会出现大春、早春耕作的矛盾，为提高复种指数，增加单位面积产量，常把马铃薯作为间套种的主要作物之一，采用小麦套作马铃薯、马铃薯套作玉米、马铃薯间作豆类等栽培方式。例如，马铃薯主产区宣威市，3月播种马铃薯后留出空行，于5月套种玉米，马铃薯在8~9月收获后，间播一茬胡萝卜，10月玉米收获后，可套播小麦等作物，12月胡萝卜收获作为养猪饲料。这样既提高了单位面积的经济效益，又可使马铃薯茎叶还田培养土壤肥力。该区域栽培过程中发生的马铃薯病害主要是晚疫病。在每年7~8月雨水集中的季节，常常会造成马铃薯晚疫病的流行危害。由于马铃薯的常年连作，马铃薯疮痂病和粉痂病在局部也有发生。

该区内有许多海拔2300米以上的高寒山区，由于自然隔离条件好，病虫害较少，以及马铃薯退化慢等优越的生态环境和生产条件，在生产环节上能够与热带、亚热带冬季生产区形成很好衔接，成为种薯生产和供应地，如会泽县、昭通市的大山包和迪庆州中甸县等地。为解决全省种薯的需求和运输问题，云南省在会泽、昭通、宣威、宁蒗、丽江、剑川、禄劝、大姚、嵩明、寻甸等市县建立了马铃薯良种和脱毒种薯繁育基地，每年脱毒种薯大量调运到坝区和冬季种植地区，出口到越南、缅甸等东南亚周边国家。该区是云南省主要的种薯生产地。

1.1.1.2 滇中马铃薯多季作种植区

该区位于云南中部，海拔为1600~2000米，包括昆明市、玉溪市、保山市、楚雄彝族自治州（以下简称楚雄州）和大理州的部分县区等。2016年马铃薯种植面积为117.7万亩，鲜薯总产量达139.5万吨。马铃薯种植主要分布在山区，部分坝区也有栽培，该区是云南省马铃薯生产条件好、栽培水平高的区域。1997年在楚雄州大姚县昙华乡松子园，农民种植马铃薯品种'中心24'，鲜薯单产达到6212千克/亩，创全国最高单

---

① 1亩≈666.7平方米

产新纪录。由于区内海拔和生态条件差异较大，形成了以大春一季作为主，早春作和秋作交错的种植格局。在北部和各县的高山区，气候温凉，适宜种植大春作一季，种植面积约占60%。秋作全区基本都可以种植。在南部海拔1600米左右的低海拔热区，由于霜冻轻，常种植早春作马铃薯。在一些海拔较高的沿湖坝子，由于有湖水调节气温，霜冻较轻，如星云湖、抚仙湖、洱海、杞麓湖、异龙湖、滇池等沿湖地区也各分布有数十公顷的冬作马铃薯。滇中生产的马铃薯除少数山区作为粮用和饲料外，大部分用作蔬菜。

该区大春作在3~4月播种，开沟条播或塘播，每亩种植密度为4000多株，8~9月收获。在大春季种植，农民常常将马铃薯与玉米套种，以提高复种指数，增加产量。秋季种植，在7~8月播种，11~12月收获，一般种薯需要采用早收获的块茎或做催芽处理，打破休眠期，促使早出苗，以便在秋季较短时间内获得产量。早春作则在12月至次年1月播种，4月左右收获。该区一些地方，农民还有利用春天气温回升、土壤湿润的有利时机，在2月播种，6月收获的种植习惯，农民将该时期的马铃薯称为"二五洋芋"。在沿湖坝子由于能保证灌溉，耕作条件和土壤肥力较好，可获得高产，而且可多季种植，对于调节市场，稳定供给发挥了重要作用。在该区马铃薯晚疫病是大春作和秋作主要病害，早春马铃薯则需预防青枯病，此外，局部有环腐病及各种病毒病害发生。在2~3月的干旱时期，早春作马铃薯害虫有斑潜蝇幼虫蛀食叶肉组织，造成植株叶片干枯，过早死亡。马铃薯块茎蛾、小地老虎、蛴螬也时有发生。

1.1.1.3 滇南、滇西南马铃薯冬播作一季种植区

该区多为海拔1600米以下的低海拔热带、亚热带河谷、坝子和丘陵山地，包括文山壮族苗族自治州（以下简称文山州）、红河哈尼族彝族自治州（以下简称红河州）、临沧市、普洱市、德宏州、西双版纳傣族自治州（以下简称西双版纳州），以及玉溪市的部分市县。区内大春季（5~10月）主要种植水稻、玉米，这段时期由于气温高不适宜马铃薯生长发育，但冬季气温却有着栽培马铃薯的良好条件。在滇南冬闲田较多，马铃薯也被作为冬季重要的蔬菜作物和加工原料种植，在滇南冬季农业开发中具有很大的发展潜力。德宏州、西双版纳州、临沧市等部分无霜区在11月初播种，2~3月收获，产量和经济收益较高。冬播作在12月末播种，4~5月收获的也称为早春洋芋。2016年，临沧市、德宏州、红河州、文山州、普洱市、西双版纳州等南部马铃薯冬作州市，冬马铃薯种植面积近300万亩，约占全省马铃薯种植总面积的1/3，鲜薯总产量600多万吨；滇南冬季种植马铃薯主要用于解决当地淡季蔬菜的供应，以及省内外蔬菜和加工原料市场的需求。由于冬马铃薯种植面积较小，产品数量少，外销市场需求量大，冬马铃薯的价格高于大春生产的产品，农民可以有很好的经济收入。在一些少数民族聚居的贫困山区则可以作为口粮补充春荒。而且这些地区毗邻东南亚，对于开拓越南、缅甸、老挝、泰国等国际市场交通便利，马铃薯种植受到农民的欢迎和政府的重视，随着冬季农业开发，无论栽培面积还是产量都有较快发展。该区域主要病害有晚疫病、早疫病、各种病毒。害虫主要有黄蚂蚁，当春季发生干旱时，有螨虫、蓟马和白粉虱的危害。

1.1.2 种植面积和产量

由于优越的自然环境,适宜马铃薯生长的良好生态条件,云南省已发展成为中国马铃薯的主要生产地区之一,种植面积和产量情况见表1-1。

表1-1 1984~2015年云南省马铃薯生产比较

年份	面积(×1000公顷)	总产量(×1000吨)*	单产(千克/公顷)**
1984	185.27	530.0	14 303
1991	189.30	533.8	14 099
1992	201.40	528.0	13 108
1993	211.40	296.6	7 015
1994	226.50	613.0	13 532
1995	227.20	646.0	14 217
1996	226.33	640.6	14 152
1997	229.80	653.6	14 221
1998	252.60	692.0	13 698
1999	279.50	757.0	13 542
2000	316.90	1073.0	16 930
2001	378.70	1186.0	15 659
2002	348.10	1214.0	17 438
2003	419.80	1394.0	16 603
2004	444.50	1550.0	17 435
2005	498.70	1579.0	15 831
2006	539.90	1721.7	15 945
2007	443.40	1370.0	15 449
2008	466.20	1444.0	15 487
2009	533.33	1780.0	16 688
2010	493.10	1529.0	15 504
2011	496.40	1595.0	16 066
2012	516.70	1750.0	169 34
2013	530.10	1945.0	18 346
2014	564.00	1722.0	15 266
2015	558.10	1704.6	15 271

资料来源:云南省马铃薯产量统计(1991~2002年)、中国农业统计年鉴(1991~2016年)

* 总产量以5千克鲜马铃薯折1千克粮食计算

** 单产以鲜马铃薯产量计算,在统计中根据面积和总产量稍有修正

1.1.3 冬马铃薯生产

冬马铃薯产业发展主要取决于市场供求关系,从今后较长一段时期看,冬马铃薯市场需求大于市场供给是常态。云南冬马铃薯生产具有比较明显的优势,主要体现在以下几个方面:第一,云南仍有进一步扩大冬马铃薯种植的空间;第二,云南仍有适于冬马铃薯种

植的广阔的扩展区域;第三,冬马铃薯的单产仍具有一定的提升空间。

1.1.3.1 冬马铃薯种植面积

云南是全国最适宜种植冬马铃薯的地区之一,也是全国冬马铃薯种植面积最大的省份,目前全省种植面积在 20 万公顷左右(包括早春马铃薯),主要分布于德宏州、红河州、临沧市、文山州、普洱市等滇西南区域及河谷地带。

近年来,市场对云南的冬早马铃薯需求旺盛,销售地区远至北京、上海、山东、河北等地。从冬早马铃薯供给来看,仅有云南、海南、广西和福建等少数几个南方省(自治区)适于种植。因此,由于气候条件的限制,冬早马铃薯供不应求的状况将会持续。2016 年 4~5 月,冬马铃薯价格高达 5 元/千克,德宏州、临沧市、红河州等集中种植地区大获丰收,单产值达 22.5 万元/公顷左右,每亩净利润万元以上,经济效益十分显著。

云南冬马铃薯的产量相对较高。云南适于种植冬马铃薯的地区冬季气候温暖且干燥少雨,马铃薯病虫害较少,特别适于马铃薯的生长。冬马铃薯产量相对大春马铃薯要高出很多,大春马铃薯平均单产在 1.8 万~2.25 万千克/公顷,而主产区的冬马铃薯平均单产可达 3 万~4 万千克/公顷。

云南种植冬马铃薯的土地资源仍具有较大开发潜力。来自云南省热区开发办公室的数据显示,云南省热区面积为 811.1 万公顷,占到了全省面积的 21.9%左右,占全国热区总面积的 16.9%。云南热区主要分布在澜沧江、金沙江、怒江、红河、南盘江,以及伊洛瓦底江的支流大盈江、龙江流域,海拔在 1400 米以下的低热河谷。属于北热带的面积为 77.4 万公顷,土地相对集中连片,成为全省热区的主要部分;属于南亚热带的面积为 730 万公顷,土地分散,称为热区飞地。热带作物多分布在海拔 1200 米以下的低山、丘陵、河谷阶地、山间盆地(俗称坝子)上。云南省热区坡度小于 15°以下的平地和缓坡仅有 69.81 万公顷,占 30.09%;而大面积的热区土地分布在坡度大于 15°以上的陡坡地,面积达 162.19 万公顷,占 69.91%。

云南热区已垦殖耕种的耕地有 69.6 万公顷,目前冬早马铃薯种植面积为 20 万公顷,仅占热区已垦殖耕地面积的 1/3,仍有较大的扩展潜力。

部分热区是云南冬马铃薯潜力挖掘的重点。云南的热区资源主要集中在滇南、滇西南的西双版纳州、德宏州、临沧市、普洱市、红河州、文山州 6 个州市和保山市的一部分。除了现在已经广泛种植的德宏州、红河州、临沧市以外,在西双版纳州、普洱市、文山州及保山市部分地区都还有较大的发展潜力。这些地区冬无严寒,夏无酷暑,也无台风危害,光热、水都较充足,十分有利于多数热带作物生长,具有良好的开发价值。

1.1.3.2 冬马铃薯单产水平

根据专家估计,云南省的冬马铃薯单产平均在 2 万千克/公顷左右。在部分水土气候条件较好地区,农民通过精耕细作,最高单产可达 7.5 万~9 万千克/公顷,在大部分的高产创建或高标准田的冬马铃薯单产平均在 5 万~6 万千克/公顷。云南省很多农户的冬马铃薯种植仍处于粗放式经营,大部分单产水平处于 1.5 万~2.3 万千克/公顷的水平。

提升种薯品质将有利于平均单产增加。目前马铃薯种薯绝大部分是农民自购的农产自留种，自留种的问题是易感染病虫害，品种退化，导致产量较低。如果使用品质较好的脱毒种薯，单产可大幅提高。德宏州、临沧市和文山州等地用'丽薯6号'种植冬马铃薯，在保证种薯质量的情况下，农户单产能够在4万~5万千克/公顷，且商品薯率在85%~90%。而使用自留种作为种薯的农户冬马铃薯单产一般不到3万千克/公顷，且商品率较低。使用优质种薯是提升冬马铃薯单产的重要途径。由于高质量的种薯仅能在满足一定海拔和气候条件的地区繁殖，且需要有可靠的技术保证的企业和科研单位提供，总产量非常有限。不少冬马铃薯种植户因为买不到好种薯，而无法提高冬马铃薯产量。因此，政府应进一步出台规范和发展冬马铃薯种薯产业的政策和措施，鼓励种薯生产企业严格执行国家马铃薯种薯生产技术规程，通过种薯标准化生产，实行脱毒苗—原原种—原种—一级种的生产模式，在提高种薯供应量的同时，保证种薯质量。加强马铃薯种薯市场的监管，实行种薯销售登记注册经营，对出售劣质种薯导致薯农收益受损的商家，要通过法律或行政手段追究其责任，一是要求其赔偿薯农损失，二是对其行为进行相应处罚，从而促使种薯商家诚信经营，确保薯农能购买到优质种薯。

推广使用栽培技术规程是提高冬马铃薯单产的有效途径。良好的栽培技术有利于单产的提高，云南省红河州是冬马铃薯的主要产地之一，当地农户在冬马铃薯栽培过程中精耕细作，采用打顶修枝等方法，使得冬马铃薯单产可达到7.5万~9万千克/公顷，商品薯率达95%。将这些类似的有效栽培技术总结为栽培技术规程，由各地的农业技术推广人员对当地的冬马铃薯种植户进行培训，实现标准化生产，改变马铃薯传统种植的粗放式管理，必将极大地提高冬马铃薯的单产。

1.1.3.3 冬马铃薯生产潜力

滇南地区由于冬季气候温和、土地肥沃，适于种植冬马铃薯的区域较广，冬马铃薯种植面积仅占适于种植面积的约1/3。以红河州为例，该州适于种植面积约为5万公顷，现在种植面积仅为1.67万公顷。就云南适于种植冬马铃薯的地区来看，冬马铃薯仍具有约20万公顷的发展潜力。持续较高的收益将会刺激农户种植冬马铃薯的热情。例如，2016年春，冬马铃薯的田间价格从3~4元/千克，上涨到5~6元/千克，农户在收获时的喜悦无以言表，这样的市场价格将极大地刺激2016~2017年冬马铃薯种植面积的扩张。

冬马铃薯由于独特的生长季节，发病率相对于大春马铃薯较低，德宏州、临沧市和文山州等地用'丽薯6号'种植冬马铃薯，在保证种薯质量的情况下，大部分单产能够保持在4.5万~6万千克/公顷，且商品薯率保持在85%~90%。然而，由于高质量的种薯仅能在满足一定海拔和气候条件的地区繁殖，且需要有可靠的技术保证的企业和科研单位提供，总产量非常有限。不少冬马铃薯种植户因为买不到合格的种薯，而蒙受经济损失。因此，建立优质种薯的繁育基地是进一步发展冬马铃薯的必要条件，根据云南省的自然地理气候和区位条件，打造两大种薯基地：①将大理州、丽江市作为滇西马铃薯的脱毒种薯基地，使之成为德宏州、临沧市、保山市等地的冬早马铃薯优质种薯繁育供应基地；②将会泽县作为滇东马铃薯的脱毒种薯基地，使之成为昭通市、曲靖市等地的冬早马铃薯优质种薯繁育供应基地。这些地区的高寒山区气候冷凉湿润，光照充足，昼夜温差大，土壤肥沃、疏松，自然隔离条件好，作物品种单一，病虫害轻，品种退化慢等自然条件，与马铃薯的原产地南美洲安第斯山区的自然条件相似,是最适合建立优质马铃薯脱毒良种繁殖基地的地区之一,良好的自然条件加上利用先进的种薯生产技术,可生产出具有国际竞争力的合格种薯,可以向滇西、滇东地区乃至全省及东南亚国家提供优质种薯。基地通过"政府+科研+企业+合作社(农户)"运行机制进行运作。政府主导在资金、政策上给予扶持;科研单位作为技术支撑,通过科研平台的建立,能把科研成果尽快转化为生产力,取得更大、更好的经济和社会效益;企业带动,将"小生产者(农户)"和"大市场"连接起来,合作社代表农民与企业签订合同,实行订单农业,架设农户与市场的桥梁,将农户带入大市场,实现多方共赢,推动冬马铃薯产业的发展。

农户作为独立的市场主体是理性的,他们以最大收益原则决定种植的品种和面积。扩大冬马铃薯的种植面积就需要提高冬马铃薯的种植效益,因此,云南将继续研究通过增加产量、降低消耗和损耗的方式提高比较收益,从而激发农户种植冬马铃薯的积极性。

1.1.3.4 冬马铃薯价格行情

冬马铃薯价格较高。从图1-1可以看到2010～2016年的月平均价格中2～5月的价格较高,正好是冬马铃薯上市季节,其中以2～3月的平均价格最高。随着越来越多的人意识到马铃薯是相对安全、营养的食品,很多家庭将马铃薯作为一年四季的菜肴佳品。相对其他茎叶蔬菜,尽管马铃薯可以进行较长时间的储藏,但从食用口感和安全角度考虑,新鲜马铃薯优于窖藏马铃薯。冬马铃薯市场相对供不应求,价格好于大春马铃薯。

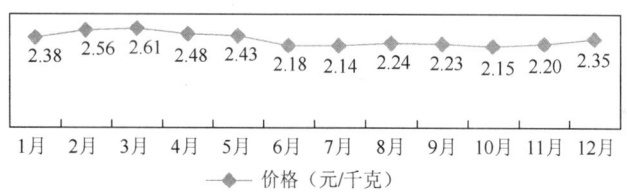

图1-1 2010～2016年的月平均价格

从全国2010～2016年2～4月的冬马铃薯价格来看(图1-2),价格虽有波动但相对稳定,除2012年受金融危机的影响,东南部大量中小外贸公司倒闭,用工数量明显减少,对马铃薯需求总体下降,致马铃薯价格较低,其余年份基本稳定在2～3元/千克。

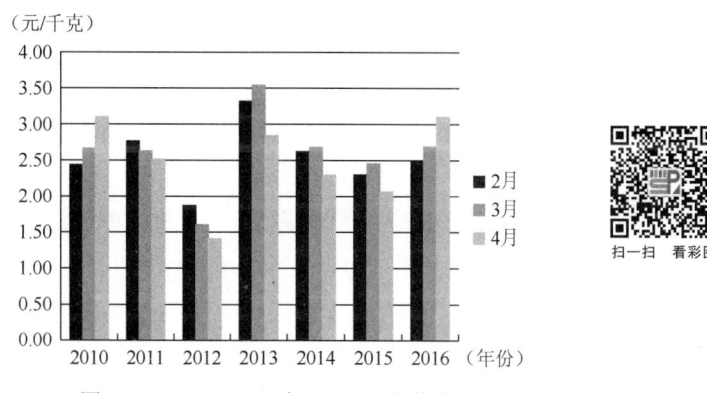

图1-2 2010～2016年2～4月的价格

云南冬马铃薯的市场价格的统计数据至今没有权威机构进行发布。以下价格数据主要来源于每年冬马铃薯收获季节的田间采访后估算的价格（表 1-2）。云南冬马铃薯的市场价格普遍高于省外冬马铃薯的价格，其原因是近年来云南冬马铃薯的主要品种为'丽薯6号'，这一品种单产较高，商品薯的比例高达 90%以上，薯形大而圆，不但外观漂亮且口感较好，深受各地收购商青睐，而且其价格是'合作 88'的两倍左右，农民十分愿意种植。2016 年冬马铃薯价格创新高，主要是由于该年冬季很多地方遭大幅降温，导致冬马铃薯减产。云南冬马铃薯的平均价格维持在 3～3.5 元/千克。

表 1-2 2010～2016 年云南冬马铃薯市场价格

年份	2010	2011	2012	2013	2014	2015	2016
价格（元/千克）	4.5	3.7	2.8	4.0	3.0	2.5	4.7

价格是主导云南冬马铃薯供给的主要因素。冬马铃薯的供给量受一系列的因素影响，如冬马铃薯价格、其他替代品价格、马铃薯产业的宏观政策及技术进步等。从蛛网理论分析来看，对于生产者生产决策而言，冬马铃薯价格直接影响到下一生产周期的供给潜力，价格高，农户愿意增加冬马铃薯种植面积；价格低，则缩减冬马铃薯种植面积，因此供给弹性较大。但是冬马铃薯对于消费者而言，属于大众化食品，价格对供给量潜力的影响较对需求潜力的影响大，因此冬马铃薯的供给量、需求量与价格之间的相互影响形成了发散性蛛网，价格是直接影响马铃薯供给潜力的关键。2010～2016 年，非价格因素如技术进步、马铃薯的生产条件、经营管理体制等的变化都比较小，持续较高的价格是促进云南省冬马铃薯产量增长率逐年增加的主要因素。

持续较高的市场价格将成为激发市场供给潜力的重要因素。当冬马铃薯价格上涨时，由于短期内其他因素的可调整性较小，因此农户会增加冬马铃薯生产的投入并增加产量。冬马铃薯价格波动对生产的影响其实是利润的增减对种植冬马铃薯农户的刺激作用。种植冬马铃薯如果能持续保持较高利润，农户的获利将越多，就会从增加化肥等短期投入行为转为增加设施建设及积极技术更新等长期投入，并且会吸引更多的农户加入冬马铃薯种植行列中，最终增加冬马铃薯的供给潜力。

需求增加将直接作用价格进而影响供给潜力。冬马铃薯存在各方面的需求潜力，任何潜力的增长都有可能首先导致价格的上涨。冬马铃薯的生产具有一定的周期性和滞后性，使得冬马铃薯供给量在短期内迅速增长受到限制，需求增长将直接导致马铃薯市场价格的上涨。由于自然条件的限制，冬马铃薯可种植区域十分有限，使之具有一定的自然垄断性，需求的增长可能导致价格的持续上涨，进而影响长期供给，激发冬马铃薯的供给潜力。

1.2 马铃薯产业技术体系建设过程

1.2.1 马铃薯产业技术体系建设背景

马铃薯是云南省第三大粮食作物，种植面积居全国第四位，产量居全国第四位，在保障云南省粮食安全和促进农民增收致富方面具有不可替代的作用,是云南省"十二五"期间重点打造的高原特色农业产业之一。

农业科技对农业和农村经济发展的巨大促进作用已经成为人们的共识,然而农业科技投入不足,科技人员积极性下降,科技成果产出数量减少,农业技术从产生到应用存在着严重的脱节现象,农业科技进步的贡献率没有得到明显提高。所有这些均已成为限制农业发展的障碍因子,究其深层次根源,主要是农业科技体制分散,机制不健全、不完善所致,导致已建的农业科技资源,难以满足资源优势转化为经济优势的需要;农业科技成果转化速度慢、转化率低;农业科技创新缺乏活力,科技推广服务能力弱等问题。

为此,云南省参照国家体系的做法,结合云南省实际,研究提出建立现代农业产业技术体系的方案,以产学研结合、农科教协作的平台建设为切入点,以产业为主线,梳理产业链上每一个环节的技术需求和难题,打破行政区划、部门和学科界限,充分调动和利用各级各类行政、科研、教学、推广、企业及农民专业合作组织等资源,围绕产业需求开展农业技术的研发、转化、推广和应用,形成大联合、大协作,上中下游紧密衔接的运行模式,其特点:一是通过对科研机构和人员持续稳定的经费支持,科研人员安心工作,从产业的中长期发展要求出发,强化了前瞻性技术研发与储备,增强了产业持续发展支撑力。二是强化了农业科研院所、高等学校、其他涉农科技力量的横向联系。体系内各单位取长补短、资源共享、协同增效,发挥了农业科技的整体优势,共同开展新品种、新技术研发,提高了农业科技的创新能力和创新效率,储备了一批新技术。三是建立起科研来自生产、研究引领产业创新的成果快速转化通道,形成了生产需求与科学研究互为因果的良性循环机制。农业科研力量深入生产一线了解需求、发现问题、进村入户搞服务,强化了科研与推广的衔接,促进了技术集成、熟化,提高了农业技术的入户率、到位率和成果的转化效率。

为了突破现行体制的束缚,建立开放、竞争、协作的运行机制,造就精干高效的农业科技创新队伍,聚集一批站在产业前沿的战略科学家和领军人才,形成政府为主导、各类创新主体紧密联系的农业科技创新体系。云南省农业厅、财政厅于2009年印发了《云南省现代农业产业技术体系第一批建设方案》[云农(科)字【2009】53号],启动了马铃薯等8个农产品产业技术体系建设。

1.2.2　第一轮建设(2009~2013年)

云南省现代农业马铃薯产业技术体系建设第一轮(2009~2013年)于2009年启动建设。

1.2.2.1　建设思路

云南省现代农业马铃薯产业技术体系合作团队的建设,应运而生,紧紧围绕国家粮食安全、特色农业的发展需求、产业科技需求、农民增收需求,实施"课题来源于实际、成果应用于生产",形成需求与研究互为因果的良性循环,提高农业科技成果供给的有效性,推动建立科技与农业相结合的长效机制。在充分发挥已经形成的发展基础和发展优势,综合现有产业、学科、部门、区域、体制等因素的基础上,打破行政区划、部门和学科界限,充分调动和广泛利用各级各类行政、科研、教学、推广、企业及农民专业合作组织等资源,围绕产业需求开展农业技术的研发、转化、推广和应用，形成大联合、大协作，上中下游紧密衔接的运行模式。

云南省现代农业马铃薯产业技术体系合作团队的建设，不是传统意义上的科技项目，而是力促农业科研和推广大协作、大联合的系统性机制创新工程。团队合作的主要目的不是研发或推广一项或几项具体的技术和成果，而是建立一种科研来自生产、研究引领产业创新的成果快速转化通道，通过这条快速通道，吸引大批的技术成果转化、应用和推广。合作团队注重的不是短期目标，而是中长期目标，在合作期间，有持续、稳定的经费支持，使团队成员能安心开展科技工作，并为产业的中长期发展考虑，而不急功近利，追求短期效应。研究的重点主要是在应用研究的基础上，将技术集成和示范推广作为重中之重，特别注重产业技术的"落地效应"。

1.2.2.2 合作团队

按照以上思路，云南省农业厅认真分析了马铃薯产业的特点及其发展面临的产业条件和体制环境、所肩负的任务和服务对象等省情，于2009年9月启动了云南省现代农业马铃薯产业技术体系建设。

云南省现代农业马铃薯产业技术体系合作团队由产业技术研发中心、综合试验站、区域推广站三个层级构成。产业技术研发中心由首席科学家和育种与繁育、病虫害防控、栽培生产与土壤、产业经济四个功能研究室组成，在昆明、曲靖、昭通、德宏、迪庆、红河（州市）设有6个综合试验站，在县级农业技术推广中心（站）设有11个区域推广站，共有来自5个科研机构、3个教学单位、13个推广部门的26名专家组成技术合作核心团队，以及每岗位带领的5人以上团队成员，共计150人的队伍，实现人不为体系所有，但为体系所用的目标，建设成以产业技术研发中心为龙头、综合试验站为成果展示区、区域推广站为成果示范区的团队合作模式。团队成员围绕产业发展需求，集聚优质资源，进行共性技术、关键技术和品种研究、集成、试验示范和推广；收集、分析马铃薯产业及其技术发展动态与信息，系统开展产业技术发展规划和研究，为政府决策提供咨询，向社会提供信息服务；开展技术示范、技术服务。达到技术集成、资源聚合、效益积聚。

1.2.2.3 运行机制

云南省现代农业马铃薯产业技术体系，每5年为一个实施周期，实行"开放、流动、协作、竞争"的运行机制。一是源于生产的立项机制。每5年周期开始的前一年，由首席科学家组织本团队成员，全面调查征集马铃薯产业技术用户包括主产区政府部门、推广部门、行业协会、学术团体、进出口商会、龙头企业、农民专业合作组织提出的需要解决的技术问题，经执行专家组讨论梳理后，提出产业技术体系未来5年研发和试验示范推广任务规划与分年度计划，报经省农业厅、财政厅审议后，上报省政府审批下达。二是分工协作的执行机制。首席科学家根据省政府审批的计划，编制5年研发和试验示范推广任务规划与分年度计划，制定体系5年研发和试验示范推广任务分解方案，经执行专家组讨论通过后，将任务分解落实到每个功能研究室、综合试验站、区域推广站等岗位。由首席科学家与农业厅签订任务书,首席科学家与各功能研究室主任、综合试验站站长、区域推广站站长签订任务书,各功能研究室、综合试验站、区域推广站根据任务书开展相关研究与试验示范推广工作,并通过共同的目标和任务建立长期的业务合作关系。三是"自上而下"与"自下而上"相结合的工作机制。产业技术研发中心针对产业发展中的重大问题,统筹技术需求,自上而下安排落实任务及目标要求;综合试验站和区域推广站收集、整理、分析本区域生产实际问题、技术需求和灾情等动态信息,及时反馈到技术研发中心,研发中心根据自下而上汇集而来的需求,有针对性地开展前瞻性、常规性、应急性研究,直接解决生产第一线面临的问题,建立反应快速、上下连接的合作工作机制。四是年度绩效考核机制。每年由首席科学家根据任务书的内容指标,组织对功能研究室岗位专家、综合试验站站长、区域推广站站长进行考核,根据考核结果,对未完成任务书指标者提出整改要求。连续两年考核为末位的岗位直接淘汰。

1.2.2.4 岗位职责及任务

首席科学家:①组织实施云南马铃薯产业技术体系建设发展规划和任务规划;组织协调研发中心的日常工作及相关情况的上传下达;组织开展相关科技活动,指导、协调和监督各研究室和试验站的业务活动,每年对岗位科学家的技术研发或实施地、试验站及推广站进行实地调研;组织学术年会及年终考评会。②在每个5年实施周期开始的前一年,组织马铃薯产业体系人员全面调查征集本产业技术用户提出的需要解决的技术问题。综合分析调研结果,梳理马铃薯产业存在的主要问题和关键技术问题,并提炼出体系未来5年需解决的主要技术问题,初步制定5年任务规划、各研究室和试验站的任务分解及体系年度计划。③代表研发中心与农业厅签订任务书。根据任务书,代表研发中心分别与研究室及其依托单位和研究室主任、岗位科学家、试验站站长及其依托单位、推广站站长及其依托单位签订年度任务委托协议。④执行过程中,针对产业发展中的重要问题,负责向相关部门(单位)提出支持立项建议,促进相关基础研究成果与体系内的研究相互衔接。⑤组织马铃薯产业体系人员开展重大灾情、突发性事件(主要指灾害性天气、突发性病虫害等)调研,并针对生产实际问题、技术需求、灾情、疫情等提出明确意见和应对实施建议上报农业厅。组织对国内外市场和政策的研究,为产业发展提供咨询、服务和预警,为政府决策提供咨询。⑥建立体系内部绩效考评制度,组织执行专家组对研究室及其依托单位和研究室主任,以及各研究岗位科学家、试验站、推广站及其依托单位和站长进行年度考核和5年一次的任期综合考核。接受并积极配合监督评估委员会的年度考核和5年一次的任期综合考核。⑦监督各依托单位、岗位科学家、试验站、推广站严格按照有关规定规范经费的使用,确保专款专用。⑧负责建立马铃薯产业体系内部各项规章制度。

育种功能研究室:①引进具有多抗、耐逆的优质育种材料;创制和挖掘重要性状功能基因。②根据马铃薯不同用途及生态适应性需求,加大马铃薯新品种选育和适应性鉴定力度,选育适应性广、市场需求大的专用品种。③配合土肥栽培研究室制定育成品种的高产优质栽培技术;与体系内外专家合作,为"高产创建活动""农业科技入户示范工程""新型农民培训工程"和马铃薯专业合作协会提出主产区万亩或千亩种植示范品种建议，协助主产区综合试验站、推广站开展大面积种植试验示范。④建立云南马铃薯育种数据库、种质资源库。⑤根据产业发展趋势和技术需求，每5年制定一次云南马铃薯遗传育种技术研究发展规划，明确技术研究和示范的主攻方向、目标等。

栽培功能研究室：①加强对品种适应性、马铃薯生长调控、种薯生理年龄、马铃薯需肥规律的研究，组装集成适合云南的高产优质高效生产规程。②研究马铃薯防灾、减灾、轻简栽培技术，形成冬作、春作、秋作高产栽培技术，并在不同区域的综合试验站进行示范。③研发高效低成本的种薯生产技术和西南区健康种薯生产体系，配合病虫害防控研究室研发的种薯质量监控技术，增加种薯繁殖能力，提高种薯质量，形成适合云南生态生产特点的种薯生产技术。④在开展上述研发示范工作的基础上，与其他研究室和体系外相关专家合作，配合各综合试验站和技术推广站共同进行多层次的马铃薯生产技术培训，为"高产创建活动""新型农民培训工程"和"马铃薯科技入户工程"等提供技术操作规程。⑤根据产业发展形势和技术需求，每5年制定马铃薯土肥与栽培技术研究发展规划，明确今后5年的技术研究和示范的主攻方向、目标等。

病虫害研究室：①主要病虫害的预警及防控技术研发，提出适于云南马铃薯晚疫病、青枯病、粉痂病、蚜虫、块茎蛾等病虫害的综合防控技术并示范。②建立和完善马铃薯种薯质量检测技术和监控体系：研发马铃薯种薯生产中病毒、细菌、真菌等病虫害快速、准确、灵敏的检测技术和试剂盒。监控核心种苗、原原种和原种质量。③建立马铃薯晚疫病、卷叶病毒病品种抗病性评价标准，协助育种研究室进行抗病资源评价筛选，育种材料、主栽品种的抗性评价。④与体系内外育种、栽培专家合作，开展万亩或千亩种植试验示范，提供病虫害综合防治技术方案，为"高产创建活动""农业科技入户示范工程""新型农民培训工程"和马铃薯专业合作协会提供相关技术服务。⑤根据产业发展形势和技术需求，每5年制定马铃薯病虫害防治与监控技术研究发展规划，明确今后5年的技术研究和示范的主攻方向、目标等。

产业经济室：①开展云南马铃薯生产、市场流通和消费需求三大环节主要经济管理研究与马铃薯产业政策评估；开展马铃薯生产适度规模与效益分析，应用技术的经济分析与社会、生态影响评估，马铃薯产业各环节有效衔接机制研究，马铃薯产业与资源环境的关系分析，以及相关政策研究，形成研究年报。②建立马铃薯市场信息动态变化数据库；建立国内外马铃薯科技成果检索体系，创建云南马铃薯产业信息平台。③调研、监测马铃薯产业中出现的国内外新情况、新动向，及时提出对策决议。④根据现实急需和上级要求，开展马铃薯产业发展与经济政策应急调研。提出相应研究报告及重大问题解决建议与措施。⑤根据产业发展形势和技术需求，每5年制定云南马铃薯产业发展规划。

综合试验站：①马铃薯新品种筛选。每个试验站收集已通过审定和经专家确定的抗病优质马铃薯新品种进行田间综合鉴定和比较试验，从中筛选出优良品种，提供进一步展示。②每个综合试验站建立百亩核心示范区，展示新品种和新技术。③与体系内外育种、栽培、病虫专家合作，开展所在区域"高产创建"技术方案制定和技术指导，为"农业科技入户示范工程""新型农民培训工程"和马铃薯专业合作协会提供相关技术服务。④按照产业体系统一设计和安排，完成产业需求调研与信息采集。收集和分析当地马铃薯生产、市场流通、消费需求等环节的有关信息、动态,以及与马铃薯产业相关政策的收集、分析和评估。协助植保专家开展病虫害动态变化的监测分析与处理。完成农业厅及研发中心交办的其他工作任务。⑤举办培训班,培训农业技术员及管理人员。

区域推广站:①每个区域推广站建立千亩综合示范区,每年示范新品种。②在岗位专家的指导下,开展技术集成的试验示范,提出本区域内的适宜配套栽培技术。③与岗位专家、综合试验站长合作,指导"高产创建"。④举办培训班,培训薯农,适时开展技术咨询与宣传。

1.2.3 第二轮建设(2014~2018年)

在第一轮建设的基础上,2013年体系内部自主改革,提升体系活力,形成第二轮体系建设方案。2014年,马铃薯产业技术体系构架由原来的1个产业技术研发中心、6个综合试验站和11个区域推广站,调整为4个中心,分别为产业技术研发中心、马铃薯种业中心、马铃薯春作区技术中心、马铃薯冬作区技术中心,下设试验站。

1.2.3.1 产业技术研发中心

该中心依托云南农业大学建设,由原下设4个功能研究室增设为6个功能研究室,分别为育种研究室、病虫害防控研究室、栽培研究室、产业经济研究室、种薯繁育研究室(新增)和加工研究室(新增)。岗位专家由原来的8位增加到11位,增设了加工岗位、土传病害岗位和种薯繁育岗位。各岗位责任更加明确,开展产业发展各环节需求技术研发和前瞻性研究。岗位任务按照5年一个周期进行设计。

育种研究室:①选育1~2个适于云南冬早种植的马铃薯品种,生育期在80天左右;②完成选育适于云南春作区种植的马铃薯品种1~2个,通过省级审定;③完成育种规程建设1项,通过地方审定;④引进育种资源不低于200份;⑤完成现有种质资源的抗逆分子标记工作,不低于100份;⑥将前瞻性研究成果写成文章发表或进行成果鉴定,不少于2个;⑦每年提交不少于2个新品系到相关试验站进行品种展示。

病虫害研究室:①跟踪云南省脱毒马铃薯应用情况,对马铃薯核心种苗、原原种进行病毒跟踪检测,形成快速检测技术体系和监控体系,检测样品不低于100份;②开展关于病毒、类病毒或其他原核生物引起的可能出现的新病害的前瞻性研究;③研发病毒传毒蚜虫迁飞预测预报技术;④配合育种岗位开展早期育种材料的抗病毒评价,并形成评价技术规程,通过地方审定或评价,评价材料不低于100份;⑤研发病毒病防控技术,并在相应试验站进行技术示范;⑥跟踪马铃薯晚疫病发生危害,研发预警系统,并在相应试验站进行技术展示;⑦进行马铃薯晚疫病菌致病机理研究,达到世界先进水平;⑧完成晚疫病抗病评价体系建立,通过地方标准审定或申请专利;⑨进行晚疫病综合防控技术研发,并在相应试验站进行技术展示;⑩建立马铃薯细菌性病害(青枯病、环腐病)快速检测技术体系,并开展综合防控技术研发;⑪开展马铃薯土传病害前瞻性研究工作,包括粉痂病、疮痂病和黑痣病等;⑫完成马铃薯粉痂病抗性资源50份的评价筛选工作,进行抗病基因的克隆,获得抗性基因1个;⑬完成云南马铃薯黑痣病和疮痂病发生危害普查工作,进行病原菌生物学和致病性研究,进行发生危害评估;⑭开展土传病害防控技术研发,并在相关试验站展示；⑮对检疫性虫害马铃薯甲虫开展前瞻性研究，跟踪其在中国的迁移情况，提出云南省的防控预案。

产业经济研究室：①掌握马铃薯生产和消费的变化情况，了解周边国家和省区对马铃薯产业发展的需求，分析云南马铃薯市场情况，每年提交产业发展研究报告1份、产业决策咨询报告1份；②进一步充实马铃薯数据库，完成数据库建设；加强与研发中心、试验站的联系，对新品种、新技术的推广进行经济、社会、生态效益评价，提交评价报告2~3个；③开展前瞻性研究，对省外市场的开拓进行调查和研究，为云南省马铃薯市场的外向型发展提出产业发展战略和政策导向建议，发表高水平学术论文3~5篇；④根据现实急需和上级要求，开展马铃薯产业发展与经济政策应急调研。

栽培研究室：①大春主栽品种配套栽培技术研发，挖掘品种的最大生产潜力，集成高产栽培技术2~3套，并在相关试验站展示；②冬作主栽品种高产高效栽培技术研发，集成技术2~3套，并在相关试验站展示；③开展抗逆（抗旱、抗冻、抗霜等）栽培技术研发，集成技术1~3套，并在相关试验站展示；④开展前瞻性研究，对生产中可能出现的栽培问题进行研究；⑤开展栽培生理研究，特别是不同海拔、纬度对马铃薯生理的影响研究，成果达到国内领先水平；⑥集成马铃薯高产高效栽培技术规程1~2个，通过地方审定或评价。

种薯繁育研究室：针对云南目前存在的种薯质量差、种薯供应体系不健全、种薯质量监控技术体系不健全的问题，设立研究室，开展以下工作：①建立健全规范的种薯生产供应体系，对马铃薯脱毒种薯周年繁育关键技术进行研究，对其相关技术指标进行研究熟化，建立一套冬早或大春马铃薯收获后用作秋作种薯的繁种体系，并在相关试验站展示，完成云南马铃薯种薯周年繁育供应体系1套，通过地方审定或评价；②研究高效低成本马铃薯原原种繁育技术1套，并在相关试验站展示；③开展健康种薯繁育体系建设工作，集成健康种薯生产技术规程1项，通过地方审定或评价；④研究马铃薯脱毒种薯繁育过程中的质量控制技术；⑤研究马铃薯一级种薯高产栽培技术，产量超过2吨/亩，种薯各项指标达到云南省地方标准以上，并在相关试验站展示；⑥研发脱毒核心苗快速繁育技术，提高繁育速度，申请专利1项。

加工研究室：针对云南马铃薯目前加工研究处于空白的情况，建设加工研究室，开展以下工作：①云南主栽品种、新品种加工性能测试；②围绕云南主栽品种进行加工工艺的研究；③开展马铃薯方便食品的研制。

1.2.3.2 马铃薯种业中心

该中心下设5个试验站，由大理州农业科学院牵头，引入英茂大理种业，引领剑川县、丽江市、迪庆州建设中心，向滇西南、滇南马铃薯冬种区域供应合格种薯，并展示合格种薯生产集成技术，确保冬马铃薯提质增效。每年每站完成研发中心提供的集成技术成果示范及合格种薯生产基地建设100亩，产量达到2吨/亩以上，且质量达到《脱毒马铃薯种薯（苗）—云南省地方标准》（DB53/T 079—2000）的各项指标以上，培训薯农不低于500人次。同时各试验站跟踪当地产业发展，提交当地产业发展情况报告，及时上报和处置突发性事件，及时上报工作动态信息。

1.2.3.3 马铃薯春作区技术中心

该中心下设 5 个试验站,曲靖农业科学院牵头,由寻甸县、鲁甸县、昭阳区和宣威市农业技术推广站组成。做好该区域的技术服务工作,主攻马铃薯单产,由该区域的马铃薯平均单产 1.02 吨/亩,提高 20%~30%至平均单产 1.275 吨/亩,确保粮食安全。每年每站完成研发中心提供的集成技术成果示范及高产高效栽培面积 100 亩,产量增加 20%以上,降低成本 8%以上,培训薯农不低于 500 人次。同时各试验站跟踪当地产业发展,提交当地产业发展情况报告,及时上报和处置突发性事件,及时上报工作动态信息。

1.2.3.4 马铃薯冬作区技术中心

该中心下设 6 个试验站,由云南农业职业技术学院牵头,整合德宏州、临沧市、普洱市、红河州、文山州的技术力量,在滇南及滇西南形成以冬早马铃薯为优势的高产高效种植区域;形成种薯生产、销售和商品薯生产为一体的产业链,打造冬马铃薯商品薯生产和销售产业链,实现提质增效。每年每站完成研发中心提供的集成技术成果示范及高产高标准商品薯生产基地 100 亩,产量达到 3 吨/亩以上,商品薯率超过 80%,亩产值超过 5000元,培训薯农不低于 500 人次。同时各试验站跟踪当地产业发展,提交当地产业发展情况报告,及时上报和处置突发性事件,及时上报工作动态信息。

1.3 马铃薯产业技术体系建设成效

技术体系建设启动后,体系全体成员认真履行岗位职责,针对产业发展过程中的技术需求和存在问题,积极开展技术研究和新品种、新技术的试验示范及推广,成效显著。

1.3.1 试验示范区增产增效

2009~2016 年体系建设累计建立集成技术综合示范区 66 567.58 亩,增加产量 15%~30%,平均增产 18.09%,降低成本 12.88%,净增产值 4608 万元。具体如下。

2009 年完成 9500 亩示范区,较当地平均产量增产 15%以上,平均亩产增加 300 千克,亩增值 300 元,扣除亩新增生产成本 60 元(薄膜 40 元、工时 20 元),亩纯增收 240 元,仅 9500 亩示范区合计就纯增收 228 万元。

2010 年在各综合试验站和区域推广站年建设了 11 600 亩综合示范区,且示范区的单产水平普遍较当地平均产量增产 15%以上,平均亩产增加约 300 千克,亩增收 2300 元,扣除亩新增生产成本 60 元,亩纯增收 2240 元,仅 11 600 亩示范区合计就纯增收 2598.4 万元(2010 年马铃薯市场价格高为主要增收因素)。

2011 年度示范区马铃薯产量普遍较当地平均产量 1.12 吨/亩增产 21.18%,平均亩产增加 237.22 千克,以 0.8 元/千克计算(受"内蒙古马铃薯风波"影响,销售价降至 0.8 元/千克),亩增值 189.77 元,扣除亩新增生产成本 70 元(农资等 40 元、工时 30 元),亩纯增收 119.77 元,仅 12 202 亩示范区合计纯增收 146.15 万元。

2012 年度综合试验站和区域推广站共建设示范区 13 104 亩,百亩核心区平均单产 2799.9 千克/亩,千亩示范区的单产水平普遍较当地的平均单产水平提高 15%~30%,平均提高 21.18%，平均单产 1321.6 千克/亩，较当地产量增加 279.91 千克/亩，累计增产 3667.94 吨，按照市场价 1.2 元/千克计算，增加收入 440.15 万元。

2013 年度综合试验站和区域推广站共建设示范区 12 720.48 亩，百亩核心区平均单产 3067.86 千克/亩，千亩示范区的单产水平普遍较当地的平均单产水平提高 22%~30%，平均增产 26%，平均单产 2099.67 千克/亩，较当地产量增加 433.22 千克/亩，累计增产 5510.7 吨，按照市场价 2.1 元/千克计算，增加收入 1195.3 万元。

2014 年试验站完成 2488 亩的试验示范工作，生产马铃薯 4924.04 吨，实现产值 1277.59 万元，其中，种业中心完成一级种薯生产基地建设 742 亩，平均单产 3378.27 千克/亩，生产种薯 250.67 吨，产值 480.675 万元，质量达到省级地方标准。春作中心完成集成技术高产栽培示范面积 1045 亩，单产 1714.70~3051.59 千克/亩，平均单产 2303.42 千克/亩，生产商品薯 2407.07 吨，提高单产 27%，减低成本 9.8%，实现产值 343.64 万元，新增产值 67 万元。冬作中心完成高产高效栽培示范面积 701 亩，平均单产 3233.02 千克/亩，生产商品薯 2266.3 吨，实现产值 6566.04 元/亩（按 2 元/千克计算），实现总产值 453.27 万元，新增产值 154.11 万元（文山站受冻害，未列入计算）。

2015 年完成 2655.6 亩的试验示范工作，生产马铃薯 7207.27 吨，实现产值 1473.98 万元。种业中心完成一级种薯生产基地建设 1231.4 亩，平均单产 2280.73 千克/亩，生产种薯 2888.79 吨，产值 650.19 万元，超过目标产量 14.15%，较当地产量提高 24.39%，质量达到省级地方标准。春作中心完成集成技术高产栽培示范面积 675 亩，平均单产 2624.67 千克/亩，生产商品薯 1806.74 吨，提高单产 47.1%，减低成本 10.34%，实现产值 241.99 万元。冬作中心完成高产高效栽培示范面积 749.0 亩，平均单产 3331.0 千克/亩，生产商品薯 2511.74 吨，实现平均亩产值 7765.62 元/亩，实现总产值 581.8 万元，比目标产值平均增加 55.3%，新增产值 321.74 万元，平均商品率达到 91.42%。

2016 年完成试验示范面积 2297.5 亩，生产马铃薯 3452.63 吨，实现产值 1421.652 万元，其中，种业中心完成一级种薯生产基地建设 581.4 亩，平均单产 2184.1 千克/亩，生产种薯 1269.81 吨，产值 444.43 万元，超过目标产量 9.2%，较当地产量提高 30.15%，质量达到省级地方标准；春作中心完成集成技术高产栽培示范面积 1196 亩，平均单产 2398.08 千克/亩，生产商品薯 2868.1 吨，提高单产 32.68%，减低成本 10.18%，实现产值 344.172 万元（按每吨 1200 元计算）；冬作中心完成高产高效栽培示范面积 520.1 亩，平均单产 3646.85 千克/亩，生产商品薯 1896.72 吨，实现平均亩产值 12 763.98 元/亩，实现总产值 663.85 万元，比目标产值平均增加 155.3%，新增产值 403.8 万元，平均商品率达到 90%。

1.3.2 品种选育及种薯繁育

2009~2013 年共有 11 个品种通过省级和地方审定，分别是'云薯 203''云薯 303''云薯 401''云薯 505''云薯 601''昆薯 4 号''昆薯 5 号''宣薯 2 号''宣薯 5 号''德薯 2 号'和'德薯 3 号'。3 个品种申请品种保护，分别是'昆薯 5 号''昆薯 6 号'和'云薯 602'。获得无公害农产品产地认证 1 项。共引进育种材料 40 份，组配杂交组合 254 个，提交省区试材料 5 份。为云南马铃薯产业发展提供了有力的技术支撑和技术储备。

2014年选育并通过省级审定新品种3个，分别为'云薯304''云薯603'和'昆薯2号'。申请植物新品种保护1个（'云薯608'）。提交'云薯306'和'云薯507'、'云薯607'和'云薯904'参加云南省冬作和早春马铃薯区试。共引进育种材料103份，其中，从国际马铃薯研究中心（International Potato Center，CIP）引进了90份资源材料，从迪庆州引进了10份农家品种和从中国农业科学院引进的3份2n配子材料。配制25个杂交组合，获得实生种子1.37万粒。团队在昭通市、马龙县、昆明市和大理州合计投入101个杂交组合，开展一年三季的新品系选育试验。引进二倍体野生种自交系材料，在此基础上创制了'S8'和'S9'代材料合计230份。

2015年审定马铃薯新品种2个，分别是'云薯105'和'云薯901'。'云薯608'申请新品种保护，'云薯602''云薯603'和'紫云一号'获得新品种授权。开展一年四季马铃薯品种选育工作，冬作试验安排了40份材料进行小面积示范。早春作共安排了5个品系比较试验，共计31个材料。大春种植品种比较试验21组共168份材料。秋作安排3个品比试验计24份材料。建立了'合作88'自交分离群体。完成二倍体自交第8代群体的全基因组纯合度检测研究工作。对引进的马铃薯种质资源和云南本地马铃薯种质资源130份进行评价，完成15个国内主栽品种的晚疫病抗性田间评价、病毒性退化评价和分子标记辅助鉴定研究工作。共配制杂交组合227个，生产实生种子5万粒。共提交4个品种参加云南省品种区域试验。2个品种（'云薯304'和'云薯902'）正在参加云南省早春作生产试验。提交有前景的材料到昭阳、鲁甸、宣威、曲靖、丽江和寻甸试验站进行展示，其中'S10-513''S10-209''S10-221''靖薯6号'4个材料在滇东北各个试验区表现比较突出。

2016年，6个品种通过云南省农作物品种审定委员会审定，分别为'云薯104''云薯106''宣薯6号''宣薯7号''丽薯13号''丽薯15号'。1个品种'云薯608'进行第一年植物新品种（distinctness uniformity stability，DUS）测试。3个品种'云薯304''云薯305'和'云薯902'通过了生产试验。开展一年四季马铃薯品种选育工作，2016年开展了4个季节的马铃薯育种工作，包括大春、早春、秋作和冬作马铃薯育种。对引进的马铃薯种质资源和云南本地马铃薯种质资源进行评价，在会泽县待补镇野马村对来自CIP的336份材料进行马铃薯资源晚疫病抗性和熟期评价，结果表明：高抗晚疫病的有51份，中抗的材料有187份，感晚疫病的材料有98份；晚熟材料146份，中熟材料135份，早熟材料55份。选配马铃薯杂交组合，生产马铃薯杂实生种子和实生薯（家系），2016年共配制杂交组合180个，生产实生种子8万粒。收获实生薯4万余粒，已经在2016年春季田间播种并进行单株选择；2016年8月培育实生苗181个组合，计4.5万株苗，移栽实生苗4.2万株，于2017年1月收获家系。2016年春季，由体系各育种单位提供8份材料，在6个点进行多点评价试验。

2014～2016年，种业中心共生产优质种薯4400余吨，项目试验区良种覆盖率达89.12%，推动了云南马铃薯种业发展。

1.3.3 技术研发集成及推广

2009～2013年第一轮建设过程中，颁布实施国家和地方标准3项（参加1项，主编2项），分别是《马铃薯种薯真实性和纯度鉴定——SSR 分子标记》(GB/T 28660—2012)、《云南省马铃薯软腐病室内抗性鉴定技术规程》(DB53/T 439—2012) 和《云南省脱毒马铃薯种薯生产技术规程》(DB53/T 331—2010)。开展马铃薯晚疫病菌致病机理研究，克隆并获得毒素致病基因 1 个，并获得 GenBank 登录号（JQ907400）。完成 34 份国内外新引进新品种（系）的晚疫病主效抗病基因的分子检测工作。完成 182 份品种（系）抗性基因标记［抗线虫、马铃薯 A 病毒（PVA）、马铃薯 X 病毒（PVX）、马铃薯 Y 病毒（PVY）、马铃薯卷叶病毒（PLRV）、癌肿病］、细胞质遗传背景标记工作。完成粉痂病大田防治试验 2 个，基本形成配套技术。基本完成室内马铃薯青枯病综合防治技术研发。基本完成云南马铃薯块茎蛾综合防治技术研发。基本完成云南马铃薯病毒病及植原体病害发生趋势监测并提出防控对策。基本完成云南马铃薯种薯质量控制体系建设。初步完成改良脱毒马铃薯原原种生产技术 1 套，由以前的温网室内利用基质栽培的传统繁种模式改进为苗床雾培模式生产，单位面积繁殖系数有望提高 10 倍以上。分析研究云南省马铃薯主产区的土壤状况与马铃薯生长发育及产量品质的关系；加强对品种适应性、马铃薯生长调控、种薯生理年龄、马铃薯需肥规律的研究。形成高产栽培技术，并在寻甸试验站进行试验，3 个供试品种实测产量均超过 4 吨/亩。这些集成技术将在下一个五年计划中发挥重要作用，确保云南马铃薯生产健康发展。

2014 年研发中心形成集成技术 10 项，申请专利 4 个（其中授权 3 项），形成了脱毒核心种苗、原原种及各级种薯的检测技术规程 3 个，编写育种发展规划 1 份。集成技术 10 项，分别为"冬作马铃薯主栽品种高产高效栽培技术""滇东北大春马铃薯净栽高产攻关栽培技术""滇中大春马铃薯高产攻关栽培技术""滇东北马铃薯玉米间作高产高效栽培技术""大春马铃薯晚疫病综合防控技术""冬作区马铃薯晚疫病综合防控技术""烤烟套种秋马铃薯高产栽培技术""全程机械化、水肥一体化、病虫害综合防控技术集成示范""马铃薯侧膜覆盖集雨抗旱栽培集成技术""马铃薯种质资源抗粉痂病抗性评价技术"。申请专利 4 项，授权 3 项，授权专利有：发明专利 1 项，《雾培法生产的马铃薯微型种薯采后处理和贮藏方法》（专利号：201210328661，排名 2）；实用新型专利 2 项，分别是《一种马铃薯脱毒原原种生产的苗床》（专利号：201420243484.8，排名 1）、《一种马铃薯组培苗诱导生根和炼苗的设施》（专利号：201420244373.9，排名 1）。

2015 年形成集成技术 12 项，编写生产技术规程 2 个，起草标准 1 个，建立脱毒马铃薯核心种苗库 1 个，申请专利 4 项，授权 2 项。形成种薯繁育技术 2 项：为"马铃薯快速脱毒技术"和"马铃薯原原种雾培生产技术"。基本形成栽培技术 4 项并示范，分别为"坡耕地马铃薯高产栽培技术""马铃薯高产栽培技术""马铃薯抗旱栽培技术""马铃薯玉米间作高产高效栽培技术"。集成土传病害大田防控技术 4 项，分别为"马铃薯土传病害综合防控技术""马铃薯根结线虫病害防控技术""马铃薯原原种马铃薯疮痂病综合防控技术""水肥药一体化防控马铃薯土传病害技术"。马铃薯种质资源抗性评价技术 2 项："马铃薯粉痂病抗性资源评价筛选"和"马铃薯线虫病害抗性资源评价"。马铃薯粉痂病抗性分级标准 1 套，因目前国际上没有针对马铃薯粉痂病抗性评价的统一标准，结合云南省马铃薯粉痂病发生特点，完成马铃薯粉痂病抗性分级标准 1 套。形成规程 2 套，其中，马铃薯原原种雾培生产技术规程 1 项，目前正在申报云南省质量技术监督局进行审定颁布实施。起草脱毒马铃薯核心种苗生产技术规程1项。建立脱毒马铃薯核心种苗库1个。完成了30个品种（系）的脱毒工作，主要包括马铃薯中心审定品种、重要品系、省内主栽品种、合作选育苗头品系、地方特色品种等，所有品种（系）茎尖合格率为98%，品种（系）脱毒苗获得率为100%。保存40个马铃薯品种（品系）的核心种苗。应相关种薯生产单位（企业）的要求，2015年向云南省内10个单位提供16个品种（系）核心种苗，包括主栽品种和重要品系，为从源头上控制云南省马铃薯种薯质量提供保障，为提高云南省马铃薯种薯质量贡献力量。申请专利4项，授权2项，获得实用新型专利1授权项，《一个植物茎尖剥离装置》（ZL201520456079.9）；获发明专利授权1项，《一种马铃薯病毒的快速灵敏检测方法》（ZL201410034605.2）；申请专利2项，《一种冬季马铃薯综合防冻抗旱技术》《一种马铃薯微喷灌防冻技术》。

2016年完成土传病害大田防控技术研发及展示3项；马铃薯种质资源抗性评价技术2项；完成晚疫病对冬作马铃薯产量损失的影响评估体系1套；集成立体防控病害技术1套；建立病毒快速检测技术及监测体系3套；集成坡耕地马铃薯高产栽培技术1套；调整优化高原坝区马铃薯高产栽培技术1套；集成马铃薯抗旱栽培技术1套；调整优化马铃薯玉米间作高产高效栽培技术1套；形成技术规程6项；建立了云南省马铃薯核心种苗库1个；申请专利4项，授权2项：实用新型专利，《一种马铃薯收获机》（ZL201520952065.6）；发明专利，《一种马铃薯苗期霜害的补救方法》（ZL201410483171.4）、《一种马铃薯脱毒原原种的生产方法》（ZL201410200498.6，授权）、《一种马铃薯组培苗诱导生根和炼苗的方法》（ZL201410200978.2，授权）。

1.3.4 培训服务及咨询

马铃薯产业技术体系通过示范区的建设和新品种、新技术的试验示范推广，带动了项目区马铃薯产业发展，培训了一批科技队伍和科技示范户，每年培训基层农技人员和种植户近11 000人次，发放各种技术资料（手册）8000余份。

面对马铃薯产业中各种突发性问题，应及时启动应急预案，开展灾情调研，提出措施方案，积极参与应急工作。面对2010～2014年云南连续5年"冬春连旱""春旱秋雨"的状况，采取推迟大春马铃薯播种时间、加大秋马铃薯种植面积、引导种植冬马铃薯等措施，促进不同季节同一作物，同一作物不同时期上市，确保薯农增产增收。配套技术有马铃薯抗旱栽培种薯选择与处理技术、马铃薯地膜覆盖节水抗旱栽培技术、马铃薯/玉米间套作栽培技术、高垄双行平播后起垄技术、高垄双行地膜覆盖种植技术、秋后作物套种马铃薯实用技术、膜侧积雨技术等，提高科技抗灾能力，降低自然灾害损失，确保云南马铃薯周年安全生产。

产业经济研究室作为现代农业马铃薯产业技术体系建设的一个功能研究室，体现了现代农业发展中自然科学与经济科学的交融，产业发展研究既要解决供给（生产）中的问题，也要关注社会需求（市场）状况。产业经济研究室紧紧围绕马铃薯产业经济和产业政策研究为目标，从宏观层面了解把握马铃薯生产、贸易、消费等情况，从中观层面系统深入研究云南省马铃薯的产业发展，从微观层面对薯农的投入产出进行效益分析，通过专题研究，提交产业发展研究报告和咨询报告，为政府决策提供参考，为马铃薯生产提供咨询和指导。

针对"2011 年马铃薯价格风波",产业经济研究室提出"理性对待,稳定生产"的策略建议,消除了薯农的惊慌,避免了马铃薯产业的大起大落,使云南马铃薯步入了稳步发展的道路。

体系建设以来,每年根据实际情况,开展专题调研,形成了"马铃薯市场分析报告""马铃薯投入产出分析""云南省马铃薯消费构成调研报告""冬早马铃薯调研报告""马铃薯主粮化情况调研""云南冬马铃薯潜力分析"等一系列专题研究报告,在此基础上,每年形成年度产业发展报告,有针对性地提出咨询建议,为产业发展建言献策。

2 云南地方品种选育及推广

云南地处中国西南部,得天独厚的区位与地理环境促成了特色农业的发展,马铃薯作为云南重要的农作物,不但有悠久的栽培历史,而且用途广泛,是发展特色农业的首选作物。根据云南省马铃薯栽培的耕作制度、自然生态条件、地理区域和产业发展现状,将马铃薯种植区域分为三个区,即滇东北、滇西北马铃薯大春作一季种植区;滇中马铃薯多季种植区;滇南、滇西南马铃薯冬播作一季种植区。由于云南特殊的高山、河谷交错的地理环境,形成山区冷凉、河谷干热的立体气候,在同一区域内有春播和冬播交错现象,如滇东北、滇西北大春作一季种植区内,沿金沙江河谷热区是冬播马铃薯生产区,在滇南马铃薯冬播作一季种植区,也有高山地区春播生产马铃薯。选育适合云南全省不同季节都能种植的马铃薯品种非常困难,需要省州市农业部门积极开展品种选育工作,满足云南立体生态条件对马铃薯品种的需求,在不同地区种植的马铃薯品种具有不同的特性。因此,品种选育须经过:①育种目标的确定。滇东北、滇西北马铃薯大春作一季种植区大多为高海拔(2300米以上)的山区,要求马铃薯品种抗晚疫病和环腐病、抗旱、中晚熟、高产、耐贮运、多用途(兼用型)、休眠期较长(成熟后50~70天)、耐土传病害。滇中马铃薯多季种植区多在海拔1600~2000米的地区,一年可以种植多季,要求马铃薯品种抗晚疫病、抗青枯病,抗旱、中晚熟、高产、耐贮运、多用途(兼用型)、休眠期较长(成熟后50~70天)、耐土传病害,尤其是要耐遮阴。春季要求马铃薯品种早熟、抗霜冻、薯形好、芽眼浅、抗虫(斑潜蝇)、耐贮运;还要求是黄肉、薯形为椭圆。秋作季要求马铃薯品种结薯早、抗晚疫病、耐霜冻、耐涝。滇南、滇西南马铃薯冬播作一季种植区,滇南及江边、河谷地带等终年无霜的地区可以进行冬作,要求马铃薯品种抗晚疫病、抗青枯病、结薯早、高产、大薯率高、薯形好、表皮光滑、芽眼浅、畸形少、耐贮运、休眠期长。②亲本选配。依据育种目标选择配合力高的亲本来进行杂交。③杂交。马铃薯属于自花授粉作物,天然杂交率极低,一般不超过0.5%。在进行杂交育种时,需要对母本进行去雄、花粉采集与保存。然后授粉,授粉完成后套袋,当母本植株成熟或浆果变软时,就可以进行采收。④实生种子育苗及家系收获。获得杂交实生种子后,就需要进行实生种子育苗,并获得不同组合的家系,然后再从家系中进行多代选择。⑤马铃薯品系筛选。从家系开始进行筛选,到审定成为一个品种,要经过家系、无性2代、无性3代、品种比较试验等田间选择。⑥品种审定或登记。提交省级或国家级马铃薯区域试验,通过区域试验后参加生产试验,后审定或登记为品种。

2.1 马铃薯品种选育及推广

从20世纪90年代末开始,云南社会经济发展迅速,交通运输条件改善,交通不再成为山区马铃薯流通的制约因素;并且马铃薯加工产业兴起,农村产业结构调整和大力发展冬闲田种植马铃薯，极大地促进了马铃薯产业的发展，马铃薯育种工作也在全省范围内开展起来。现在云南省内开展马铃薯育种的单位主要有 12 家，除云南省农业科学院、云南农业大学和云南师范大学传统省级育种单位外，多家州市农业科学（研究）院（所）、县级农业技术中心都加入马铃薯新品种选育工作中来。这些育种单位主要集中在滇东北和滇西北地区，包括昭通市农业科学院、曲靖市农业科学院、昆明市农业科学研究院、德宏州农业技术推广中心、丽江市农业科学研究所、迪庆州农业科学研究所和大理州农业科学推广研究院、宣威市农业技术推广中心、会泽县农业技术推广中心。

2.1.1 '靖薯'选育及推广

'靖薯'系列品种由曲靖市农业科学院选育。曲靖市地处滇东北，为"入滇锁匙"，又是云南大春马铃薯主产区之一，长期以来，品种结构单一，种薯生产滞后，根据云南省政府 2002 年在宣威市召开的马铃薯专题会议精神和省农业厅提出的马铃薯产业发展规划布局，结合曲靖市市情，实施滇东北 100 万亩、120 万吨原料鲜薯加工型马铃薯基地建设，选育适合本地大面积推广的优良马铃薯品种十分必要。

2000 年，曲靖市农业科学院马铃薯研究室参与云南省农业厅实施的"马铃薯杂交实生种子亲本引进组合筛选"国际合作项目，从国际马铃薯研究中心（CIP）引进 B 系列 994002 组合，在曲靖市经育苗移栽，从杂交实生薯 F_1 代中单株选择出第七个株系，定名'B2'株系。从 CIP 引进 B 系列 994001 组合在曲靖市经育苗移栽，从杂交实生薯 F_1 代中单株选择出第十二个株系，即 994001-12。在宣威、马龙、会泽和沾益 4 个市县开展马铃薯品种选育工作。

地理气候概况：会泽县位于东经 103°03′～103°55′、北纬 25°48′～27°04′，平均海拔为 2200 米以上，属典型的温带高原季风气候，年平均气温为 12.7℃，年降雨量为 818 毫米左右。宣威市位于东经 103°35′～104°40′、北纬 25°53′～26°44′，平均海拔为 1960 米，属低纬高原季风型气候，年平均气温为 13.3℃，年降雨量为 980 毫米。马龙县位于东经 103°16′～103°45′、北纬 25°08′～25°37′，平均海拔为 2000 米，属低纬高原季风型气候，年均气温为 13.4℃，年平均降雨量为 1032 毫米。沾益县位于东经 103°29′～104°14′、北纬 25°31′～26°06′，平均海拔为 2000 米左右，属云南高原季风气候，年平均气温为 14.5℃，年降雨量为 1000 毫米左右。

2.1.1.1 '靖薯 1 号'选育及推广

试验名称：'靖薯 1 号'选育及推广。

试验及推广时间：2003～2016 年。

试验地点：会泽县、宣威市、马龙县、沾益县。

试验设计及执行人：曲靖市农业科学院的陈建林和顾红波。沾益、会泽、宣威、马龙等市县农业技术推广中心技术人员。

试验田间设计：试验设 7 个处理、3 次重复，随机区组排列，共 21 个小区，每个小区面积 6.67 平方米，小区长 3.33 米、宽 2.0 米，播种 40 株（株行距为 25 厘米×67 厘米），每亩 4000 株，重复间走道 0.5 米，四周设保护行。

施肥水平：亩施农家肥 2000 千克，马铃薯专用肥（N：P：K＝10：8：9）80 千克，作底肥一次性施入。

参试品种（系）及提供单位：'B2'和'B19'由曲靖市农业科学院提供，'会薯 001'和'会薯 003'由会泽县农业技术推广中心提供，'米拉'为统一对照。

试验方案：2003～2005 年，开展三年品种区域性试验，在品种选育的同时，逐步扩大示范种植，通过不断推广应用，使广大山区农户对新品种有一个全面的了解，提高对马铃薯种植的科技意识；之后在曲靖市范围内扩大种植，加大曲靖市马铃薯产业的推广力度。

实施过程：'B2'株系 2002 年在马龙县月望乡红果寨播种 80 株，总产 89 千克，平均结薯 7 个，单株重 1.1 千克，折合亩产 3533.5 千克，较对照'米拉'平均亩产 2216.5 千克，增幅 59.4%；80 克以上大薯率 98%。具有潜力的'B2'株系由此暂定为'靖薯 2 号'。2003～2005 年分别在宣威市东山乡、马龙县通泉镇、会泽县大桥乡、沾益县炎方乡 4 地进行马铃薯新品种（系）区域试验。2004～2005 年春在沾益县、宣威市、马龙县、会泽县示范种植。

试验结果：①区域性试验结果。2003 年三个区试点'B2'平均亩产 2132 千克，比对照脱毒'米拉'亩产 2080 千克增 52 千克，增 2.5%。2004 年三个区试点平均亩产 2334 千克，比对照脱毒'米拉'亩产 2406 千克减 72 千克，减 3%，其中，马龙点平均亩产 3500 千克，比对照增 21.8%。2005 年三个区试点平均亩产 2228 千克，比对照脱毒'米拉'亩产 1949 千克增 279 千克，增 14.3%，其中宣威点平均亩产 2754 千克，比对照增 28.9%。②2004～2005 年大春种植测产。2004 年示范种植 455 亩，经 11 个测产点 6.0 亩实收 15 501 千克，平均亩产 2583.5 千克；对照'米拉'实收 13 104 千克，平均亩产 2184 千克，亩增 399.5 千克、增 18.3%。2005 年示范种植大春马铃薯 1045 亩，经过 20 个测产点 9.5 亩实收实测，总产 19 499 千克，平均亩产 2053 千克。对照'米拉'20 个测产点实收总产 18 462 千克，平均亩产 1943 千克，亩增 110 千克、增 5.7%。

效益分析：'靖薯 1 号'三年区试试验平均亩产 2444.5 千克，按照每千克 1.6 元计算，每亩总收入 3911.2 元。大春马铃薯每亩种植 4000 株，种薯约 200 千克；农家肥 2000 千克；复合肥 80 千克；合计投入 1000 元；每亩工时投入 1000 元；每亩合计投入 2000 元，扣除总投入 2000 元，每亩纯收入 1911.2 元。

同等地段同季玉米每亩工时投入 400 元；地膜、化肥、农药等物资投入 400 元，总投入 800 元。平均亩产 500 千克，平均 1.4 元/千克，亩收入 700 元，每亩负增长 100 元。因此，种植'靖薯 1 号'较玉米有更好的收益。

品种特征特性：'靖薯 1 号'属于中晚熟品种，全生育期为 111 天。株型直立、紧凑，株高 93 厘米，单株分枝 4.2 个，茎秆紫褐色、茎粗 1.25 厘米，单株结薯 4.9 个。薯块长筒形，表皮粗糙、深紫色，薯肉呈花纹紫色，芽眼数中、深度中等，大中薯比率达 78% 以上。薯块品质优良、食味上等。含还原糖 0.16%、总糖 0.26%、蛋白质 1.91%、淀粉 19.08%。经多年多点鉴定试验，'靖薯 1 号'田间无分离现象，性状稳定。中抗晚疫病，高抗青枯病，抗花叶病。

适宜区域及栽培要点：适宜海拔 1800～2300 米地区种植，特别适宜微酸型（pH 5.5～

6.5）红壤土生长，可以大春季种植。大春季节 3 月中旬播种；单垄双行模式，按大行 1.4 米、小行 0.4 米、株距 0.3 米双行种植，每亩播种 3176 株，或按株行距 0.7 米×0.3 米种植；亩施农家肥 2500 千克、马铃薯专用肥 80 千克；或农家肥 2500 千克、尿素 15 千克、烤烟专用肥 50 千克；及时进行中耕培土，生长期注意防治病、虫、草害；花期注意排涝防渍。

总体评价： 经过沾益县、宣威市、会泽县、马龙县多年多点试验示范，各示范点用种单位及农户普遍认为，'靖薯 1 号'产量高，中抗晚疫病、高抗青枯病、病毒病、环腐病，大中薯比例高，食味好，水肥条件较好的地块增产效果明显。在水肥条件较差的地块增产幅度小。

2006 年 7 月 30 日，曲靖市品种田间鉴评专家组对马龙县种植的'靖薯 1 号'进行田间种植鉴定评价，专家组到田间实地检查了品种表现情况，一致认为：'靖薯 1 号'田间长势整齐，表现一致，丰产性好，皮及肉色为紫色；中抗晚疫病、高抗青枯病、病毒病；高价值，食味上等，耐贮藏，属于菜用型品种，具有较好的市场开发前景，应加快良种生产，尽快推广应用，为农民增收、为马铃薯产业做出贡献。

推广价值： 2012～2016 年累计推广 17.5 万亩，每公顷 29 790 千克，比'米拉'及'合作 88'增产 15%～25%，单价高 0.3～0.5 元。'靖薯 1 号'为云南主推品种之一（云农科【2016】8 号）。

2.1.1.2 '靖薯 2 号'选育及推广

试验名称： '靖薯 2 号'选育及推广。

试验时间： 2007～2016 年。

试验地点： 沾益县、会泽县、宣威市、马龙县。

试验设计及执行人： 曲靖市农业科学院陈建林和陈吉昆，以及沾益、会泽、宣威、马龙等市县农业技术推广中心技术人员。

试验背景： 994001-12 株系 2000 年种植结薯 15 个，单株重 2.9 千克。该株系经 2002 年在马龙县月望乡扩繁；2003 年在马龙县通泉镇扩繁；2004 年在富源县墨红乡播种 120 株，总产 124 千克，亩产 4133 千克，比对照'米拉'2764 千克/亩增 1369 千克，增幅为 49.5%；2005 年在曲靖市麒麟区麻黄乡、马龙县小寨小面积示范 2.4 亩，平均单产 2964 千克，比对照'米拉'1892 千克/亩增 1072 千克，增幅为 56.6%。

试验方案及实施过程： 2007～2008 年根据曲靖市各育种单位提供的马铃薯新品种（系）进行区域试验，鉴定各生产和研究单位育成或引入的马铃薯品种在曲靖各生产区的适应性、抗病性及其他农艺性状。

参试品种（系）及提供单位： A（994001-12）和 B（8005-5）由曲靖市农业科学院提供，C（02-008）和 D（02-028A）由宣威市农业技术推广中心提供，E（P02-48-56）和 F（P02-47-31）由会泽县农业技术推广中心提供，CK1（'米拉'）、CK2（'合作 88'）为统一对照。

试验设计： 试验设 8 个处理、3 次重复，随机区组排列，共 24 个小区，每个小区面积为 6.67 平方米、播种 40 株。

试验结果： 2007～2008 年，参加曲靖市马铃薯品种区域试验，A（994001-12）平均亩产

2689 千克，比对照'米拉'增产 648 千克，增幅为 31.7%，比对照'合作 88'增产 898 千克，增幅为 50.1%，居第一位。其中，2007 年，平均亩产 2747.5 千克，比对照'米拉'增产 525 千克，增幅为 23.6%，比对照'合作 88'增产 687 千克，增幅为 33.4%，居第一位。2008 年，平均亩产 2637 千克，比对照'米拉'增产 770 千克，增幅为 41.2%，比对照'合作 88'增产 1111 千克，增幅为 72.8%，居第一位。2009 年报审，定名为'靖薯 2 号'。

特征特性：'靖薯 2 号'属中熟品种，全生育期为 102 天。株型直立，株高 80.8 厘米，植株叶片绿色，茎秆绿色略带褐色，花冠白色，花繁茂性中等，结薯集中，块茎大小整齐；薯形为圆形，表皮光滑，芽眼浅、少，皮色、肉色均为黄色；商品薯率为 79.6%，无空心薯。薯块品质优良、食味上等。淀粉 16.79%、蛋白质 2.04%、维生素 C 10.58 毫克/100 克、总糖 0.41%、还原糖 0.18%、干物质 23.1%。经多年多点鉴定试验，'靖薯 2 号'田间无分离现象，性状稳定。抗晚疫病，高抗青枯病、粉痂病、疮痂病、病毒病、环腐病。大田斑潜蝇危害较少。

适宜区域及栽培要点：'靖薯 2 号'适宜海拔 2000～2550 米地区种植，特别适宜在微酸性（pH 5.5～6.5）的红壤土中生长。可作大春季种植。大春季节 3 月中旬播种。高垄双行模式，按大行 1.4 米、小行 0.4 米，株距 0.25 米种植两行，每亩播种 3811 株。亩施农家肥 2500 千克，马铃薯专用肥 80 千克；或农家肥 2500 千克，烤烟专用肥 50 千克；或农家肥 2500 千克、硫酸钾 40 千克、尿素 15 千克、普通过磷酸钙 50 千克。及时进行中耕培土，生长中期注意防治病、虫、草害；落花期注意排涝防渍。

综合评价：经过沾益县、宣威市、会泽县、马龙县多年多点试验示范，各示范点用种单位及农户普遍认为，'靖薯 2 号'产量高，抗晚疫病、青枯病、病毒病、环腐病，大中薯比例高，食味好，水肥条件较好的地块增产效果明显，水肥条件较差的地块增产幅度小。

2008 年 7 月 21 日，曲靖市品种田间鉴评专家组对沾益县种植的'靖薯 2 号'进行田间种植鉴定评价，专家组一致认为：'靖薯 2 号'，田间长势整齐，表现一致，丰产性好；高抗晚疫病、青枯病、病毒病、环腐病，耐病性较好；高淀粉、高价值，食味上等，耐贮藏，属于加工薯片、蔬菜兼用型品种，具有较好的市场开发前景，应加快良种生产，尽快推广应用，为农民增收、为马铃薯产业做出贡献。

推广价值：2012～2016 年累计推广 12.5 万亩，每公顷 32 940 千克，比'米拉'及'合作 88'增产 30%～40%。'靖薯 2 号'2016 年被列为云南主推品种（云农科【2016】8 号）。

2.1.2 '丽薯'选育及推广

'丽薯'马铃薯由丽江市农业科学研究所选育，从 20 世纪 60 年代末起，原丽江地区农业科学研究所在玉龙县太安乡设点开展马铃薯品种选育及栽培技术的试验示范推广工作。丽江市是云南较早开展马铃薯实生种子利用研究的地区之一，1973 年，丽江地区农业科学研究所引进克疫实生种子开展试验获得成功，单产增 30%～50%，高的达 100%。到 80 年代中期，实生苗当代及低代种薯种植面积达 10.05 万亩，并创造了实生苗当代单产 2605.4 千克/亩，低代实生薯单产 3773 千克/亩的高产纪录。马铃薯实生籽的大面积推广使丽江市马铃薯单产大幅度提高，由 1972 年的 410 千克/亩，提高到 1986 年的

655 千克/亩。丽江地区的马铃薯实生种子应用成为全国乃至世界典范，同时为新品种选育奠定了基础。

丽江市马铃薯常年种植面积达 30 余万亩（其中冬作 6 万亩、早春 4 万亩，一季作区 20 万亩左右），总产鲜薯 35 万~36 万吨，是山区农民种植的主要作物，也是山区人民的主要口粮、蔬菜及牲畜饲料，同时也是重要的经济来源。近年来，已超过小麦，成为继玉米、水稻之后的第三大作物，从传统的温饱型作物逐步发展成为新兴的经济作物，是最具优势的高原特色农业产业之一。发展马铃薯生产，对于促进农业产业结构调整，增加农民收入，保障粮食安全及菜篮子供给具有十分重要的作用。但丽江市马铃薯主产区普遍存在基础条件差、品种单一、缺乏专用型品种、抗病性差、退化严重、新品种贮备少、更新速度慢等制约因素。丽江市农业科学研究所针对存在问题，结合实际，认真开展了马铃薯新品种选育、引进筛选及试验示范推广工作，筛选出适合马铃薯生产和产业发展需要，以及各类不同生态条件下和多种消费市场需求及有市场竞争力强的优势新品种，为丽江市乃至全云南省马铃薯产业发展提供科技支撑，为农民增加经济收入做出积极贡献。

实施时间：2009~2015 年。

实施地点：马铃薯新品种选育及引进筛选在玉龙县太安乡；新品种展示及示范推广在丽江市大春作区及全省冬作区。

实施地点地理气候概况：试验地选在玉龙县太安乡丽江市农业科学研究所试验基地，海拔 2800 米，年平均温度 10.5℃，东经 100°26′，北纬 26°52′，地势较平坦，通风透光、肥力好、无灌溉条件、排水及交通便利。土壤类型为红壤夜潮土、酸性，前作为玉米、油菜、绿肥等。

实施背景：针对丽江市气候特点，结合云南省冬作区马铃薯产业发展需求，丽江试验站按体系的总体部署要求，为筛选出适宜不同区域、不同类型气候特点的新品种，积极开展杂交组合配制、实生种子育苗移栽、无性继代材料筛选鉴定、自选品比及生产试验、品种展示、新品种试验示范推广。

试验设计及执行人：和平根、和国钧、张凤文、杨群擎、和生鼎、王绍林。

实施过程：丽江市农业科学研究所从 20 世纪 70 年代初，在丽江市的马铃薯主产区玉龙县太安乡设点开展品种的选育工作，通过几十年的努力，先后选育了'丽薯 1 号''丽薯 2 号''丽薯 6 号''丽薯 7 号'4 个国家及云南省审定品种。其中'丽薯 1 号'为云南省首个国家级审定品种，累计推广面积已达 300 万亩，曾在生产上发挥重要作用。'丽薯 6 号'具有结薯早、薯块膨大快的显著特点，且薯形好、商品率高，在大春作区及冬作区均能获得高产，已成为云南省冬作区薯农的首选品种，2014 年和 2015 年连续两年被云南省农业厅确定为主推品种。'丽薯 7 号'红皮黄肉，蒸煮口感好，符合滇西北地区城乡居民的消费习惯，也受到薯农的欢迎。'丽薯 6 号'和'丽薯 7 号'的育成为丽江市乃至全省马铃薯生产和产业发展提供了重要的基础保障。为此，自云南省现代农业马铃薯产业技术体系"丽江试验站"建设以来，在加强对'丽薯 6 号''丽薯 7 号'示范推广的同时，继丽江市农业科学研究所建所以来马铃薯新品种选育的基础上，认真总结经验，通过国家和省马铃薯产业技术体系平台，加强创新团队建设，加大马铃薯新品种选育力度，采取自育和引进相结合方法，开展了大规模的新品种筛选鉴定工作。

马铃薯新品种选育及引进筛选鉴定：种植种质资源 633 份，配制杂交组合 263 份，育苗移栽 181 个组合 19 948 株，入选 9753 个块家系 414 个单株（表 2-1）。累计种植实生块茎家系 14 489 个，其中引进云南省农业科学院经济作物研究所（简称云南省农科院经作所）256 份组合 4818 个块家系，单株 2411 份次，选留 1892 份；种植高代 361 份次，选留 171 份，进入自选品比试验 42 份（表 2-2）。

表 2-1 种质资源保存、组合配制、育苗移栽筛选鉴定表

年份	种质资源（份）	组合配制（份）	杂交组合育苗移栽			
			组合（份）	株（苗）	家系入选（个）	单株入选（份）
2009	65	60	29	3 100	2 358	34
2010	69	41	33	4 138	1 443	59
2011	95	29	35	4 737	1 209	82
2012	95	39	24	2 830	1 413	87
2013	103	38	24	2 648	1 636	62
2014	100	31	—	—	—	—
2015	106	25	36	2 495	1 694	90
合计	633	263	181	19 948	9 753	414

注："—"表示无数据

表 2-2 低、高代育种材料筛选鉴定表

年份	块家系（个）	低代材料		高代材料		入选自选品比试验（份）	备注
		种植（份）	入选（份）	种植（份）	入选（份）		
2009	1 980	156	52	32	13	2	
2010	2 160	371	246	13	9	4	
2011	1 443	289	190	82	37	—	
2012	1 209	272	544	78	38	6	引进 256 份组合
2013	6 114	549	417	33	11	8	
2014	1 583	433	313	85	46	11	
2015	—	341	130	38	17	11	
合计	14 489	2 411	1 892	361	171	42	

注"—"表示无数据

品种比较试验：从全国各育种单位引种 77 份和自育种 84 份次进行了外引 9 组、自育 11 组的品种比较试验（表 2-3）。

经综合性状分析，省外引进的多数材料晚疫病抗性差、产量低，不适宜在丽江市马铃薯主产区推广应用。而省内品种晚疫病抗性相对较好，产量高于省外种，且有高产抗病品种，已贮备丽江市马铃薯主产区搭配品种应用。同时，为扩大马铃薯育种材料基因库，选育适应不同类型气候及不同消费市场优良新品种提供更多后备材料。因此，多数材料已作品种资源保存及利用，相对较理想的品种在丽江市马铃薯主栽区进行品种展示，以便更进一步鉴定品种适应性和抗逆性；自育组试验中，已筛选出一批不同类型的优良新品系参加省级以上不同类别区试试验。

表 2-3 部分参试品种及供种单位

自主选育品种（系）			外引品种		
编号	品种	供种单位	编号	品种	供种单位
1	丽 1101	丽江市农业科学研究所	1	中薯 3 号	中国农业科学院
2	丽 1102	丽江市农业科学研究所	2	中薯 5 号	中国农业科学院
3	丽 1103	丽江市农业科学研究所	3	中薯 14 号	中国农业科学院
4	丽 1105	丽江市农业科学研究所	4	中薯 901	中国农业科学院
5	09D20	丽江市农业科学研究所	5	中薯 18	中国农业科学院
6	09D100	丽江市农业科学研究所	6	中薯 19	中国农业科学院
7	丽 1108	丽江市农业科学研究所	7	中薯 19	中国农业科学院
8	丽 1109	丽江市农业科学研究所	8	DE03-34-6	云南省农业科学研究院
9	丽 1110	丽江市农业科学研究所	9	云薯 103	云南省农业科学研究院
10	丽 1111	丽江市农业科学研究所	10	S05-1669	云南省农业科学研究院
11	丽薯 10 号	丽江市农业科学研究所	11	云薯 401	云南省农业科学研究院
12	丽薯 11 号	丽江市农业科学研究所	12	云薯 505	云南省农业科学研究院
13	丽薯 12 号	丽江市农业科学研究所	13	紫云 1 号	云南省农业科学研究院
14	丽 1101	丽江市农业科学研究所	14	S04-5861	云南省农业科学研究院
15	丽 1102	丽江市农业科学研究所	15	S04-5682	云南省农业科学研究院
16	丽 1103	丽江市农业科学研究所	16	PE-80-30	云南省农业科学研究院
17	丽 1104	丽江市农业科学研究所	17	S03-2685	云南省农业科学研究院
18	丽 1105	丽江市农业科学研究所	18	S03-3348	云南省农业科学研究院
19	丽 1108	丽江市农业科学研究所	19	S03-277	云南省农业科学研究院
20	丽 1109	丽江市农业科学研究所	20	S03-2744	云南省农业科学研究院
21	丽 1110	丽江市农业科学研究所	21	冀张薯 8 号	云南农业大学农学院
22	丽 1111	丽江市农业科学研究所	22	冀张薯 12 号	云南农业大学农学院
23	09D26	丽江市农业科学研究所	23	合作 69	云南师范大学薯类研究所、大理州农业科学研究院
24	09D70	丽江市农业科学研究所	24	凤薯 2 号	云南师范大学薯类研究所、大理州农业科学研究院
25	09H04-4	丽江市农业科学研究所	25	凤薯 4 号	云南师范大学薯类研究所、大理州农业科学研究院
26	09H14-12	丽江市农业科学研究所	26	宣薯 5 号	宣威市农业技术推广中心
27	09H12-10	丽江市农业科学研究所	27	宣薯 05-191	宣威市农业技术推广中心
28	B20 单选	丽江市农业科学研究所	28	宣薯 05-287	宣威市农业技术推广中心
29	11H13-1	丽江市农业科学研究所	29	兴佳 2 号	大兴安岭地区农业林业科学研究院

续表

自主选育品种（系）			外引品种		
编号	品种	供种单位	编号	品种	供种单位
30	丽5488	丽江市农业科学研究所	30	青薯9号	青海省农林科学院
31	丽0610	丽江市农业科学研究所	31	脱毒175	青海省农林科学院
32	丽薯14号	丽江市农业科学研究所	32	陇薯10号	甘肃省农业科学院
33	丽薯13号	丽江市农业科学研究所	33	陇薯11号	甘肃省农业科学院
34	丽薯8号	丽江市农业科学研究所	34	天薯11号	天水市农业科学研究所
35	合作88	当地留种（CK）	35	鄂薯5号	湖北
36	丽薯1号	当地留种（CK）	36	合作88	当地留种（CK）

马铃薯新品筛选鉴定取得成效：云南省农科院经作所提供实生块家系材料中选育的'丽薯10号''丽薯11号''丽薯12号'和自主选育的'丽薯13号''丽薯15号'通过云南省品种审定委员会审定。'丽薯5488''丽薯1104''丽薯1105''丽薯1307''丽薯0805'等'丽薯'系列品系参加省级各组别区试。'丽薯12H14-5''丽薯12H24-7'等品系参加省体系区域试验。'丽薯8号'参加贵州区试试验，'丽薯6号''丽薯7号''丽薯10号''丽薯11号'参加国家各组别区试。获得一批后备材料和种质资源。

育成品种介绍如下。

A. '丽薯10号'

审定编号：滇审马铃薯2014006号。

完成单位：丽江市农业科学研究所、云南省农业科学院经济作物研究所。

完成人：和平根、包丽仙、和国钧、卢丽丽、王绍林、隋启君、和习琼、普红梅、张凤文、张浩、和光宇、王菊英。

品种来源：丽江市农业科学研究所2003年从云南省农科院经作所引入91份杂交组合实生块家系在丽江太安种植。后经单株系与块家系相结合对该群体进行了筛选鉴定，至2005年发现P03-S99组合（'serrana-inta'דPB08'）产生的P03-S99-2株系表现理想，经测定其淀粉含量为19.6%，田间临时定名为'高淀2'。2006年种植35株，折合亩产1820千克，当年淀粉含量为18.7%，炸色60，味好。2007年种植0.2亩，折合亩产1731千克，淀粉含量18.7%。2009~2010年进行自选品比试验，2009年曾编号为'丽0901'，2010年年底正式命名为'丽薯10号'。

特征特性：生育期为110天，植株田间长势强，株型半直立，株高67厘米，茎粗1.2厘米，叶和茎秆绿色，花冠白色，开花性中等繁茂，天然结实性弱；匍匐茎中等长，块茎大小整齐度中等；块茎椭圆形，皮色白且光滑，肉色亮白，芽眼小且浅；单株结薯数6~7个，平均单薯重100克，大中薯率72%；休眠期60天左右，耐贮性好；食味好，既适宜蒸煮和炒食，又可作淀粉型加工品种。感轻花叶和重花叶病毒病。总淀粉含量为19.99%、维生素C含量为23毫克/100克、蛋白质含量为2.66%、还原糖含量为0.16%、水分为76.5%。

产量表现：参加2011~2012年云南省春作区域试验。两年平均亩产2477.3千克，比

'合作88'增44.99%,比'云薯201'增76.59%。2013年生产试验,4个点平均亩产1978.5千克,比对照增产47.66%,增产点率100%,其中宁蒗点比'会-2'增产52.0%,剑川点比'合作88'增产51.1%,会泽点比'合作88'增产61.6%,迪庆点比'中甸红'增产37.5%。

适宜区域:云南省中北部大春一季作区域。

B. '丽薯11号'

审定编号:滇审马铃薯2014007号。

完成单位:丽江市农业科学研究所、云南省农业科学院经济作物研究所。

完成人:和平根、白建明、王绍林、李燕山、张凤文、潘哲超、王菊英、王颖、和国钧、和习琼、张浩、和光宇。

品种来源:丽江市农业科学研究所2003年从云南省农科院经作所引入91份杂交组合实生块家系在丽江太安种植。后经单株系与块家系相结合对该群体进行了筛选鉴定,2004年发现P02-48组合('合作88'בGarant')产生的P02-48-10株系表现理想,2005年种植10株,两年产量表现均比对照'合作88'增产显著,晚疫病抗性强,未发现病毒病株,薯块大而整齐,商品外观好,食味品质优。2006~2010年品比试验,编号为'丽0615',5年自选品比试验结果表现理想,2010年年底正式命名为'丽薯11号'。

特征特性:生育期为108天,植株田间长势极强,株型半直立,株高83厘米,茎粗1.3厘米,叶和茎秆绿色,花冠紫红色;开花繁茂性中等,天然结实性弱;匍匐茎中等长,块茎大小整齐度中等,田间现场评价中等;块茎扁圆形,皮色红,肉色白,芽眼深浅中等,芽眼大带红色,单株结薯数6.2个,平均单薯重102克,大中薯率74%,休眠期56天,耐贮性好。食味好,适宜蒸煮和炒食,属优质鲜食菜用型品种。抗晚疫病,感轻花叶和重花叶病毒病。总淀粉含量为13.41%、维生素C含量为14.77毫克/100克、蛋白质含量为2.76%、还原糖含量为0.09%、水分为79.5%。

产量表现:参加2011~2012年云南省春作区域试验。两年平均亩产2595.8千克,比'合作88'增55.91%,较'云薯201'增87.31%。2013年生产试验,4个点平均亩产1759.7千克,比对照增产31.33%,增产点率75%,其中剑川点比'合作88'增产31.33%,会泽点比'合作88'增产52.2%,迪庆点比'中甸红'增产50.0%,宁蒗点比'会-2'减产10.5%。

适宜区域:云南省中北部大春一季作区域。

C. '丽薯12号'

审定编号:滇审马铃薯20014008号。

完成单位:丽江市农业科学研究所、云南省农业科学院经济作物研究所。

完成人:和国钧、尹自友、和光宇、隋启君、和平根、姚春光、张浩、刘凌云、王菊英、张凤文、和习琼、王绍林。

品种来源:丽江市农业科学研究所2003年从云南省农科院经作所引入91份杂交组合实生块家系在丽江太安种植。后经单株系与块家系相结合对该群体进行了筛选鉴定,2004年发现P02-48组合('合作88'בGarant')产生的P02-48-10株系表现理想,2005年种植25株,两年产量表现均比对照'合作88'增产显著,晚疫病抗性强,未发现病毒病株，耐贮性好，食味品质优。2006～2010年品比试验，编号为'丽0607'，2010年年底正式命名为'丽薯12号'。

特征特性：生育期为106天，植株田间长势强，株型半直立，株高73厘米，茎粗1.2厘米，叶色浅绿，茎秆绿色，花冠紫红色，开花繁茂性中等，天然结实性弱；匍匐茎中等长，块茎大小整齐度整齐，块茎椭圆形，单株结薯数8.7个，平均单薯重72克，大中薯率63.5%，休眠期长达56天，耐贮性好。食味好，适宜蒸煮和炒食，属优质鲜食菜用型品种。2011年抗病性鉴定结果，抗晚疫病，感轻花叶和重花叶病毒病。总淀粉含量为16.03%、维生素C含量为15毫克/100克、蛋白质含量为2.62%、还原糖含量为0.08%、水分为81.5%。

产量表现：参加2011～2012年云南省春作区域试验。两年平均亩产2430.3千克，比'合作88'增45.97%，比'云薯201'增75.37%。2013年生产试验，4个点平均亩产2069.1千克，比对照增产54.42%，增产点率100%，其中宁蒗点比'会-2'减产68.4%，剑川点比'合作88'增产81.0%，会泽点比'合作88'增产52.1%，迪庆点比'中甸红'增产34.4%。

适宜区域：云南省中北部大春一季作区域。

D. '丽薯13号'

完成单位：丽江市农业科学研究所。

完成人：和国钧、和平根、张凤文、王绍林、和生鼎、杨群擎、和习琼、王菊英、和光宇、和忠。

品种来源：该品系是2002年丽江市农业科学研究所太安示范场科技人员从承担的8份国际马铃薯中心杂交实生种子区域试验（项目编号为5208）的B1组合（'ATZIMBA'בTPS-B'）中分离的单株中系统选育而成。

特征特性：生育期为106天，植株田间长势强，株型半直立，茎叶绿色，花色白色，株高80厘米，茎粗1.2厘米。薯形椭圆，薯皮微麻，芽眼小而浅，肉白色。休眠期长，耐贮性好；干物质含量24.24%，淀粉含量18.2%；高抗晚疫病，食味较好，适合鲜食。一般亩产2300千克，高产田块3000千克以上。

E. '丽薯15号'

完成单位：丽江市农业科学研究所。

完成人：和平根、王绍林、张凤文、和光宇、和国钧、和习琼、王菊英、和生鼎、杨群擎、和忠。

品种来源：该品系是2006年丽江市农业科学研究所太安示范场科技人员从'合作88'的天然杂交实生种子（即'组合06''合作88OP-11'）所分离的单株中系统选育而成。

特征特性：生育期为123天，植株田间长势强，株型半直立，茎叶绿色，叶子宽大肥厚，花色白色，株高115厘米，茎粗1.3厘米。薯形椭圆，薯皮光滑，皮色浅红，芽眼小而浅，肉淡黄色。休眠期长，耐贮性好；干物质含量24.24%，淀粉含量18.21%；高抗晚疫病，食味较好，适合鲜食。一般亩产2500千克，高产田块3500千克以上。

适宜区域：云南省中北部大春一季作区域。

2.1.3 '剑川红'选育及推广

剑川县位于滇西北高原。马铃薯是该县继水稻、玉米之后的第三大作物，剑川县适宜种植马铃薯面积在10万亩以上,常年种植马铃薯面积在5万亩左右,马铃薯既是山区半山区人民的主要口粮、蔬菜,也是重要的经济来源。马铃薯主要分布在山区半山区,分布区域海拔较高,年平均气温为12.5℃,年霜期达167天,气候冷凉、昼夜温差大,土壤肥沃,具自然隔离条件好、病虫源少、品种退化慢等优越的自然条件,非常适宜马铃薯的生长发育,所生产的马铃薯薯块大、色泽好、质地细腻、口感好,深受广大消费者的青睐。

近年来,剑川县试验站充分利用剑川"高海拔、强光照、良生态、多物种、高品质"的高原特色农业优势,大力发展高原特色农业,推广特色马铃薯品种'剑川红'。

'剑川红'马铃薯是在剑川高海拔地区长期栽培的土著马铃薯品种,由于薯形为长条形,两头微弯像牛角,所以也称"牛角洋芋";薯块为红皮白心带紫红圈,因此也称"彩心洋芋"。切开时里面白里透着紫红的颜色使人产生无限遐想,其肉质细腻,淀粉含量适中,味道酥甜,口感很好,有糯性,炒吃时还有香味,深受广大消费者的青睐。全县'剑川红'种植面积在1万亩左右,属于大春马铃薯生产,一般在2月中下旬开始种植,8月以后开始采收,年产'剑川红'马铃薯1.5万吨。

开发推广措施:进行提纯复壮,剑川县试验站通过依托马铃薯体系,用组培法生产核心种苗、脱毒苗和原原种,并在马铃薯主产区扩繁,更换原有品种,让'剑川红'恢复种性,提高产量和品质。

无公害产品产地认证:剑川县试验站在发展剑川县马铃薯产业过程中,非常注重产品质量和食品安全,积极引导群众科学栽培、科学管理和安全用药,最大限度降低了马铃薯生产过程中的化肥施用量和农药用量,全力打造"绿色马铃薯""无公害马铃薯"品牌。2010年,剑川县试验站组织申报了"剑川县金华镇庆华村、清坪、甸南镇上关甸村无公害剑川红马铃薯基地",认证产地规模达6000亩。通过无公害马铃薯的产地认证和对薯农的积极引导,成功打造了剑川县无公害特色马铃薯品牌'剑川红'。通过剑川县试验站宣传、引导,加大了无公害马铃薯产品产地的认证,到目前,剑川县已认证了2万亩无公害马铃薯基地,认证产量达4万吨。

设计包装盒:为提升'剑川红'马铃薯的品位、档次和便于携带,剑川县试验站利用'剑川红'马铃薯的相关素材,设计了'剑川红'马铃薯包装盒,包装盒规格可装5千克,设计专利号:ZL201130430408.X,2012年6月20日授权。'剑川红'马铃薯包装盒的设计,让'剑川红'通过包装,成为送礼佳品。

出口基地备案:2014年,为进一步宣传、推广剑川县特色马铃薯,剑川试验站以"剑川县出口农产品安全示范区建设"为契机,进一步提高马铃薯质量安全水平,推进马铃薯"走出去"战略,实现本地马铃薯直接出口,有效促进薯农增收,企业增效,把剑川县逐步打造成全省重要的高原生态特色马铃薯出口基地。剑川试验站积极参与马铃薯出口基地备案,成功备案了马铃薯出口基地2.2万亩,备案出口品种为'剑川红'和'合作88',可以实现剑川县特色马铃薯直接出口。

推广效果:①产值效益显著。通过提纯复壮'剑川红',使用脱毒种薯后,产量质量大幅提升,平均亩产可达1600千克,按平均市场价2.50元/千克计,亩产值可达4000元,比剑川其他马铃薯品种平均产值(2000多元)高出1000多元,产值效益显著。②产品深受消费者的青睐。'剑川红'马铃薯作为典型的剑川县高原特色农产品，拥有高海拔、光照强、虫害少、无农残、优质水源的良好种植环境，生产的产品品质佳，吃法多种多样，可烧可煮，可煎可炸，味道酥甜可口；'剑川红'马铃薯用包装盒包装，成为剑川县具高原特色的送礼佳品。'剑川红'马铃薯参加"云品入沪"的上海推荐会与品鉴会，已在环球港云品中心及农工商 118 店、119 店云南特色商品专区热销。除此之外，'剑川红'还被上海城市超市与生鲜宅配 O2O 平台-食行生鲜采购，正式进军高端食材市场，深受海内外广大消费者的青睐。

2.1.4 '凤薯'选育及推广

'凤薯'由大理州农业科学院选育，大理州农业科学院在多年育种工作基础上，结合大理州一年四季不分明的特点，采用"马铃薯穿梭育种方法"，高效开展马铃薯选育种工作。大理州地处云南省中部偏西，东经 98°52′~101°03′，北纬 24°41′~26°42′，海拔 2090 米，东邻楚雄州，南靠普洱市、临沧市，西与保山市、怒江州相连，北接丽江市。四季温差不大，干湿季分明，属低纬高原季风气候。

品种选育目标：根据不同季节气候条件，确定育种目标。①冬早季节品种选育：该季种植的马铃薯，其整个生育期都处于长日照条件下，气温从低温向高温变化，降雨量少，空气湿度相对较小，不利于晚疫病等病害的发生。在此条件下，可以选育幼苗期耐寒、耐旱、耐虫害、对日照不敏感，结薯早、薯块膨大快、早熟、高产优质的马铃薯。②大春季节品种选育：大春季节马铃薯齐苗后进入雨季，空气湿度大，利于晚疫病的发生，早熟品种因不抗晚疫病而提前死亡，产量较低，选择时往往漏选，容易造成优良基因型流失。晚疫病抗性好的材料往往迟熟，选育出的品种生育期都较长；日照从长日照向短日照变化，对短日照敏感型的材料才逐步开花、结薯，晚疫病抗性差的材料产量很低，选择效果很差。在此条件下，可选育耐旱、抗晚疫病、中晚熟、高产、优质的品种。③秋季品种选育。秋季马铃薯的整个生育期处于雨季、空气湿度大，日照由短日照向长日照变化，马铃薯晚疫病非常严重，晚疫病抗性差的材料，出苗后不久就全部死亡，产量极低，甚至绝收。此时可以选育抗晚疫病的材料。

育种流程：根据育种目标，选好目标亲本，在大理州农业科学推广研究院试验场配制杂交组合，生产杂交实生种子，或引进优良杂交实生种子。第二年，在塑料大棚中培育 F_1 代杂交实生种子的幼苗。F_1 代的幼苗拿到高海拔育种基地定植，生产无性一代种薯，按组合分别收获单株材料，淘汰表现极差的单株材料。第三年，无性一代种薯继续在高海拔育种基地种植，选留表现好的株系，淘汰表现极差的株系，有分离的家系进行单薯选择。第四年，将每一个株系的种薯分出 1/3 拿到小春马铃薯主产区，按组合种植，鉴定其适应性、早熟性、丰产性、抗病性和品质，重点鉴定早熟性、丰产性；同年，将小春季种植的马铃薯材料全套拿到秋季马铃薯种植区再次种植，鉴定其晚疫病抗性和丰产性，重点鉴定其晚疫病的抗性；同时，将上年大春季在高海拔育种基地收获的每一个株系剩余的 2/3 种薯，按组合种植在大春育种基地内，主要鉴定其晚疫病抗性和丰产性。这样，通过一年三季的鉴定，初步可以判定马铃薯杂交育种材料的适应性、晚疫病抗性、早熟性和丰产性。在大春季、小春季和秋季均表现好或大春季和小春季表现好的材料可以扩大繁殖，并进入品系比较试验。同时，将表现好的材料生产无菌苗，在塑料大棚中生产微型薯。将微型薯拿到高海拔育种基地进行培育，生产优质种薯，提供品种区域试验的种薯。照此育种流程开展马铃薯新品种选育，可以缩短育种年限，提高新品种选育的效率。大理州农业科学推广研究院运用这种育种方法，选育出马铃薯新品种'凤薯3号''凤薯4号'，新品系'凤薯95-18'和'凤薯95-15'，参加云南省马铃薯新品种区域试验和生产示范。筛选出'H6号''凤薯6号''B4''S33'等早熟高产的蔬菜和加工兼用型品系，正在进行品种比较试验。

马铃薯穿梭育种点的选择和气象资料分析：①大春季育种点选在洱源县牛街乡大松坪村，海拔2700米。马铃薯生育期为3～10月，气温、降雨量和空气湿度从低向高变化，到七八月最高，然后又从高向低变化；日照时间从长日照向短日照变化，7月日照时间最短，然后日照时间又逐渐加长。②小春马铃薯育种点选在大理市大理镇，海拔1980米。马铃薯生育期12月至次年1～5月都处于长日照条件下，气温从低向高变化，干旱少雨，空气湿度低。③秋季马铃薯育种点选在大理市大理镇，海拔1980米。马铃薯生育期为8～12月，日照时间从短日照向长日照变化，气温从高向低变化，降雨量从高向低变化，空气相对湿度从高向低变化。

2.1.5 '宣薯'选育及推广

'宣薯'马铃薯由宣威市农业技术推广中心选育，该中心现有马铃薯基地2个，其中包括国家现代农业示范园区，共占地300亩，功能是原原种生产，新品种、新技术试验和示范；马铃薯育种基地有50亩，功能是新品种选育。单位职工中有10人长期从事马铃薯新品种选育、引进和推广工作，开展马铃薯栽培技术及马铃薯杂交实生种子的研究、试验、示范、推广工作，以及脱毒种薯生产工作。宣威市农业技术推广中心从1992年开始建设脱毒种薯生产基地，具备一定的原原种生产能力。现在已建成西南地区规模大、设备先进的种薯研发中心，年生产原原种能力达3000万粒。该中心开展从马铃薯杂交实生种子做起的马铃薯育种系列工作，和云南省农业科学院经济作物研究所、云南农业大学等科研院所开展联合选育工作。仅2015年就配制杂交组合13个，生产实生种子2万粒；种植家系3万株，筛选出800多份单株；种植高代材料100余份。自主或与云南省农业科学院合作选育审定了4个马铃薯新品种'宣薯2号''宣薯4号''宣薯5号'和'云薯801'。其中'宣薯2号'在2013年被农业部推荐为西南区主导品种，累计推广上万亩。'宣薯6号''宣薯7号'已通过省区试验和田间鉴评。育成品种主要有以下几种。

A. '宣薯6号'
审定编号：滇审马铃薯2015002。
选育单位：宣威市农业技术推广中心、云南省农业科学院经济作物研究所。
品种来源：2003年宣威市农业技术推广中心与云南省农业科学院经济作物研究所合作，通过杂交方式选育成，母本为'S01-324'，父本为'合作23'。
特征特性：该品种生育期119天，生长势强，株形直立，株高83厘米，茎粗1.3厘米，叶色绿，茎色绿，花冠白色，开花中等繁茂，天然结实性弱。匍匐茎中等长，块茎椭圆形，薯皮光滑，芽眼浅，白皮白肉，大中薯率68.6%。单株结薯数7.9个，平均单薯重

71 克。食味优。抗晚疫病，中抗马铃薯 X 病毒和马铃薯 Y 病毒。

产量表现：2012~2013 年参加省区试验，平均亩产 2731.5 千克，比对照亩产 1427.8 千克增 65.03%。

适宜区域：适宜云南省春作马铃薯一季作种植区。

B.'宣薯 7 号'

审定编号：滇审马铃薯 2015001。

选育单位：宣威市农业技术推广中心、云南省农业科学院经济作物研究所。

品种来源：2003 年宣威市农业技术推广中心与云南省农业科学院经济作物研究所合作，通过杂交方式选育成，母本为'会-2'，父本为'Cr03-189'。

特征特性：该品种生育期 115 天，生长势中等，株形直立，株高 83 厘米，茎粗 1.3 厘米，叶色绿，茎紫色，花冠紫红色，开花中等繁茂，天然结实性弱。匍匐茎中等长，块茎椭圆形，薯皮光滑，芽眼中等，紫皮白肉，大中薯率 66.7%。单株结薯数 6 个，平均单薯重 69.9 克。食味优。抗晚疫病，中抗马铃薯 X 病毒，抗马铃薯 Y 病毒；淀粉含量 18.24%，蛋白质 2.29%，维生素 15.7 毫克/100 克，还原糖 0.393%，水分 81.5%。

产量表现：2012~2013 年参加省区试验，平均亩产 2050.8 千克，比对照亩产 1626.3 千克增 26.1%。

适宜区域：适宜云南省春作马铃薯一季作种植区。

2.1.6 '德薯'选育及推广

'德薯'由德宏州农业技术推广中心与云南省农科院经作所合作，成功选育出的马铃薯新品种'德薯 2 号'和'德薯 3 号'。德宏州农业技术推广中心是德宏州农业科学技术研究和示范推广的龙头，承担着全州主要农作物新品种的选育和新技术的试验、示范、推广、培训等工作，是促进农村经济发展和边疆新农村建设的主要力量。该中心马铃薯课题组从事马铃薯新品种选育、引进、推广工作，主要承担国家、省马铃薯产业技术体系德宏马铃薯试验站建设项目、国家和云南省马铃薯冬作区域试验和云南省、德宏州下达的马铃薯种薯繁育基地建设项目、高产创建项目等，并与云南省农业科学院经济作物研究所合作开展冬马铃薯选育工作。每年引进马铃薯高代材料 30 份左右，品比试验 1~3 组，试验面积 5~10 亩。育成品种有以下几个。

A.'德薯 2 号'

审定编号：滇特（德宏）审马铃薯 2011003 号。

选育单位：德宏州农业技术推广中心、云南省农科院经作所。

特征特性：'德薯 2 号'生育期 75 天左右，中早熟品种；出苗整齐，幼苗生长势强，平均株高 50 厘米，茎粗 1.2 厘米，茎秆绿色，叶片绿色；株丛扩散，株丛繁茂性中等；结薯集中，块茎扁圆形，薯形整齐，表皮光滑，淡黄皮白肉，粉红色芽眼，芽眼数中等、芽眼浅；食味好，品质优，产量高，商品率较高，适宜作鲜食、炸片品种开发利用。'德薯 2 号'干物质含量 25.2%，淀粉含量 17.42%，蛋白质含量 1.99%，维生素 C 含量 27.5%，属于优质鲜食品种。抗晚疫病、感马铃薯 X 病毒、中抗马铃薯 Y 病毒。

适宜区域：'德薯 2 号'适宜在德宏州海拔 845~920 米冬作区推广种植和在 2000

米以上高海拔山区繁种。

栽培要点：该品种抗晚疫病、耐退化、耐水肥、鲜薯产量高，栽培技术注意围绕高产水肥管理进行，生长后期注意预防早疫病。

应选择肥力中上等的田块。播种前应剔除烂薯、病薯和杂薯，选择生理状态好的健康种薯，按种薯发芽时期分批播种。种植密度为3500~4000株/亩。10月下旬至11月中旬播种。采用高垄双行或单行条播。每亩施农家肥2000千克、过磷酸钙50千克、45%含量的复合肥50千克、钾肥10~15千克、尿素20千克、硼砂2千克、防地下害虫药剂，作底肥混合施于播种沟中间。在苗期和现蕾期进行1~2次中耕培土，并根据植株状况在苗期适量追施氮肥。根据田间墒情及时进行灌水。生育期间注意防治病虫害。该品种薯块较大，外观较好，适宜作鲜食销售。收获时根据市场供求需要及时收获，去除病薯、烂薯，分级包装，及时销售。

推广应用情况：2012年在芒市的轩岗乡马铃薯产区，芒广村委会轩蚌村小组李金保农户种植'德薯2号'1.8亩，实收鲜薯产量7596千克，平均亩产4220千克，其中，大中商品薯6836千克，销售收入12 305元，小薯产760千克，收入304元，合计总收入12 609元，平均亩收入7005元。2009~2012年全州累计示范推广面积达20 140亩。

'德薯2号'的选育成功与在生产中示范推广，取得了良好的效益。在生产上解决了德宏州冬马铃薯栽培品种单一、种植品种老化、商品性差效益不高的问题。通过示范推广，'德薯2号'新品种也逐渐成为了德宏州冬马铃薯主要推广品种之一。

存在的问题及推广应用前景分析：'德薯2号'新品种具有优质高产、商品率高、抗性强、适应性广等特点，不论在德宏州山区种薯生产繁殖还是坝区冬季商品薯生产的应用，都得到了种植区农户的欢迎，是德宏州今后几年可以重点发展的一个优良品种，具有良好的推广应用前景。但是，由于马铃薯是用块茎作种繁殖的作物，生产量和用种量都很大，种薯繁殖系数低、退化快，以及商品薯、种薯产业种植链的构建不稳定等因素，目前，'德薯2号'的推广应用主要的问题还是种薯生产不足的问题，虽然近年在德宏州山区投资建设了一定的种薯繁殖基地，初步构建了种薯繁殖体系，开展了脱毒新品种种薯的生产繁殖，但是远远不能满足生产需要。种薯生产不足，导致了新品种面积不能迅速扩大，影响了新品种增产效益的发挥。

B. '德薯3号'

审定编号：滇特（德宏）审马铃薯2012006。

选育单位：德宏州农业技术推广中心、云南省农业科学院经济作物研究所。

品种来源：'会-2'דo音洋芋'。

选育过程：2002年利用母本'会-2'父本'观音洋芋'配置杂交组合，经过5年的筛选，2008年参加德宏州级区域试验，2012年通过云南省审定。

特征特性：株型直立，株高44厘米左右，茎粗1.1厘米，生长势较强，茎叶浓绿色。匍匐茎中等、结薯集中、结薯多。块茎扁圆形、圆形，白皮白肉，表皮略麻，芽眼浅。鲜薯干物质含量23.3%左右，淀粉含量19.5%，粗蛋白质含量2.46%，每100克鲜薯维生素C含量为39.3毫克。抗马铃薯晚疫病，中感马铃薯X病毒，感马铃薯Y病毒。出苗后90天可收获。2008~2009年德宏州马铃薯冬作区试平均亩产2057.6千克，比对照

'合作88'增产10.0%。2010~2011年生产试验平均亩产2004.8千克,比对照'中甸红'增产14.8%。

栽培要点:该品种植株高、田间繁茂度强,喜水肥。应选择肥力中上等的田块。播种前应剔除烂薯、病薯、杂薯和衰老薯块,选择生理状态好的健康种薯。种植密度为3500~4500株/亩,适当稀植,种植方式按各地最佳方式,播种节令适当提早。适当增施腐熟农家肥,施肥标准结合各地最佳配比。在苗期和现蕾期进行1~2次中耕培土,并根据植株状况在苗期适量追施尿素。生育期间注意防治病虫害。根据市场供求关系及时收获。

适宜区域:德宏州马铃薯冬作生产适宜区。

2.2 马铃薯品种不同生态区评价

从家系开始进行筛选,到审定成为一个品种,要经过家系、无性2代、无性3代、品种比较试验,省级或国家级马铃薯区域试验等田间选择。

品种比较试验:简称品比试验,即将选出的品系或引入品种,与对照品种在相对一致的条件下进行比较的大田试验。试验小区面积一般为20~60平方米。随机区组排列,3次重复。3个重复共120~180个薯块,主要观测生育期、产量、品质、抗逆性、块茎大小、块茎整齐度、空心、褐斑和内外部病害等,也要关注薯形、皮色、肉色。同时继续进行炸片、炸条、蒸煮评价,并进行淀粉和干物质含量测定。需连续3年以上。凡综合或某项性状超过对照种的为优良或特异品种。

区域试验:品种区域试验是指通过统一规范的要求进行的大田试验,对新育成品种的丰产性、适应性、抗逆性和品质进行全面鉴定,根据品种在区域试验中的表现,结合抗逆性鉴定和品质结果,对品种进行综合评价。品种区域试验是评价品种的科学依据,也是品种审定和推广品种科学布局的重要依据。区域试验从原理上说是唯一性试验,就是只有品种不同,其他管理条件都要相同。田间管理跟大田管理是一样的。遵循治虫不治病的原则,要求不能拌种、不能喷生产调节剂。试验设计采用3次重复、随机区组排列的方式安排布置试验。区试按照作物生态区划分组,通过区域试验后审定的品种,基本可以认为是安全可用的,没有通过区试试验的品种风险性大。区试中大部分品种在不同年份、不同试点之间各种表现往往差别很大,但连年表现第一的品种往往表示该品种是适应性、抗逆性综合最好的品种。云南立体气候决定其品种评价需在不同生态区实施,才能评价出适应性和丰产性好的品种。

2.2.1 春作区(含早春)马铃薯品种不同生态区评价

2.2.1.1 滇中马铃薯新品种比较试验

试验名称:滇中马铃薯新品种比较试验案例1。

试验开始时间:2011年4月30日。

试验地点:云南农业职业技术学院小哨校区农场。

试验点地理气候概况:海拔1900米,土壤为红壤土,土层40~50厘米,有机质含量

4%，前作为油菜。年平均气温 14.7℃，极端最高气温 35.7℃，极端最低气温−15.9℃，年无霜期 227 天，年日照时数为 1971.2 小时，年降雨量 866.7 毫米，雨水集中在 5～10 月。

试验设计及执行人：王孟宇、赖丽芳。

试验目的：为鉴定云南现代农业马铃薯产业技术体系内外育成的马铃薯新品种（组合）的丰产性、区域适应性和抗逆性，分析品种产量和田间综合表现，筛选确定参加展示的品种，特设本试验。

参试品种：由试验站从体系内外引进的 21 个品系（表 2-4）。

表 2-4　2011 年滇中马铃薯新品种比较试验产量

品种名称	亩产量（千克）	与'合作88'比较增产（千克/亩）	与'合作88'比较增产（%）
丽薯 6 号	4094	2671	187.7
会-2 原种	2946	1523	107.0
会-2	2905	1482	104.1
陇薯 7 号	2650	1227	86.2
楚雄 2011	2588	1165	81.2
陇薯 8 号	2391	968	68.0
乌洋芋	2368	945	66.4
DE03-34-6	2348	925	65.0
中甸红	2312	889	62.5
陇薯 3 号	2309	886	62.3
云薯 301	2290	867	60.9
陇薯 6 号	2028	605	42.5
青薯 9 号	2028	605	42.5
西昌老洋芋	1957	534	37.5
云薯 101	1773	350	24.6
陇薯 9 号	1647	224	15.7
2011-001	1551	128	9.0
合作 88	1423	0	0
9810-18	1176	−247	−17.3
114	1142	−281	−19.7
紫云 1 号	1108	−315	−22.1

试验设计：以当地主栽品种'合作 88'为对照，间比法排列，不设重复，每隔 6～8 个参试品种设置一个对照，按区试密度种植（4500 株/亩），5 行区，行长 5 米，收中间 3 行计产，观测参试品种的基本农艺性状、抗病虫性状、适应性状和产量性状。在当地最佳

节令播种，田间管理方式同大田生产。

栽培技术：前作收获后，即进行犁翻深耕细耙，保证松土层 25 厘米以上，采用单行单垄种植方式，行距 75 厘米，株距 20 厘米。先开沟施肥，为避免种薯与肥料直接接触引起烧苗，少覆土后点播马铃薯，覆土。采取有机无机肥相结合施肥，在亩施腐熟羊粪 1000 千克的基础上，亩施纯氮 15 千克、纯磷 113 千克、纯钾 25 千克。底肥亩施纯氮 9 千克、纯磷 13 千克、纯钾 15 千克、硫酸钾（含 K_2O，50%）12 千克、复合肥（N：P：K＝15：15：15）60 千克。剩余肥料分两次在苗期和现蕾期结合培土起垄追肥。播前结合整地将土壤杀虫杀菌剂一并施入土壤。种薯在 30～50 克的可以直接播种，超过 50 克的需要切种，切种时每个种块掌握在 25～40 克，至少要带一个芽眼。种薯切好后，用药剂（百菌清：多菌灵：双飞粉 1：1：50）拌种后置于通风处，并尽快播种。

试验结果：'丽薯 6 号''会-2 原种''会-2''陇薯 7 号'亩产量分别为 4094 千克、2946 千克、2905 千克、2650 千克，比对照'合作 88'分别增产 131.8%、75.1%、73.1%、60.5%，产量远高于对照'合作 88'，其中'丽薯 6 号'表现十分突出，具有广泛的推广应用前景（表 2-4）。

试验名称：滇中马铃薯新品种比较试验案例 2。

试验开始时间：2015 年 3 月 24 日。

试验地点：云南省昆明市寻甸县六哨乡马铃薯基地。

试验点地理气候概况：寻甸县六哨乡马铃薯基地，海拔 2530 米，土壤母质玄武岩灰汤土，pH 5.72，为中偏酸土壤，有机质 9.4%，有效氮为 275.19 毫克/千克，有效磷为 28.5 毫克/千克，速效钾为 165.67 毫克/千克，土壤肥力为中等，年均气温 13℃，年无霜期 180 天，年平均降雨量 1040 毫米，前作为马铃薯，是马铃薯生长的最好环境，历年以种植马铃薯为主。

试验目的：在全省范围内针对不同地区，不同播种节令设计马铃薯新品种（系）进行丰产性、适应性、抗逆性品种评价鉴定。为云南省马铃薯品种审定、鉴定提供科学依据，从中选出适合云南省不同地区、不同海拔、不同节令种植的马铃薯新品种，逐步更新不同地区、不同海拔马铃薯新品种。

参试品种：'靖薯 6 号''青薯 9 号''S10-404-2''S10-499''宣薯 05-320''丽薯 10 号''S10-209''S10-513''S07-529''S10-221'。

田间设计：参试品种 10 个，随机排列，3 次重复，30 个小区，小区面积 10 平方米，小区宽 3.6 米，种 6 行，行距 0.6 米，小区长 2.8 米，株距 0.28 米，种 10 株，每小区种 60 株，折每亩 4000 株。农家肥每小区 30 千克，折每亩 2000 千克。化肥用六哨农科站配制的复混肥（N：P：K＝8：9：8），每小区 4 千克，折每亩 270 千克。

田间管理：本试验于 2015 年 3 月 24 日播种，播种后当晚下了中雨，保证了种薯的萌动和发芽。4 月下旬整个试验全部出苗，出苗较好，5 月降雨次数比历年偏多，出苗后整个试验长势较好。在整个生育期中，中耕培土两次。

品种评述：播种后雨水正常，出苗较好，长势正常。收获后经方差分析品种与品种之间差异达显著水平。10 个品种综合性状表现好的是'青薯 9 号''S10-499''S10-209'，最差的是'S10-221''S10-404-2'（表 2-5 和表 2-6）。

表 2-5 马铃薯产量结果分析表

项目 品种	小区产量（千克）					折合单产 （千克/亩）	位次
	I	II	III	合计	平均		
靖薯 6 号	25.0	27.0	18.5	70.5	23.5	1566.7	9
青薯 9 号	41.2	52.5	37.1	130.8	43.6	2906.8	1
S10-404-2	14.9	23.5	34.4	72.8	24.3	1617.8	8
S10-499	32.9	36.7	35.2	104.8	34.9	2329.0	3
S07-529	25.6	22.7	30.2	78.5	26.2	1744.5	7
宣薯 05-320	41.6	26.8	33.1	101.5	33.8	2255.6	4
丽薯 10 号	37.8	24.3	32.6	94.7	31.6	2104.5	5
S10-209	56.4	30.3	35.8	122.5	40.8	2722.3	2
S10-513	33.3	29.9	27.5	90.7	30.2	2015.6	6
S10-221	11.2	24.0	14.4	49.6	16.5	1102.2	10
合计	319.9	297.7	298.8	916.4			

表 2-6 品种间差异显著性表

品种	小区平均产量（千克）	品种间差异显著性							
青薯 9 号	43.6								
S10-209	40.8	2.8							
S10-499	34.9	8.7**	5.9**						
宣薯 05-320	33.8	9.8**	7.0**	1.1					
丽薯 10 号	31.6	12.0**	9.2**	3.3	2.2				
S10-513	30.2	13.4**	10.6**	4.7*	3.6	14			
S07-529	26.2	17.4**	14.6**	8.7**	7.6**	5.4*	4.0*		
S10-404-2	24.3	19.3**	16.5**	10.6**	9.5**	7.3**	5.9**	1.9	
靖薯 6 号	23.5	20.1**	17.3**	11.4**	10.3**	8.1**	6.7**	2.7	0.8
S10-223	16.5	27.1**	24.3**	18.4**	17.3**	15.1**	13.7**	9.7**	7.8**	7.0**

2.2.1.2 滇东北马铃薯新品种比较试验案例

试验名称：云南省现代农业马铃薯产业技术体系马铃薯大春作品系多点比较试验。

试验时间：2016 年。

试验地点：云南省昭通市鲁甸县水磨镇拖麻村。

试验点地理气候概况：鲁甸县水磨镇拖麻村距离水磨镇 12.50 千米，面积 39.81 平方千米，海拔 2555.00 米，年降雨量为 600~1100 毫米，年平均气温 9.1℃，年无霜期 140 多天，适宜种植马铃薯、荞麦、燕麦等农作物。

试验设计及执行人：白建明、陈建林、易祥华、肖华、陈兴。

试验方案：田间采用随机区组设计，3 次重复，除了 8 份供试材料之外，统一对照'合作 88'品种（CK1），各试验点另加一个主推品种（CK2）为第二对照。每个小区种植 78 个种薯，小区面积 13.2 平方米。推荐采用大垄双行，小区长 4 米，宽 3.3 米，垄宽 1.1 米（70 厘米+40 厘米），每行 13 个种薯，种三个双行，折合田间种植密度 3900 株/亩。重复之间留 1 米宽走道，各承担单位选择地块时，选择上年度未种植马铃薯的地块，以防止田间混杂。

实施过程： 前作为荞麦，土壤类型是棕色灰泡土，酸性土壤，耕整地方式采用机耕机耙。播种方法采用人工开沟点播、一次性施肥，不作追肥，播种时每亩施用农家肥 1500 千克、复合肥 60 千克（N:P:K=15:15:15），播种规格尺寸严格按试验方案执行。3 月 18 日对各品种进行切种，3 月 20 日播种，5 月 25 日开展苗期除草浅培土，6 月 17 日进行中耕深培土，在生长期内未实施灌排水、未施用任何杀虫杀菌剂。

试验结果： '12H24-5' 平均单产 2121.3 千克/亩，比 CK2（'会-2'）增产 52.7%，居试验第一位。'S10-209' 平均单产 2062.4 千克/亩，比 CK2（'会-2'）增产 48.5%，居试验第二位。'S10-404-2' 平均单产 1919.3 千克/亩，比 CK2（'会-2'）增产 38.2%，居试验第三位。'宣 05-320' 平均单产 1532.1 千克/亩，比 CK2（'会-2'）增产 10.3%，居试验第四位。'12H24-7' 平均单产 1498.4 千克/亩，比 CK2（'会-2'）增产 7.9%，居试验第五位。'S10-513' 平均单产 1473.1 千克/亩，比 CK2（'会-2'）增产 6.1%，居试验第六位。'S10-221' 平均单产 1405.8 千克/亩，比 CK2（'会-2'）增产 1.2%，居试验第七位。'靖薯 6 号' 平均单产 1245.9 千克/亩，比 CK2（'会-2'）减产 10.3%。

效益分析： 按当地市场价格计算投入，合计每亩投入 1430.00 元。其中，种薯投入 360.00 元、农家肥投入 450.00 元、化肥投入 180.00 元、工时投入 440.00 元。产出最高为 '12H24-5'，达到 2545.56 元，最低是 '靖薯 6 号' 只有 1495.08 元（表 2-7）。

表 2-7 不同品种产出与对照品种 '会-2' 比较

品种	12H24-5	S10-209	S10-404-2	宣 05-320	12H24-7	S10-513	S10-221	靖薯 6 号
产值（元）	2545.56	2474.88	2303.16	1838.52	1798.08	1767.72	1686.96	1495.08
亩收益（元）	1115.56	1044.88	873.16	408.52	368.08	337.72	256.96	-65.08

马铃薯净作区由于海拔较高，气温冷凉，只能产玉米、荞麦、燕麦。

与玉米相比：玉米每亩投入 777.00 元，每亩产出 1169.25 元，玉米每亩纯收入 392.52 元。

与荞麦相比：荞麦每亩投入 209.00 元，每亩产出 399.56 元，荞麦每亩纯收入 190.56 元。

与燕麦相比：燕麦每亩投入 204.00 元，每亩产出 395.08 元，燕麦每亩纯收入 191.08 元。因此，种植优良马铃薯品种可以获得较好利益（表 2-8）。

表 2-8 马铃薯产值与玉米、荞麦、燕麦比较

品种	12H24-5	S10-209	S10-404-2	宣 05-320	12H24-7	S10-513	S10-221	靖薯 6 号
比玉米亩增产值（元）	1376.04	1305.36	1133.64	669	628.56	598.2	517.44	325.56
比玉米亩增收益（元）	723.04	652.36	480.64	16	-24.44	-54.8	-135.56	-327.44
比荞子亩增产值（元）	2146	2075.32	1903.6	1438.96	1398.52	1368.16	1287.4	1095.52
比荞子亩增收益（元）	925	854.32	682.6	217.96	177.52	147.16	66.4	-125.48
比燕麦亩增产值（元）	2150.48	2079.8	1908.08	1443.44	1403	1372.64	1291.88	1100
比燕麦亩增收益（元）	924.48	853.8	682.08	217.44	177	146.64	65.88	-126

试验评价：通过试验结果，在参试的 8 个新品种中，前 7 个品种的平均亩产均高于对照'会-2'，为鲁甸县马铃薯新品种种植推广提供了后备资源。

推广价值：根据试验各品种的投入、产出结果，并与同季其他作物相比较，'12H24-5''S10-209''S10-404-2''宣05-320'这 4 个马铃薯新品种具备较好的推广价值。

2.2.1.3 滇西北马铃薯新品种比较试验案例

试验名称：云南省迪庆高原马铃薯新品种比较试验。

试验时间：2012 年。

试验地点：云南省迪庆州香格里拉县尼西乡汤满村上社。

试验设计及执行人：张永梅、唐世文、斯那七皮、闵康。

试验点地理气候概况：香格里拉县尼西乡汤满村上社海拔 2685 米，年平均气温 16℃，年降水量 650 毫米。试验地土质疏松，土壤肥力上等，有机质含量高，前作为玉米，无地下害虫，土壤为沙壤，土壤酸碱性为 pH 6～6.5，有灌溉条件。

试验背景：迪庆州马铃薯生产良种繁育体系尚未健全，导致了新品种、新技术推广步伐慢，马铃薯单产低，品质不高，经济效益不明显，严重制约了迪庆州马铃薯产业的发展。根据云南省现代农业马铃薯产业技术体系研发中心的要求，将 5 个马铃薯新品种在迪庆地区马铃薯主产区进行种植比较，评价鉴定各个品种在该地区的抗病性、丰产性及适应性，以便于推广应用，从而加强地方马铃薯产业发展，促进地方经济可持续发展。

试验方案及实施过程：试验以'中甸红'品种为对照（CK），采用随机排列，3 次重复。小区长 4.76 米，小区宽 2.1 米。行距 70 厘米，3 行区，20 株/行，共 60 株，小区面积 10 平方米。参加试验品种有'中薯 18''中薯 20''青薯 9 号''宣薯 2 号''中甸红'（CK）'丽薯 6 号'。由马铃薯体系研发中心和迪庆州农业科学研究所提供。

2012 年 12 月 18 日播种，2013 年 6 月 17 日收获。腐熟农家肥每亩 4000 千克；复合肥每亩 80 千克（N：P：K = 14：16：15），每小区用 1.2 千克作底肥。全生育期共灌水 9 次，采用浅灌。全生育期未发生病虫害。

试验结果：经 F 值测验产量结果，'丽薯 6 号'产量极显著高于其余品种；'青薯 9 号'产量极显著高于'中薯 18''中薯 20''宣薯 2 号'和'中甸红'（CK）；'中薯 18'产量显著高于'中薯 20'，极显著高于'中甸红'（CK）和'宣薯 2 号'；'中薯 20'和'中甸红'（CK）间产量无显著差异，而极显著高于'宣薯 2 号'。'丽薯 6 号'产量居第一位，鲜薯折合亩产 4368.85 千克，比'中甸红'（CK）品种增产 31%，大中薯率 80%，田间烂薯为 0，裂薯为 1%，大薯空心率为 0，水比重法测定鲜薯淀粉含量为 13.42%，食味中，晚疫病 2 级，适宜高海拔地区种植。'青薯 9 号'产量居第二位，鲜薯折合亩产 3968.65 千克，比'中甸红'（CK）品种增产 19%，出苗率 98%，出苗整齐，幼苗长势强，大中薯率 80%，田间烂薯为 0，裂薯为 1%，大薯空心率为 0，水比重法测定鲜薯淀粉含量 17.98%，食味上，有香味，适宜本地区种植。'中薯 18 号'产量居第三位，鲜薯折合亩产 3608.47 千克，比'中甸红'（CK）品种增产 9%，大中薯率 80%，田间烂薯为 0，裂薯为 1%，大薯空心率为 0，水比重法测定鲜薯淀粉含量为 16.95%，食味上，有香酥口味，适宜本地区种植。'中薯 20 号'产量居第四位，鲜薯折合亩产 3455.06 千克，比'中甸红'（CK）品种增产 3.6%，大中薯率 90%，田间烂薯为 0，裂薯为 1%，大薯空心率为 0，水比重法测定鲜薯淀粉含量为 13.42%，食味中，适宜本地区种植。'宣薯 2 号'产量位居最后，鲜薯折合亩产 2928.13 千克，比'中甸红'（CK）品种减产 12.2%，大中薯率 80%，田间烂薯为 0，裂薯为 1%，大薯空心率为 0，水比重法测定鲜薯淀粉含量为 15.43%，食味中，不适宜本地区种植（表 2-9～表 2-13）。

表 2-9 马铃薯区试品种（系）生育状况记载表

项目 品种	播种期 （月/日）	始苗期 （月/日）	出苗期 （月/日）	出苗率（%）	封行期 （月/日）	见花期 （月/日）	开花期 （月/日）	成熟期 （月/日）	生育期 （天）	收获期 （月/日）	收获时成熟度
中薯 18 号	12/18	2/18	3/2	95	4/15	4/19	无花	6/10	99	6/17	茎叶 50%枯黄
中薯 20 号	12/18	2/22	3/4	95	4/22	4/24	无花	6/17	104	6/17	茎叶 30%枯黄
青薯 9 号	12/18	2/18	3/2	98	4/8	4/13	4/28	7/2	112	6/17	茎叶始枯黄
宣薯 2 号	12/18	2/22	3/4	95	4/20	4/25	5/9	6/15	102	6/17	茎叶 50%枯黄
中甸红（CK1）	12/18	2/22	3/4	98	4/12	4/15	无花	6/10	95	6/17	茎叶 50%枯黄
丽薯 6 号（CK2）	12/18	2/18	3/2	99	4/8	4/13	4/26	6/19	108	6/17	茎叶 30%枯黄

表 2-10 马铃薯区试品种（系）植株性状记载表

项目 品种	出苗整齐度	幼苗生长势	茎色	叶色	花色	天然结果习性	株高（厘米）	茎粗（厘米）	株丛形态	株丛繁茂性	备注
中薯 18 号	中等	强	浓绿	浓绿	白	落蕾	79	1.2	扩散	中	
中薯 20 号	整齐	中等	浓绿	浓绿	白	落蕾	70	1.3	扩散	弱	
青薯 9 号	整齐	强	紫	浓绿	浅紫	落花	90	1.1	扩散	中	
宣薯 2 号	中等	中等	浓绿	浓绿	白花	落花	85	1.4	扩散	中	
中甸红（CK1）	整齐	强	绿	绿	白	落蕾	78.5	1.2	扩散	中	
丽薯 6 号（CK2）	中等	强	绿	绿	白花	落花	83	1.6	直立	中	

表 2-11 马铃薯区试品种（系）块茎性状记载表

项目 品种	结薯集中性	块茎形状	表皮光滑度	皮色	肉色	芽眼多少	芽眼深浅	块茎分类（%）大薯	中薯	小薯	田间烂薯率（%）	食味品质	比重法淀粉含量（%）	商品薯裂薯率（%）
中薯 18 号	集中	长椭	网纹	浅黄	淡黄	少	浅	30	50	20	0	上	16.95	0
中薯 20 号	集中	长椭	网纹	白	白	多	中	50	40	10	0	中	13.42	0
青薯 9 号	集中	长椭	网纹	红	黄肉花心	少	中	40	40	20	0	上	17.98	0
宣薯 2 号	集中	长椭	网纹	浅黄	淡黄	少	浅	40	40	20	0	中	15.43	3
中甸红（CK）	集中	椭圆	光滑	白	白	中	中	40	30	30	0	上	17.98	1
丽薯 6 号	集中	长椭	网纹	白	白	中	浅	40	40	20	0	中	13.42	1

表 2-12 马铃薯区试品种（系）病害调查记载表

项目 品种	晚疫病最高病级	晚疫病不同程度发生期（月/日）					粉痂病		青枯病病株（%）	环腐病病株（%）	黑茎病病株（%）	病毒病	
		1级	3级	5级	7级	9级	病薯率（%）	病情指数				类型及病株（%）	级别
中薯18号	3	6/9	6/15				0		0	0	0	0	
中薯20号	3	6/9	6/17				0		0	0	0	0	
青薯9号	3	6/5	6/15				0		0	0	0	0	
宣薯2号	3	6/5	6/15				0		0	0	0	0	
中甸红（CK1）	4	6/5	6/15				0		0	0	0	0	
丽薯6号（CK2）	3	6/5	6/17				0		0	0	0	0	

表 2-13 马铃薯区试品种产量结果表

项目 品种	小区产量（千克）					折合单产（千克/亩）	比对照增		位次
	Ⅰ	Ⅱ	Ⅲ	合计	平均		千克	%	
中薯18号	59.0	52.3	51.0	162.3	54.1	3608.47	273.47	9	3
中薯20号	53.2	48.5	53.7	155.4	51.8	3455.06	120.00	3.6	4
青薯9号	64.3	52.5	61.8	178.6	59.5	3968.65	633.65	19	2
宣薯2号	43.8	40.3	47.6	131.7	43.9	2928.13	−407	−13	6
中甸红（CK）	52.0	54.0	44.0	150.0	50.0	3335.00	—	—	5
丽薯6号	58.7	66.7	71.0	196.4	65.5	4368.85	1033.85	31	1

试验评价：迪庆州金沙江河谷区马铃薯生产潜力巨大，但是适应推广品种少。此次马铃薯品种比较试验中，'青薯9号'品种田间表现优，淀粉含量及产量高于其他品种，食味口感良好；'中薯20号'薯形优、产量高。农户及商户特别喜爱这两个品种。'中薯18号'黄皮黄肉，淀粉含量高，食味良好，商品薯率高。迪庆州高寒地区（海拔2900米以上）马铃薯种植面积占全州种植面积的62.4%，为大春作物，是云南省的马铃薯种薯生产区，因此希望借助云南省现代农业马铃薯产业技术体系，继续引进马铃薯'青薯9号''中薯20号''中薯18号'品种在迪庆州高寒坝区进行品种生产试验，进一步示范、推广以满足全州冬作区马铃薯种薯的需求。

2.2.2 冬作区品种比较试验案例

云南马铃薯冬作区是指滇南、滇西南马铃薯冬播作一季种植区，该区多为海拔1600米以下的低海拔热带和亚热带河谷、坝子、丘陵山地，包括文山州、红河州、临沧市、普洱市、德宏州、西双版纳州，以及玉溪市的部分县（市）。区内大春季（5~10月）主要种植水稻、玉米，这段时期由于气温高不适宜马铃薯生长发育，但冬季气温却有着栽培马铃薯的良好条件。在滇南冬闲田较多，马铃薯也作为冬季重要的蔬菜作物和加工原料种植，在滇南冬季农业开发中具有很大的发展潜力。冬播在12月末播种，4~5月收获的称为早春马铃薯。德宏州、西双版纳州、临沧市等部分无霜区在11月初播种，2~3月收获，称为冬马铃薯产量和经济收益较高。2013年冬作区的临沧市、德宏州、红河州、文山州、普洱市、西双版纳州等南部州市，马铃薯种植面积70 253.33公顷，占全省马铃薯总面积的13.25%；鲜薯总产量140.61

万吨，占全省马铃薯总产量的14.45%。滇南冬季种植马铃薯主要用于解决当地淡季蔬菜供应，省内外蔬菜和加工原料市场的需求，由于冬马铃薯种植面积较小，产品数量少，外销市场需求量大，冬马铃薯的价格高于大春生产的马铃薯，农民可以有很好的经济收入。而且这些地区毗邻东南亚，对于开拓越南、缅甸、老挝、泰国等国际市场交通便利。马铃薯种植受到农民的欢迎和政府的重视，随着冬季农业开发，无论栽培面积和产量都有较快发展。选育适应该区域生长并具有较好商品性的品种非常必要。云南省现代农业马铃薯产业技术体系研发中心围绕该区域进行特定品种的选育和试验示范工作。

2.2.2.1 德宏州冬马铃薯新品种比较试验案例

试验名称：德宏州冬马铃薯新品种比较试验案例。

试验时间：2014~2015年。

试验地点：德宏州芒市大湾。

试验设计及执行人：罗有卫、陈际才。

试验目的：通过品比试验，对参试的马铃薯新品种（系）进行丰产性、稳产性、抗逆性及品质等进行鉴定评价，为本地区示范推广新品种提供科学依据。

试验点地理气候概况：试验地位于德宏州芒市大湾试验基地，海拔900米。冬无严寒，夏无酷暑，雨量充沛，干湿分明，气温年较差小，日较差大，日照充足，年平均气温18.3~20℃，年降雨量1400~1700毫米，5~10月降雨量占全年降雨量的86%~92%，11月至次年4月，降雨量较少，仅占年降雨量的10%~20%，冬、春旱较突出；年日照时数为2281~2453小时，年积温6400~7300℃；年陆地蒸发量在1400~1900毫米；干旱指数在0.4~1.2。土壤为沙壤土，土壤质地疏松，通透性较好，有机质含量高，肥力中上等，灌溉条件方便，前作为水稻。

试验方案及实施：采用随机区组排列，7个处理，3次重复；小区面积为10.0平方米，每小区60株；小区间不设走道，重复间设走道为0.5米，四周设2米以上保护行。播种采用双行条播垄作方式。选择地势平坦，土质疏松，肥力中上等且均匀，排灌方便，位置适中，不受遮阴影响的田块。试验连续进行2年，参试品种为'中薯18号''云薯401''云薯506''丽薯6号''青薯9号''宣薯2号'和'合作88'，以'合作88'为对照。

水稻收获后及时犁田，播种前进行机耙，要求两犁两耙，达田平土细后划区理墒。施腐熟农家肥15千克/小区，复合肥（N∶P∶K=15∶15∶15）1.5千克/小区，尿素0.3千克/小区，同时施杀虫剂预防地下害虫。中耕、除草、培土1~2次，除草后根据田块墒情及时放水走沟灌溉；生长期间注意田间水肥管理和虫害的防治。观察记载必须及时准确、数据真实可靠。成熟后收获，品种间成熟期相差15天以内，一次性收获；15天以上，按品种成熟早晚分批收获。

试验结果：对照'合作88'（CK）平均折合亩产2415.0千克，居第六位；'青薯9号'平均折合亩产3249.0千克，较对照增产834.0千克，增34.5%，居第一位；'丽薯6号'平均折合亩产3029.0千克，较对照增产614.0千克，增25.4%，居第二位；'中薯18号'平均折合亩产2885.5千克，较对照增产470.5千克，增19.5%，居第三位；'云薯506'平均折合亩产2780.0千克，较对照增产365.0千克，增15.1%，居第四位；'云薯401'

平均折合亩产 2638.0 千克,较对照增产 223.0 千克,增 9.2%,居第五位;'宣薯 2 号',平均折合亩产 1953.0 千克,较对照减产 462.0 千克,减 19.1%,居第七位。

效益分析:成本投入由地租、农家肥、化肥、农药和工时构成。其中地租 1200 元/亩,试验用地 0.5 亩,成本 0.5×1200＝600 元;整地成本 100 元;农家肥 150 元;复合肥 250 元/袋,成本 250 元;尿素 100 元/袋,成本 50 元。地下害虫药剂 10 元,除草剂 10 元。用工 7 个,70 元/个,成本 7×70＝490 元。共计投入成本 1660 元。

产出由实物量和价值量构成,其中'青薯 9 号'产出鲜薯 146.2 千克,'丽薯 6 号'产出鲜薯 136.3 千克,'中薯 18 号'产出鲜薯 130.0 千克,'云薯 506'产出鲜薯 125.1 千克,'云薯 401'产出鲜薯 118.7 千克,'合作 88'产出鲜薯 108.7 千克,'宣薯 2 号'产出鲜薯 88.0 千克,试验地保护行产出鲜薯 500 千克;共计实物量为 1353.0 千克。大薯约占 70%,大薯价格 3.0 元/千克,大薯重量为 1353×0.7＝947.1 千克,价值 2841.3 元;中薯约占 20%,中薯价格 1.2 元/千克,中薯重量为 1353×0.2＝270.6 千克,价值 324.7 元;小薯约占 8%,小薯价格 0.4 元/千克,小薯重量为 1353×0.08＝108.2 千克,价值为 43.3 元;裂薯、畸形薯、烂薯等占 2%,无价值。共计价值量为 3209.3 元。投入产出比为 1670 元∶3209.3 元＝1∶1.920。

与同季其他作物比较:马铃薯投入成本 3340 元/亩,产出价值量 6418.6 元/亩,投入产出比为 1∶1.92。烤烟投入成本 2800 元/亩,产出价值量 4500 元/亩,投入产出比为 1∶1.61。鲜食玉米投入成本 2500 元/亩,价值量 3500 元/亩,投入产出比为 1∶1.40。因此,种植马铃薯较烤烟、玉米有较好的收益。

评价:试验客观地评价了各参试品种的产量表现,马铃薯产量高、产值高、收益好,但马铃薯生产成本投入大、市场价格波动大、承担风险大。

推广价值:根据试验结果并结合市场需求,'青薯 9 号'和'丽薯 6 号'可在本地区推广应用。

2.2.2.2 临沧市冬马铃薯新品种比较试验案例

试验名称:临沧市冬马铃薯新品种比较试验案例。

试验目的:引进马铃薯新品种到临沧市进行冬季试验,以期筛选出适宜临沧冬季种植的优良高产抗病新品种,为马铃薯产业发展提供技术支撑。

试验时间:2013~2014 年。

试验设计及执行人:杨永梅、白建明。

试验地点及其地理气候概况:临沧市双江县沙河乡允俸村忙孝一组俸光兵户承包田,前作水稻,土质沙壤,肥力中等,排灌方便。东经 99°48′42.98″,北纬 23°28′30.01″。海拔 1050 米,年平均气温 20.20℃,年降水量 954.00 毫米。

参试品种:品种由云南农业大学薯类作物研究所提供,2013 年 11 月 3 日种薯运抵临沧,共计 7 个品种:'冀张薯 12 号''青薯 9 号''中薯 18 号''滇同薯 1 号''宣薯 2 号''丽薯 6 号''合作 88'(CK)。

试验方案及实施:随机区组设计,重复 3 次。小区长 6 米、宽 1.2 米,面积 7.2 平方米。大垄双行种植。株距 0.2 米,平均行距 0.6 米,每亩 5555 株,每小区种植 1 垄,折合每小区种植 60 株(2 行,每行 30 株)。每亩施农家肥 1000 千克、复合肥 100 千克、尿素

10 千克、硫酸钾 30 千克、硼肥 2 千克、镁锌肥 2 千克。第一次追肥用尿素 20 千克、硫酸钾 10 千克。第二次追肥用尿素 10 千克、硫酸钾 10 千克。

2013 年 11 月 7 日划小区及播种。2013 年 12 月 16 日追肥结合培土。2014 年 1 月 15 日追肥结合培土。根据土壤墒情灌水 4 次，根外喷施磷酸二氢钾 3 次。2014 年 3 月 10 日收获。

试验结果：'合作 88'（CK），试验亩产量 4678.26 千克，居试验第二位。其他 6 个参试品种亩产量在 2340.98～5197.04 千克。较对照增产的品种为'青薯 9 号'，增幅 11.09%；其他 5 个品种较对照减产，减幅为 23.11%～49.96%。

品种评价：①'青薯 9 号'，试验亩产量 5197.04 千克，较对照增产 518.78 千克，增幅 11.09%，居试验第一位。出苗率 84.4%，出苗早，整齐一致，幼苗生长势强。大薯率达 97%以上。单株结薯数 4.4 个，平均单薯重 248.3 克，试验后期发生轻微早疫病。试验综合表现好。②'合作 88'（CK），试验亩产量 4678.26 千克，居第二位。出苗率 95%，出苗早，整齐一致，幼苗生长势强。大薯率达 95%以上。单株结薯数 4.7 个，平均单薯重 194.3 克，试验后期发生轻微早疫病。试验综合表现好。③'宣薯 2 号'，试验亩产量 3597.17 千克，较对照减产 1081.09 千克，减幅 23.11%，居试验第三位。出苗率 87.8%，出苗整齐一致，幼苗生长势中等偏强，大薯率达 95%以上。单株结薯数 3.6 个，平均单薯重 194.8 克，试验无病害发生。试验综合表现好。④'丽薯 6 号'，试验亩产量 3180.29 千克，较对照减产 1497.97 千克，减幅 32.02%，居试验第四位。出苗率 78.9%，出苗不整齐，生长不一致，幼苗生长势中等偏强。大薯率达 97%以上。单株结薯数 2.9 个，平均单薯重 285.0 克，试验后期发生轻微早疫病。试验综合表现好。⑤'中薯 18 号'，试验亩产量 3175.66 千克，较对照减产 1502.6 千克，减幅 32.12%，居试验第五位。出苗率 84.4%，出苗不整齐，生长不一致，幼苗生长势强。大薯率达 95%以上。单株结薯数 4 个，平均单薯重 174.7 克，试验无病害。试验综合表现中等。⑥'滇同薯 1 号'，试验亩产量 3061.72 千克，较对照减产 1616.54 千克，减幅 34.55%，居试验第六位。出苗率 82.8%，出苗比较整齐，幼苗生长势强。大薯率达 90%以上。单株结薯数 3.4 个，平均单薯重 154.6 克，试验中后期发生严重晚疫病。试验综合表现中等。⑦'冀张薯 12 号'，试验亩产量 2340.98 千克，较对照减产 2337.28 千克，减幅 49.96%，居试验第七位。出苗率 49.2%，出苗率低，不整齐。幼苗生长势中等。大薯率达 90%以上。单株结薯数 3 个，平均单薯重 160.7 克，试验中后期发生严重晚疫病。试验综合表现差（表 2-14～表 2-19）。

表 2-14 马铃薯生育期记载表

项目 品种	播种期 （月/日）	出苗期（月/日）	现蕾期 （月/日）	开花期 （月/日）	成熟期 （月/日）	收获期 （月/日）	生育期 （天）
滇同薯 1 号	11/7	12/8，出苗比较整齐	1/10	1/20	3/10	3/10	92
青薯 9 号	11/7	12/8，出苗整齐一致	1/10	1/20	3/5	3/10	87
丽薯 6 号	11/7	12/14，出苗不整齐	1/10	1/20	3/5	3/10	81
冀张薯 12 号	11/7	至次年 1 月中旬出苗率仅 50%，不整齐	1/15	2/10	3/10	3/10	88
中薯 18 号	11/7	12/22，出苗不整齐	1/15	2/10	3/20	3/10	88
宣薯 2 号	11/7	12/8，出苗整齐一致	1/15	1/25	3/8	3/10	90
合作 88（CK）	11/7	12/8，出苗整齐一致	1/20	1/30	3/10	3/10	92

表 2-15 马铃薯植株性状表

品种	出苗率（%）	苗势	叶色	茎色	花色	株形	株高（厘米）
滇同薯 1 号	82.8	强	绿	绿	白	半直立	34.75
青薯 9 号	84.4	强	浓绿	绿中带紫褐色	浅紫	半直立	40.7
丽薯 6 号	78.9	中等偏强	绿	绿	白	半直立，叶披散	36.7
冀张薯 12 号	49.4	中等	绿	绿	落蕾	直立	25.3
中薯 18 号	84.4	强	浓绿	绿	紫	直立	35
宣薯 2 号	87.8	中等偏强	绿	绿	白	半直立	41.7
合作 88（CK）	95	强	绿	绿中带紫褐色	浅紫	直立	38.1

表 2-16 马铃薯块茎性状表

项目品种	块茎大小整齐度	田间现场评价	薯形	皮色	肉色	芽眼深浅	块茎大薯率	裂薯	大薯空心率	单株结薯数（个）	平均单薯重（克）
滇同薯 1 号	整齐	中等偏好	圆	白	黄	中等深	90%以上	无	无	3.4	154.6
青薯 9 号	整齐	好	卵	红	黄	浅	97%以上	无	无	4.4	248.3
丽薯 6 号	整齐	好	椭圆	白	白	浅	97%以上	无	无	2.9	285.0
冀张薯 12 号	整齐	中等	圆	白	白	浅	90%以上	无	无	3	160.7
中薯 18 号	整齐	好	长圆	白	黄	浅	95%以上	无	无	4	174.7
宣薯 2 号	整齐	好	圆	黄	黄	浅	95%以上	少量	无	3.6	194.8
合作 88（CK）	整齐	好	椭圆	红	黄	浅	95%以上	少量	无	4.7	194.3

表 2-17 产量表

品种	小区产量（千克）					折合单产（千克/亩）	较对照增		位次
	Ⅰ	Ⅱ	Ⅲ	合计	平均		千克	%	
滇同薯 1 号	28.3	37.8	33.05	99.15	33.05	3061.72	−1616.54	−34.55	6
青薯 9 号	59.1	57.2	52.0	168.3	56.1	5197.04	+518.78	+11.09	1
丽薯 6 号	32.5	36.7	33.8	103	34.33	3180.29	−1497.97	−32.02	4
冀张薯 12 号	27.8	28.2	19.8	75.8	25.27	2340.98	−2337.28	−49.96	7
中薯 18 号	34.6	36.3	31.95	102.85	34.28	3175.66	−1502.6	−32.12	5
宣薯 2 号	37.4	36.8	42.3	116.5	38.83	3597.17	−1081.09	−23.11	3
合作 88（CK）	54.6	46.6	50.3	151.5	50.5	4678.26			2

表 2-18 方差分析表

变异来源	平方和	自由度	方差	F 值	$F_{0.05}$	$F_{0.01}$
区组间	20.01	2	10.01	0.72	3.88	6.93
品种间	2077.99	6	346.33	25.01**	3.00	4.82
误差	166.16	12	13.85			
总变异	2264.16	20				

表 2-19 品种间差异表（新复极差测验）

品种	小区平均产量（千克）	差异					
青薯 9 号	56.1	30.83**	23.05**	21.82**	21.77**	17.27**	5.6
合作 88（CK）	50.5	25.23**	17.45**	16.22**	16.17**	11.67**	
宣薯 2 号	38.83	13.56**	5.78	4.55	4.5		
丽薯 6 号	34.33	9.06*	1.28	0.05			
中薯 18 号	34.28	9.01*	1.23				
滇同薯 1 号	33.05	7.78*					
冀张薯 12 号	25.27						

*表示差异显著；**表示差异极显著

2.2.2.3 红河州石屏县冬马铃薯新品种比较试验案例

试验名称： 红河州石屏县冬马铃薯新品种比较试验案例。

试验时间： 2011 年 12 月至 2012 年 4 月 16 日。

试验设计及执行人： 王孟宇、谭芳。

试验地点： 云南省红河州石屏县异龙镇高家湾村。

试验点地理气候概况： 试验地地处石屏县中山湖盆区，海拔 1410 米，北纬 23°40′44.7″，东经 102°30′27.5″，年均温 16.4~18.2℃，年积温 6000℃左右，年日照时数为 2311.6 小时，年降雨量平均为 950 毫米左右，极端最低温 -1.6~3.4℃，最高温 23.7~34.8℃，年霜期 40 天左右；土壤类型为冲积土-湖积草煤土，土壤 pH 为 7.5，有机质含量 148.6 克/千克，氮含量 348.3 毫克/千克，磷含量 102.1 毫克/千克，钾含量 185 毫克/千克。

试验方案及实施： 2011 年从云南省农业科学研究院引进'云薯 301 号''丽薯 6 号''紫云 1 号''中甸红''DE03-34-06''黑美人'等 6 个品种，以当地主栽品种'宣薯 2 号'为对照进行品种对比试验。试验采用间比法，5~6 个品种设一对照，不设重复。采用 1.5 米墒面，沟宽 35 厘米，墒面高 35~40 厘米，株距 35 厘米，小区面积 308 平方米。人工挖穴点播，播种深度 10~15 厘米，播种后 15 天左右覆盖地膜，出苗后破膜放苗。亩用复合肥（15:15:15）25 千克+普钙 75 千克+硫酸钾 20 千克+尿素 10 千克作基肥，整地时广施于田块中。追肥两次，亩用尿素 10 千克+复合肥（18:8:18）20 千克+硫酸钾（含 K 50%）15 千克兑水浇。

试验结果： 与对照'宣薯 2 号'相比，'丽薯 6 号''中甸红'表现增产，商品薯产量分别较对照'宣薯 2 号'增产 293.8 千克/亩、125.9 千克/亩，商品薯增产幅度分别为 8.3%和 3.5%，显著性分析表明'丽薯 6 号'与对照'宣薯 2 号'商品薯产量差异达显著水平，总产量差异不显著，总产量较对照'宣薯 2 号'增产 332.7 千克/亩，增幅为 9.0%。'丽薯 6 号'亩产 4035.30 千克，其中商品薯 3848.1 千克，商品率达到 95%（表 2-20）。

表 2-20 马铃薯不同品种商品薯与总产量分析结果

品种名称	分类	样点产量（千克/19 平方米）				折合单产（千克/亩）	较对照增	
		样点 1	样点 2	样点 3	平均		千克	%
丽薯 6 号	商品薯	108.1	113.1	107.8	109.7	3848.1	293.8	8.3
	总产	112.9	118.8	113.3	115.0	4035.3	332.7	9.0
中甸红	商品薯	108.7	102.7	103.4	104.9	3680.3	125.9	3.5
	总产	112.2	107.7	107.4	109.1	3827.1	124.5	3.4

续表

品种名称	分类	样点产量（千克/19平方米）				折合单产（千克/亩）	较对照增	
		样点1	样点2	样点3	平均		千克	%
DE03-34-6	商品薯	81.3	87.6	90.0	86.3	3027.1	-527.3	-14.8
	总产	84.4	94.5	94.0	91.0	3192.0	-510.6	-13.8
云薯301	商品薯	93.1	88.2	69.1	83.5	2928.2	-626.2	-17.6
	总产	107.1	100.6	87.1	98.3	3448.1	-254.5	-6.9
紫云1号	商品薯	72.3	72.5	68.3	71.0	2491.9	-1062.4	-29.9
	总产	87.3	87.0	82.8	85.7	3006.6	-696.0	-18.8
乌洋芋	商品薯	46.7	42.5	58.2	49.1	1724.1	-1830.3	-51.5
	总产	56.2	57.0	64.7	59.3	2080.8	-1621.8	-43.8
宣薯2号	商品薯	105.6	114.0	86.6	101.2	3554.4		
	总产	108.3	118.9	91.4	105.5	3702.6		

效益分析：每亩投入种薯450元、化肥400元、农药80元、农膜70元、水电200元、工时800元，合计投入2000元。每亩产出'丽薯6号'4035.3千克，比对照'宣薯2号'增9%，其中商品薯3848.1千克，平均亩产值达到10 005元，扣除投入成本2000元，纯收入8005元。扣除租地费1500元，亩净产值6505元。投入产出比为1∶3.2。

与同季其他作物比较：2011年石屏县冬季其他作物主要有冬玉米、冬大豆、小米辣、京白菜。亩纯收入冬玉米1000元、冬大豆3500元、京白菜3500元、小米辣5000元。冬马铃薯与玉米、大豆、小米辣、京白菜相比，有较好的收益，已经成为石屏县异龙镇主要冬季作物，是农业增效、农民增收的主要种植产业。

2.3 主推品种效益分析案例

2.3.1.1 冬作区景东县推广马铃薯新品种'丽薯6号'

试验名称：冬作区景东县推广马铃薯新品种'丽薯6号'。

试验时间：2010年11月至2011年4月。

试验地点：云南省普洱市景东县文井镇文华村。

试验点地理气候概况：景东县文井镇属南亚热带季风气候，年温差小，日温差大。冬春为干旱季节，夏秋为雨季，干湿明显，降水丰沛。年均气温18℃，最冷月1月平均气温11.5℃，最热月6～7月平均气温28℃，≥10℃年有效积温达6440℃，年无霜期达340天以上；5～10月为雨季，年降雨量1500～1600毫米。

试验设计及执行人：钟学梅、罗文荣。

试验方案及实施过程：试验采用同田对比试验。用'丽薯6号'与景东县当家品种'合作88'作对比。试验面积各0.5亩。

试验地选择在文井镇文华村，试验田土壤质地为壤土，肥力中等，排灌方便，前作为水稻。种植地块采用机械耕耙，采用高垄双行，地膜覆盖种植，大行距80厘米，小行距40厘米，株距25厘米，亩种植4500株。于2010年11月17日种植；播种时亩用尿素40千克、硫酸钾40千克、过磷酸钙50千克集中施于种植沟内种薯两侧作基肥；用80厘米宽的地膜覆盖，出苗期及时破膜放苗；整个生育期灌水4次，从现蕾至盛花期末期用杀菌剂、杀虫剂防治病虫害3次，喷施膨大素2次，2011年4月6日收获。

试验结果： 通过对试验的实收实测，'合作88'（对照）单产为2058.4千克，商品薯率为88.6%，大薯率为75%，'丽薯6号'单产为2564千克，商品薯率为94.6%，大薯率为85%，比'合作88'亩产2058千克增产506.2千克，产量增长24.6%，商品薯率增长6%，大薯率增长10%。

效益分析： '丽薯6号'亩投入成本2364元，其中种薯544元、化肥320元、地膜80元、工时720元、机耕费200元、农药100元、租地费400元。产出5129.2元（单价2.0元/千克），净收入2765.2元。'合作88'，亩投入成本2142元，其中种薯320元、化肥320元、地膜80元、工时720元、机耕费200元、农药100元、租地费400元。产出3705.12元（单价1.8元/千克），净收入1563.12元。'丽薯6号'比'合作88'亩净收入增1202.08元。与油菜亩产值800元相比亩增产值4329.2元，与小麦亩产值770元相比亩增产值4369.2元。

评价： '丽薯6号'适宜景东县冬季种植，其抗逆性强，抗晚疫病，丰产性表现较好，结薯整齐；薯形好、表皮光滑、芽眼浅而少、白皮白肉，是北方市场最受欢迎的品种之一，销售价格比'合作88'高0.2元/千克。

推广价值： 在进行同田对比试验的同时，在景东三个乡镇开展了200亩的'丽薯6号'试验示范种植，表现均与试验相同。'丽薯6号'作为冬马铃薯品种在景东县可大力推广种植。

2.3.1.2 冬作区红河州石屏县马铃薯新品种推广情况

试验名称： 冬作区红河州石屏县马铃薯新品种推广情况。

试验时间： 2011~2016年。

试验设计及执行人： 王孟宇。

试验背景： 2011年，红河州石屏县开始主推马铃薯品种'宣薯2号'，替代了原来的'合作88'；2011~2012年，主推品种'宣薯2号'和'丽薯6号'；2013年后主推品种为'丽薯6号'。实现了石屏冬马铃薯品种更换，全面提高了石屏县冬马铃薯的产量与产值，对推进云南省冬马铃薯生产起到促进作用。2011~2016年6年来推广新品种两个，分别是'丽薯6号'和'宣薯2号'，面积达41 600亩，产值达到4.1491亿元，其中'丽薯6号'推广31 600亩，占推广面积的75.9%，'丽薯6号'成为石屏县冬马铃薯主打品种，通过石屏县异龙镇示范推广，已经辐射到坝心、宝秀、龙朋等镇，对促进当地农业增效、农民增收、精准扶贫起到应有作用（表2-21）。

表2-21 2011~2016年主推品种推广成效情况

年份	品种	面积（亩）	亩产量（千克）	单价（元）	产值（万元）	比当地增长率（%）
2011	宣薯2号	6 000	2 600	2.0	3 670	10.5
2011	丽薯6号	100	2 800	2.0	3 670	10.5
2012	宣薯2号	4 000	2 600	3.0	4 710	11
2012	丽薯6号	1 500	2 900	3.0	4 710	11

续表

年份	品种	面积（亩）	亩产量（千克）	单价（元）	产值（万元）	比当地增长率（%）
2013	丽薯6号	6 000	3 000.5	3.2	5 760	11.13
2014	丽薯6号	7 000	3 354.7	3.0	7 077	11.18
2015	丽薯6号	8 000	3 380.6	2.5	6 761	13.90
2016	丽薯6号	9 000	3 336.7	4.5	13 513	16.48
合计		41 600			41 491	

2.4 马铃薯新品种栽培技术示范推广案例

2.4.1 德宏州冬马铃薯新品种栽培技术示范推广案例

德宏州马铃薯试验站（以下简称德宏试验站）建站以来，结合德宏州生产实际和体系内的技术任务，开展了新品种及新技术示范，成效显著。

2.4.1.1 冬马铃薯百亩核心示范区高产商品薯生产基地建设成效显著

德宏试验站自建站以来，共开展冬马铃薯百亩核心示范区7个，经上级主管部门组织相关专家测产验收，736.3亩示范区总产量达2194.84吨，平均亩产2981千克，平均亩产值5216.76元。2016年平均亩产达到3550.8千克，比2010年的1849.2千克增加了1701.7千克，增长了92%，亩产值达到10 592.8元，比2010年的2145.5元增加了8447.3元，增长3.94倍，实现了冬马铃薯百亩示范区产值百万元良好效益（表2-22）。

2.4.1.2 高产攻关集成技术试验产量和产值连续突破全州之最

德宏试验站自2013年以来，应用集成技术开展冬马铃薯高产攻关试验，产量连续突破德宏州全州最高纪录。

2015年经主管部门组织专家验收，实测面积1.01亩，品种为'丽薯6号'，平均亩有效株5645株，鲜薯总产量4326.4千克，总收入6526.3元。其中：大商品薯2507.0千克，销售收入5766.1元，中号商品薯995.5千克，销售收入597.3元，小号商品薯814.5千克，销售收入162.9元，非商品薯9.5千克，商品薯率达99.7%，折合平均亩产4283.56千克，亩产值6461.7元。比2013年全州最高亩产量3956.2千克增加了327.4千克，增长了8.3%，产量突破了4吨大关，创造了德宏州冬马铃薯亩产最高纪录。

2016年高产攻关，经主管部门组织专家验收，实测面积1.01亩，品种为'丽薯6号'，平均亩有效株5445株，鲜薯总产量4004.6千克，总收入11 359.8元。其中：大商品薯2682.9千克，销售收入10 463.3元，中号商品薯633.1千克，销售收入823元，小号商品薯244.7千克，销售收入73.4元，非商品薯443.9千克，商品薯率达88.91%，折合平均亩产3965.0千克，亩产值11 247.3元，亩产值突破万元，实现了1亩地100天1万元，创造了德宏州冬马铃薯亩产值新的纪录。

2.4.1.3 指导基层农技推广体系开展冬马铃薯高产创建示范，产量创全省最新水平

为进一步推广应用新品种筛选及集成技术研究成果，指导全州主要示范区开展好冬马

表 2-22 德宏试验站"十二五"冬马铃薯百亩核心示范区完成情况统计表

年份	实施地点	完成面积（亩）	推广品种	测产点数	测产面积（平方米）	平均亩株数	实收鲜薯重（千克）	商品薯重（千克）	商品薯率（%）	杂质含量（%）	平均亩产（千克）	亩增产率（%）	平均亩产值（元）	亩增值率（%）	总产量（吨）
2010	芒市轩岗乡	106	合作88、德兰7号、荷兰7号	15	688.00	4934	1927.51	1863.7	96.7	19.3	1849.2	0.0	2145.5	—	196.01
2011	盈江新城乡	106	合作88、云薯304、丽薯6号	15	687.80	3848	2408.40	2171.6	90.2	24.1	2311.2	25.0	2604.9	21.4	244.98
2012	芒市轩岗乡	101.3	德薯2号、云薯505、丽薯6号	9	417.60	5216	1892.00	1678.0	88.7	18.9	2990.4	29.4	3713.0	42.5	302.93
2013	芒市轩岗乡	108	德薯2号、丽薯6号、云薯401	9	412.60	4396	2256.75	2013.5	89.2	22.6	3610.1	20.7	5797.8	56.1	389.89
2014	芒市轩岗乡	103	丽薯6号、德薯2号	9	411.24	4483	2060.14	1862.9	90.4	20.6	3306.5	-8.4	6577.9	13.5	340.57
2015	芒市轩岗乡	107	丽薯6号、中薯20、青薯9号	10	451.00	5026	2219.90	1828.9	82.4	22.2	3248.8	-1.7	5085.4	-22.7	347.62
2016	芒市轩岗乡	105	丽薯6号	7	320.40	2124	1723.68	1558.2	90.4	17.2	3550.8	9.3	10592.8	108.3	372.84
合计		736.3		74	3388.64		14488.38	12976.8				74.2			2194.84
平均		105.19		10.6	484.09	4290	2069.8	1853.8	89.7		2981.0	10.61	5216.76	36.53	313.55
比2010年增长											1701.7	92.0	8447.3	393.7	90.2

铃薯高产创建项目的实施，2015年试验站分别在芒市轩岗乡、盈江县旧城镇、陇川县城子镇和梁河县河西乡指导实施完成'丽薯6号'高产创建百亩核心示范区4个，在示范区内从种薯、栽培模式、病虫害防治等各个方面试验站都开展了技术培训和指导，示范区内整个生产期共开展现场培训及观摩16次，培训广大种植户3000余人，发放技术资料3000余份。按照集成的"新品种高产高效规范化栽培技术"推广实施，完成示范面积416亩，经省内相关专家的田间现场测产，平均亩产达4055.2千克，平均亩产值6684.1元，比非示范区平均增产1686.0千克，亩产值平均增加2522.2元；项目区鲜薯总产量1686.94吨，总产值278.059万元。该项产量结果经省情报研究院查新为云南省冬马铃薯最新纪录。

2.4.1.4 试验站取得的技术研究与成果，为当地生产提供了技术支撑，对当地马铃薯快速发展、农民增收提供了技术保障

由于冬马铃薯是本地冬季农业开发的主要产业之一，德宏州政府确立了将冬马铃薯作为冬季农业开发的重要作物，5年来全州累计种植面积83.21万亩，平均亩产1526.4千克，总产量126.8万吨，总产值17.97亿元，比"十一五"种植面积增加33.49万亩，平均亩产增加394.7千克，增34.9%，总产值增加13.77亿元。通过德宏试验站近5年任务的实施，新品种、新技术累计推广12.39万亩，平均亩产达2288.8千克，比"十一五"前全州平均亩增产1157.1千克，增产102.2%，累计增产13.83万吨，增收2.07亿元。打造了种植3个月亩产值超万元的奇迹，为当地农民增收，脱贫致富提供了重要的技术保障。选育新品种'德薯2号''德薯3号'、形成地方农业标准1项。填补了德宏州自主选育冬马铃薯新品种的空白。引进筛选出适宜本地种植新品种7个，累计推广应用面积10.37万亩。其中：'丽薯6号'累计推广面积7.25万亩，成为本地主栽品种之一，改变了本地主推品种单一的现状。集成组装新技术6项，分别是"早熟高产无公害冬马铃薯生产技术""主推品种'合作88'和'丽薯6号'高产栽培技术""德宏州马铃薯早疫病防治简化技术""德宏州马铃薯晚疫病防治简化技术""德宏州马铃薯脱毒种薯繁育技术""德宏州冬作马铃薯农药减量生产技术"。广泛开展技术培训，累计开展技术培训33场次，培训技术人员512人次，新型经营主体75人次，种植户2080人次。实地技术指导38次，为生产一线提供指导意见155次，发放技术明白纸8000余份。

2.4.1.5 团队建设成效显著

德宏试验站团队进入德宏州政府创新团队培养，1人列入云南省技术创新人才培养，1人聘为德宏州技术创新人才，1人获得硕士学位，2人晋升为农艺师。2013年获德宏州政府第三届突出贡献科技人员1人。2013年1人被德宏州农业局聘为德宏州基层农业技术推广体系培训教授。3人于2015年被推选为中国作物学会马铃薯专业委员会委员。获得科技成果5项，分别是省政府科技进步三等奖1项、省农业厅系统推广一等奖1项、州级科技进步一等奖1项、州级科技进步二等奖2项。2010年以来，先后在《云南农业》《云南农业科技》《中国马铃薯》《农业科技通讯》《中国马铃薯大会论文集》等省内外专业杂志和核心期刊上发表论文18篇，编写试验站技术示范工作信息简报上报体系办公室108篇，在州内"农业信息网站"及主要报刊上发表农业信息简报、消息40余篇。试验站主要成员在农业技术推广工作中，主持重要农业科研推广专项，编制项目可研报告申报书、

2.4.2 春作区鲁甸县马铃薯新品种'云薯505'试验示范推广案例

试验名称：春作区鲁甸县马铃薯新品种'云薯505'试验示范推广案例。

试验时间：2014年。

试验地点：云南省昭通市鲁甸县水磨镇拖麻村。

试验设计及执行人：白建明、陈建林、易祥华、肖华、陈兴。

试验点地理气候概况：鲁甸县水磨镇拖麻村距离水磨镇12.50千米，面积39.81平方千米，海拔2555.00米，年降雨量为600~1100毫米，年平均气温9.1℃，年无霜期140天，适宜种植马铃薯、荞麦等农作物。

试验方案及实施：采用随机同田对比设计，不设重复，未设对照，共6份供试材料，大垄双行种植，大行距70厘米，小行距40厘米，株距30厘米。

试验地前作为荞麦，土壤类型是棕色灰泡土，酸性土壤，耕整地方式采用机耕机耙。采用人工开沟点播，播种时每亩施用农家肥1500千克、尿素10千克、普钙80千克、硫酸钾10千克，播种规格严格按试验方案执行。根据节令在苗期及蕾期进行中耕除草培土两次，同时在苗期结合中耕除草培土每亩追施尿素15千克，在生长期内未实施灌排水、未施用任何杀虫杀菌剂。

测产结果：经鲁甸县试验站对各马铃薯新品种实收称重，'S10-1033'平均亩产2401.6千克、'S05-1669'平均亩产2190.7千克、'云薯505'平均亩产2146.8千克、'云薯801'平均亩产1994.2千克、'S06-1169'平均亩产1939.4千克、'S04-109'平均亩产1668.2千克。

效益分析：合计每亩投入1387.00元。其中，种薯投入360.00元、农家肥投入450.00元、化肥投入137.00元、工时投入440.00元。

'S10-1033'亩产值2881.92元，亩收益1494.92元；'S05-1669'亩产值2628.84元，亩收益1241.84元；'云薯505'亩产值2576.16元，亩收益1189.16元；'云薯801'亩产值2393.04元，亩收益1006.04元；'S06-1169'亩产值2323.68元，亩收益936.68元；'S04-109'亩产值2001.84元，亩收益614.84元。

与同季他作物比较：马铃薯净作区由于海拔较高，气温冷凉，只能种植玉米、荞麦、燕麦等作物。与玉米相比，玉米每亩投入777.00元，每亩产出1169.52元，玉米每亩纯收入392.52元。与荞麦相比，荞麦每亩投入209.00元，每亩产出399.56元，荞麦每亩纯收入190.56元。与燕麦相比，燕麦每亩投入204.00元，每亩产出395.08元，燕麦每亩纯收入191.08元（表2-23）。

表2-23 马铃薯产值与荞麦、燕麦、玉米产值比较

项目 \ 品种	S10-1033	S05-1669	云薯505	云薯801	S06-1169	S04-109
比玉米亩增产值（元）	1712.40	1459.32	1406.64	1223.52	1154.16	832.32
比玉米亩增收益（元）	1102.40	849.32	796.64	613.52	544.16	222.32
比荞麦亩增产值（元）	2482.36	2229.28	2176.60	1993.48	1924.12	1602.28

续表

项目＼品种	S10-1033	S05-1669	云薯505	云薯801	S06-1169	S04-109
比荞麦亩增收益（元）	1304.36	1051.28	998.60	815.48	746.12	424.28
比燕麦亩增产值（元）	2486.84	2233.76	2181.08	1997.96	1928.60	1606.76
比燕麦亩增收益（元）	1303.84	1050.76	998.08	814.98	745.60	423.76

评价：通过试验结果，在2014年参试的6个新品种中，平均亩产均高于全县平均亩产1500千克，产量表现均很好，为鲁甸县马铃薯新品种种植推广提供了后备资源。

推广价值：根据试验各品种的投入、产出结果，并与同季其他作物相比较，这6个马铃薯新品种均具备较好的推广价值。

示范推广成效：为加速鲁甸县马铃薯产业发展，加快新品种推广步伐，鲁甸试验站在认真总结马铃薯新品种同田示范情况的基础上，计划从上述示范品种中选择一个品种在2015年进行示范栽培，由于平均亩产位于第一及第二的'S10-1033''S05-1669'这两个品种均无充足的种源，最终确定引进产量位于第三的'云薯505'进行示范推广。

2015年示范情况：鲁甸县共新引进'云薯505'示范种植面积146亩，分布于鲁甸县水磨镇的拖麻村和铁厂村，在'云薯505'示范样板中，植株长势整齐一致，抗病性好，经实产收获称重，平均亩产达2538.3千克，比当地大面平均亩产量1525.1千克亩增产1013.2千克，增66.4%。经组织验收，最高产地块实收1.15亩，折合亩产4078.5千克，商品率90.5%。受到当地薯农欢迎，示范地块收获时，附近农户纷纷到示范农户地里购买马铃薯作第二年种薯。

2016年示范情况：2016年鲁甸县在上年示范推广的基础上，进一步加大'云薯505'的引进推广力度，共新引进'云薯505'示范种植面积1100亩，分布于鲁甸县水磨镇的拖麻村、铁厂村和火德红镇的火德红村，在2016年的示范样板中，'云薯505'依然表现较好，抗病高产，经实产收获称重，平均亩产达2027.5千克，比当地大面平均亩产量1506.8千克亩增产520.7千克，增34.6%。经组织验收，最高产地块实收1.21亩，折合亩产3750.75千克，商品率87.9%。

2.4.3 丽江市主推品种'丽薯6号'应用评价案例

试验名称：丽江市主推品种'丽薯6号'应用评价案例。

品种来源：1997年丽江市农业科学研究所承担CIP提供的杂交实生种子区域试验，经育苗移栽后，从'A10-39'בNS40-37'组合的实生系分离群体中系统选育而成。

审定编号：滇审马铃薯2008002号。

选育者：杨煊、和国钧、和平根、和忠、王忠华、王绍林。

种植区域：适宜在云南省大春一季作区及冬作区种植。

产量表现：一般亩产2000～2500千克，平均亩产2083.3千克。2011年经丽江市科技局验收最高亩产达3812.3千克；2014年在冬作区大理弥渡县验收最高亩产5454.51千克。

推广情况：'丽薯6号'2008年审定后开始进行大面积推广，推广地区集中云南省冬作区及大春作区。由于'丽薯6号'抗晚疫病,产量高、商品性好、商品率高、经济效益高,2014年和2015年连续两年被确定为云南省马铃薯生产的主导品种。2015年,在云南省冬作区、大春作区及广西、贵州、四川、重庆等省(自治区、直辖市)试验示范推广面积达103.15万亩。从进入生产示范以来累计示范推广295.0万亩,平均亩产2083.3千克,比当地主栽品种亩增271.9千克,增幅为15.0%(表2-24~表2-27)。

表2-24 丽江市示范推广'丽薯6号'面积产量及效益情况表

年份	面积(万亩)	平均单产(千克/亩)	较对照增(千克/亩)	总产量(万吨)	总增产(10^4千克)	单价(元/千克)	总增效 元/千克	总增效 万元
2008年及以前	0.58	1 748.2	223.1	14.63	1 013.96	129.4	1.0	129.40
2009	1.54	2 119	505.9	31.4	3 263.26	779.1	1.2	934.90
2010	4.07	1 777	419	30.9	7 232.39	1 705.2	2.0	3 410.30
2011	7.62	1 961.1	357.8	22.3	14 943.58	2 726.2	1.5	4 089.30
2012	9.36	1 810.8	318	21.3	16 949.09	2 976.5	1.5	4 464.72
2013	10.93	1 709.7	189.1	12.4	18 687.02	2 066.9	1.8	3 720.35
2014	12.0	1 734.7	226.4	15	20 816.40	2 716.8	2.0	5 433.60
2015	12.5	1 650.80	181.18	12.33	20 635.00	2 264.7	1.91	4 316.80
合计	58.6	1 766.91	262.19	17.43	103 540.7	15 364.4	1.72	26 498.95

表2-25 2012~2015年'丽薯6号'示范推广面积统计表 (单位:万亩)

云南省州市及外省	2012年	2013年	2014年	2015年	合计
昆明市	0.77	0.80	2.40	3.30	7.27
昭通市	2.49	2.70	4.00	5.00	14.19
曲靖市	3.60	10.00	12.00	15.50	41.10
玉溪市	0.01	0.60	2.00	3.00	5.61
保山市	0.40	0.50	2.00	2.30	5.20
楚雄州	1.19	1.50	2.50	3.10	8.29
红河州	5.74	8.40	14.00	18.00	46.14
文山州	—	0.50	1.00	1.50	3.00
普洱市	0.71	1.10	1.60	3.91	7.32
西双版纳州	—	0.40	1.00	1.00	2.40
大理州	6.76	7.50	9.00	9.32	32.58
德宏州	1.23	1.84	2.50	5.02	10.59
丽江市	9.36	10.93	12.00	12.50	44.79
怒江州	1.40	1.80	2.50	2.90	8.60
迪庆州	0.10	0.10	0.80	1.00	2.00
临沧市	2.09	2.48	3.50	3.80	11.87
外省	0.70	2.0	3.00	12.00	17.70
合计	36.55	53.15	75.80	103.15	268.65

注:"—"表示未种植

表 2-26 '丽薯 6 号'示范推广情况调查汇总综合表

年份	2008 年以前	2008	2009	2010	2011	2012	2013	2014	2015	合计
面积（万亩）	0.11	0.47	2.2	6.97	16.6	36.55	53.15	75.8	103.15	295.0

表 2-27 2013～2015 年'丽薯 6 号'示范推广情况调查汇总综合表

年份	面积（亩）	平均单产（千克/亩）	较当地种亩增产（千克）	总产（10^4千克）	总增产（10^4千克）	综合单价（元/千克）	总增效（万元）	较当地种销售价高（元/千克）
2013	234 234	1 996.9	306.6	46 766.26	7 079.72	2.2	15 773.81	0.4
2014	404 046	2 100.3	247.9	84 850.2	10 014.9	2.25	22 496.02	0.43
2015	548 043	2 114.8	276.6	115 892	15 156.3	2.08	31 535.2	0.36
合计	1 186 323	2 086.4	271.9	247 508.46	32 250.9	2.16	69 805.03	0.4

经济效益分析：在计算增产效益时，我们采用各地平价的加权平均数进行计算分析。

新增总产（10^4千克）= 面积（万亩）×平均增产（千克/亩）

新增总产值（万元）= 新增总产量（10^4千克）×单位价格（元/千克）

亩新增生产费（元）：主要是采用'丽薯 6 号'品种种薯比当地品种单位价格（元/千克）高出部分，根据调研加权平均为 0.40 元/千克，按每亩播种薯 200 千克计，每亩增 80 元。

新增生产费（万元）= 每亩新增生产费（元）×面积（万亩）

新增纯效益（万元）= 新增总产值（万元）- 新增生产费（万元）

科技投资收益率 = 新增纯效益/新增生产费

投入产出比 = 新增生产费/新增总产值

丽江市推广应用的增产增效情况：2013～2015 年全丽江市累计推广 35.43 万亩，平均亩产 1697.40 千克，比对照'合作 88'及'会-2'亩增 198.98 千克，增 13.28%，累计新增鲜薯 7049.86 万千克，新增产值 13 471.3 万元。

新增生产值（万元）= 80×35.43 = 2834.4（万元）

新增纯效益（万元）= 13 471.3-2834.4 = 10 627.9（万元）

科技投资收益率 = 10 627.9/2834.4 = 3.7

投入产出比 = 2834.4/13 471.3 = 1∶4.75

省内外推广用的增产增效情况：自'丽薯 6 号'进入生产示范以来，省内省外累计推广 295 万亩，比对照'合作 88'及'会-2'等亩增 271.9 千克，增 15.0%，累计新增鲜薯 80 210.5 万千克，新增产值 173 254.7 万元。

新增生产值（万元）= 80×295 = 23 600（万元）

新增纯效益（万元）= 173 254.7-23 600 = 149 654.7（万元）

科技投资收益率 = 149 654.7/23 600 = 6.34

2.4.4 主推品种'丽薯 7 号'应用评价案例

试验名称：主推品种'丽薯 7 号'应用评价案例。

品种来源：该品种是丽江市农业科学研究所从'肯德'×'ALAMO'杂交组合实生

种子育苗移栽后产生的分离株系经系统选育而成。

审定编号：滇审马铃薯2008003号。

选育者：杨煊、和国钧、和平根、隋启君、王忠华、王绍林。

种植区域：适宜大春一季作区及早春作区。

产量表现：一般亩产2000~2500千克，平均亩产2035.8千克，平均亩增产258.5千克。在丽江大春作最高亩产达3710千克。

推广情况：2004~2007年累计生产示范1067亩，其中外州市及外省340亩，丽江市727亩，平均亩产1852.6千克，比'合作88'平均亩产1525.1千克增产19.3%，表现出新品系明显增产优势。2008年全市示范面积已发展到3500亩，外州市及外省750亩。至2008年累计生产试验示范5317亩。由于'丽薯7号'抗晚疫病，产量高、红皮、黄心、口感好，适合当地口味，经济效益高，深受薯农及消费的欢迎。因此，在"十二五"期间云南省滇西北及四川凉山、贵州等邻近省市累计示范推广139.85万亩，平均亩产2021.1千克，比对照增产198.4千克，增幅为10.9%（表2-28）。

表2-28 2011~2015年'丽薯7号'示范推广情况调查汇总

年份	面积（万亩）	平均单产（千克/亩）	较当地对照亩增产（千克）	总产（10^4千克）	新增总产（10^4千克）	综合单价（元/千克）	新增产值（万元）
2011	10.4	1 895.8	287.5	19 716.32	2 990.00	1.20	3 588.00
2012	22.4	2 121.5	253	47 521.60	5 667.20	1.20	6 800.64
2013	35.12	1 943.3	190.6	68 248.70	6 693.87	1.50	10 040.81
2014	35.83	2 031.1	182.1	72 774.31	6 524.64	1.20	7 829.57
2015	36.1	2 060.8	162.6	74 394.88	5 869.86	1.20	7 043.83
合计	139.85	2 021.1	198.4	282 655.81	27 745.58	1.28	35 384.98

经济效益分析：在计算增产效益时，我们采用各地平均价的加权平均数进行计算分析。计算方式与'丽薯6号'相同。

"十二五"以来，'丽薯7号'在省内省外累计推广139.85万亩，比对照'合作88'及'会-2'等亩增198.4千克，增10.9%，累计新增鲜薯27 746.58万千克，新增产值35 384.98万元。

新增生产费（万元）= 40×139.85 = 5594（万元）

新增纯效益（万元）= 35 384.98–5594 = 29 790.98（万元）

科技投资收益率 = 29 790.98/5594 = 5.33

3 云南省种薯繁育技术及案例

云南省马铃薯种业规模小、标准化程度低、质量监督和市场流通监管制度乏力，严重制约着马铃薯脱毒种薯的生产和使用；脱毒种薯的质量和普及率低是影响云南省马铃薯产业提升和发展的主要制约因素之一。云南省马铃薯种薯的生产和经营活动，有一系列国家标准、行业标准和地方标准支撑，但马铃薯主产区以坡地为主，大型的现代化种业难以适用于此，因此，马铃薯种薯生产以中小企业和薯农自己繁种为主，形成自有的种薯生产和使用体系。

3.1 种薯繁育体系案例

基本形成具有高原特色的云南脱毒马铃薯种薯繁育体系，种薯周年生产，由核心种苗、原原种、原种和一级种生产构成。有由企业完成的从核心种苗到一级种生产的技术体系，也有满足山区薯农自己繁种，解决种薯退化的种薯自繁生产体系，呈现出多样性特点，同时也制约着种业的发展壮大。以下案例可以基本表现云南马铃薯种业发展的基本特征。

3.1.1 剑川县种薯基地建设案例

试验名称：剑川县种薯基地建设案例。

试验时间：2013~2016 年。

试验设计及执行人：张宽华、杨富春、杨福善、赵玉花、海智成。

试验背景：剑川试验站从 2013 年开始实施合格种薯生产基地建设，在剑川县金华镇庆华村海拔 2800 米以上的区域建设种薯基地。脱毒马铃薯种薯基地建设，周期长、环节多、要求严，从脱毒苗的组织培养到提供二级种薯，至少 3 年的时间，在整个种薯生产期间严格执行种薯生产技术规程，确保生产出的是优质脱毒种薯。种薯体系如下：核心种苗生产由剑川县试验站自己扩繁或从云南省马铃薯产业技术体系研发中心引入，原原种生产在试验站温网室进行，原种用"一分地"工程完成，一级种由专业合作社或种植大户生产。

（1）马铃薯原原种生产中核心苗小拱棚移栽

原原种生产的基质常常需要疏松、透气、腐殖质含量高，方能基本满足小苗生长，一般常用的基质配方有河沙：珍珠岩：腐质土＝4：2：4 或砂性红土：珍珠岩：腐殖土＝3：2：5，充分混合各类基质，剔除或粉碎较大颗粒的基质。脱毒核心苗刚移栽于温网室中时，非常难管理，成活率较低，采用小拱棚移栽技术后，大大提高了成活率，使核心苗的移栽成活率达 95%以上。核心苗移栽后浇足定根水，用小拱棚盖住苗床，保证核心苗生长环境的湿度，两周后逐渐通风炼苗，炼苗一周后拆除小拱棚，常规管理。

（2）马铃薯原种生产"一分地"工程

原种生产"一分地"工程，就是一户一分地的种薯扩繁模式，即将试验站生产出的原原种，交由种薯基地的农户每户种植一分地，收获后，次年全部种植成一亩，依此扩繁，逐年增加脱毒种薯种植面积，逐步替换生产用种，多年的实践证明，"一分地"的扩繁模式，有效地解决了种薯扩繁成本高、质量难以控制的难题。期间试验站对种薯生产进行种薯质量检测，根据国家标准《马铃薯种薯》（GB 18133—2012）的要求，对种薯种植期间进行两次田间检测，第一次检测在现蕾期至盛花进行，第二次检测在收获前30天左右进行。种薯扩繁期间每年要进行两次块茎检测，第一次在种薯种植前进行取样检测，第二次在种薯收获时取样检测。遇疑难问题时，对植株和块茎进行取样，送云南省马铃薯体系研发中心进行室内检测。

（3）农民合作社生产一级种薯

合作社或种植大户完成一级种薯生产，试验站全程进行生产技术指导。①种薯处理技术。马铃薯的芽有明显的顶端生长优势，顶芽具有发芽早、芽壮的特点，种植后出苗快、苗壮，结薯早而多，薯块大而整齐；而底芽生长势弱，出芽迟缓，苗弱，结薯迟、少、小，且容易出现不结薯植株。种植时，为了节约种薯，降低生产成本，打破休眠，充分利用顶芽，通常将较大的种薯切成50克左右的薯块播种。切块时要纵切或斜切，可切至每块50克左右，保证每块上有2个以上健壮芽眼，种薯切块后用草木灰沾擦伤口，然后在散射光下晒2~3天，使切口愈合，木栓化。切刀应准备两把，当切到病薯、烂薯时，要把刀具擦拭干净后用75%的乙醇溶液消毒刀口或用火烧烤切刀消毒。②配方施肥。每亩准备腐熟的农家肥2000千克、46%尿素15~20千克、16%普钙70~90千克、50%硫酸钾12~15千克。③晚疫病防治技术。消灭中心病株，及时进行药剂防治。一旦发现中心病株，及时拔除，深埋消灭。一般在6月中下旬至7月初用甲霜灵锰锌、克露或银法利+安泰生等农药交替喷施，间隔10天左右，连喷3次，中心病株周围30~50米要仔细喷药，若雨水频繁，喷药时间间隔缩短，喷药次数增加1~2次。注意一定要统防统治。高培土，可有效减少晚疫病病菌从地上部传向块茎，确保健康种薯生产。④田间去杂去劣。马铃薯的采收始终采不干净，留在田里第二年又长出来，对种薯的纯度影响非常大，所以在种薯生产中，马铃薯出苗后，及时去杂去劣，至开花期要保证彻底去杂去劣，以确保种薯纯度。⑤采收。适时收获，当马铃薯的地上部分自然落黄，薯块成熟，薯皮木栓化，不易擦破薯皮时开始采收。收获马铃薯时应该选择晴天，如果遇雨季需要在地块控干水分几天后，土壤湿度至手捏不成团后收获。收获锄挖从垄的两边挖，避免挖烂块茎，尤其对结薯大的更要注意。在挖掘、拾捡、搬运和堆放过程中，力求减少块茎的机械损伤。切忌受到雨淋。⑥分级与包装。挖出的种薯先摊在地里，晾晒数小时，待表皮干燥后，土壤与块茎分离，能够使块茎表皮伤口愈合，减少夹带泥土、杂物，最后进行分级，分成50克、50~100克和100克以上三等，同时剔除病薯和烂薯，然后用40千克规格的塑料编织袋进行定包，定成41千克/袋，确保种薯在上下搬运后还能有40千克/袋。⑦贮藏。种薯收获后，如果没有及时售出，应进行贮藏。贮藏地应有适宜的温度（4~5℃），并要有良好的通风条件，每天要通风4~6小时，以提供足够的氧气并降温，通风还排出了马铃薯生成的二氧化碳，可使马铃薯更好地保存。

3.1.2 大理州脱毒马铃薯小群体大规模种薯生产技术示范案例

试验名称：大理州脱毒马铃薯小群体大规模种薯生产技术示范案例。

试验时间：2013~2016年。

试验设计及执行人：赵彪、杨雄、谢春霞。

试验背景：在各级政府和农业主管部门的关心支持下，经过多年的脱毒马铃薯种薯生产基地建设，大理州初步建成3万亩脱毒马铃薯生产基地。大理州农业科学院、漾濞县农业技术推广中心、祥云县农业科学研究所共建成2000平方米脱毒马铃薯组培室和6000平方米的脱毒微型薯生产大棚。相继成立了剑川县华峰马铃薯农民专业合作社、俊辉马铃薯农民专业合作社和白山母马铃薯农民专业合作社；洱源县吉润中药材马铃薯农民专业合作社；鹤庆县安乐马铃薯农民专业合作社等。洱源县、剑川县、鹤庆县、漾濞县和祥云县的脱毒种薯繁殖户享受政府的脱毒种薯生产补贴，大理州脱毒马铃薯优质种薯生产能力和脱毒种薯质量得到显著提升。大理英茂种业有限公司和大理市青松薯业公司落户大理州，在洱源县和剑川县建有标准化马铃薯脱毒种薯生产基地10 000亩，每年向外销售优质脱毒种薯5000多吨，实行标准化和规模化马铃薯脱毒种薯生产，大幅度地提升大理州脱毒种薯的生产能力和脱毒种薯质量，大理州生产的优质脱毒马铃薯种薯遍及省内马铃薯冬作区，并逐步走向东南亚国家。在省、州、县农业科技部门的共同努力下，研究和总结出马铃薯"小群体大规模"脱毒种薯生产技术，并在生产中得到推广和应用，取得较好的经济效益和社会效益。

生产基地的自然环境概况：大理州北部的洱源、剑川和鹤庆县的高海拔地区（海拔2500~3100米），有10个乡镇20个村委会，耕地面积约有20 000公顷。这些地区气候冷凉，马铃薯生育期5~10月平均气温10.9~16.5℃，一年只能种植一季大春作物，主要种植马铃薯、白芸豆、玉米、中药材等作物。该区域常年马铃薯种植面积10 000公顷左右。该地区日照充足，太阳辐射强，5~10月日照时间达888.6~1045小时，大于10℃的太阳辐射38 962~73 644卡/厘米^2；5~10月气温日较差9.8~11.8℃，有利于马铃薯的干物质积累；5~10月降雨量545.6~906.2毫米，能满足马铃薯生长发育对水分的需求；土壤有机质含量高，为5.57%（剑川县杨岑乡杨家岭）~8.02%（鹤庆县草海镇马厂村），土壤疏松肥沃，有利于马铃薯的生长和薯块膨大；冬季（1月、2月和12月）平均气温-2.8~6.6℃，不利于蚜虫、飞虱等介体种群积累，目前还没有发现马铃薯青枯病、黑胫病和环腐病，疮痂病和粉痂病等土传病害较轻。因此，大理州北部高寒山区是脱毒马铃薯优质种薯的理想繁种基地。

3.1.2.1 马铃薯微型薯生产技术

（1）马铃薯脱毒苗生产技术

马铃薯品种选择：繁殖品种选择以目前市场需求量大的'合作88''丽薯6号''丽薯7号'为主，同时，繁殖新选育的'凤薯3号''凤薯4号''凤薯9518'和早熟品种'凤薯6号''H6''凤薯9515''11#''B4''52#''07.8.10''07.8.15'等品系。

基础苗准备：从云南省马铃薯产业技术体系研发中心引入马铃薯脱毒核心苗，置于智能光照培养箱内保存,培养箱温度 8℃,光照 1 级,12 小时。取出脱毒核心苗,进行扩繁,每瓶 10~12 株苗,每个品种 6~10 瓶,接种后置于智能光照培养箱内培养,培养箱温度 18℃,光照 1 级,12 小时。由于脱毒核心苗数量有限,所以要进行 1~2 次转接才能达到基础苗需求数量。

脱毒苗快速繁殖:取出长满瓶的基础苗,剪取瓶内苗进行扩繁,每瓶 16~18 苗,接种后置于温度 22℃、光照时间每天 12 小时、照度 2000lx 的培养架上培养,待其长满瓶后再次切段接种繁殖。快速繁殖使用 MS 培养基。继代扩繁多次后,试管苗会出现徒长现象,可通过增加自然散射光、调节养分浓度和增加培养基中 K 含量等方法加以调节。接种 20 多天后即可拿到大棚炼苗。

(2) 马铃薯脱毒微型薯生产技术

苗床准备:大棚苗床的基质为草炭:陶粒:珍珠岩 = 2:1:1,在苗床消毒前每亩加入 500 千克干牛粪,与基质充分混匀整平,浇透水,再加杀虫剂(阿维菌素、菊酯类)+杀菌剂(甲霜灵锰锌、银法利等)+甲醛混合消毒液,待消毒液混匀后用喷壶均匀浇于苗床上,再用透光薄膜盖严苗床,收起遮阳网,让阳光直射大棚内,关闭大棚通风口及大棚门,尽量使大棚密闭,对苗床进行消毒处理。7~10 天后,打开大棚通风口,揭开苗床上覆盖的薄膜,使棚内药剂气味散发。

炼苗与定植:塑料大棚通风 3 天后,可将待种的组培苗搬入棚内炼苗,按品种分别摆在苗床上,打开瓶盖,瓶内培养基较少的适量加水,让苗自然生长 7~10 天后。用锄头将苗床基质深翻一遍,浇透水,准备定植。将组培苗从瓶中取出,用自来水冲洗苗根部的培养基,若组培苗的根太长,则需要剪根,根的长度保留 2 厘米左右即可。将整理好的组培苗种植在苗床上,株行距采用(5~10)厘米×20 厘米。组培苗定植完要浇定根水,同时展开大棚遮阳网,避免小苗被太阳晒死。组培苗移栽 5 天内,每天浇水一次,保持苗床湿润,利于小苗扎根。待苗完全成活后,开始逐步收拢遮阳网,让小苗在阳光下茁壮成长。

生长期管理:①苗期管理。苗成活后,每隔 7~10 天浇一次透水,待遮阳网完全收拢 7 天后,对小苗进行第一次追肥。追肥前先浇透水,然后用 N:P:K = 15:15:15 的复合肥 20 千克/亩。追肥时,先将复合肥溶于水中,然后再加水稀释,用喷壶浇于苗床上。定植后 20 天左右,进行第一次培土,培土时将幼苗扶正,顺幼苗两侧垒土 10 厘米左右,压实幼苗基部,让苗向上生长,增加通风透光性,减轻苗期病害发生。苗期还要注意防治虫害,主要为夜蛾、草地螟等食叶害虫,可用 4.5%高效氯氰菊酯乳油 2500 倍液喷施防治。②生长期管理。在植株封行前,进行第二次追肥和培土,用 N:P:K = 15:15:15 的复合肥按 25 千克/亩的量,撒施于苗床上,然后培土,需盖住肥料,一行一行培,压好匍匐茎,垒土高度 15 厘米左右。培土后顺沟浇水,尽量浇透,充分发挥肥效。夏季温度一般不能超过 32℃,气温较高时,展开遮阳网避光或喷水降温。冬季则需注意防寒保暖,可适当关小通风口。在寒冬季节,下午 6 点关闭通风口,早上 8 点打开,以防止夜间气温较低植株受冻害。期间还要注意病虫害防治。马铃薯蕾期前后注意观察是否有早疫病发生,连续阴雨天气注意观察是否有晚疫病发生,做到及时防治,一旦有零星病斑出现,立即用 68.75%的银法利 60~75 毫升/亩兑水喷雾或 58%甲霜灵锰锌可湿性粉剂500倍液喷雾，连续喷2~3次，每隔7~10天用药一次，不同药剂轮换喷施。大棚内虫害主要为白粉虱、蓟马、斑潜蝇、红蜘蛛和蚜虫等，当有少量白粉虱或蓟马发生时，可悬挂黄板和蓝板，虫口密度较大时，可用10%吡虫啉4000~6000倍液喷雾防治；发现有斑潜蝇虫道时，用20%灭蝇胺可溶性粉剂800倍液或10%吡虫啉4000~6000倍液喷雾防治；发现有红蜘蛛或蚜虫危害时，可用10%吡虫啉4000~6000倍液或菊酯类药剂喷雾防治。生长后期，要逐渐减少水分供应，在收挖前一个月停止浇水，加快植株落黄，减少土壤水分，促使块茎表皮老化，以减少机械损伤，有利于贮藏运输。

微型薯收获及贮藏：收获前一星期，割去茎秆，让块茎表皮充分木栓化，将茎秆运出大棚外，并捡去土表残叶。收获的块茎按品种装入网袋并挂牌，放在通风阴凉的室内进行短期保存，如需长期保存则需放入4~6℃的冷库内。

3.1.2.2 脱毒马铃薯小群体大规模种薯生产技术

（1）脱毒马铃薯小群体大规模种薯生产组织形式

由于马铃薯脱毒种薯生产周期长、生产成本高，加之，高寒山区大量劳动力转移到城市务工，识字的强劳力相对不足，对农业生产的重视程度下降，采用"小群体大规模"的脱毒马铃薯生产方式生产，才能确保生产出合格的脱毒种薯，满足市场需要。在脱毒马铃薯种薯生产基地内，成立马铃薯脱毒种薯生产农民专业合作社，合作社的法人由当地有威望、懂经营、会管理、公道正派的村民担任，合作社的社员志愿加入，听从法人的指挥和安排，法人按照社员的意愿安排和组织脱毒马铃薯种薯生产、管理和销售。合作社的每一户社员为一个生产单元（小群体），一个合作社或多个合作社的种薯生产为大规模生产，可以生产出大量的合格脱毒种薯，满足市场的种薯需求。

（2）脱毒马铃薯小群体大规模种薯生产技术流程

脱毒马铃薯生产合作社法人根据每户社员的意愿和生产计划，向脱毒马铃薯生产单位或生产企业统一购买脱毒原原种，按每户500~1000粒（小群体）发放到繁殖户，每户可种植66.7~133.4平方米，当年可生产出150~300千克原种；次年每户以150~300千克原种做种，可种植1~2亩大田，生产出1500~3000千克一级种；再下一年，每户以1500~3000千克一级种做种，可种植10~20亩大田，生产出15000~30000千克二级种。二级种由合作社统一定额包装出售，在包装袋上写明：品种名称、产地、重量、种薯级别、生产农户姓名、收获期等信息。每一个脱毒马铃薯种薯生产合作社及其社员，年年按上述流程循环生产，既可以保证马铃薯脱毒种薯的质量和数量，又可年年都有脱毒种薯向外销售，满足种薯市场的需求。上述脱毒种薯生产流程，也可以从一级种生产环节开始循环，即合作社法人统一向脱毒种薯生产企业购买原种，按繁殖户的种植面积发放种薯，生产一级种；次年再生产二级种，统一向外销售。

（3）脱毒马铃薯大田生产技术要点

1）原种生产技术要点。原种生产是马铃薯脱毒种薯生产过程中的重要环节，需要用原原种做种薯，因原原种的薯块小，储存的养分和水分少，种植管理要非常精细，否则，出苗率低，缺行断垄严重，繁种产量不高，种植成本高，薯农效益低。繁殖脱毒原种与繁殖脱毒一二级种技术措施有以下几点不同。

选地整地。繁种地要选择前作不是马铃薯,且靠近水源可浇灌田地或村庄附近的园地,要求土壤疏松肥沃。繁种地要在冬季深犁深翻,播种前再次翻犁和细耙,要求土壤细碎。

种薯分级,按种薯大小分开播种。原原种较小,且大小参差不齐,将种薯大小分开,按不同级别分开播种,避免出苗后幼苗"以大欺小",便于管理。

打破种薯休眠。播种时,种薯一定要通过休眠期,但芽不能太长,否则种薯衰老,影响产量。若种薯未通过休眠期,可用10~15毫克/升赤霉素液浸泡30分钟,捞出晾干后,进行堆捂催芽,种薯萌动后才可以播种。若通过催芽还不能打破种薯的休眠,可适当延迟播种期,播种最迟不能晚于5月上旬。

精细播种。原原种采用垄作的方式种植,可适当增加播种密度,株行距(10~20)厘米×80厘米,每亩播种4200~6000个种薯。播种时按80厘米的行距,开5~10厘米深的播种沟,用水管在播种沟中浇水,待播种沟浇透水后,按10~20厘米株距摆种,然后在种薯上覆盖一层腐熟的厩肥,在种薯两侧撒施化肥,最后浅覆土,做成低垄凹面,便于浇水和蓄积雨水,以利出苗。

科学施肥。每亩施用腐熟的厩肥2000千克,N:P:K=15:15:15的三元复合肥50~60千克作种肥,齐苗后结合中耕培土,每亩追施10~15千克尿素作提苗肥,以后根据苗情补肥料。

培土。当幼苗长到20厘米左右,进行第一次除草追肥和培土,培土不能培得太高,在植株封行前再进行一次高培土。

2) 一、二级种薯生产技术要点。

选地整地。选择海拔2500米以上的高寒山区,前作不是马铃薯,且土层深厚,土壤肥沃,富含有机质,排水良好的地块。播种前深耕细耙,使土壤细碎疏松,以利于播种和出苗。

种薯处理。一、二级脱毒种薯繁殖,尽量选用小整薯作种,不宜采用切块繁殖,以减少病害的交叉感染。播种前2~3天认真选种,剔除病薯、烂薯、杂薯和畸形薯,并用800倍甲霜灵锰锌和1000倍农用链霉素液均匀喷洒种薯表面,以杀灭种薯所带的病菌。

合理密植。马铃薯是以块茎作种的作物,繁种时不仅要获高产,而且要使植株生长出更多数量的中小薯,以提高繁殖系数和减轻病害。为此,通过适当增加单位面积上的种植密度来减少大薯率,增加中小薯的数量。早熟矮秆品种比高秆晚熟品种的播种密度大一些,一般繁殖早熟矮秆品种可采用单垄双行的方式种植,株行距为20厘米×(30+60)厘米,繁殖高秆晚熟品种'合作88''丽薯6号''丽薯7号'等品种可采用单垄单行方式播种,株行距为20厘米×(80~90)厘米。

合理施肥。马铃薯需肥量大,施肥以重施基肥为主,补施苗肥为辅。每亩施腐熟的厩肥2000千克,N:P:K=15:15:15的三元复合肥50~60千克作种肥一次施用,齐苗后结合中耕除草和培土,每亩追施尿素5~15千克作苗肥。

适时播种,提高播种质量。大理州的种薯繁殖区主要分布在高寒山区,这些地区冬季气温极低,春季气温回升慢,种薯发芽和出苗慢,且易受晚霜伤害。另外,这些地区是典型的雨养农业区,冬春季节土壤干燥,作物生长发育所需的水分绝大部分靠夏秋季自然降水。因此，繁殖早熟需肥水量大的品种时，不能过早播种，否则易受晚霜冻和干旱危害，造成出苗不整齐、缺塘、断垄。出苗后若遇干旱，土壤水分不足，肥料的有效性差，易形成僵苗、老苗，植株提前结薯，所结的薯块数量少，薯块小，并且畸形薯多，产量低。大理州的适宜播种期在3月20日至4月5日。

追肥。幼苗出齐后，根据不同品种和田间幼苗的长势长相，结合中耕培土适量追施提苗肥。早熟且需肥量大的品种，每亩追施尿素15千克左右。中晚熟品种'合作88''滇薯6号'等每亩追施尿素5～10千克，促使苗匀、苗壮，为夺高产奠定基础。

中耕除草和培土。当幼苗长至20厘米左右时，及时中耕松土，拔除杂草，结合追肥进行一次培土，封行前再进行一次高培土。

病害防治。晚疫病是马铃薯的重要病害之一，一旦暴发流行会造成灭产。因此，在种薯生产过程中，要特别重视晚疫病的防治工作。繁殖易感染晚疫病品种的种薯时，在雨季到来前，每隔20天防治一次病害，进入雨季后，每隔10天防治一次。繁殖抗病性好的'合作88''丽薯6号''丽薯7号'等品种的种薯时，进入雨季后，当田间病级达2级（CIP九级标准）时开始喷药，隔10天喷药一次。防治药剂可选用甲霜灵锰锌、代森锰锌、雷多米尔、银法利等农药交替使用。苗齐后加强田间巡查，一旦发现卷叶病、花叶病、青枯病等病害及时拔除，确保生产出健康的脱毒种薯。

害虫防治。蚜虫是重要的传毒昆虫，带毒蚜虫为害后会造成大面积的交叉感染，降低种薯级别。一旦发现田间有蚜虫，及时用百树得等农药防治。干旱年份地老虎危害严重，造成缺塘断垄，一旦发现地老虎为害及时防治。

去杂去劣。田间混杂是马铃薯繁种保纯的一大难题。马铃薯繁种必须在高寒山区进行，这些地区连年种植马铃薯，田间薯块很难挖净，极易造成品种混杂。因此，当苗齐后，加强巡查，拔除不具有繁殖品种特征或生长势弱、有病的植株。在马铃薯的整个生长发育过程中都要进行去杂去劣工作，确保种薯的纯度。

杀青收获。当植株叶片自然落黄、脚叶枯死、块茎易从匍匐茎上脱落时，割除地上茎叶，过7～10天待薯皮木栓化后，选择晴天及时收获。

3.1.2.3 应用评价

应用"小群体大规模马铃薯脱毒种薯生产技术"生产马铃薯脱毒种薯，合作社的法人是关键，他每年都要规划脱毒原原种、原种、一级种和二级种的种植区域、种植面积；组织购买种薯、组织生产技术培训、组织生产管理；进行种薯质量的监督与管理，组织销售，运用小群体大规模马铃薯脱毒种薯生产技术生产种薯。可改变过去一家一户分散式的马铃薯脱毒种薯繁殖方式导致脱毒种薯级别不清、种薯质量参差不齐的弊端。采取统一生产规划、统一繁殖品种、统一购买繁殖的种薯、统一生产措施、统一培训、统一价格外销，确保种薯质量，实现种薯质量可追溯。农业科技部门配合合作社法人，在生产规划、种植、中耕管理、病虫害防治、收获等环节进行技术培训和指导，确保生产出合格的脱毒种薯。剑川县华峰马铃薯农民专业合作社，每年生产2000吨优质脱毒种薯，每年向外销售1000吨种薯；鹤庆县安乐马铃薯农民专业合作社每年生产500吨马铃薯脱毒一级种薯，每年向外销售200吨种薯；洱源县吉润中药材马铃薯农民专业合作社每年生产200吨马铃薯脱毒一级种薯，每年向外销售100吨种薯，取得较好的经济和社会效益，具有广泛的推广应用价值。

3.1.3 种薯规模化、标准化生产案例

试验名称：种薯规模化、标准化生产案例。

试验时间：2013～2016年。

试验设计及执行人：肖旺宝、杜中杰、张国平、王志坚、李文基。

试验地点：云南英茂集团大理种业基地。

试验背景：云南英茂集团是集花卉、马铃薯、农资、农业技术咨询等为一体的专业化集团公司，是生产马铃薯组织培养苗、花卉种苗及马铃薯种薯生产的规模化、专业化、优质化公司，已成为国际知名种源商在国内指定的生产经销商。并荣获"云南省农业产业化经营重点龙头企业""云南省优质种业基地""云南省农业科技示范园"等荣誉称号。公司依托云南独特的地理优势，建立辐射周边低海拔国家的云南马铃薯种薯区域合作发展模式，推进将滇产优质马铃薯种薯资源供应到周边低海拔国家和地区。英茂集团已启动与越南、缅甸、孟加拉国等国家的合作，并签署合作协议。公司紧紧抓住国家"马铃薯主粮化"发展战略和"一带一路"历史机遇，初步构建了面对东南亚种薯市场的布局，为滇产马铃薯种薯走向国际市场打开了一条通道，对未来滇产优质种薯的市场国际化推进具有战略意义。

3.1.3.1 英茂集团马铃薯脱毒种薯企业质量标准构建

云南英茂农业有限公司经过2年的时间，构建了公司的马铃薯种薯生产企业质量标准。

马铃薯组培苗质量标准：不带马铃薯S病毒（PVS）、马铃薯A病毒（PVA）、马铃薯Y病毒（PVY）、马铃薯X病毒（PVX）、马铃薯卷叶病毒（PLRV），以及植原体、马铃薯纺锤块茎类病毒（PSTVd）、细菌和真菌，苗高5～8厘米，茎粗≥1毫米，有效苗株数≥25株/瓶，有效节点数≥3节点+顶叶，顶叶张开，无灼伤叶片。

马铃薯脱毒种薯分级指标：原种纯度不低于99.5%，薯块整齐度不低于85.0%，不完整薯块不高于1.0%；一级种纯度不低于98%，薯块整齐度不低于85.0%，不完整薯块不高于3.0%；二级种纯度不低于96%，薯块整齐度不低于80.0%，不完整薯块不高于5.0%；三级种纯度不低于95%，薯块整齐度不低于75.0%，不完整薯块不高于7.0%。二级种薯的块茎质量指标：环腐病允许率0，湿腐病和腐烂≤0.1%，干腐病≤1.0%，疮痂病、黑痣病和晚疫病轻微症状（1%～5%块茎表面有病斑）≤10.0%、中等症状（5%～10%块茎表面有病斑）≤5.0%，有缺陷薯（冻伤除外）≤0.1%，冻伤≤4.0%。

3.1.3.2 英茂集团马铃薯脱毒种薯生产标准及运用

（1）马铃薯种薯生产全链标准生产体系

核心苗构建：建立病毒检测计划，进行核心母瓶的构建。

技术标准构建：根据各区域环境差异和各品种特性，摸索种植的时间及种植模式，逐步完善种植生产管理体系。

植保管理：生产环节具备全方位的消毒设施及消毒措施，避免生产中病害传播及品种杂株出现；建立病虫害等防控及病毒检测方案，使用记录表，构建可追溯体系。

水肥管理：种植覆盖基地实施水肥一体化管理，安装建设灌溉系统、水泵房、水池等基础配套设施；并进一步优化、完善水肥一体化的灌溉系统，进行科学化的日常水肥管理。达到高产、高效、有效利用土地资源及水资源，做到现代化农业管理示范作用。设置EC、pH等关键检测指标，控制各阶段生产过程。

设施设备：配备配套的机械设施，如拖拉机、翻转犁、旋耕机、起垄机、微型薯播种机、种薯播种机、液态施肥机、杀秧机、收获机、原原种分级机、原种分级机、一级种分级机。

仓储物流控制：目前拥有3000平方米的种薯仓储，设定预冷库、恒温库等冷库设施，保障种薯质量；具备原原种种薯分级包装设备，能够按标准进行分级包装；具备物流环节监控温、湿度记录仪跟踪物流环节关键指标。

质量控制：按照公司马铃薯种薯生产全链标准生产体系建设的要求，从原原种母瓶核心苗→原原种→原种→一级种每个环节进行相关指标的检测，如果有一个环节检测不合格，达不到指标，该批次的苗株（种薯）进行整体销毁或降级处理，重新构建后再进行下一个环节的生产，病虫害防治要求严格按照协作单位专家组的计划要求进行操作防治。

（2）英茂集团马铃薯种薯种苗生产体系

核心苗储备：根据生产计划从相关单位引进相应品种的脱毒核心苗。品种纯度保证100%、无真菌、无细菌、无国家标准《马铃薯种薯》（GB 18133—2012）规定的病毒及类病毒等。核心苗使用周期不超过1年。

核心苗病毒检测：将核心苗茎尖取下转接后，剩余部分以瓶为单位送检。检测方式为DAS-ELISA及RT-PCR同时检测，检测范围为PVS、PVA、PVY、PVX、PLRV、PSTVd、植原体，一旦出现目标病毒销毁全部核心苗并重新购买和构建。

核心苗茎段细菌检测：取核心苗茎尖部分转接至新的培养基中，将核心苗基部2~4毫米茎段切碎至于LB液体培养基中28℃摇床振荡培养一周后，检查带菌情况，并作对应处理。

核心母瓶保种：采取茎尖动态脱毒手段保种，取茎尖，15天重复一次转接。

组培苗培养容器选择：采用500毫升锥形瓶（外径，封口材料为双层牛皮纸及棉线）；采用500毫升圆形透明PE盒（盒盖自带换气孔）。

培养基配制：培养基配方为MS+蔗糖30克/升+琼脂5.4克/升，pH5.8，将混合好的培养基（40升/桶）于高压灭菌锅中121℃、0.1千帕条件下煮15分钟，确保琼脂完全溶化；利用培养基分装机将煮好的培养基按100毫升/瓶分装，分装厚度为培养瓶边缘2厘米；采取湿热灭菌法，在高压灭菌锅中121℃、0.1千帕条件下灭菌20分钟。培养基灭菌完毕冷却后储藏于洁净区的培养基储藏室备用，并定时开启紫外灯对储藏环境灭菌。要求生产部门进行生产任务时，取储藏时间为15~30天的培养基使用。培养基需保证软硬适中，无污染。

组培苗接种流程及标准：每次生产前一周，对组培楼进行紫外灭菌+甲醛熏蒸消毒；

并对洁净区进行空气洁净度检测，符合既定标准进行生产，否则对不达标区域再次进行灭菌处理，直至达到目标值；进入洁净区，完成换鞋、更衣、洗手、消毒后进入组培室接种室内，切换超净工作台杀菌灯后，对接种工具、母瓶、培养基做再次消毒处理；用医用直剪将组培苗母株从母瓶中沿培养基上表面剪出并放在接种盘内，并将茎段、茎尖分开定植；保证茎段或茎尖有1~2个腋芽节点，每瓶27个茎段或者茎尖，每茎段或茎尖长度1~2厘米，其中茎段或茎尖腋芽上下端不低于0.5厘米。将培养基内茎段或者茎尖以自然下方朝下方式均转接于培养基中，并保证腋芽点必须露在培养基以上；接种完成后，用打码机标注品种名，接种日期、接种人信息、母瓶信息等。

组培苗培养：人工光培养室内培养，白天温度20~22℃，夜间温度18~20℃；瓶口光照强度4000~5000lx，光照时间12~16小时；自然光培养室内温度15~30℃，瓶口光照强度5000~8000lx；培养室内人工光照培养15天；室内自然光照条件下培养7天，室外自然光培养7天。培养室内保证光照、温度一致性，提升瓶苗均一性；室外培养保证环境的温光可控，避免高温、强光灼伤顶芽或其他叶面。

马铃薯脱毒苗生产环境的控制：洁净区域每天用消毒水拖地1次，每周臭氧消毒1次或甲醛熏蒸1次；每周对洁净区域进行菌落数检测，并对不达标环境进行重点消毒，直到符合要求；办公区域每3天用消毒水拖地1次，每月用臭氧消毒1次或甲醛熏蒸1次；每月对洁净区域进行菌落数检测，并对不达标环境进行重点消毒，直到符合要求；检测方法使用《GB/T 16294—2010 医药工业洁净室（区）沉降菌的测试方法》，每个区域的洁净程度等级如下：操作台为100级；接种室、培养室、走道、培养基储藏室、灭菌室为1万级；洗瓶室、培养基制备室、更衣室为10万级；组培楼外围环境每月进行灭菌杀虫处理，每季度进行1次绿化修整。

脱毒苗生产过程中的巡检及记录：接种5天后，隔2天检查一次污染情况，并对污染情况做记录，污染瓶苗需当天灭菌处理；每周实施不少于1次的全部瓶苗巡检，对生长出现问题的瓶苗及时调整温光及其他对应措施。确保培养环境及培养基符合各品种的生产特性。

组培苗病毒检测：核心苗进入扩繁前需对每瓶苗做一次病毒检测；每扩繁一代，取样3‰进行目标病毒检测。检测方式为DAS-ELISA，检测范围为PVS、PVA、PVY、PVX、PLRV、PSTVd、植原体。

组培苗出瓶：达到公司出瓶标准的组培苗即可出瓶移栽或销售。包装框规格为50厘米×40厘米×8厘米，上口敞开，下口网状透气。包装前用消过毒的湿布垫于框内底部。以75瓶出瓶苗为单位将苗连带培养基正面朝上铺于塑料包装框中。然后再用消过毒的湿布将苗完全覆盖保水备用；每框悬挂标签注明品种、数量、出瓶日期、母瓶信息；如当天发货移栽，可直接移栽；如隔夜移栽，4~8℃冷藏储存，储藏时间≤2天；保证储藏过程中的湿度控制，防止苗出现萎蔫。

（3）英茂集团马铃薯种薯原原种生产体系

马铃薯原原种生产温室结构标准：温室需完整、无破损，温室具备缓冲间，肩高不低于3米；温室四周用幅宽2.0米的40目防虫网封住，顶部用幅宽1.5米的40目防虫网封住，苗床宜用高架床，利于排水、透气。苗床高度以人员操作方便为宜（一般40~60厘米），长20~30米，宽1.5米；喷灌系统由喷雾系统和滴管系统构成。滴管标准为2升/小时、滴孔间距10厘米,安装间距10~12厘米一根。需要在不同时段进行阶段性遮阳降温,遮阳网可选择50%~70%的黑色网纹网。

基质选择标准:常用基质有草炭、珍珠岩、蛭石、椰糠、腐殖土等或混合使用,实际生产中要因地制宜选用合适的基质,保证基质通透、恒温。通常选用草炭∶珍珠岩 = 6∶1;中等陶粒(3~5毫米)∶泥炭 = 5∶5;腐殖土∶珍珠岩 = 5∶5等混合基质。

基质的使用流程:苗床填充基质前清除温室内外杂物、杂草,清扫地面及苗床,用优氯净800~1000倍对温室内地面、苗床彻底消毒后,方可填充基质备用,落到地面的基质未经消毒不可使用;基质需经过高温蒸汽消毒,90℃以上持续1.5小时后冷却方可使用,也可使用药物消毒,如用1%~2%的甲醛溶液淋灌,使用甲醛溶液淋灌消毒时要浇透基质,并边淋灌边覆膜,覆膜要严实,闷棚5~7天、开棚揭膜通风5~7天;消毒完毕平整基质,基质厚度10~12厘米。

环境控制标准:各温室负责人负责其温室内外环境卫生的管理,生产垃圾应在现场工作结束后及时清除,并运送到指定垃圾堆放处;每天打扫操作区域卫生,及时清除苗床下、温室内外的杂草。垃圾桶、浇水皮管及清扫用具等必须按规定摆在固定位置,以便于环境整洁和提高工作效率。

空间消毒:可选用熏蒸剂如30%百菌清烟剂(300~400克/米^2)+12%达螨灵+异丙威烟剂(300~400克/米^2)熏蒸等,至少保持12小时后开棚通风。

人员、工具消毒:进入温室必须进行鞋底消毒,在接触到病株及病株残体后也必须先消毒后才能进行其他工作;定植时使用的槽刀、定植标尺、壮苗托盘等一律用75%乙醇喷洒消毒。

组培苗(驯化结束)质量标准:苗高5~8厘米,茎粗≥1毫米,伸长的节≥3节点+顶叶,无真菌、细菌污染,经检测确认不携带PVX、PVY、PVS、PLRV、PVM、PVA和PSTVd及植原体的组培苗。

组培苗定植:一般选择在8月10日至9月20日进行,要根据品种特性确定种植时间,早中熟品种晚植、中晚熟品种早植。

组培苗分级:定植前要对苗进行分级处理,分级参考指标为苗高、苗粗壮度、苗伸长节数。将同一级别的苗定植在一个苗床上。

定植方式:用工具开槽→放苗→回填,定植密度为150~200株/米^2,株行距可用5厘米×12厘米或5厘米×10厘米等,深植,露出顶部1~1.5厘米,定植后4天内,逐一检查苗成活情况并进行补苗。覆土:采用不覆土或1次覆土方式。覆土一般选择在苗高10~15厘米时进行,覆土高度3厘米,充分保障匍匐茎被埋于基质。

水肥管理:可选用N∶P∶K=15∶15∶15的复合肥作为底肥,重复使用的基质一般用50千克/亩,新基质可加倍使用;追肥采用水肥一体化进行,花蕾期之前(定植后40~45天)采用N∶P_2O_5∶K_2O∶CaO∶MgO = 1∶0.5∶1.5∶0.6∶0.18的肥料,7周后至停肥前可用N∶P_2O_5∶K_2O = 1∶(3~4)∶6的肥料。定植后5~7天施第1次肥,头3周每周1次,4~7周一般1周1~2次,浓度在2‰~3‰,水量5~7升/米^2,要根据季节、品种特性和植株状态进行调整;7周过后选用结薯肥,一般1周2~3次,浓度在1.5‰~3‰,水量5~7千克/米^2。一般在60~75天停肥,90~100天停水。

病虫害防治：温室生产原原种，要全程控制病虫害。主要病虫害有早疫病、晚疫病、斑潜蝇、蚜虫和白（烟）粉虱，其中以晚疫病、斑潜蝇、蚜虫危害重。定植后2~3周为晚疫病高发期。对晚疫病防治较好的药剂有甲霜灵锰锌、烯酰吗啉、克露、银法利、代森锰锌、嘧菌酯等，可用这些药剂交替使用，一般5~7天/次。出现明显病害时，除清除病源中心植株外，每3天用1次药，直至病害完全控制；斑潜蝇和蚜虫防治为挂黄板纸，1张（20厘米×30厘米）/15~20平方米；药剂可选用阿维菌素、敌杀死+灭蝇胺、巴丹、吡虫啉、啶虫脒等交替施药；8月中旬以后定植苗早疫病较少，如果发生可用苯醚甲环唑、嘧菌酯等交替防治，每5天1次，直到完全控制。

气候控制与管理：马铃薯对温度要求较高，营养生长期要将温度控制在20~28℃，不超过30℃，有利于茎叶及匍匐茎的生长；结薯期温度控制在13~18℃、不超过22℃，有利于结薯和薯块膨大；长日照有利于茎叶和匍匐茎的生长，短日照则利于结薯及薯块膨大。

收薯与贮藏：在收获前2~3周停水，收薯采用人工收薯，先清除上部茎叶再收薯。为避免混杂，收薯时不能多个品种一起收，要按品种分别收取。阳光强烈时，要开遮阳网操作，收起的原原种尽快拉到阴凉处晾干；新收获的原原种不能立即包装装袋，要先放在通风无直射光的地方（温度12~15℃）摊晾5~7天后分级包装，同时剔除病薯、烂薯、伤薯、生长不充实薯及杂物等。按2克以下、2~5克、5~10克、10~20克及20克以上5个等级进行分级包装，标签上注明品种、数量、等级、收获日期、产地等；贮藏时注意让温度分次下降至4~8℃，可贮藏2~4个月，长期贮藏时温度要降至2~4℃；湿度在70%~85%，堆码时下放栅格垫板。

（4）英茂集团马铃薯种薯原种/一级种生产体系

1）生产计划制订。根据公司的战略发展规划，结合原原种生产部的生产能力和市场需求编制年度生产计划。年度生产计划包括各品种种植计划、目标产量计划、设施设备要求计划、资金和物资使用计划、人力资源需求计划等，报公司审定后组织实施。大田生产部经理是生产计划的直接责任人。

2）土地计划。根据种植用种的总量，计划总需土地面积，于每年11月前落实用土地数量，规划土地比实际种植面积预留10%作机动地块，同时考虑轮作地块，种薯生产地块最多3年要轮作种植。第一次整地于每年12月雪凌封山之前及时对土地进行一次深翻，犁深为30~40厘米，使土壤冻垡、风化，以接纳雨雪，冻死越冬害虫。在整地的同时认真清除地块杂草，尤其是杂草的根茎（如白蒿根茎）应尽量清除干净。待早春解冻后，于2月中旬前对土壤再进行第二次精耕细耙，达到耕层细碎、平整无根茬，保住墒情，以待起垄播种。

3）原原种薯准备。原原种种薯主要根据种薯重量进行分级，规格分为2克以下、2~5克、5~10克、10~15克、15克以上5个级别。注意在分的时候要按品种分，待一个品种分完后再分另一个品种，并且在分装入袋时要挂上塑料品种标签，标签内容包括（收获时间、级别等信息），即袋内装放一个内标签，标签一定要用记号笔书写，以便在播种时辨别和对应规划地块用种。

原种种薯分级准备：原种种薯个头差异大，在种薯选用时主要分为3种，即30克以下、40~50克、100克以上，注意在分级装袋的时候严格按照标牌的要求执行。

种薯处理：针对未渡过休眠期的种薯，在播种前15天对已选留作种的种薯必须进行一次全面的检查，看其是否渡过休眠期，如发现未度过休眠期，必须进行催芽处理。一是将需要催芽的种薯置放于高温、潮湿和黑暗的条件下，促使其度过休眠期，然后摊放在散射光下，促芽变壮、变绿。二是用赤霉素5~10毫克/千克液浸种（整薯10毫克/千克，切块薯5毫克/千克），然后待自然晾干后播种；对50克以下的种薯采取整薯播种（50克以上的大种薯需要进行切块处理）。

4）技术标准。切块前准备切刀两把，用75%乙醇或0.5%高锰酸溶液将切刀消毒，然后每把刀切一个种薯后放入消毒液消毒再换另一把刀切下一个。切块时要剔除病薯、烂薯、次薯、劣薯，选择无病变、霉烂、健壮无损伤的种薯，切种从基部开始，按芽眼排列顺序螺旋形向顶部斜切，后对顶芽从中纵切，以破坏主芽，利用侧芽。保证每个切薯带2个以上芽眼，重达20克以上，切块处理时间应在播种前1~2天进行，切块后立即用含有多菌灵（约为种薯重量的0.3%）或甲霜灵（约为种薯重量的0.1%）的不含盐碱的植物草木灰拌种，并进行摊晾，使伤口愈合，勿堆积过厚，以防烂种。

5）施底肥。每亩施优质腐熟的农家肥1000千克、普钙或钙镁磷肥40千克、硼砂1千克、马铃薯专用复合肥100千克，于播种前15天准备好，选定堆放场地，四者充分混合后运入各地块待用，播种前待第二次土地精耕细耙结束后，按每块地的实际种植面积和需肥量将所需肥料用撒肥机施入田块，于播种时用播种机械施入田块。

施肥技术：按照每个复合带宽窄行的面积，宽行为垄面占用面积，窄行为空沟占用面积，如果是播种机操作，株距按15~18厘米，行距90厘米，施肥时按照肥料与宽行的有效面积将混拌好的肥料（农家肥+普钙）均匀地施撒于宽行上，然后再进行起垄播种，起垄时无论是播种机操作或人工开厢起垄都要求要做到垄面平整，垄向（行）要直，垄厢底面宽保持90厘米，顶部保持60厘米，垄高20厘米；根据苗情长势，小苗生长期、生长花期、结薯期、块茎膨大期，进行全元素的水肥一体化配方施肥，结合防治晚疫病定期按计划进行预防防治病虫害。

6）播种时间和整地。根据繁育基地的地里环境及气候特点，马铃薯最佳播种时期是2月下旬至3月上旬，如遇特殊情况，即2月气温回升特别慢或播种期间遇雪雨侵袭，播种时期可延迟至3月初至3月下旬；2月中旬前对土壤再进行第二次精耕细耙，达到耕层细碎、平整无根茬，保住墒情，以待起垄播种。

7）原原种播种密度（生产原种）。原原种由于种薯较小，顶土力差和生长势都相对弱于原种种薯，故在播种时应加大密度栽培。播种机开厢起垄播种，覆带的宽度为90厘米，播种深度10厘米，小行距90厘米，株距为10~12厘米，根据种薯大小决定种植密度，每亩定植6000~8000粒。

8）原种播种密度（生产一级种）。按照原种种薯个头大小，将种薯小于50克以下的分出来，作为一种种植规格进行直播，50克以上的通过切块处理后，根据各品种的生育、期早晚植株高矮等因素因地制宜确定合理密植。在机械播种覆带的宽度为90厘米，早熟种（'费乌瑞它''大西洋'）机械播种株距15~18厘米、每亩播种4000~4500株；中（早）熟种（'丽薯6号''宣薯2号''会-2''H-6'）机械播种株距18~20厘米、每亩播种4235

株；晚熟种（'合作88''云薯401'）机械播种株距20厘米、每亩播种3800~4000株。

9）田间管理。在播种后20~25天即开始陆续出苗，出苗期间加强田间巡察，对田间出苗情况分地块进行记录，细看是否有病虫草害发生及人为、牲畜、自然损害地块情况，针对苗情、不同情况及时采取相应措施；待幼苗出齐长后至10厘米高时即进行第一次中耕培土除草、追肥，以提高地温，促进苗棵生长，培土厚度5厘米；团棵期进行第二次中耕培土，培土厚度（垄高）为15~20厘米，以加厚结薯层次促使多结薯，提高产量，同时避免薯块外露，降低品质。马铃薯的肥水管理尤其是肥料的施用方法，重点是以基肥为主，追肥为辅的平衡施肥原则，做到前促、中控、后保。前期应尽可能地使马铃薯早生快发，多分枝，施肥以氮磷为主；中期控制茎叶生长，不让其疯长，促使其转入地下块茎形成与膨大；后期不能使叶色过早落黄，以保持叶片光合作用效率，多制造养分供地下块茎膨大，施肥上以钾肥为主，适当补施氮肥。具体施用肥料时间和数量按前节追肥进行。水分管理，如遇田间湿度过大或雨水偏多，则要开挖防洪排涝沟，防止田间积水，降低田间湿度。病虫害防治，按照"预防为主、综合防治"的植保方针。坚持以"农业防治、物理防治、生物防治为主，化学防治为辅"的无害化控制原则。根据病虫发生种类、发生阶段，按照合法、安全、高效和经济的原则选药。连续阴雨天晴后或连续晴天阴后一定要打一遍药，要避开阴雨天选择晴天施药，如施药后不到1小时下雨要进行补施。结合施底肥时亩用1包5%二嗪磷颗粒剂防治地下害虫，出苗后随时巡查地块，观察是否有病虫害发生。田间发现中心病株及时将中心病株连塘土（半径20厘米以内）一起拔除并清除到田外销毁，而后全田喷药普防。大田期喷药预防：从苗齐后开始，前期喷施80%代森锰锌可湿性粉剂500倍液或58%甲霜灵锰锌可湿性粉剂500倍液或80%烯酰吗啉1500倍液。每隔7~10天一次，共喷2~3次；一般情况下从苗齐期至现蕾期（易感和感病品种）每亩用代森锰锌120克兑水50千克喷雾一两次→现蕾期每亩用72%克露或58%甲霜灵锰锌100克兑水50千克喷雾，每隔7~10天喷药一次，共喷施2~3次；盛花期之后使用银法利、福帅得防治1~2次。随时根据苗棵长势或虫情态势，重点是在现蕾前和开花期防治虫害，当田间有翅蚜虫达到0.5头/米^{2}时，每亩用10%吡虫啉可湿性粉剂2000倍液或50%抗蚜威可湿性粉剂2000~3000倍液喷雾进行2~3次蚜虫防治。晚疫病、环腐病及黑胫病防治：病害的防治重点是以预防为主，加强对田间检查，发现中心病株后立即拔除，并对病株附近植株上的病叶摘除就地深埋，撒上生石灰。在防治上从苗齐后开始至现蕾期，用药时均添加增效剂，每亩用80%代森锰锌可湿性粉剂120克兑水50千克喷雾或58%甲霜灵锰锌可湿性粉剂100克兑水50千克喷雾，每隔7~10天喷一次，共喷2次；开花至盛花期再用银法利悬浮剂75毫升兑水50千克进行喷雾，每隔7~10天喷一次，共喷2次。根据病害发生及气候情况总共进行4~8次化学药剂防治。除杂：在团棵期、初花期和块茎膨大期各进行一次拔出杂株、病株，把拔掉的植株集中销毁或深埋。第三次去杂除劣时，植株已经结薯，在拔出植株的同时也要把块茎挖出。病毒检测：对原种（一级种）严格按照标准进行各种病毒和类病抽检。

10）田间检验。对病害发生和品种混杂情况进行调查。以病毒病、细菌性病害和真菌性病害的发病率、品种纯度等指标为依据，开具田间检验单。

11）机械杀秧。马铃薯种薯进入生长后期，田间郁蔽，植株抗病能力下降，许多病原菌依附于绿色的植株上伺机扩大侵染或者侵染块茎,这个时期就要把全田的秧子杀死,绿色植株消失,病原菌也就失去了寄主,块茎受感染的机会大大减少。根据所种植品种的生物学特性,当地上大部分茎叶淡黄,基部叶片已枯黄脱落,匍匐茎已表现干缩时进行杀秧,留残茬5~8厘米,也即在收获前10~15天先将马铃薯植株割掉,秧子完全枯死后两周再开始收获,可使块茎在土中后熟,表皮木栓化,收获时不易破皮。

12)收获。收获前保养调整好收获机,在操作过程中尽量减少破皮损伤。收获时应选择晴好天气,避免雨天收获,不管是采用机械还是人工收获,收获过程中应尽量让薯块在田间晾晒片刻再人工捡拾,并注意去除杂质和按种薯个头大小进行分级,将破损薯、病薯单独堆放。当天运回仓库贮藏。贮藏仓库要保持干燥、通风、遮阴,防止块茎见光变绿。

13)贮藏管理。种薯收获入仓后第一次必须在15天内进行翻晾检查,择出霉变腐烂种薯,同时再对种薯进行分选分级,然后分50克以下、50~100克、100克以上3种级别分装。第二次在第一次翻晾分装后20天再进行一次仔细的翻晾分选,分选好后按每袋40千克定额包装并加挂内外标签,标签上注明品种名称、种薯级别、数量等字样。贮藏库应按需保持通风透气、温湿度适宜。

3.2 种薯生产技术案例

不同品种及其不同级别种薯调运至商品薯生产区域,均需要一个引种试验过程,以确定是否在该区域有相对较好的适应性,并能筛选评价出适宜的栽培技术。

3.2.1 冬马铃薯不同品种不同种薯级别引种试验案例

试验名称:冬马铃薯不同品种不同种薯级别引种试验案例。

试验时间:2014~2015年。

试验设计及执行人:杨家伟、万自琼、杨艳丽。

试验地点:红河州开远市中和营镇中和营村委会回民村小组。

试验点地理气候概况:该点海拔1460米,属中亚热带季风气候,年平均气温16.6℃,≥10℃积温5138.8℃,年无霜期315天,年平均降水量963毫米,年日照时数为1933.5小时。马铃薯种植期为12月下旬至4月下旬,月平均气温13.1℃(其中12月月均气温10.2℃、1月9.3℃、2月11.1℃、3月15.7℃、4月19.1℃、5月21.0℃)。光、温等自然条件较为有利于冬马铃薯生长,是开远市冬早马铃薯种植较适宜区。土壤类型为红壤,微酸性,土壤肥力中等,前作种植小米辣。

3.2.1.1 试验方案及实施

(1)试验设计

试验采用随机区组排列,3次重复,每小区长9米、宽3米,面积27平方米,四周设保护行不低于90厘米,重复间走道90厘米,小区间走道75厘米。试验播种采用"平摘沟播,中耕培土起垄"模式,行距75厘米,株距30厘米。每小区种4行,每行30株,共120株。各小区播种时间、施肥水平和管理模式保持一致。

试验处理共7个：①'合作88'原种；②'合作88'一级种；③'合作88'农户自留种；④'丽薯6号'原种；⑤'丽薯6号'一级种（CK）；⑥'丽薯6号'农户自留种；⑦'荷兰15'一级种。

（2）试验实施过程

试验播种、施肥管理等情况：前作收后，清理前作残株，农机与农艺结合，耕翻晒垡，做到土细墒平，耕层疏松，按播种行距用机械开播种沟。

施肥情况：亩施硫酸钾复合肥（N∶P∶K=15∶5∶20）80千克，普钙50千克，锌、硼肥各1千克，腐熟农家肥2000千克，商品有机肥1000千克作种肥，每亩用量折算后称肥到小区；在3月2日现蕾封行前结合第二次中耕管理亩追硫酸钾15千克，并培土起垄。

水分管理：铺设微喷带喷灌灌溉，依据土壤墒情、各生育期对水分需求及时补水。

病虫防控：该试验全生育期防虫不防病，播种时，亩用5%辛硫磷颗粒剂4千克防控地下害虫，3月中下旬至4月上中旬用黄色粘虫板+斑潜蝇诱芯防控蚜虫和斑潜蝇，并监控马铃薯块茎蛾发生情况。

3.2.1.2 结果与分析

（1）产量分析

产量结果为：'合作88'原种小区产量折合亩产1888.40千克，比一级种亩增118.02千克，增幅6.7%，比农户自留种亩增548.15千克，增幅40.9%。'丽薯6号'原种小区产量折合亩产2936.56千克，比一级种亩增103.21千克，增幅3.6%，比农户自留种亩增538.03千克，增幅22.4%。'荷兰15'一级种小区产量折合亩产1563.46千克，与对照'丽薯6号'一级种相比亩减1269.89千克，降幅81.2%（表3-1）。因此，在商品薯生产过程中，选择使用原种级别种薯能获得较好的产量。

表3-1 冬马铃薯不同品种处理小区产量表

项目处理	小区产量（千克）					折合单产（千克/亩）	比对照增（%）	位次
	Ⅰ	Ⅱ	Ⅲ	合计	平均			
'合作88'原种	73.85	90.45	65.15	229.45	76.48	1888.40	−33.4	4
'合作88'一级种	71.30	69.00	74.80	215.10	71.70	1770.38	−37.5	5
'合作88'农户自留种	51.84	61.70	49.30	162.84	54.28	1340.25	−52.7	7
'丽薯6号'原种	121.90	123.15	111.75	356.80	118.93	2936.25	+3.6	1
'丽薯6号'一级种(CK)	116.65	125.05	102.55	344.25	114.75	2833.35		2
'丽薯6号'农户自留种	114.00	96.70	80.72	291.42	97.14	2398.53	−15.3	3
'荷兰15'一级种	65.65	71.20	53.10	189.95	63.32	1563.46	−44.8	6
合计	615.19	637.25	537.37	1789.81				
平均	87.88	91.04	76.77		85.23			

对区组间作 F 测验：$F = 393.30/46.52 = 8.45 > F_{0.01}$，得出 3 个区组间有极显著差异。对处理间作 F 测验：$F = 1923.43/46.52 = 41.35 > F_{0.01}$，得出 7 个处理的平均亩产量有极显著差异。用新复极差测验（LSR 法）进行品种间比较，以各处理的小区平均产量为比较标准，则 SE = 3.94 千克（表 3-2～表 3-4）。

分析表明，'丽薯 6 号'原种与'丽薯 6 号'一级种产量差异不显著，与农户自留种、'合作 88'原种、'合作 88'一级种、'荷兰 15'一级种和'合作 88'自留种的产量差异有 1% 水平上的显著性。'丽薯 6 号'一级种与农户自留种产量差异不显著，与'合作 88'原种、'合作 88'一级种、'荷兰 15'一级种和'合作 88'自留种的产量差异有 1% 水平上的显著性。'丽薯 6 号'自留种与'合作 88'原种、'合作 88'一级种、'荷兰 15'一级种和'合作 88'自留种的产量差异有 1% 水平上的显著性。'合作 88'原种与一级种产量差异不显著，与农户自留种的产量差异有 1% 水平上的显著性，与'荷兰 15'一级种的产量差异有 5% 水平上的显著性。'合作 88'一级种与'荷兰 15'一级种的产量差异不显著，与'合作 88'自留种的产量差异有 5% 水平上的显著性。'荷兰 15'一级种与'合作 88'自留种的产量差异不显著（表 3-2～表 3-4）。因此，'丽薯 6 号'在冬作区的产量显著高于'合作 88'和'荷兰 15 号'，且用原种作种薯能获得较好的收益。

表 3-2 方差分析和 F 测验

变异来源	自由度	平方和	均方	F 值	理论 F 值	
					$F_{0.05}$	$F_{0.01}$
区组间	2	786.60	393.30	8.45	3.88	6.93
处理间	6	11 540.57	1 923.43	41.35	3.00	4.82
误差	12	558.25	46.52			
总变异	20	12 885.42				

表 3-3 试验新复极差测验的最小显著级差

P	2	3	4	5	6	7
SSR0.05，12	3.08	3.23	3.33	3.36	3.40	3.42
SSR0.01，12	4.32	4.55	4.68	4.76	4.84	4.92
LSR0.05，12	12.14	12.73	13.12	13.24	13.40	13.47
LSR0.01，12	17.02	17.93	18.44	18.75	19.07	19.38

表 3-4 各处理小区平均产量的新复极差测验

项目处理	平均产量（千克/小区）	差异显著性	
		0.05	0.01
'丽薯 6 号'原种	118.93	a	A
'丽薯 6 号'一级种	114.75	ab	AB
'丽薯 6 号'自留种	97.14	b	B
'合作 88'原种	76.48	c	C
'合作 88'一级种	71.70	cd	CD
'荷兰 15'一级种	63.32	de	CD
'合作 88'自留种	54.28	e	D

(2) 效益分析

由于市场因素,目前开远市冬马铃薯销售主要靠省外个体经销商到田间地头收购外销,且收购的品种是参试品种中的"丽薯6号",试验收获时,市场收购价:大薯2.80元/千克,中薯0.80元/千克,小薯0.30元/千克。"合作88""荷兰15"省外个体商贩不收。从种植效益上无可比性。

种'丽薯6号'原种亩纯收入比种一级种多收入143.57元,收入约增4.5%,比种自留种多收入1073.66元,收入约增47.2%。种'丽薯6号'一级种亩纯收入比种自留种多收入930.09元,收入约增40.9%。以丽薯6号不同级别种薯投入产出分析表明,原种投入产出比为1∶1.9,一级种投入产出比为1∶1.9,农户自留种为1∶1.7。因此,在生产上推荐使用原种或一级种作种薯(表3-5～表3-6)。

表3-5 试验折亩主要投入调查表 （单位:元）

项目处理	种薯费	肥料费	工时费	微喷带等费用（年折旧）	农药费（含工费）	机耕费	累计亩投入	备注
'合作88'原种	700	816	1690	150	70	105	3426	
'合作88'一级种	650	816	1690	150	70	105	3376	
'合作88'农户自留种	400	816	1690	150	70	105	3126	缺'合作88'和'荷兰15'的种薯本地市场分级价
'丽薯6号'原种	750	816	1690	150	70	105	3581	
'丽薯6号'一级种(CK)	650	816	1690	150	70	105	3481	
'丽薯6号'农户自留种	410	816	1690	150	70	105	3241	
'荷兰15'一级种	700	816	1690	150	70	105	3426	

表3-6 试验各处理产量效益调查

项目处理	亩产量（千克）	亩产值（元）	亩投入（元）	亩纯收入（元）	备注
'合作88'原种	1888.40	0	3426	-3426	未销售出
'合作88'一级种	1770.38	0	3376	-3376	未销售出
'合作88'农户自留种	1340.25	0	3126	-3126	未销售出
'丽薯6号'原种	2936.56	6930.28	3581	3349.28	均价2.36元
'丽薯6号'一级种(CK)	2833.35	6686.71	3481	3205.71	均价2.36元
'丽薯6号'农户自留种	2398.53	5516.62	3241	2275.62	均价2.30元
'荷兰15'一级种	1563.46	0	3426	-3426	未销售出

3.2.1.3 评价

从2015年的试验调查数据来看,采用同一品种的不同级别种薯作种,在开远本地表现出的产量和效益有明显差异;从试品种'丽薯6号'的表现看,用原种做种比种一级种亩产量增加103.21千克,约增3.6%,扣除种薯差价后收入增加143.57元,约增4.5%;与农户种自留种比,种原种亩产增538.03千克,约增22.4%,扣除种薯差价后收入增加1073.66元,约增47.2%。用一级种作种比农户自留种亩产量增加434.82千克,约增18.1%,

扣除种薯差价后收入增加930.09元，约增40.9%。

当年数据初步分析得出：种一级种与种自留种比较，种薯上每亩多投入240元，亩产量增加434.82千克，亩产值增加1170.09元。建议农户购买一级种作种薯，能获得较好的收益。

3.2.2 大春作区不同大小种薯田间比较试验

试验名称：大春作区不同大小种薯田间比较试验。

试验时间：2016年2~11月。

试验设计及执行人：徐发海、王鹏军、韩小女。

试验地点：宣威市农技中心马铃薯展示园，东经104°03′，北纬26°24′，海拔1970米，红壤，地势平坦，土质疏松，肥力中上等较均匀，排灌方便，不受遮阴影响。

试验点地理气候概况：宣威市5月19~31日13天中有10天在下雨，共降雨88.4毫米，6月份20天有降雨，降雨量198.5毫米；7月21天有降雨，降雨量218.4毫米；8月24天有降雨，降雨量98.8毫米。从降雨分布和量来看，宣威市正式进入雨季较往年（6月20日前后）提前一个月左右，降雨量多，5~8月共降雨604毫米，4个月的降雨占全年的一半以上。6月9日左右开始发生晚疫病，发生时间提前，并且发生较重。从表3-7可以看出，6~9月平均空气湿度都超过86%，降雨频率高。

表3-7 宣威市2016年马铃薯生产期间（4~9月）气象数据

时间	平均温度（℃）	平均湿度（%）	总雨量（毫米）	最高气温（℃）	最低气温（℃）
4月	14.1	74.3	83.4	27.9	5.2
5月	16.5	77.6	125.2	28.4	6.1
6月	17.7	86.9	195.8	26.8	9.9
7月	18.7	87.5	218.4	28.4	13.3
8月	18.6	86.7	98.8	28.7	13.2
9月	15.4	88.1	53.8	25.4	9.6
平均	16.8	83.5		28.7	5.2
合计			775.4		

3.2.2.1 试验方案及实施

试验采用不同大小的种薯种植，目的是筛选出最经济、最合适的马铃薯种薯作为生产用种，为马铃薯生产及推广应用提供可靠依据。

供试品种：试验采用当地大面积推广使用的马铃薯品种'宣薯2号'。

试验因素及处理：试验采用单因素随机区组试验，处理为不同大小的种薯共6个：单薯重30克、60克、90克、120克、150克、180克。其中60克的种薯作为CK，该规格的种薯是农民最传统的生产用种（表3-8）。

表 3-8 田间试验处理

处理	种薯大小（克）					
Ⅰ	150	180	90	120	60	30
Ⅱ	60	90	120	150	30	180
Ⅲ	180	30	150	60	90	120

试验设计及田间布置：试验采用高垄双行种植，随机区组设计，3 次重复。小区面积 20 平方米，长 4.76 米，宽 4.2 米；重复间不留走道，小区间走道 0.6 米；试验地四周设保护行。每个小区种植 3 个播幅，大行 0.9 米，小行 0.5 米，株距 0.28 米，密度 3400 株/亩。

施肥水平及田间管理：亩施马铃薯专用肥（N∶P∶K＝10∶8∶9）80 千克，5 月 5 日、5 月 22 日中耕、除草、培土两次。

3.2.2.2 结果与分析

生育性状及块茎性状分析表明：不同大小的种薯在出苗期、现蕾期、开花期、封行期、成熟期和全生育期晚疫病的发生没有差异；单株结薯数随种薯重量的增加而增多；大中薯率与薯块的大小没有太大影响（表 3-9 和表 3-10）。

表 3-9 各处理生育性状表

薯块大小（克）	出苗期（月/日）	现蕾期（月/日）	开花期（月/日）	封行期（月/日）	成熟期（月/日）	生育期（天）	出苗率（%）	晚疫病不同调查日期的病级		
								7/15	7/25	8/5
30	6/21	7/18	7/25	7/18	9/11	80	65.38	2	3	4
60	6/21	7/15	7/23	7/16	9/9	80	82.48	2	3	4
90	6/18	7/15	7/21	7/16	9/9	81	76.92	2	3	4
120	6/18	7/15	7/21	7/16	9/9	81	68.80	2	3	4
150	6/18	7/15	7/21	7/16	9/9	81	69.52	2	3	4
180	6/18	7/15	7/21	7/16	9/9	81	63.26	2	3	4

表 3-10 各处理块茎性状表

薯块大小（克）	亩产量（千克）	单株结薯数（个）	平均单薯重（克）	块茎分级（%）	
				大中薯	小薯
30	1309.1	7.3	69	52.81	47.19
60	1500.2	7.9	73	55.36	44.64
90	1670.3	8.2	78	60.22	39.78
120	1819.6	8.7	80	61.67	38.33
150	2000.2	9.1	84	64.33	35.67
180	1855.3	8.9	80	59.82	40.18

产量分析表明：产量最高的是种植 150 克种薯，折合单产 2000 千克/亩，比 CK（60

克的种薯）1500.2 千克/亩增产 33.33%。排名第 2~4 位的依次是种薯规格为 180 克、120 克、90 克的种薯，产量分别为 1855.3 千克/亩、1819.6 千克/亩和 1670.3 千克/亩。比 CK（60 克的种薯）1500.2 千克/亩，分别增产 23.67%、21.29%、11.34%；产量最低的是规格为 30 克的种薯，1309.1 千克/亩，比 CK（60 克的种薯）1500.2 千克/亩减产 12.74%（表 3-11）。

表 3-11 马铃薯各小区产量

薯块大小（克）	小区实收产量（千克）					折合单产（千克/亩）	比对照增（%）	位次
	Ⅰ	Ⅱ	Ⅲ	合计	平均			
30	41.19	38.84	37.73	117.8	39.25	1309.1	−12.74	6
60（CK）	44.68	47.36	42.91	135.0	44.98	1500.2		5
90	48.62	49.75	51.88	150.3	50.08	1670.3	11.34	4
120	57.62	51.46	54.60	163.7	54.56	1819.6	21.29	3
150	59.83	63.99	56.11	179.9	59.98	2000.2	33.33	1
180	54.97	57.29	54.63	166.9	55.63	1855.3	23.67	2

方差分析：处理间的差异达 1% 极显著水平，所以应进一步进行差异显著性测验。新复极差测验结果表明：150 克与 180 克种薯之间差异不显著，但显著、极显著地高于 120 克、90 克、60 克、30 克的种薯；180 克与 120 克种薯之间差异不显著，但显著、极显著地高于 90 克、60 克、30 克的种薯；120 克与 90 克种薯之间差异不显著，但显著、极显著地高于 60 克、30 克的种薯；60 克与 30 克种薯之间差异极显著（表 3-12 和表 3-13）。

因此，薯块大小不影响马铃薯出苗、开花、成熟和大中薯率，但影响马铃薯总产量。

表 3-12 方差分析

变异来源	自由度	平方和	均方	F 值	理论 F 值	
					$F_{0.05}$	$F_{0.01}$
A（处理）	5	868.00	173.60	26.80**	3.33	5.64
B（重复）	2	11.24	5.62	0.87	4.1	7.56
误差	10	64.77	6.48			
总变异	17	944.01				

**表示差异极显著

表 3-13 各处理间产量差异比较表（SSR 检验）

薯块大小（克）	平均产量（千克/小区）	差异显著性	
		0.05	0.01
150	59.98	a	A
180	55.63	ab	AB
120	54.56	bc	AB
90	50.08	c	BC
60（CK）	44.98	d	CD
30	39.25	e	D

各处理经济产量分析：本试验经济产量采用小区净产量分析，净产量 = 小区产量-小区种薯用量。从小区净产量结果可以看出，产量最高的是规格150克的种薯，其他依次是120克、90克；比CK产量低的是规格180克、30克（表3-14）。

表3-14 净产量结果分析表

薯块大小(克)	小区净产量（千克）					折合单产（千克/亩）	比对照增(%)	位次
	I	II	III	合计	平均			
30	38.13	35.78	34.67	108.6	36.19	1207.0	−6.87	6
60（CK）	38.56	41.24	36.79	116.6	38.86	1296.1		4
90	39.44	40.57	42.7	122.7	40.90	1364.1	5.25	3
120	45.38	39.22	42.36	127.0	42.32	1411.4	8.89	2
150	44.53	48.69	40.81	134.0	44.68	1490.0	14.96	1
180	36.61	38.93	36.27	111.8	37.27	1243.0	−4.10	5

净产量的 F 测验结果表明：处理间的差异达1%极显著水平，所以，应进一步进行差异显著性测验。

新复极差测验结果表明：150克、120克、90克的种薯之间差异不显著，但显著、极显著地高于60克、180克、30克的种薯；120克与90克、60克的种薯之间差异不显著，但显著地高于180克、30克的种薯；90克、60克、180克、30克的种薯之间差异不显著（表3-15和表3-16）。

表3-15 净产量方差分析

变异来源	自由度	平方和	均方	F 值	理论 F 值	
					$F_{0.05}$	$F_{0.01}$
A（品种）	5	153.89	30.78	4.75*	3.33	5.64
B（重复）	2	11.24	5.62	0.87	4.1	7.56
误差	10	64.77	6.48			
总变异	17	229.90				

*表示差异显著

表3-16 各处理间产量差异比较表（SSR检验）

薯块大小（克）	平均产量（千克/小区）	差异显著性	
		0.05	0.01
150	44.68	a	A
120	42.32	ab	AB
90	40.90	abc	AB
60（CK）	38.86	bc	AB
180	37.27	c	B
30	36.19	c	B

3.2.2.3 评价及结论

在马铃薯大田生产中，规格 30~150 克的种薯，随着种薯重量增加，马铃薯的产量也随之增加，但超过 150 克的种薯，产量相反下降。从经济产量来看，150 克、120 克、90 克的种薯经济产量最高，它们之间没有显著性差异，建议在生产中，选留 90~150 克的种薯作为生产用种。但由于 2016 年气候前期干旱，后期雨水过多，对试验数据有一定的影响，加上试验只进行了 1 年，试验结果有待进一步验证。

3.2.3 马铃薯原原种种植基质筛选试验案例

试验名称：马铃薯原原种种植基质筛选试验。
试验时间：2013 年 10 月至 2014 年 1 月。
试验设计及执行人：谢文娟、陈际才。
试验地点：德宏州农业技术推广中心芒市温网室。
试验点地理气候概况：德宏州芒市位于云南省西南部，位于东经 98°01′~98°44′，北纬 24°05′~24°39′。气候温和，属南亚热带季风气候，具有夏长冬短、干湿分明、冬无严寒、夏无酷暑、日照时间长、雨量充沛、冬季多雾等特点。年平均气温 19.6℃，最热月（6 月）平均气温 24.1℃，最冷月（1 月）平均气温 12.3℃，年平均降水量 1654.6 毫米，德宏州农业技术推广中心地处盆坝平地，海拔在 900 米，生态环境良好，是生产冬马铃薯的良好之地。

3.2.3.1 试验方案及实施

试验设计：单因素随机区组试验。设 5 个处理，每个处理设长 1.0 米、宽 1.0 米、深 0.2 米池子，3 次重复，随机排列。按株行距 6.5 厘米×10 厘米栽植，定植 160 株。处理 1 河沙，处理 2 珍珠岩，处理 3 珍珠岩和腐殖土（3∶7），处理 4 河沙和腐熟羊粪（3∶1），处理 5 珍珠岩、腐殖土（烟草专用腐殖土）、羊粪（3∶5∶2）。

试验品种：'丽薯 6 号'脱毒试管苗。

试验实施过程：在定植试管苗之前，将不同处理的基质按比例混拌均匀，放入苗床，浇湿基质并喷施 1000 倍液的多菌灵，并撒施吡虫啉进行基质消毒，基质厚度为 10 厘米。选取长有 4~6 片叶子，根系发达的试管苗进行移栽。移栽时间为 10 月 20 日，施肥和中耕管理按照常规管理进行，生长期间还需喷施 3 次 1/2 MS 营养液。次年 1 月 20 日收获。观察记载成活率，苗期长势、中期长势、成熟期收获称重，并进行分析。

3.2.3.2 试验结果

苗期成活率：处理 5 的马铃薯试管苗移栽成活率最高，为 98.8%。处理 3 和处理 4 移栽的成活率差异不大，分别为 96.2% 和 94.4%。处理 2 的马铃薯成活率较低，为 87.5%。处理 1 的马铃薯成活率最低，为 81.2%。处理 1 和处理 2 马铃薯成活率较低与这两种基质保水性较差有关（表 3-17）。

表 3-17 不同基质马铃薯成活率（%）

基质处理	I	II	III	平均
1 河沙	80.0	81.9	81.2	81.2
2 珍珠岩	85.0	88.8	88.1	87.5
3 珍珠岩+腐殖土	96.9	97.5	94.4	96.2
4 河沙+腐熟羊粪	93.8	95.6	94.5	94.4
5 珍珠岩+腐殖土+腐熟羊粪	96.9	98.8	100	98.8

营养状况比较：11月14号观察苗势，处理1和处理2长势较弱，而处理3和处理5混合基质长势好。12月1号观察现蕾期长势，处理3和处理5混合基质长势较好，叶色浓绿，处理5在现蕾期株高最高为35.3厘米，分别比处理1、2、3、4高9.9厘米、8厘米、2.9厘米、4.8厘米（表3-18）。

表 3-18 不同基质马铃薯生长状况比较

基质处理	苗势	现蕾期长势	株高（厘米）	薯块色泽	整齐度
1 河沙	弱	中	25.4	优	不整齐
2 珍珠岩	弱	中	27.3	中	中
3 珍珠岩+腐殖土	强	强	32.4	良	整齐
4 河沙+腐熟羊粪	中	强	30.5	优	中
5 珍珠岩+腐殖土+腐熟羊粪	强	强	35.3	良	整齐

不同基质生产马铃薯原原种平均块茎数以处理5的最高，为485粒/米^2，处理2的最低，为360粒/米^2。单株产量决定脱毒马铃薯的产量，处理5单株产量最高，为97.38克，单粒重量也最高，为31.73克，合格薯率（94.9%）也最高，薯块色泽好，整齐度高。因此混合基质5适宜作为本地区脱毒马铃薯原原种的繁种基质。5种基质的平均合格率依次是：基质5＞基质3＞基质4＞基质2＞基质1（表3-19）。

表 3-19 不同基质马铃薯产量性状比较

基质处理	块茎数量（粒/米^2）	单株结薯数（粒）	产量（千克/米^2）	单株产量（克）	单粒重量（克）	合格薯（3g以上）率（%）
1 河沙	360	2.74	5.94	45.69	16.50	76.4
2 珍珠岩	437	3.12	7.42	53.00	16.98	70.6
3 珍珠岩+腐殖土	466	3.02	9.96	64.69	21.37	93.8
4 河沙+腐熟羊粪	449	2.97	8.84	58.56	19.69	88.9
5 珍珠岩+腐殖土+腐熟羊粪	485	3.07	15.39	97.38	31.73	94.9

3.2.3.3 效益分析

按照当年每方的价格算，投入河沙150元、珍珠岩460元、腐殖土640元、羊粪200元。

折合成小区（每平方米）处理的价格，处理1为30元，处理2为92元，处理3为107.2元，处理4为37.3元，处理5为99.6元。

实物量产出：按照小区（每平方米）合格种薯计算，处理1有275个，处理2有308个，处理3有437个，处理4有399个，处理5有460个。

价值量：按照当年原原种市场价格每粒0.3元计算，小区（每平方米）产值为：处理1产值82.5元，处理2产值92.6元，处理3产值130元，处理4产值119.7元，处理5产值138元。

投入产出比：用各小区基质总投入和各小区产出总产值比较得出，投入产出比分别为：1∶2.75，1∶1，1∶1.2，1∶3.2，1∶1.4。因此投入产出比最高的是处理4，即用河沙+腐熟羊粪作为基质生产脱毒原原种可以获得较好的效益。

3.2.3.4 评价

混合基质结合了无土基质和有机基质的优点，生产产量明显优于无土栽培。但混合基质营养丰富，容易滋生有害微生物，因此对基质的消毒更为严格。

推广价值：在脱毒马铃薯生产过程中应充分考虑当地原材料与常规基质的有机结合，在节约成本的同时，大大提高脱毒种薯的产量。本基质筛选试验只是根据本地区实际情况的一种尝试，也不一定是最经济的，仅供生产试验者参考。

3.2.4 脱毒马铃薯原原种仿雾培法栽培技术案例

试验名称：脱毒马铃薯原原种仿雾培法栽培技术案例。

试验时间：2013～2016年。

试验设计及执行人：闵康、张小妹、邓丽荣、唐世文、斯那七皮。

试验地点：迪庆州农业科学研究所温网室。

试验点地理气候概况：迪庆州为垂直分布地貌，马铃薯分为一年两熟和两年三熟的情况。春播区海拔2600～3500米，典型的高海拔冷凉气候，没有工矿企业等生产活动带来的污染，其他农作物种类也较少，病毒传播媒介极少，可以有效减少病虫害传播，减缓马铃薯种薯退化，是马铃薯优质种薯繁育的最理想基地。该区每年4月种植，9月收获。

试验背景：在各级政府和农业主管部门的关心支持下，经过多年的脱毒马铃薯原原种生产技术的应用研究及推广，迪庆试验站依托单位迪庆州农业科学研究所建成400平方米脱毒马铃薯组培室、2000平方米的脱毒微型薯生产大棚和250平方米的雾化培养室，实现生产脱毒马铃薯原原种100万粒，生产原种100多吨，建设脱毒马铃薯良种繁育基地1000多亩，新品种和优质种薯繁育和栽培示范5万多亩，良种繁育成为高原藏区农民增收的主要来源，形成了"科研+基地+农户"的产业化运作模式。

3.2.4.1 试验方案及实施

脱毒马铃薯原原种仿雾培法生产技术是一种新的原原种繁育方法。迪庆州农业科学研究所在近两年来研究马铃薯原原种繁育技术的过程中，通过进行大量的室内马铃薯原原种暗培养技术、大田或温棚内土壤栽培技术及雾化培养技术试验，发现脱毒马铃薯原原种生产始终存在投入率和产出率差异较大的问题。针对上述问题，迪庆州农业科学研究所科技人员认真进行试验和分析研究，结合雾化培养生产技术和土壤栽培技术，研究出了新的原原种栽培技术，即"脱毒马铃薯原原种仿雾培生产技术"，该项技术具有投入成本低、技术简易、产出率高的优点，现已基本形成新的发明技术，并已申报国家发明专利。该技术要点包括以下几方面。

马铃薯品种选择：繁殖品种选择目前市场需求量大的'丽薯6号''丽薯7号''云薯505''青薯9号'，同时，繁殖地方特色品种'格咱白''虎跳峡白洋芋'等。

基础苗准备：从云南省马铃薯产业技术体系研发中心引入马铃薯脱毒核心苗及迪庆州农业科学研究所组培室生产的脱毒苗，置于智能光照培养箱内保存，培养箱温度8℃，光照1级，12小时，取出脱毒核心苗，剪取瓶内苗体，按单节断开，每段带一片叶，接种于培养基中，每瓶10~12苗，每个品种10~15瓶，接种后置于光照培养箱，温度在18℃，光照1级，12小时。进行1~2次转接。

脱毒苗快速繁殖：取出长满瓶的基础苗，剪取瓶内苗体（按单节断开，每段带一片叶），用镊子插入培养基中，每瓶15~18苗，每个品种扩繁到200~300瓶，接种后置于温度22℃、光照时间每天12小时、光强2000lx的培养架上培养，待其长满瓶后再次切段接种繁殖，转接20多天后即可拿到大棚炼苗。快速繁殖使用的培养基为MS培养基。继代扩繁多次后，试管苗会出现徒长现象，可通过增加自然散射光、调节养分浓度和增加培养基中K含量等方法加以调节。

苗床准备：试验采用普通的温室大棚，且在通风口设置防虫网，在棚内采用遮光率为70%的遮阳网进行遮光处理，大棚苗床的基质为山基土或者是腐殖质（70%）+农家肥（30%）+复合肥（0.3%）等进行充分的混合和搅拌，然后覆盖薄膜进行发酵以备使用。将马铃薯生长初期所需要的营养物质进行一次性施肥，然后对土壤进行杀菌杀毒处理一般情况下需要蒸闷2~3天，然后起垄，之后在垄面适量浇水。垄面铺设防虫网、银色和黑色双面地膜，银面朝上黑色面向下，在薄膜上按照一定的间隔进行打孔，有利于防止草害，为马铃薯薯块的形成提供黑暗的环境，能够有效地促进薯块的发育。

炼苗与定植：塑料大棚通风3天后，可将移栽的组培苗搬入棚内炼苗，按品种分别摆在苗床上，打开瓶盖，瓶内培养基较少的适量加水，让苗自然生长7~10天。

定植：将马铃薯脱毒苗从试管中取出，使用清水清洗掉脱毒苗根部的营养基；然后根据地膜上的孔洞将其进行放置，要保持苗平铺在地膜上，使用少量的基质固定好幼苗，以基质可以盖住孔为好，幼苗稍微漏出即可。

移栽定植的过程中要保证水的供应，可以采用喷雾法，可以避免水量过大对基质的冲击，在移栽后的半月以内保证基质的湿度为90%。之后根据基质具体的情况以及马铃薯生长过程对水的需要来对水进行控制。

生长期间管理：脱毒苗在移栽之后需要使用遮光率为70%的遮光网，在15天幼苗成活以后将遮阳网除去，保持大棚的通风透气，将室内的温度控制在18~25℃，每隔7~10天浇一次透水。待遮阳网完全收拢7天后，先浇透水，然后用N∶P∶K=15∶15∶15的复合肥300千克/公顷对小苗进行第一次追肥。先将复合肥溶于水中，然后再加水稀释，用喷壶浇于苗床上。定植后20天左右，进行第一次培土，培土时将幼苗扶正，顺幼苗四周垡土 5 厘米左右，压实幼苗基部，让苗向上生长，增加通风透光性，减轻苗期病害发生。

病虫害要预防为主，防治结合，每间隔 2 周对大棚进行熏蒸，每 2 周喷洒一次药物防治疫病，通过防虫网以及防治的方式来控制病虫害，可用 80%敌敌畏乳油 1500 倍液或 4.5%高效氯氰菊酯乳油 2500 倍液等喷施防治。如果发现疫病植株要及时将发病植株移除，防止疫病传播。在空气湿度过大的情况下需要及时通风来调整大棚内的空气湿度。

进行第二次追肥和培土，先追肥，用 N：P：K = 15：15：15 的复合肥按 25 千克/亩的量，撒施于植株基部，然后培土，需盖住肥料。培土后顺沟浇水，尽量浇透，充分发挥肥效，在接近收获时期可以通过喷洒磷酸二氢钾来促进根茎的膨大。

脱毒原原种收获及贮藏：马铃薯移栽后 2 个月，在地膜下长出了大量的匍匐茎，当块茎生长到 3~5 克的时候开始分批次采收，采收的时期和时间间隔要根据马铃薯生长的具体情况来确定，尽量将所结马铃薯控制在 3~5 克。生育期内一般可以采摘 4~5 次，生长期可以进行多次采摘。

收获的块茎按品种装入网袋并挂牌，放在通风阴凉的室内进行短期保存，如需长期保存则需放入 2~4℃的冷库内。

3.2.4.2 综合评价

（1）脱毒马铃薯原原种生产技术创新

由于脱毒马铃薯原原种生产周期长、生产成本相对较高，农户生产及应用脱毒原原种的意识较弱，采用"仿雾培法"生产脱毒马铃薯原原种，既能在温室大棚内生产，在条件成熟的情况下也可大田内生产应用。相对于雾培法生产成本低，技术含量低，既便于接受，又能确保生产出合格的脱毒原原种，满足市场需要。在脱毒马铃薯原原种生产的过程中，可组织进行科技人员技术培训，进行技术示范推广，以便于脱毒原原种生产规模化和标准化，可以生产出大量的合格脱毒种薯，满足市场的种薯需求。

（2）"仿雾培法"生产脱毒马铃薯原原种技术的优点和缺点

该项技术属于新型马铃薯原原种生产技术，其优势明显高于其他原原种生产技术。其优势表现为以下几方面。

一是生产成本降低。脱毒马铃薯原原种雾化培养具有高结薯率、易采收、薯形大小一致的特点，但其生产成本较高，包括雾化设施设备投入、营养液配制中化学试剂投入、栽植和管理过程中人力物力的投入都较高，且生产技术要求较高，不宜大众推广及应用。而"仿雾培法"是继承雾培法的脱毒原原种生产优势特点，简化其操作流程、减少设施设备及基质的投入、便于管理，达到投入成本低、产出率高的"双赢"效应。

二是生产技术简化。脱毒马铃薯原原种"仿雾培"生产技术是结合雾化培养技术和土壤栽培技术产生的，其生产技术比土壤栽培技术较复杂，比雾化培养技术简易，技术流程简易，技术方法通俗易懂，技术要点突出，技术实用性、创新性较高，更适合于脱毒原原种生产中应用推广。

三是产出率较高。迪庆试验站开展多年的脱毒马铃薯原原种繁育技术的研究，共总结出 4 种脱毒马铃薯原原种繁育方法，即土壤栽培法（传统法）、室内暗培养法、雾化培养和仿雾化培养技术。试验结果表明，应用雾化培养和仿雾化培养技术产出率较高，主要体现在单株结薯率及薯形性状表现上。雾化培养平均每株结薯：'丽薯6号'为8.29个，'丽薯7号'为7.10个，'云薯505'为9.56个，'青薯9号'为9.23个；仿雾培平均每株结薯：'丽薯6号'为7.21个，'丽薯7号'为5.96个，'云薯505'为8.87个，'青薯9号'为6.65个；雾化培养大中薯（≥2克）比例为：'丽薯6号'为92.52%，'丽薯7号'91.69%，'云薯505'95.08%，'青薯9号'97.39%；仿雾培大中薯（≥2克）比例为：'丽薯6号'93.20%，'丽薯7号'93.96%，'云薯505'92.33%，'青薯9号'95.64%。其结薯率最高及薯形性状基本一致的为雾化培养技术生产的脱毒原原种，应用仿雾化培养技术生产原原种结薯率略低于雾化培养技术，薯形大小基本一致。

（3）生产脱毒马铃薯原原种技术的推广价值

应用"脱毒马铃薯原原种仿雾培生产技术"生产马铃薯脱毒原原种，生产技术的实用性是关键，该项技术具有投入成本低、产出率高、生产技术简化等优点，在前几年生产应用中，共计为迪庆试验站生产脱毒马铃薯原原种100多万粒，现已在生产应用中推广优质脱毒种薯'丽薯6号''丽薯7号''云薯505''云薯401''青薯9号'等10多个品种，推广种植原种面积1000亩，一级、二级种薯种植面积5000多亩，取得较好的经济和社会效益，具有广泛的推广应用价值。

3.2.5 马铃薯种薯抑芽剂筛选试验案例

试验名称：马铃薯种薯抑芽剂筛选试验案例。

试验时间：2013~2014年。

试验设计及执行人：展康、王朋军、徐发海。

试验地点：云南省宣威市现代农业种业园。

试验点地理气候概况：东经104°03′，北纬26°24′，海拔1976米，弱酸性红壤土。马铃薯生长期间（4~10月）月平均气温19.0℃，最低气温3.2℃，最高气温32.7℃；生长期间降雨量870.2毫米，共降雨112天，其中5~10月，连续晴天（不降雨）不超过5天。主要气候特点表现为冬春干旱、夏秋季雨水集中（表3-20）。

表3-20　2014年宣威市现代农业种业园马铃薯生育期内气象数据统计情况

月份	平均气温（℃）	平均湿度（%）	总雨量（毫米）	最高气温（℃）	最低气温（℃）	最大风速（米/秒）	降雨天数（≥0.2毫米）
4	19.63	48.76	3.8	32.7	7.7	4	3
5	19.51	67.74	107.6	34	7.3	3.6	13
6	19.69	81.4	194.8	32.5	13.3	2.2	19
7	19.98	83.13	202.6	31.9	11.6	2.7	22
8	19.46	81.13	136.2	30.7	9.3	1.8	19
9	19.55	79.17	157.4	30.3	11.2	3.1	19
10	15.17	79.84	67.8	27	3.2	3.6	17
平均	19.00	74.45	124.31	31.30	9.09	3.00	16
总和			870.2				112

试验背景：在种薯储存过程中，为了解决种薯发芽对产量造成的影响，通过筛选可以抑制种薯发芽的药剂，来控制种薯发芽，提高种薯质量。目前通过查阅资料，筛选出3种有可能抑制种薯储存过程中发芽的药剂，分别为吲哚乙酸、青鲜素（MH、马来酰肼、抑芽丹）、萘乙酸甲酯（MENA、1-萘乙酸甲酯、α-萘乙酸甲酯）。每种药剂设置2个浓度处理。

3.2.5.1 试验方案及实施

选用早熟、不耐贮藏的'宣薯2号'马铃薯品种为试验材料。选择2个雾培系统苗床生产原原种，在收获期前20天用青鲜素2500毫克/升进行叶面喷施。收获时，对同一时期收获的未处理过青鲜素的马铃薯种薯用吲哚乙酸500毫克/升、萘乙酸甲酯80毫克/升喷施处理，晾干后放冷库进行贮藏。第二年用于大田播种试验。

试验采用随机区组，共4个处理，每个处理设3个重复，处理1为吲哚乙酸500毫克/升，处理2为青鲜素2500毫克/升，处理3为萘乙酸甲酯80毫克/升，处理4为对照，使用清水喷施（表3-21）。采用高垄双行模式（播幅1.4米，大行0.9米，小行0.5米）种植。小区长为4.8米，宽4.2米，面积为20平方米，小区间走道设置为0.8米，株距为0.267米，种植密度在3568株/亩左右。

表3-21 种薯发芽抑制试验处理表

处理	药品名称	用量（毫克/升）	种薯类型	品种	处理日期
处理1	吲哚乙酸	500	雾培法生产原原种	宣薯2号	2013年7月4日
处理2	青鲜素	2500	雾培法生产原原种	宣薯2号	2013年6月14日
处理3	萘乙酸甲酯	80	雾培法生产原原种	宣薯2号	2013年7月4日
处理4（CK）	清水		雾培法生产原原种	宣薯2号	2013年7月4日

3.2.5.2 结果与分析

对处理过的种薯，每30天左右调查一次种薯发芽情况，记录芽眼个数、芽长，每次调查30个种薯。结果显示，青鲜素处理过的种薯210天后未见发芽；萘乙酸甲酯处理过的种薯120天后开始发芽，210天时平均发芽芽眼数为2.3个，芽长为6.7厘米；对照清水处理过的种薯150天后开始发芽，210天时平均发芽芽眼数为2.7个，芽长为8.4厘米；吲哚乙酸处理过的种薯120天后开始发芽，210天时发芽芽眼数为3.9个，芽长为9.2厘米（表3-22）。试验结果表明：青鲜素抑芽效果最好，其次为萘乙酸甲酯。吲哚乙酸处理的种薯发芽个数、芽长均超过对照，可能存在促进种薯发芽的作用（表3-22）。

表3-22 不同处理的种薯发芽情况调查统计结果

处理	平均发芽个数				芽长（厘米）			
	120天	150天	180天	210天	120天	150天	180天	210天
青鲜素	0.0	0.0	0.0	0.0	0	0	0	0
萘乙酸甲酯	0.4	0.7	1.1	2.3	0.3	0.7	2.3	6.7

续表

处理	平均发芽个数				芽长（厘米）			
	120天	150天	180天	210天	120天	150天	180天	210天
清水	0.0	0.5	1.2	2.7	0	0.4	3.9	8.4
吲哚乙酸	1.1	2.3	3.0	3.9	0.7	1.6	5.7	9.2

（1）出苗情况

将处理过的种薯播种于大田，出苗后进行调查。出苗率从高到低依次为对照（清水），出苗率为97.53%，萘乙酸甲酯处理，出苗率为95.06%，吲哚乙酸处理，出苗率为92.90%，青鲜素处理，出苗率为32.41%。经过处理的种薯，出苗率均没有对照高，说明药物处理对种薯出苗率产生了影响（表3-23）。

表3-23 不同抑芽剂处理'宣薯2号'种薯对大田出苗率的影响

处理	出苗率（%）				差异显著性	
	重复1	重复2	重复3	平均	0.05	0.01
对照	96.30	98.15	98.15	97.53	a	A
萘乙酸甲酯	97.22	91.67	96.30	95.06	a	A
吲哚乙酸	95.37	99.07	84.26	92.90	a	A
青鲜素	26.85	39.81	30.56	32.41	b	B

对出苗率进行方差分析，分析结果显示，不同处理的出苗率在1%极显著水平存在极显著性差异。青鲜素处理的种薯出苗率与其余处理间存在显著差异；其余三个处理在1%极显著水平和5%显著水平均无显著差异。说明青鲜素处理的种薯，田间出苗率显著降低，明显比其他处理的出苗率差（表3-23）。

（2）块茎性状

试验收获后，对块茎性状进行取样调查，包括商品率（大中薯率）、小薯率、单株结薯数、单薯重。调查标准参考《云南省马铃薯区域试验的调查标准》。试验调查结果显示，对照的单株结薯数排第3（2.4个），商品率排第1（71.83%），平均单薯重排名第1（84.5克）；青鲜素处理的种薯单株结薯数排第1（4.7个），但是商品率（52.86%）和平均单薯重（45.7克）最低；吲哚乙酸处理的单株结薯数最低（2.1个），商品率（68.73%）和平均单薯重（68.8克）均低于对照；萘乙酸甲酯单株结薯排第2（2.6个），略高于对照（2.4个），商品率（69.07%）和平均单薯重（83.1克），均略低于对照（表3-24）。

表3-24 块茎性状调查统计结果

处理	块茎性状调查			
	单株结薯数（个）	商品率（%）	小薯率（%）	平均单薯重（克）
吲哚乙酸	2.1	68.73	31.27	68.8
青鲜素	4.7	52.86	47.14	45.7

续表

处理	块茎性状调查			
	单株结薯数（个）	商品率（%）	小薯率（%）	平均单薯重（克）
萘乙酸甲酯	2.6	69.07	30.93	83.1
CK	2.4	71.83	28.17	84.5

（3）产量结果

从试验结果可以得出，试验各个处理的折合亩产量从高到低依次为萘乙酸甲酯处理（1137.68 千克/亩），CK（966.26 千克/亩），吲哚乙酸处理（544.61 千克/亩），青鲜素处理（173.92 千克/亩）。其中只有萘乙酸甲酯处理的产量高于对照，比对照增产 171.42 千克/亩，增幅为 17.74%；青鲜素与吲哚乙酸处理的产量均低于对照（表 3-25）。

表 3-25　产量结果调查统计结果

处理	产量（千克）					差异显著性	
	重复1	重复2	重复3	平均	折合单产（千克/亩）	0.05	0.01
萘乙酸甲酯	22.43	50.79	29.12	34.11	1137.68	a	A
CK	18.76	33.8	34.36	28.97	966.26	a	A
吲哚乙酸	14.87	17.5	16.62	16.33	544.61	ab	A
青鲜素	3.5	5.4	6.745	5.22	173.92	b	A

从产量方差分析结果，三种处理与对照在 1%极显著水平上无差异，在 5%显著水平存在显著性差异。吲哚乙酸处理和对照的产量，有明显高于青鲜素处理的产量；吲哚乙酸处理的产量，与青鲜素处理的产量在 5%显著水平上无差异（表 3-25）。

3.2.5.3　综合评价

从试验结果得出，青鲜素处理的抑芽效果最好，但是同时会抑制种薯出苗，对种薯出苗及产量会产生严重的影响；吲哚乙酸和萘乙酸甲酯处理过的种薯依然会发芽，但是与对照相比，芽生长缓慢并且要粗壮得多，而且不会影响种薯出苗。

从试验效果看，青鲜素的浓度可能是过高，导致种薯发芽受到了抑制，在下一步的试验中，设计的时候应该降低青鲜素的浓度；吲哚乙酸和萘乙酸甲酯对发芽的抑制效果还不够理想，可以考虑适当增加浓度。

从产量结果看，青鲜素处理也抑制了种薯出苗，所以产量最低，而萘乙酸甲酯处理过的种薯虽然出苗率略低于对照，但是产量比对照高。吲哚乙酸处理过的种薯发芽粗壮，抑芽效果也明显，但是产量受到抑制，要通过后期的试验继续观察，确认是否受到天气或者其他影响导致了产量过低。因此，对种薯抑芽剂的选择不只考虑对单季种薯的抑芽作用，也要考虑对种薯后续生长的影响，要慎重选择和使用抑芽剂。

3.2.6　丽江市马铃薯种薯生产技术集成试验示范推广案例

试验名称： 丽江市马铃薯种薯生产技术集成试验示范推广案例。

试验时间： 2010～2014 年。

试验设计及执行人： 和习琼、王菊英、和光宇、张凤文。

试验地点： 云南省丽江市农业科学研究所新团试验基地。

试验点地理气候概况： 北纬 26°54'19"，东经 100°18'16"，海拔 2400 米。

试验背景： 丽江市发展马铃薯产业具有气候、土壤、地理区位和品种资源等诸多优势，是云南省最适宜种植马铃薯的地区之一。马铃薯产区主要分部在丽江市较贫困的高寒山区，丽江市委市政府对马铃薯产业高度重视，将其作为促进全市农业产业结构调整，增加农民收入的重要产业来抓，产业得以较快发展，种植面积逐年增加，已达到 30 多万亩，成为山区农民重要的经济来源。但是，由于长年种植单一品种，种薯退化严重、导致单产很难提高，已成为马铃薯产业做强做大的"瓶颈"问题，严重制约着马铃薯产业的发展，影响着高寒冷凉山区农民收入的提高。实践证明，脱毒马铃薯可增产 30%以上，是提高马铃薯单产的主要途径。

目前在试管苗生产原原种过程中，工序繁多、劳动力投入大；炼苗、洗苗过程中，试管苗损失较大；试管苗移栽成活率低；薯块过大，单位面积结薯率不高等因素，造成原原种成本较高，从而使丽江市原原种生产严重不足，严重制约了近年育成并深受广大薯农欢迎的'丽薯 6 号''丽薯 7 号'的推广，阻碍了马铃薯产业发展和种薯的对外销售。最突出的是玉龙县太安乡作为"马铃薯之乡"，是丽江市重要的马铃薯种薯基地，每年外调种薯数万吨，价格直升不降，但由于多年种植，代数高，导致品种带毒严重，品种混杂等问题，无法提高质量。为此广大薯农迫切希望生产出更多优质脱毒种薯以满足生产需要。因此对马铃薯脱毒原原种生产集成技术研究，总结出一套适合丽江气候特点的马铃薯脱毒原原种高效生产技术，降低原原生产成本，并在全市范围内推广应用，为生产提供更多优质原原种，对丽江市马铃薯种薯产业发展具有十分重要的作用。

结合丽江气候特点，持续开展了基质筛选、试管苗移栽密度、调控剂控制植株高度、培土等试验累计 14 项（次）。通过试验，确立了适合丽江生产实际的原原种生产用基质、试管苗移栽密度、肥水管理、病虫害防治集成技术，进行了原原种的生产示范。试管苗移栽成活率在 90%以上，比传统种植提高 15%以上，单位面积结薯粒数达 250 粒左右。2014 年 10 月 29 日，经丽江市科学技术局组织现场验收，"丽薯 6 号"每平方米 287.9 粒，平均粒重 15.7 克，其中 2 克以上的 254 粒，占 88.2%，2 克以下 33.9 粒，占 11.8%。同时还开展了原种及各级种薯生产示范，将总结出来的技术用于指导种薯企业、专业协会、合作社、种植大户及广大农户，使种薯产量质量不断提高，为把丽江建成云南省重要的优质马铃薯种薯基地提供了强有力的科技支撑。总结出适合丽江气候特点的"试管苗生产技术"和"脱毒原原种生产技术"

3.2.6.1 实施技术要点

（1）脱毒试管苗生产技术

配制培养基：培养基采用 MS+卡拉胶 3.5 克/升+活性炭 1.5 克/升+蔗糖 30 克/升，pH = 5.8，用沸腾的自来水调制，每瓶分装 30 毫升左右，121℃灭菌 30 分钟。

接种：接种中使用高温消毒器和自制支座（专利号 ZL 201420730394.1："一种组培

接种用具冷却及摆放支座"），巧妙运用各种接苗技巧，以 20 株为一瓶。培养一个周期后的基础苗剪苗时留下最底端的腋芽，然后补充 MS 营养液，每瓶 10～15 毫升，进行二次培养。

试管苗管理：在培养中结合丽江气候特点，低温季节培养温度设为 22～24℃，而高温季节培养温度设为 18～20℃，在 3000lx 的光照强度下培养。培养室平时采用紫外灯杀菌，雨季采用空调抽湿+紫外灯杀菌。待苗在培养室培养 9～11 天后，将温度降低 4～6℃、光照升高 400～600lx 的条件下继续培养 5～8 天。为温网室原原种生产做好准备。采用上述技术与传统方法比较，生产成本降低 55.6%。

（2）脱毒原原种生产技术

试管苗选择：苗瓶转接 15～18 天、苗高 5～7 厘米、选择健壮无污染的试管苗。

试管苗移栽前准备：用山基土做基质，山基土要提前用杀菌剂和杀虫剂进行堆捂消毒，结合苗床深度，放入 15～20 厘米厚的基质，整地后，每亩均匀撒施三元复合肥（N：P：K＝15：15：15）25 千克，然后进行喷灌使土壤含水量在 70%以上，并用 70%的敌克松 1.5 千克/亩、40%的辛硫磷 1500 毫升/亩兑水浇施，进行土壤消毒和杀虫处理。

试管苗移栽：根据丽江气候特点，一般 5 月上旬到 7 月下旬都可以移栽，但以 6 月中旬到 7 月下旬为最适合试管苗移栽时期，这期间试管苗可以直接移栽，成活率高，结薯期间昼夜温差大，结薯集中，单位面积结薯数相对较高。种植密度为行距 10 厘米、株距 8 厘米，密度为 120 株/米^{2}左右。试管苗移栽的前一天，浇透厢面，保持基质持水量在 80%以上，移栽当天再对畦面进行耙松处理。移栽时采用发明专利"一种马铃薯脱毒试管苗移植器"移栽，可以减少劳力投入，提高移栽效率，栽后要及时喷雾状水来浇定根水。

水肥管理：移栽试管苗后 3～5 天内，用遮光率为 75%的遮阳网进行遮阴，防止小苗失水萎蔫而影响成活率。小苗成活后，尽快去除遮阳网以免影响植株的光合作用。整个生育期，要保证大棚内通风良好以及适宜的温度。小苗移栽成活前应加强水分管理，前 3 天每天喷一次水，成活后至现蕾前则应适当控水，以防植株徒长，现蕾期应适当浇水，以促进薯块膨大，生长后期要控水，收挖前两星期停水，避免水分过多引起薯块腐烂。应根据苗情进行合理追肥，避免氮肥过多，植株徒长，试管苗移栽成活 40 天左右，结合追肥用山基土进行培土一次，厚度 10 厘米左右。利用发明专利"一种马铃薯原原种生产过程中植株调控方法"控制株高在 50～60 厘米，可提高结薯数并控制过大薯块数，提高生产效率。

病虫害防治：试管苗移栽成活后可用世高（100 克/亩）、百事达（2500 倍液）及大生（200 克/亩）混合喷施一次，预防早疫病、晚疫病、根腐病及虫害等。加强田间巡察，发现中心病株，用大生（200 克/亩）、瑞凡（40 毫升/亩）、银法利（75 毫升/亩）、克露（150 克/亩）等进行交替喷施，每 7～10 天喷施一次；用百事达（2500 倍液）、死悄悄（2500 倍液）等杀虫剂防治斑潜蝇、菜青虫、蚜虫等地上害虫，防治斑潜蝇还可以用黄板引诱。蛴螬、地老虎、黄蚂蚁等地下害虫用 40%的辛硫磷 1500 毫升/亩进行灌根防治。

适时收挖：马铃薯茎叶基本变黄枯萎时，选择晴天进行收挖，采用发明专利"一种马铃薯原原种收挖器"进行收挖，收挖时应尽量避免机械损伤薯块。挖出的薯块先摊在地里，晾晒数小时，等待表皮干燥后再装入尼龙网袋内。

分级包装：马铃薯原原种按 2~4.9 克、5~9.9 克、10 克以上进行分级装袋。选择晴天用 500 倍液多菌灵、1000 倍液百事达浸泡 30 分钟，水分晾干后装袋库存。仓库应选择在背光的地方，避免阳光直射，贮藏期间应进行定期检查，及时捡出病薯、烂薯并防止鼠害。

（3）原种及一、二级种薯生产技术

经过多年的试验示范，原种及一、二级种薯的繁殖均可采用马铃薯种薯标准化生产技术，但原种繁殖所用种薯较小，应加强前期的田间管理，同时要加强各级种薯生产的田间去杂，保证种薯质量。

3.2.6.2 评价

（1）建立了"育、繁、推"一体化的马铃薯新品种选育、种薯繁育与示范推广机制，加速了品种的推广应用

马铃薯用种量大，繁殖系数低，严重制约新品种的示范推广，丽江市农业科学研究所从 1998 年开始先后承担实施农业部"滇西北脱毒马铃薯原原种基地""丽江市脱毒马铃薯良种基地"建设，将马铃薯新品种的选育、种薯繁育与示范推广有机结合起来，优先保障重点品系及新品种的原原种生产，确保试验示范用种。特别是发现'丽薯6号'在生产上表现优异，受到欢迎后，就以此为重点开展了从试管苗生产开始的试验研究，加大种薯生产力度，每年生产原原种 50 万~100 万粒提供生产示范，保证基础种源的供给，实行"一分地"良种繁育模式，即种薯基地建设区每年每户提供 300~500 粒原原种，种薯企业、专业协会、合作社、种植大户分片区集中连繁，形成小规模，大群体的种薯生产产业，不断提高种薯质量，同时加强对种薯企业、专业协会、合作社、种植大户及广大农户的种薯生产技术指导，使种薯产量质量不断提高，"十二五"期间年生产各级种薯 60 万亩左右，除满足本市用种外，向红河州、德宏州、大理州、临沧市等冬早马铃薯产区及省外调出种薯 10 万吨/年左右，受到用户的普遍欢迎，既加速了新品种的推广，也让丽江市成为云南省重要的优质马铃薯种薯基地。

（2）效益评价

由于马铃薯原原种生产工序繁多，劳动力投入较大，生产成本高，因此，原原种生产单位自身效益不突出，经济效益主要在繁种农户和用种农户上体现。

繁种农户的效益：每年生产'丽薯6号'及'丽薯7号'原原种 50 万~100 万粒提供生产进行各级种薯繁殖，建原种示范基地 200 亩，良种基地 1000 亩。原种繁殖由于原原种成本高，而且生产的农户主要用于良种繁殖，效益主要体现在良种上，一次只计算良种的效益。建立良种基地 1000 亩，生产良种 2000 吨，按每吨高出商品薯 400 元计算，新增加收入 80 万元。

用种农户的效益：2000 吨种薯提供冬作区示范，可种植 10000 亩，按每亩增产 200 千克，2 元/千克，新增产值 400 万元。"十二五"期间，在丽江市以'丽薯6号''丽薯7号'为主的各级生产用种 60 万亩，生产种薯 105.56 万吨，按每吨高出商品薯 300 元计算，新增加收入 3.17 亿元，经济效益显著。

社会及生态效益：通过建立示范样板，加强技术培训和技术指导，增强广大薯农的种薯质量意识，严格按种薯生产的要求进行生产，提高种薯生产技术水平，生产合格种薯，保证向冬作区提供优质种薯，为冬作区的生产提供基础保障，提高用种农户的产量，增加收入。坚持规范化，标准化种植，做到合理施肥和用药，对保护生态具有积极的作用。另外，对促进丽江市马铃薯种薯基地建设及其产业化发展，加速贫困乡镇的脱贫致富具有积极的作用。同时，结合丽江市实际，种薯生产示范基地建设与乡村、生态、农业观光旅游相融洽的农业旅游年收入200万元，实现了"一季两收"。

3.3 云南省种薯生产和调运简况

3.3.1 剑川县2015~2016年马铃薯种薯生产销售情况

剑川县从2005年开始，在主产区金华镇庆华村、清坪村和甸南镇的白山母村、上关甸村建设种薯基地。到2015年，建成种薯基地1.5万亩，品种主要是'合作88'和'丽薯6号'。'合作88'种薯价格1600元/吨，'丽薯6号'种薯3000元/吨。种薯主要销往马铃薯冬作区的德宏州，大约为1.2万吨。大理英茂种业有限公司在剑川县境内的基地种植'合作88'种薯200亩，外销'合作88'种薯400吨。2016年，剑川县种薯面积达2万亩，种薯主要销往德宏州、保山市、怒江州等地，品种主要还是'合作88'和'丽薯6号'，'合作88'种薯价格稳中有升，从9月的1500元/吨升至12月的2000元/吨，'丽薯6号'价格偏低，最低时跌至600元/吨。大理英茂种业有限公司剑川基地种植'丽薯6号'200亩，外销'丽薯6号'种薯500吨。总体来看，'丽薯6号'价格波动较大，主要是'丽薯6号'在省内食用较少，主要作为马铃薯冬作区的生产用种，马铃薯冬作区生产的商品最终还是销往省外；而'合作88'市场需求量大，大小薯都可以销售。

3.3.2 丽江市种薯外调及种薯质量保障运行机制情况

近年来，每年外调各级合格种薯8万~10万吨，自留当地用种8.5万吨左右。

3.3.2.1 各级党委政府高度重视

在"十二"五期间，丽江市市委、市政府对马铃薯产业高度关注，把发展马铃薯产业作为山区人民脱贫致富的主要产业来抓，市委书记、市长先后深入到马铃薯种植大乡太安进行调研，人大和政协对全市马铃薯产业进行了专业调研，就发展马铃薯产业提出了意见和建议，制定了相应的发展规划，并指出：结合丽江马铃薯种植分布和现状进行统筹规划，以马铃薯种薯市场需求为导向，以科技为支撑，加强优质马铃薯新品种选育，扩大脱毒种薯生产能力，实行区域化布局、标准化种植、规模化生产、产业化经营，实现优质种薯的育、繁、推一条龙，产、供、销一体化，高起点高标准把丽江建设成面向全省及东南亚的滇西北最大地优质马铃薯种薯生产基地和云南西部地区的马铃薯研发中心。在此期间并加大了投入，如玉龙县太安乡实行整建制推进工作，修建了田间道路及田间蓄水池，极大地改善了基础设施，同时对农户及种薯生产企业实行了种薯补贴，促进了当地马铃薯产业的持续发展。

3.3.2.2 创新机制，发挥专业合作社及种植大户的示范带动作用

马铃薯作为全市山区人民的主要粮经作物，品种单一、栽培技术落后，脱毒种薯覆盖

面小，制约着全市马铃薯产业的发展，面对千家万户的种植单元，实现规范化、标准化种植路还很长，因此在一些新品种、新技术的推广上近年来科技部门采取了与合作社及种植大户联合的创新机制，同时运行供需双方合作生产订单模式。在实施中，严格按照种薯生产要求，进行规范化种植，抓好每一生产环节，栽培技术上采用平播后起垄综合配套栽培技术，形成了标准化、规范化的种薯生产基地，在全市的大春作物检查观摩中也作为重点现场，当地专业合作社组织的乡镇考察学习的也到基地学习种植技术，因此对合作社及种植大户的合作发挥了很好的作用，起到了样板示范带动作用，推动了全市马铃薯生产及种薯生产规范化、标准化种植的进程。

3.3.2.3 实行"一分地工程"，从源头上抓好种薯质量

近年来在各级党委政府的高度重视下，每年各级政府投入种薯生产补贴200万元。在以种薯生产为主的乡镇，如玉龙县太安乡实行了"一分地"的种薯工程，即每户每年种植300~500粒的微型薯，约一分地，因微型薯成本价格较高，由政府补贴一半，农户自筹一半，确保了家家有原种，户户有合格种薯，通过自繁自育，不断更新换代，良性循环，同时在各生产环节中由科技人员给予技术指导，做好去杂去劣工作，从源头上保证了种薯质量。

3.3.2.4 加强技术培训和田间指导

加强技术培训，强化培训观摩宣传，提升服务能力，根据马铃薯生产的进程，抓住播种、中耕管理、晚疫病防治的关键时期，技术组专家和技术人员深入生产一线，通过召开现场促进会、村民代表会、院心会、座谈会、广播、现场指导等方式，手把手、面对面，把技术、信息送到农户手中，增强农民的科技意识，调动农民种田的积极性，并将主要技术要点编写成明白纸，发放到基层技术人员和种植农户，让农民一看就懂，一学就会。做到每户都有一个技术明白人。营造良好舆论氛围，由丽江试验站每年组织现场培训会及观摩会不低于12场次，培训1000人次以上，发放技术资料1500份以上。

3.3.2.5 加强种薯质量监督，强化农民对种薯质量的认识

在马铃薯生产的各个环节中，加强对薯农宣传教育，提高认识，认真对待每一生产环节，特别在盛花期邀请省体系种薯岗位专家到田间给予质量检测和病毒检测，确定种薯级别，同时也邀请当地的种子管理部门及植保部门定期或不定期到田间指导并检测，收挖时督促农民去除病薯、烂薯、畸形薯、杂薯，确保种薯质量，提高市场竞争力。

在培训、座谈、田间相互交流时，加强对薯农的宣传教育，让农民充分认识到合格种薯的重要性及假冒种的危害性，不要因一点小便宜而损害别人的利益，树立全局观念、品牌观念、双赢观念，做好每一细节，不让害人害己的行为发生。

3.3.3 迪庆试验站种薯调出情况

云南省现代农业马铃薯产业技术体系迪庆试验站自2009年起开展马铃薯体系建设项目以来，示范生产的马铃薯品种有'滇薯6号''中甸红''云薯505'等20多个，累计生产马铃薯种薯43 940.77吨。

2009 年马铃薯种薯生产面积 1020 亩,品种为'滇薯 6 号''云薯 201''爱德 53''云薯 301'等,平均亩产达 1691.86 千克,共计生产种薯 1725 吨,外销昆明市、楚雄州、怒江州等云南省各州市及州内自用。

2010 年建设高效栽培核心区 220 亩,示范新品种(系)有'S04-5861''S04-5682''滇薯 6 号''云薯 301'等,生产种薯 370 吨。开展良种繁育基地 2560 亩,有'中甸红''滇薯 6 号''爱德 53''云薯 301''合作 88'等品种,平均亩产 1454 千克,生产种薯 3722.24 吨,销往昆明市、德宏州、怒江州等云南省各州市和州内自用。

2011 年建设马铃薯高效栽培核心区 204 亩,品种为'滇薯 6 号''云薯 301''爱德 53',平均亩产 1720 千克,生产马铃薯种薯 350 吨。脱毒马铃薯良种繁育种植面积 4600 亩,生产马铃薯脱毒种薯 5500 吨。生产的种薯销往云南省多个州市及州内自用。

2012 年示范马铃薯新品种'云薯 505''丽薯 6 号''丽薯 7 号'等 40 亩,平均亩产 2145 千克,生产种薯 85.8 吨。建设高效栽培核心区 210 亩,选用良种'滇薯 6 号''S04-5861''S04-5682'等,平均亩产 1685 千克,生产种薯 353.85 吨。建设规范化良种繁育基地 2100 亩,品种有'中甸红''滇薯 6 号''合作 88''云薯 505''丽薯 6 号'等,生产马铃薯良种 2471.24 吨。生产的种薯销往云南省多个州市及州内自用。

2013 年示范马铃薯新品种'云薯 505''丽薯 6 号''丽薯 7 号''S04-5682''云薯 202'共 52 亩,经实产统计平均亩产 2145 千克,生产种薯 111.54 吨。实施高效栽培核心区 210 亩,选用'滇薯 6 号''云薯 202''S04-5682'等品种,生产优质马铃薯种薯 353.58 吨。引进原原种'JS03-136''合作 88''会-2'等,生产原种 30.98 吨。建设规格化马铃薯良种繁育基地建设 2100 亩,生产马铃薯良种 2535.24 吨,良种有'中甸红''滇薯 6 号''合作 88''云薯 505''丽薯 6 号'等。推广马铃薯新品种 3200 亩,以'滇薯 6 号''丽薯 6 号''丽薯 7 号''云薯 202''S04-5682'等新品种(系)为主,共生产马铃薯商品薯 5147.4 吨。生产的种薯销往西藏自治区、云南省多个州市及州内自用。

2014 年完成马铃薯种薯生产基地 100 亩,示范新品种'丽薯 6 号''丽薯 7 号''青薯 9 号''云薯 505'等,生产种薯 196.43 吨。完成马铃薯高产栽培核心样板 24 亩,展示'云薯 401''丽薯 6 号''云薯 505''青薯 9 号'等 4 个,平均亩产 2512.35 千克,生产种薯 59.84 吨。建设马铃薯新品种示范推广基地 3300 亩,主推品种为'中甸红''云薯 202''云薯 505''丽薯 6 号''爱德 53''青薯 9 号''云薯 401''合作 88''云薯 301'等,平均亩产 1851.68 千克,生产马铃薯商品薯 6006.09 吨。生产的种薯销往云南省多个州市及州内自用。

2015 年种植马铃薯原原种'丽薯 6 号''中甸红''云薯 401''宣薯 2 号'等 15 亩,生产原种 20.53 吨。完成马铃薯种薯生产基地 125 亩,示范的马铃薯新品种为'中甸红''丽薯 6 号''丽薯 7 号''青薯 9 号''云薯 505'等,生产种薯 274.45 吨。示范推广马铃薯新品种 3650 亩,主推品种为'丽薯 6 号''中甸红''云薯 202''丽薯 7 号''云薯 505''青薯 9 号''合作 88'等,平均亩产 1606.96 千克,生产马铃薯商品薯 5923.42 吨。生产的种薯销往云南省怒江州、昆明市等多个州市及州内自用。

2016 年完成马铃薯种薯生产基地 128 亩,展示马铃薯新品种'云薯 505''云薯 401''丽薯 6 号''青薯 9 号''云薯 304'等 6 个,生产种薯 255.35 吨。种植原原种'中甸红'

'丽薯6号''云薯401''云薯505''宣薯2号''爱德53''合作88'等品种38亩,平均单产1450千克,生产原种55吨。示范推广马铃薯新品种良种4458亩,主推品种为'丽薯6号''丽薯7号''云薯505''青薯9号''合作88'等,平均亩产1984.87千克,生产马铃薯商品薯8746.37吨。生产的种薯销往云南省怒江州、昆明市等多个州市及州内自用。

4 云南马铃薯栽培模式及技术案例

云南是较早种植马铃薯的省区，马铃薯自明朝万历年间引入云南，距今已有近300年的栽培历史。由于云南地处中国西南部，是一个低纬度、高原山区省份，境内山峦起伏，地形地貌复杂多样，加之受东南季风和西南季风、高原季风的影响，形成了复杂多样的自然立体气候，为马铃薯提供了得天独厚的生长环境，可实现马铃薯加工原料及商品薯的全年供应，近年来随着云南省马铃薯产业的不断发展，马铃薯逐渐成为薯农增收和发展高原特色农业的亮点。

云南马铃薯栽培具有明显的生态特点。大春马铃薯是云南省马铃薯的主要生产季节，主产区集中在曲靖市、昭通市、昆明市等中高海拔冷凉山区，海拔为1900~3000米，大多没有灌溉条件，基本上是靠天吃饭。一般于2~4月播种，7~10月收获，品种以中晚熟品种为主。由于在马铃薯生长期间降水分布不均，本季的苗期和块茎形成期容易遭遇春季和夏初的干旱影响，后期则经常受到雨水过多且持续时间长的影响，导致晚疫病发生较重。秋作马铃薯全省播种面积约60万亩，总产量60万吨左右，主要分布在滇中、滇东北及滇西南的中海拔区域，海拔为1600~2000米，一般每年7月中下旬至8月中旬播种，11~12月收获。栽培模式即可单作，有时可与其他作物间套作（如烟草、早玉米），有时也会在遭受自然灾害的年份，如遭遇干旱，水稻、烟草等作物种不下去，就会种植秋作马铃薯作为补救。冬早马铃薯包括冬作马铃薯和早春马铃薯，播种期在中秋节至立春前，收获在春季至夏季。云南省冬早马铃薯播种面积已近400万亩，占全省马铃薯播种面积的1/3。冬早马铃薯已成为云南南部冬季农业开发的主要作物之一，也是促进云南南部农民增收的主要作物之一。冬早马铃薯生产季节处于9月至次年6月，历经1月份低温和霜冻，以及冬春干旱，选择海拔按时播种，就是选择温度。将薯块膨大期所需要温度及时间经过测算，合理安排生产地区，是冬早马铃薯生产首要考虑的问题。云南每年10月25日左右开始霜降，特别是立冬后，低温冷害时有发生，对冬早马铃薯生产带来不同程度的影响。为减轻冻害，生态区域的选择至关重要，据贵州省和云南曲靖市多年观察，冷空气流动方向总是由北向南，冷空气产生的冻害背风处低于向风处，流走处低于逗留处，北高南低低于南高北低地形，高地低于凹地。如果出现连续低温天气，要采取措施进行防控。要尽量选择耕作层深厚、疏松、肥沃、能排能灌、土壤沙质、中性或微酸性的平地，并具备灌溉条件的土壤。冬早马铃薯主要是商品薯，外销量占马铃薯生产65%~75%。由于冬早马铃薯生产不能影响大春作物种植，以及对外销商品薯要求，冬早马铃薯品种一般选择生育期短的早熟、中晚熟品种，即休眠期60~80天，薯形光滑，能适应本地消费及外地消费的品种。现主要种植品种有'合作88''丽薯6号''会-2''宣薯2号''中甸红'等品种。

4.1 云南马铃薯栽培模式

云南立体气候条件决定了马铃薯在云南可以周年生产，不同生态条件下栽培方式不同。云南马铃薯栽培模式主要有高垄双行栽培、玉米套作马铃薯栽培、甘蔗套种马铃薯栽培、烤烟后间种马铃薯栽培、桑树和果树间作马铃薯和马铃薯净种等，以及以上模式延伸的栽培模式。

4.1.1 高垄双行栽培模式

马铃薯高垄双行栽培是指实行宽窄行种植，把宽行的土培到窄行上，使窄行形成墒，且墒高出 25 厘米以上的种植方式。试验证实，高垄双行栽培有以下优点：改善中后期田间通风透光条件，减轻荫蔽，提高光合效率；覆土深厚，土层松软，有利地下块茎生长；有利机械化作业；田面受光面积大，利于提高早期地温，提早出苗；遇涝时易于排水，避免烂薯。其栽培技术如下。

精细整地。马铃薯喜疏松土壤，整地质量直接影响块茎生长。高垄双行栽培应选择耕层深厚、土壤疏松、肥力中等以上、排灌方便光照充足的地块，深耕 25~30 厘米，两犁两耙，人工镇压碎垡，做到土壤疏松、土垡细碎。

选种及种薯处理。种薯处理和催芽方法按常规方法。

整薯播种。整薯播种可避免病害通过切刀传病，避免造成烂种缺苗。整薯播种催芽后出苗整齐，群体结薯时期比较一致，生长的薯块整齐，商品薯率高。整薯播种比切块播种抗逆性强、耐干旱、病害少、增产潜力大，有利于高产。整薯播种的薯块不应太大，否则，用种量大、成本高，薯块太小则薯性不强，一般用 30~50 克的种薯播种。如用大薯作种，应在播种前 3 天切块，用草木灰或农药拌种，防止病菌侵染种薯。

适时播种，合理密植。确定播种期应从以下几个方面来考虑：一是把块茎形成期，安排在适于块茎膨大的季节；二是秋作根据晚霜时间来考虑，一般应在晚霜前 20~30 天，气温稳定通过 5~7℃时播种，以免幼苗遭受低温冷害；三是根据品种特性而定，早熟品种适当提早播期；而中晚熟品种抗逆性较强，可适当晚播，使结薯期相应后移到适于结薯的低温短日照条件下；在海拔低、水肥光热条件好的地区可适当稀植，随着海拔升高，水肥光热条件差，应适当加大播种密度。

高垄双行栽培。实行宽窄行种植，宽行 80 厘米，窄行 40 厘米精细整地平整后，按 40 厘米行距开沟，沟深 10~15 厘米，种两行空一行，随后按株距 28~33 厘米播种，种薯上面再施种肥，然后再破土盖种，破土时两行马铃薯中间的梁不破，只破两行马铃薯两侧的梁。播种深度应根据墒情来定，一般来说，在土壤质地疏松和干旱条件下可播种深些，深度以 12~15 厘米为宜；播种过浅，容易受高温和干旱的影响，不利于植株的生长和块茎的形成膨大，影响产量和品质。在土壤质地黏重和涝洼的条件下，可以适当浅播，深度以 8~10 厘米为宜；播种过深，容易造成烂种或延长出苗期，影响全苗和壮苗。

施足底肥，早施追肥。马铃薯是高产作物，需肥量较多。在三要素中，需钾素多，氮素次之，磷素较少。施肥以底肥为主，追肥为辅；重施底肥，早施追肥；多施农家肥，适施氮肥。在土壤肥力水平较高的情况下，为了避免植株徒长，可把氮肥总量的 70%掺入农家肥作底肥混合施用，剩余 30%作追肥。磷肥和钾肥一般作底肥施用。追肥要早，特别是早熟品种早追肥可促进早结薯、早收获、早上市；晚追肥，容易造成徒长，或块茎膨大迟缓、晚熟等现象，追肥要在植株封垄前结束。因此底肥要求亩施腐熟农家肥 1500~

2000千克、N∶P∶K＝10∶10∶10复合肥80~100千克，两种肥料在播种时作底肥一次施入。齐苗后，结合查苗、补苗、中耕除草进行追肥，每亩追施尿素10千克或者碳酸氢铵25千克促苗。

加强中耕管理，确保丰产丰收。当幼苗生长至5~10厘米，如发现有缺苗，应将附近出苗较多的苗移栽到缺苗穴内。为避免生长前期匍匐茎伸出地面变成普通枝条和结薯后块茎外露变绿，在马铃薯生长前期要及时培土。播种时要浅覆土，而后结合中耕除草进行培土，要求培土1~2次，植株封垄前要结合清沟厚培土，垄高至少25厘米，厚培土，土温稳定，可以减少畸形块茎产生，也可减少晚疫病菌孢子与块茎接触。要注意防控晚疫病、青枯病、环腐病、疮痂病和地老虎等。

适时收获。马铃薯叶片逐渐发黄直至干枯，且土壤含水量较低时即可收获，收获时应在适宜深度采收，以避免机械损伤，收获时按市场要求进行分级包装，及时销售。

4.1.2 玉米套作马铃薯栽培模式

4.1.2.1 会泽县玉米套作秋马铃薯栽培模式

充分利用秋季光、热、水等自然资源，发展玉米套作秋马铃薯，是曲靖市会泽县农村稳粮增收的有效途径之一。据会泽县多点调查和试验示范，每亩产鲜薯1000~1200千克、玉米700~800千克。合理套种，能有效协调土壤养分供应，发挥土壤增产潜力和改善土壤理化性状。其栽培技术要点如下。

选用良种。选择'会-2''合作23''中薯1号'等丰产、早熟、休眠期短、易在高温下催芽生根的抗病耐寒的脱毒马铃薯品种。

种薯催芽。催芽是保证苗全、苗旺、增产的有效措施，对已通过休眠期的种薯催芽常用湿沙层积法，未通过休眠期的种薯催芽，应先用自然催芽处理之后露光晒种。催芽处理过的种薯苗全、苗壮、地上茎节短、结薯早、结薯多。

合理安排茬口，适时播种。合理安排茬口，适时播种是实现套作高产增效的关键环节，应本着玉米马铃薯共生期越短越好，不超过30天；播种时平均气温不超过25℃，距早霜前至少有70天；兼顾后作栽播，避免茬口矛盾，趋利避害，稳产保收的原则，适时早播。后作为蚕豆、小麦的中海拔（2000米左右）地区，以6月底至7月初播种为宜；后作为小春马铃薯等其他短生育期作物的低海拔地区，以7月下旬至8月上旬播种为好；各地应因地制宜适时播种。

规范种植，合理密植。玉米播种采取规格化的宽行窄株密植方式。秋马铃薯间种在玉米的宽行（空行）内，玉米采收后，及时中耕培土，形成双行垄栽种植模式。马铃薯套种密度应根据马铃薯品种、土壤肥水、地力、海拔，以及套作玉米的品种和种植密度等具体确定，一般每亩3000~4000株。

重施底肥，适时追肥。马铃薯要重施底肥，一般底肥每亩用厩肥或土杂肥等农家肥1000~1500千克，配合每亩用三元复合肥50~60千克，于播种时集中施用。秋马铃薯一般生育期短，提高产量关键在于促进前期生长，齐苗期一次追施速效氮10~15千克能够促早发棵早结薯。

科学管理，防治病害。为减轻玉米与马铃薯共生期间的相互影响，秋马铃薯播种后，要及时清除玉米底脚枯叶和行间杂草，挖松沟土，增加田间和土壤的通透性。玉米采收后也应及时中耕培土，清沟排渍，保持通透良好，增强马铃薯的抗病能力。秋马铃薯晚疫病重，应及时连续防治，一旦发现中心病株，立即拔除深埋，同时在该株穴位用1%～2%硫酸铜液喷洒；药剂防治，可在病害发生初期，用64%杀毒矾可湿性粉剂400倍液或50%多菌灵可湿性粉剂500倍液，每亩喷药液100升进行防治。

适时收获。一般待茎叶自然干枯变黄，薯块停止膨大，表皮变硬，块茎与茎秆易分离时为收获最佳时期。收获前10天停止浇灌，便于收获、贮藏和运输。晴天收获时应避免阳光暴晒，运输时注意防止磕碰。

4.1.2.2 大理市玉米套种秋马铃薯栽培模式

秋季是大理州光、热、水等气候资源较丰富的时期，马铃薯玉米套作解决了单一化的种植模式，在充分利用水分、土地、光热等生态资源的同时还充分利用空间，这种高矮作物套作模式增加了单位面积内有机物质的形成与积累，提高了土地单位面积的经济效益，使农业更高效发展。秋马铃薯玉米套作是大理市、祥云县等地区种植较广泛的模式，是提高复种指数，实现山区半山区农业增效、农民增收的有效途径。其栽培技术要点如下。

品种选择及处理。选择早熟、高产、休眠期短、抗旱、抗病的品种，使用健康种薯，从外引进的种薯要经过消毒。种薯用1000倍高锰酸钾溶液浸泡10～15分钟杀灭病原物，然后平铺于阴凉通风处阴干备用。选用健康无病、单薯重在30～50克的小整薯播种，如用大薯作种，应在播种前3天切块，用草木灰拌种，防止病菌侵染种薯。玉米选择株高适宜、株型紧凑，抗倒伏性好，生育期长的中晚熟品种。也可根据当地条件选育适合品种。

合理安排茬口，适时播种。玉米马铃薯套种共生期过长，马铃薯薯苗纤细瘦弱，抗病力减弱；播种过迟，则影响小春作物种植。因此，玉米与马铃薯共生期以25～30天为宜。2000米海拔左右地区后作为蔬菜的可在8月中旬播种；后作为蚕豆的则应提早到7月中旬播种；后作为小麦的应在8月上旬播种。

科学施肥。秋马铃薯生育期短，仅90天左右，力争一次性施足底肥产量才高。亩施农家肥2000千克。马铃薯是喜肥作物，钾肥的需求量比氮肥、磷肥高，可用高钾、中氮、少磷的复合肥以5∶2∶11的比例施用，每亩130千克左右。采用套作模式土壤肥力需求量大，故施足底肥对玉米很重要，在使用有机肥的同时还需搭配磷肥、钾肥。每亩有机肥施用量1100千克以上、硫酸钾6千克。苗期追施少量速效氮素肥，为防止倒伏壮秆期每亩施用碳铵量要适中，约为10千克，穗期每亩施尿素7～10千克。

合理密植，规范种植。土壤肥力差的地块每亩播种4500～5000株，土壤肥力高的地块每亩播4000～4500株。马铃薯播种适宜土壤温度不低于8℃，株距30厘米，行距50厘米。

优化田间管理。玉米收后及时清除杂草及秸秆，及时中耕培土。待马铃薯齐苗时，及时人工除草及培土，培土厚度10～14厘米，同时每亩根部追肥磷酸二胺30～35千克，要保持适宜的土壤湿度以满足块茎膨大期的需求。

加强病虫防治。对病虫害的防治应以农业措施为主，化学药剂为辅，严禁使用剧毒及高残留的农药。用高锰酸钾溶液等对种薯浸种是防治马铃薯病虫害经济有效的措施，玉米可在播前与整地结合对土壤进行消毒，也可用药剂拌土防治害虫的危害，用 20%的甲氰菊酯乳油 2900 倍喷雾，可减轻蚜虫对玉米的危害。

适时采收。马铃薯收获宜早不宜晚，待茎叶自然干枯变黄，薯块停止膨大，表皮变硬，块茎与茎秆易分离时为收获最佳时期。收获前 10 天停止浇灌，便于收获、贮藏和运输。晴天收获避免阳光暴晒，运输时注意防止磕碰。

4.1.3 甘蔗间作马铃薯栽培模式

云南省是仅次于广西壮族自治区的全国第二大糖料基地省，年甘蔗种植面积已达 530 余万亩，主要种植在云南的热区，其中临沧市近 150 万亩，德宏州 100 万亩，保山市 60 万亩，普洱市 60 万亩，文山州 50 万亩，红河州 35 万亩，西双版纳州 30 万亩，玉溪市 25 万亩，其他 20 万亩。德宏州的 100 万亩中有 30 万亩种植于水肥条件好的坝区，在甘蔗种植前有近 100 天的空闲时间，因此，充分利用土地和光热资源种植马铃薯可以增加蔗农的收入。

品种选用。马铃薯品种选择高产优质抗病品种'合作 88'，种薯选择及处理与常规方法一致。甘蔗品种选用当前大面积推广的由云南省农业科学院甘蔗研究所引进示范的'云引 18 号''云引 42 号'和'粤糖 93/159'，每段种苗砍成双芽苗，用 2%的石灰水浸种。

精细整地。选择土层深厚、地势平坦、质地疏松的沙壤田，前作收获后，深耕犁 30~35 厘米，晒 5~7 天。然后细耙，再晒 10~15 天进行翻犁细耙 1 次，使土壤平整疏松。甘蔗采用宽窄行开沟，宽行 140 厘米，窄行 70 厘米，沟底宽 30 厘米，沟深 40 厘米，在宽行墒面上穴播马铃薯，穴株行距 25 厘米×25 厘米、穴深 20 厘米。

适时播种。马铃薯于 11 月中旬下种，每穴放 1 个种薯，切口向上，下种后施足底肥，每亩用腐熟农家肥 1000 千克、复合肥 40 千克（N∶P∶K＝10∶10∶10）、生物肥 4 千克、硼肥 2 千克，配施地虫灵 1 千克，施肥后覆盖 5 厘米细土。甘蔗于马铃薯播种后 20 天下种，采用双行接顶方式，每亩下种量 800 芽，下种后用细土覆种 5 厘米左右，然后喷除草剂，覆盖地膜。

中耕管理。为保证马铃薯出苗齐和幼苗期的正常生长，马铃薯播种后 20 天左右，根据田间土壤干湿情况灌浅水 1 次，齐苗后株高 6~10 厘米时，保证每穴留 2~3 个壮芽，长至 20 厘米左右时，结合中耕除草，每亩用尿素 2 千克追肥，追肥后进行培土管理。马铃薯花期是形成产量的关键时期，这一时期正是部分种植地区如芒市一年中少雨干旱时期，田间管理仍以保水为重点。因此在 1 月下旬再灌 1 次水，保持适宜的土壤水分，促进薯块的发育生长，提高产量。在马铃薯整个生育期，病虫害发生较严重。病害主要有晚疫病、花叶病等，虫害主要有地老虎和金针虫等，应结合病虫害发生情况进行综合防治。

马铃薯收获。芒市甘蔗间作马铃薯，马铃薯于次年 3 月中旬收获，在收薯前，先揭去甘蔗地膜，除去蔗沟中的杂草。应选择干燥的晴天收获，一般早上采挖马铃薯较好，将挖出的薯块在地面上晒至下午 5 点后，剔除病、烂、畸形薯，按照大、中、小薯分级包装。

甘蔗追肥管理。马铃薯收获后，甘蔗每亩施尿素 20 千克、复合肥 40 千克，再配施地虫灵 5 千克防治蔗田地下害虫，结合追肥要培土，追肥培土后灌 1 次水，促进甘蔗分蘖生长。

4.1.4 烤烟后间种马铃薯栽培模式

烤烟间种秋马铃薯栽培模式充分利用烤烟余肥、垄墒，减少生产投入。烤烟间种秋马铃薯可以提早马铃薯播种节令，延长生育期，充分利用光热资源，有利于马铃薯产量形成。具体栽培技术措施如下。

选用良种。选用'会-2''合作88''中薯1号'等品种，这些品种产量高、休眠期短，而且易于打破休眠，抗晚疫病。

种薯处理。以小整薯作种薯，播后不易腐烂。大种薯需要催芽、切块后播种。薯块禁止横切，顶芽纵切，每块保证2~4个芽眼、重30~50克；切块后切口向上平放于阳光下晒至切口干燥或置于阴凉处风干，禁止堆放；刀具必须用乙醇、农用链霉素等严格消毒，以免感染病菌造成烂种缺苗。播种时，如果土壤干燥切口可向下；如果土壤湿润，则切口必须朝上。

适时播种。烤烟间种秋马铃薯，马铃薯播种过早，昼夜气温高，马铃薯出苗后，受烤烟影响，光照不足幼苗徒长细弱。播种过晚，因霜冻影响生育期缩短，产量降低。因此，7月中下旬，烤烟采摘至中上部叶片后，开始播种。这个时期播种既有利于保苗，又可使结薯期避开高温季节。

合理密植。秋季日照较短，影响马铃薯植株生长，表现在植株矮小、地下匍匐茎短、结薯集中，因而应合理增加密度。根据烤烟垄墒（墒距1.2米），种植两行按小行距30厘米、株距25~30厘米种植，种植深度10~15厘米，密度为每亩3700~4400株。

中耕管理。及时清除烟秆、地膜，烤烟采摘结束后，及时铲除烟秆避免马铃薯幼苗因长期遮阴，导致徒长，揭除地膜则可确保雨水能够透墒。烟秆、地膜清除后，要及时铲除田间杂草，减少病虫害感染源，同时给马铃薯培土。培土有利于降低土温、排水、防旱，促进生长前期匍匐茎的发生，有利于后期块茎膨大和防止块茎受冻，培土要多，尽量使墒面饱满。结合培土，马铃薯亩施三元复合肥50~80千克，促进植株生长，提早进入结薯期。马铃薯块茎膨大期对肥水要求较高，也可采用0.5%的尿素与0.3%的磷酸二氢钾混合液进行叶面喷施，来弥补根系对养分吸收不足，提高马铃薯产量。8~9月雨水较多，为防止积水造成烂种或沤根，必须疏通沟渠，及时排水。土壤干旱时，要及时灌水（采用半沟灌，禁止大水漫灌），保持整个生育期土壤湿润，以利植株生长。秋马铃薯的主要病虫害有晚疫病、病毒病、蚜虫、蛴螬、马铃薯瓢虫等，应根据情况进行综合防治。

延期收获。在不受冻害的前提下，适当延迟收获，可延长秋薯生长期，提高产量。直至地上植株全部枯萎后，选择晴朗天气收获马铃薯。

4.2 云南马铃薯四季栽培技术案例

云南省由于地理、气候和生态的多样性，造成了云南省在不同的海拔区域，能找到适合马铃薯种植的区域，形成春作马铃薯种植区、冬早马铃薯种植区、秋马铃薯种植区。不同种植区因地制宜使用不同的栽培技术。

4.2.1 春作抗旱保苗栽培技术案例

云南省春作马铃薯根据播种时间分为大春马铃薯和早春马铃薯。大春马铃薯全省种植面积约600万亩，总产量700万吨左右。早春马铃薯全省播种面积约150万亩，总产量200万吨左右。大春马铃薯是云南省马铃薯的主要生产季节，主产区集中在曲靖市、昭通市、昆明市等中高海拔冷凉山区，海拔为1900~3000米，大多没有灌溉条件，为雨养农业。一般于3~4月播种，8~9月收获，品种类型以中晚熟品种为主。由于在马铃薯生长期间降水分布不均，苗期和块茎形成期容易遭遇春季和夏初的干旱影响，后期则经常受到雨水过多且持续时间长的影响。

4.2.1.1 案例一

试验名称：马铃薯侧膜覆盖集雨抗旱高效栽培技术案例。

试验时间：2011~2016年。

试验地点：云南省宣威市的宝山、龙场、乐丰、东山、板桥、务德、西泽等马铃薯主产乡镇。

试验设计及执行人：展康、徐发海、徐尤先、王朋军。

技术概述及背景：宣威是云南省大春马铃薯主产区，近几年连续发生冬春干旱，1~4月基本不会下透雨，只有到5月才会下透雨。为解决生产中干旱对马铃薯生产造成严重减产，种植效益低的问题。国家马铃薯产业技术体系曲靖综合试验站与省马铃薯体系宣威试验站共同开展抗旱栽培技术研究与示范。通过几年的试验示范，总结出了侧膜覆盖集雨抗旱高效栽培技术，该技术正是根据这一区域的自然气候特点总结推广的一项栽培技术，可起到集雨抗旱的作用，将春季10毫米以下的无效降雨汇集为有效降雨，提高集雨效率3倍，提早出苗25天左右，提高出苗率和苗期长势，提高土壤肥料利用率，提早成熟，后期减轻晚疫病的为害，从而提高马铃薯单产。

增产增效情况：根据当地的实践经验，侧膜覆盖集雨抗旱高效栽培"播种至出苗期"比对照露地栽培提早25天左右，增产350千克/亩，增幅20%，扣除新增地膜、工时成本等，可增收400元/亩左右，增效16%以上。

适宜区域：侧膜覆盖集雨抗旱高效栽培技术适宜冬春干旱的大春马铃薯产区。

侧膜覆盖集雨抗旱高效栽培技术要点：①土地选择。种植地块应选择光照好、耕作层深、排灌方便的地块。前作不得是茄科作物，以避免前作病残体或土传病害对马铃薯形成交叉感染。②精细整地。种植地块应在冬前进行深犁细耙，精细碎垡，使土壤疏松，提高土壤的蓄水保肥能力。③种植节令。一般西南地区春作马铃薯种植最佳节令在3月5~15日，也就是在惊蛰至春分节令之间，土壤温度稳定达到8℃以上，能满足马铃薯出苗所要求的温度，出苗快而整齐。④品种选择及种薯准备。马铃薯品种应根据市场需求，选用市场旺销的优良品种。种薯应选用正规的种薯生产单位生产的健康种薯，种薯大小50~150克，采取整薯播种，以免土传病害的传播为害和土壤干旱造成缺苗断垄。播种前，选择晴天，严格分拣种薯，剔除病烂薯，晾晒种薯2~3天。播种当天，利用甲霜灵锰锌、雷多米尔等杀菌剂在种薯表面进行均匀喷雾，进行种薯处理，待晾干后再播种。⑤种植方式及方法。侧膜覆盖集雨抗旱高效栽培是一种净作的栽培模式。土地整平耙细后，按每一个播幅1.4米划线开沟播种2行马铃薯，大行行距0.9米、小行行距0.5米、株距为0.28米。把0.9米的大行墒面整理成凸形，保证墒面平整，然后扣上幅宽90厘米的薄膜，把种子和膜边缘一同盖好。薄膜选用0.01毫米的地膜为最佳，以便好回收利用，减少污染。⑥施肥。一次性施足肥料，每亩施用腐熟的优质农家肥1500~2000千克、测土配方马铃薯专用复混肥（N∶P∶K＝10∶8∶9）60~80千克，或等养分的其他马铃薯专用肥料。先播种，再施用化肥，化肥施用时不得撒施，应采用点施，化肥距种薯距离5~8厘米，以免化肥分解时对种薯幼芽造成灼伤。化肥施入后再施用农家肥。⑦中耕管理。马铃薯出苗后，应及时除草，至马铃薯团棵期，揭去地膜，进行中耕、除草、培土，尽量把大行的土培到马铃薯种植行上，使墒高达到0.2~0.3米，墒面形成垄，大行形成沟，夏季降雨集中的时候，有利于排水。⑧摘花摘蕾。开花繁茂、结实性强的品种，在马铃薯现蕾后，要及时摘除花蕾，以避免因开花结果造成的养分消耗，保证块茎的养分供应。⑨病虫害防治。重点防治晚疫病、青枯病、蚜虫等。马铃薯现蕾期进行第一次施药，施药间隔7~10天，一般施药3~4次。第一次用药推荐大生M45、金雷等；第二次用药推荐克露；第三次用药推荐安泰生+银法利。在马铃薯现蕾~花期查看田间青枯病发生情况，一旦发现病株，及时铲除病株及周围土壤，并用生石灰或农用链霉素对病塘消毒处理。选择10%吡虫啉可湿性粉3000~4000倍液、50%辟蚜雾可湿性粉1500倍液、50%抗蚜威可湿性粉2500倍液进行田间喷雾防治蚜虫。⑩适时收获。马铃薯收获，应在茎叶黄枯后1个月收获，可以使表皮层木栓化，有利运输和储存。收获时应选择晴天，如果雨季需要在地块控干几天后，土壤湿度手捏不成团后收获。在收获前10天，可以先将植株的茎叶割去。挖出的块茎先摊在地里，晾晒数小时，等待表皮干燥后，土壤与块茎分离，进行分级，再装袋或装车，能够使块茎表皮伤口愈合，减少夹带泥土、杂物。在挖掘、拾捡、搬运和堆放过程中，力求减少块茎的机械损伤。但切忌受到雨淋。

4.2.1.2 案例二

试验名称：马铃薯膜下滴灌示范推广案例。

试验时间：2015年。

试验地点：云南省昆明市寻甸县六哨乡白泥克村。

试验设计及执行人：杨正富、杜春永。

试验点地理气候概况：海拔2530米，土壤母质玄武岩灰汤土，pH 5.72，为中偏酸土壤，有机质9.4%，有效氮为275.19毫克/千克，有效磷为28.5毫克/千克，速效钾为165.67毫克/千克，土壤肥力中等，年均气温13℃，年无霜期180天，年平均降雨量1040毫米，前作为玉米，历年以种植马铃薯为主。

试验方案及实施：示范田选用水肥一体化、膜下滴灌、地膜覆盖和常规种植方式。

水肥一体化实施40亩，全程水肥一体化，播种时仅施农家肥，不施化肥，化肥待出苗后通过滴水管网施水溶肥。膜下滴灌实施162亩，播种时一次性施足底肥，出苗后滴水灌溉3次。地膜覆盖实施20亩，播种时一次性施足底肥，出苗后发电机抽水灌溉3次。常规种植，播种时一次性施足底肥，不覆膜，出苗后不灌溉，农产自种。

项目区于2015年4月16日通电运行。滴水3轮,第一轮于4月16日、17日完成,第二轮于4月18日、20日完成,第三轮于5月14～16日完成,一次滴水可滴50亩,滴4～5小时可滴透。

水肥一体共滴肥11次,分苗期、开花期、结实期使用5种不同的水溶肥,苗期施0.2%的"西洋肥"(N∶P∶K=15∶15∶15)4次;0.15%的"水溶肥"2次(N∶P∶K=20∶20∶20),盛花期施0.15%的"水溶肥"3次(N∶P∶K=15∶20∶25),其他元素1次;结实期施0.15%的"硫酸钾"(氧化钾含量50%)1次。每亩水溶肥成本为662元。

示范结果:选取水肥一体化、膜下滴灌、地膜覆盖和农户常规种植地块,按照农业部高产创建测序方法进行测序。测产结果为,"水肥一体化"平均单产3426千克/亩,较常规种植单产2788千克/亩增23%,产值增收率20%(表4-1)。

表4-1 不同类别测产情况

类别	单产（千克/亩）	增产量（千克/亩）	增产率（%）	产值（元/亩）	成本（元/亩）	纯收入（元/亩）	增收（元/亩）	增收率（%）	投入产出比
水肥一体化	3426	637.6	23	5557	2110	3446.5	577.5	20	1∶2.6
膜下滴灌	3547	759.1	27	5813	1737	4075.2	1206	42	1∶3.3
地膜覆盖	3470	681.5	24	5678	1865	3812.8	943.8	33	1∶3
常规种植	2788			4569	1700	2869			

效益分析:投入成本由电费、工时费、化肥费和地膜费构成(表4-2)。

表4-2 用电量及抽水工时记录表

项目	滴水	滴肥	备注
用电量（度）	855	405	15千瓦
电费（元）	256.5	121.5	0.3元/度
工时（天/人）	7.125	3.375	8小时/天
工时费（元）	712.5	337.5	100元/天
每亩工时费（元）	3.5	1.7	

常规成本:种薯每亩用种200千克,以一级种每千克3元计算,每亩成本600元。化肥以牛街复混肥每亩用5包,每包60元计算,每亩成本300元。常规种植用工以每亩10人,每人每天80元计算,成本800元。地膜以每亩用2.5千克,每千克13.2元计算,成本33元。

滴水滴肥成本核算:只需1人看管泵机,每天以8小时计100元工费,抽水泵机功率15千瓦,每小时用电15度,每度电0.3元(农业用电价格)。滴水3轮共用57小时,用电855度,电费256.5元,核心区202亩每亩电费1.3元;用工7.125天,工时费712.5元,每亩3.5元。滴肥11次用时27小时,用电405度,用工3.375天,水肥一体化40亩,平均每亩电费为3元,工时费为8.4元。

地膜覆盖、发电抽水机成本核算：1台发电抽水机需2人参与，1天可灌溉5亩，油料费120元。灌溉3次每亩油料费72元，工时费60元。

产出由产量和产值构成，示范产量是每亩3426～3547千克，产值每亩5557～5813元。投入产出比为1∶2.6～1∶3.3。综上，新技术投入均能有较好收益，可以推广使用。

综合评价：与常规种植相比，膜下滴灌3次最为增收，增产27%，增收42%；其次是地膜覆盖，发电机抽水3次模式，增产24%，增收33%；第三是水肥一体化，增产23%，增收20%。膜下滴灌省水，与常规灌溉相比，此方式可提高土温的同时减少水分蒸发，第一次滴灌每亩需水20立方米，第二次以后每亩需要5立方米就可滴透，比常规露地滴灌省水50%，每亩地可节水100立方米。施肥精准，水肥一体化可在苗期、开花期、结实期限施不同的化肥，根据叶色、长势决定给肥种类和给肥量，做到精准施肥。

4.2.1.3 案例三

试验名称：大春马铃薯地膜覆盖凹塘集雨抗旱栽培试验案例。

试验时间：2013～2015年。

试验地点：云南省马龙县、宣威市、会泽县、陆良县。

试验设计及执行人：陈建林、丰加文、徐发海、王云华、董云中、杨娜。

试验点地理气候概况：试验点为马龙县、宣威市、会泽县、陆良县，均为旱地，其中陆良试验点海拔2200米，沙壤土，肥力中等。马龙试验点海拔2060米，红壤土，微酸，肥力中等。宣威试验点海拔1976米，红壤土，地势平坦，土质疏松，肥力中上等，排灌方便。会泽试验点海拔2370米，试验地相对平整，土壤为红壤土、疏松、通透性好、肥力中等，4个试验点均代表曲靖市马铃薯种植不同的区域。

试验背景：曲靖市位于云南省东部，海拔695～4017.3米，年平均降雨量1000毫米以上，年平均气温14.5℃，降雨量少，日照充足，曲靖市的土壤、气候等极适合马铃薯生长，一年内可种植三季马铃薯。大春马铃薯在曲靖的种植面积达14.153万公顷，占云南省马铃薯种植面积的21.12%。2009年以来，由于气候变化异常，冬春干旱加剧，大春马铃薯播种后，3～5月干旱少雨，导致马铃薯出苗期推迟，出苗不整齐，6月以后雨水集中，晚疫病暴发，马铃薯提前死亡；产量和种植效益下降，比正常年景减产30%以上，群众种植马铃薯的积极性严重受挫。为应对气候变化对马铃薯产业发展带来的不利影响，曲靖市加大了大春马铃薯不同栽培模式抗旱栽培试验力度，目的在于筛选出最适宜本地区推广的抗旱高产栽培模式，促进云南干旱半干旱地区马铃薯产业的发展。通过试验地膜覆盖凹塘集雨抗旱高产栽培技术在抗旱、防涝、增产、增效方面效果明显，具有较大的推广应用前景。

试验方案及实施：试验设5个处理，连续试验3年。采用田间随机区组排列，每个处理1个小区，3次重复，共15个小区。处理A，地膜覆盖凹塘集雨栽培，不起垄，种植规格（70+40）厘米/2×30厘米，出苗后遇第一次透雨起垄成高垄双行，不揭膜。处理B，高垄双行地膜覆盖种植，种植规格（70+40）厘米/2×30厘米，一边种植，一边起垄，一边盖膜。处理C，平播起垄高垄双行栽培，种植规格（70+40）厘米/2×30厘米，首先平播，出苗后遇第一次透雨起垄成高垄双行。处理D，高垄双行种植（对照），种植规格（70+40）

厘米/2×30厘米，一边种植，一边起垄。处理E，膜侧栽培，种植规格（70+40）厘米/2×30厘米，首选在40厘米小墒中，在40厘米线向两边开沟，把马铃薯种在40厘米沟两边，薄膜盖在70厘米的墒面上，盖膜的墒面要做成瓦片形，待马铃薯出苗后，揭去膜把70厘米墒面的土回填到40厘米的沟中。地膜均采用厚度为0.008毫米的普通白色农用地膜。

4个试验点种薯均是当地种植的主要品种，其中陆良县选用'丽薯6号'，会泽和马龙县选择'合作88'，宣威市选用'宣薯4号'。3月15~20日。亩施农家肥1500千克、复合肥（氮磷钾比例为15∶15∶15）60千克。出苗后，第一次透雨时进行第一次提垄保墒，中耕除草，在马铃薯垄墒前进行第二次中耕除草；齐苗期、现蕾期、开花期进行三次晚疫病防治，其他管理按照当地生产水平进行。

观察记载及数据处理：试验观察记录数据包括播种前土壤含水量测定、物候期调查及第一次透雨时间记录、实收小区产量、商品率、非商品率等。记录每个处理的出苗期和生育期，分析不同栽培模式对大春马铃薯生长的影响。收获时按照小区实测产量计数，取3次重复的平均值折算出当年平均亩产，将连续3年的测产数据进行统计分析。收获时各小区随机抽取50株，收获后的薯块进行分级，大薯（50克以上）、小薯（50克以下），计算商品薯率和块茎分级率，一般情况下，扣除收获薯块总重的1.5%作为杂质、含土量。收获时薯块带土较多，每点收获时取样5千克，冲洗前后分别称重，计算杂质率。商品薯率 = 单个取样点商品薯重量(千克)/该取样点面积×667平方米×（1-杂质率）。田间调查及测产数据采用SPSS17.0和DPS v7.05数据处理软件进行分析，绘图采用SigmaPlot 10.0。

结果与分析：

1）不同地膜覆盖栽培对大春马铃薯出苗期和生育期的影响。表4-3~表4-5连续3年记载了4个试验地马铃薯播种时间、第一次下透雨时间及播种至第一次下透雨的时间间隔、出苗期、出苗天数、成熟期和生育期，从表4-3~表4-5中可以看出，各试验地大春马铃薯播种时间均在3月，播种时土壤含水量均达到大春马铃薯播种要求，各地马铃薯出苗和成熟的时间随着试验处理不同而不同。与对照处理D相比，连续3年内各试验点经试验处理的出苗期和生育期都比对照短，其中处理A和处理E在所有处理中出苗期和生育期最短。将4个试验地3年出苗天数和生育期进行分析，会泽县马铃薯试验处理A和处理E的出苗天数与对照处理D差异显著，马龙县马铃薯试验处理A与对照处理D差异显著；陆良县试验地处理A马铃薯生育期与对照D差异显著（图4-1）。故处理A和处理E都能明显缩短大春马铃薯出苗时间和生育期，使大春马铃薯提前成熟，提早上市抢占马铃薯销售市场。

表4-3 2013年马铃薯物候期记录

试验地点	试验品种	处理	土壤含水量（%）	播种期（月/日）	第一次透雨时间（月/日）	播种至第一次降透雨天数	出苗期（月/日）	出苗天数	成熟期（月/日）	生育期（天）
会泽	合作88	A	15.21	3/16	4/20	35	4/20	35	7/4	75
		B					4/27	42	7/15	79
		C					4/29	44	7/20	83
		D（CK）					5/1	46	7/29	90
		E					4/21	36	7/6	76

续表

试验地点	试验品种	处理	土壤含水量（%）	播种期（月/日）	第一次透雨时间（月/日）	播种至第一次降透雨天数	出苗期（月/日）	出苗天数	成熟期（月/日）	生育期（天）
陆良	丽薯6号	A					4/20	36	7/10	81
		B					4/25	41	7/18	84
		C	16.23	3/15	4/15	31	4/26	42	7/17	82
		D（CK）					4/28	44	7/28	91
		E					4/21	37	7/13	83
宣威	宣薯4号	A					5/4	47	7/25	82
		B					5/9	52	8/4	87
		C	10.2	3/18	4/28	41	5/13	56	8/7	86
		D（CK）					5/15	58	8/15	92
		E					5/5	48	7/27	83
马龙	合作88	A					5/2	44	7/18	77
		B					5/6	48	8/5	91
		C	6.21	3/19	4/10	22	5/10	52	8/8	90
		D（CK）					5/10	56	8/12	94
		E					5/5	47	7/23	79

表4-4　2014年马铃薯物候期记录

试验地点	试验品种	处理	土壤含水量（%）	播种期（月/日）	第一次透雨时间（月/日）	播种至第一次降透雨天数	出苗期（月/日）	出苗天数	成熟期（月/日）	生育期（天）
会泽	合作88	A					5/7	41	7/26	80
		B					5/12	46	8/18	98
		C	15.34	3/27	4/15	19	5/11	45	8/17	98
		D（CK）					5/15	49	8/22	99
		E					5/8	42	8/6	90
陆良	丽薯6号	A					4/8	34	7/3	86
		B					4/8	34	7/15	98
		C	28.625	3/5	4/3	29	4/14	40	7/16	93
		D（CK）					4/18	44	7/28	101
		E					4/8	34	7/8	91
宣威	宣薯4号	A					4/18	31	7/28	101
		B					5/14	57	8/24	102
		C	9.8	3/18	5/2	45	4/21	34	8/3	104
		D（CK）					5/14	59	8/27	105
		E					4/28	41	7/30	101
马龙	合作88	A					4/10	30	8/1	113
		B					4/24	44	8/15	113
		C	12.8	3/11	4/6	26	4/15	35	8/8	115
		D（CK）					4/26	46	8/22	118
		E					4/14	34	8/2	116

表 4-5 2015 年马铃薯物候期记录

试验地点	试验品种	处理	土壤含水量(%)	播种期(月/日)	第一次透雨时间(月/日)	播种至第一次降透雨天数	出苗期(月/日)	出苗天数	成熟期(月/日)	生育期(天)
会泽	合作88	A					5/1	42	7/31	91
		B					5/15	56	8/21	98
		C	14.56	3/20	4/10	21	5/1	42	8/20	101
		D（CK）					5/17	58	8/29	103
		E					5/1	42	8/1	92
陆良	丽薯6号	A					4/28	48	7/5	78
		B					5/2	52	7/26	85
		C	28.725	3/11	4/3	23	5/11	61	8/3	84
		D（CK）					5/15	65	8/15	92
		E					4/29	49	7/20	82
宣威	宣薯4号	A					5/10	59	7/19	70
		B					5/12	61	8/9	89
		C	9.8	3/12	4/21	40	5/14	63	8/12	90
		D（CK）					5/17	66	8/16	91
		E					5/12	61	7/22	71
马龙	合作88	A					4/24	38	7/5	93
		B					5/5	43	7/22	99
		C	14.7	3/17	3/24	7	4/27	41	7/23	108
		D（CK）					4/29	49	7/27	110
		E					4/25	39	7/8	97

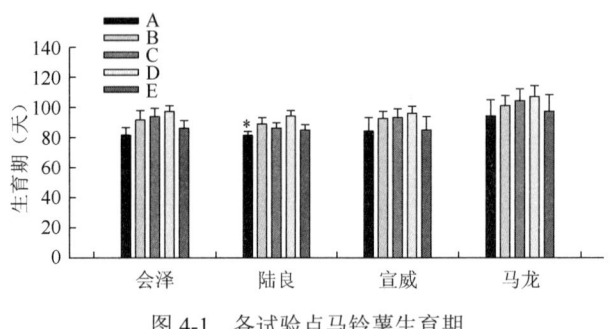

图 4-1 各试验点马铃薯生育期

2）不同地膜覆盖栽培对大春马铃薯产量的影响。各试验地根据小区 3 次重复实测产量取平均值后折算出平均亩产，用 DPS7.05 软件采用完全区组 Duncan 新复极差法分析连续 3 年各试验点不同地膜覆盖栽培技术对大春马铃薯产量的影响（表 4-6）。4 个试验地测产数据可看出，试验处理 A 和试验处理 E 均高于其他处理和对照，其中会泽试验地处理 A 和处理 E 的产量与处理 C、处理 D 差异显著（$P<0.05$），产量高低依次为处理 A＞处理 E＞处理 B＞处理 C＞处理 D。处理 A，处理 E，处理 B 与对照在 $P<0.01$ 差异极显著；陆良试验地处理 A 和处理 E 的产量与处理 B、处理 C、处理 D 差异显著（$P<0.05$），在

$P<0.01$ 差异极显著，产量高低依次为处理 A>处理 E>处理 B>处理 C>处理 D；宣威和马龙试验地处理 E 和处理 A 与处理 B、处理 C、处理 D 差异显著（$P<0.05$），其产量高低依次为宣威是处理 E>处理 A>处理 B>处理 C>处理 D；马龙是处理 A>处理 E>处理 C>处理 B>处理 D。因此试验处理 A 和处理 E 的产量均高于其他处理和对照，说明这两种地膜栽培能明显提高大春马铃薯的产量（表 4-6）。

表 4-6　各试验地平均亩产的新复极差测验

试验地点	处理	平均单产（千克/亩）	差异显著性 0.05	差异显著性 0.01
会泽	A	2081.4200	a	A
	E	2029.1200	a	A
	B	1958.5199	ab	A
	C	1887.9901	b	AB
	D	1758.7434	c	B
陆良	A	2083.2867	a	A
	E	2037.4747	a	A
	B	1865.4427	b	B
	C	1838.7483	bc	B
	D	1788.8927	c	B
宣威	E	2080.8266	a	A
	A	2015.8833	a	A
	B	1702.2700	b	A
	C	1689.0067	b	A
	D	1633.8367	b	A
马龙	A	2083.2666	a	A
	E	2074.9733	a	A
	C	1806.9800	b	AB
	B	1789.0034	b	AB
	D	1715.1233	b	B

3）不同地膜覆盖栽培对大春马铃薯经济效益分析。从表 4-7 可以看出，各试验地不同处理的商品薯率均不同，通过商品薯率计算出每亩产商品薯质量。从表 4-7 中发现，4 个试验点各试验处理的商品薯产量都高于对照组处理 D，除了宣威试验点外，其余 3 个试验点处理 A 的亩产和商品薯量都是排列第一，其中会泽试验点处理 A 的亩产达 2081.4200 千克，商品薯 1924.1000 千克；陆良试验点处理 A 的亩产达 2083.2867 千克，商品薯 1913.3500 千克；马龙试验点处理 A 的亩产达 2083.2666 千克，商品薯 1904.3100 千克，说明处理 A 的覆膜栽培模式有利于提高马铃薯的亩产和商品薯产量。宣威试验点处理 E 的亩产达 2080.8266 千克，商品薯 1882.2500 千克位于最高，处理 A 的亩产达 2015.8833 千克，商品薯 1828.0000 千克。处理 E 与处理 A 相比，亩产增 64.9433 千克，商品薯增 54.2500 千克，按大春马铃薯市场价 1.5 元/千克计算，增加收益 81.3750 元。与其他试验处理相比，

处理 E 在马铃薯出苗后需要揭膜理墒，此过程每亩地需要 3 个工，每个工按 80 元计算，需投入 240 元。虽然宣威试验点处理 E 比处理 A 收益高 81.3750 元，但处理 E 扣除揭膜理墒投入的 240 元，其产值低于处理 A。综合分析表明，与其他栽培模式相比，处理 A 和处理 E 两种覆膜栽培模式能有效提高亩产和商品薯产量，其中处理 A 优于处理 E。

表 4-7 地膜覆盖对大春马铃薯商品薯的影响

地点	处理	亩产（千克）±SE	商品薯率（%）	商品薯（千克）	排序
会泽	A	2081.4200±243.1599	92.44	1924.10	1
	B	1958.5199±221.5405	90.10	1764.63	3
	C	1887.9901±228.0683	88.25	1666.15	4
	D（CK）	1758.7434±252.3030	87.92	1546.29	5
	E	2029.1200±215.6205	93.13	1889.72	2
陆良	A	2083.2867±280.7286	91.85	1913.35	1
	B	1865.4427±255.6934	84.45	1575.37	4
	C	1838.7483±271.9222	87.43	1607.62	3
	D（CK）	1788.8927±286.7410	88.03	1574.76	5
	E	2037.4747±244.8550	90.56	1845.14	2
宣威	A	2015.8833±269.3605	90.68	1828.00	2
	B	1702.2700±313.6685	88.94	1514.00	3
	C	1689.0067±342.1802	87.75	1482.10	4
	D（CK）	1633.8367±323.2521	89.25	1458.20	5
	E	2080.8266±281.1033	90.37	1882.25	1
马龙	A	2083.2666±487.9585	91.41	1904.31	1
	B	1789.0034±391.4526	89.38	1599.01	4
	C	1806.9800±397.5168	88.79	1604.42	3
	D（CK）	1715.1233±409.4331	89.31	1531.78	5
	E	2074.9733±509.9778	91.34	1895.28	2

注：表中数据为平均数±标准误差，$n = 3$

评价：曲靖市辖区大春马铃薯播种时间在 3 月，本地干旱的气候导致大春马铃薯营养生长期干旱突出，加上近年来气候异常，夏季高温多雨，干旱缺水，抑制马铃薯营养生长促进生殖生长，多雨涝害造成马铃薯徒长，曲靖马铃薯种植地多数都是坡地、山地，马铃薯下雨来维持生长所需水分，突变的气候与水利设施不配套，严重制约了大春马铃薯产量和品种的提升。因此，在大春马铃薯生产过程中，抗旱防涝是保障马铃薯的生产条件，是生产优质高产马铃薯的重要环节，也是农民增收的重要保证。本试验在曲靖辖区 4 个县开展，探究不同覆膜栽培技术对大春马铃薯生产的影响，为高产优质马铃薯种植提供相关的数据依据和指导。本试验结果表明，处理 A 和处理 E 两种地膜覆盖栽培模式都能明显缩短大春马铃薯出苗时间和成熟期，与其他栽培模式相比能使大春马铃薯提前成熟，提早上市抢占马铃薯销售市场。从抗旱节水上看，曲靖马铃薯种植区都是干旱的山地、坡地，处理 E 膜侧种植在雨水较少的情况下收集雨水，同时覆膜又减少了土壤水分的蒸发，保障马铃薯生长所需水分；但是如果苗期雨水过多，揭膜不及时容易造成水涝。处理 A 平播地膜覆盖窝塘集雨种植，能在雨水过多的情况下经地膜从地沟排去多余水分，有效避免水涝，同时在马铃薯根部形成凹陷有利于雨水收集直接浇灌在马铃薯根部，一方面收集雨水，另一方面保持根部与外界联通促进根部呼吸有利于苗期壮苗提高马铃薯植株对病害抵御能力。从亩产上看，除了宣威试验地马铃薯产量表现为处理 E＞处理 A，其他 3 个试验地产量都是处理 A＞处理 E，所有试验地处理 A 和处理 E 的产量都明显高于其他栽培模式（表 4-6），说明这两种栽培模式优于其他模式。从亩产效益分析，扣除各种种植成本后，在 4 个试验地均表现出处理 A 和处理 E 的亩产商品薯高于其他栽培模式，处理 A 和处理 E 相比，由于处理 E 在出苗后还要进行揭膜填沟，扣除此部分投入工时成本后，其经济效益低于处理 A。因此地膜覆盖窝塘集雨抗旱栽培该技术的推广应用，基本能有效保证马铃薯苗期水分需求，出齐整齐，播种时间可提前 1 个月，有效避开或减轻了后期晚疫病的危害，收获时间提前，产品提前上市，抢占 6～7 月马铃薯市场空档，市场价格基本稳定在 1.5 元/千克以上，增产增效明显。

效益分析：①高垄双行亩投入成本 1660 元，其中种薯 400 元、化肥 100 元、工时 800 元、农药 60 元、农家肥 300 元；②地膜覆盖窝塘集雨抗旱栽培亩投入成本 1630 元，其中种薯 400 元、化肥 100 元、地膜 52 元、农家肥 300 元、工时 800 元、农药 30 元。③高垄双行种植平均亩产 1527.75 千克，实现亩产值 1833.3 元（1.2 元/千克），亩纯收入 174.3 元；④地膜覆盖窝塘集雨抗旱栽培平均亩产 1896.7 千克，实现亩产值 2845 元（1.5 元/千克），亩纯收入 1215 元，比高垄双行种植亩增加纯收入 1040.7 元。

与同季玉米作物比较：投入种子 50 元、地膜 52 元、化肥 150 元、农药 30 元、工时 640 元，合计 922 元。亩产出 550 千克，亩产值 1100 元，亩纯收入 178 元。综上，投入产出比为：高垄双行 1833.3∶1660＝1∶1；地膜覆盖窝塘集雨 1∶1.75。

推广价值：2013～2016 年累计完成地膜覆盖窝塘集雨抗旱栽培 5 万亩，平均亩产 2331 千克，比高垄双行种植亩产 1520 千克增 811 千克，亩增收 1216.5 元（按 1.5 元/千克计算）。新增产量 50 000×811＝4055 万千克，降低生产成本投入 50 000×30＝150 万元，新增效益 50 000×1216.5+150＝6082.51 万元。因此，地膜覆盖窝塘集雨抗旱栽培技术，通过有效满足大春马铃薯出苗水分需求，提高产量和商品率，较高垄双行种植，平均亩增 16%，商品率提高 5% 以上，比单垄种植平均亩增 27%，商品率提高 12% 以上。

大春马铃薯地膜覆盖窝塘集雨抗旱栽培技术要点：①以生育在 120 天左右中晚熟品种为主，如'合作 88''丽薯 6 号''青薯 9 号'等。为确保出苗整齐，一是整薯播种，二是播种前 3～5 日于晴朗天气将种薯置于阳光下晒种 2～3 天，有利于打破种薯休眠，提高出苗率。②根据曲靖市气候特点和马铃薯生长习性，最佳种植节令为 2 月上旬。③选择中等肥力地块，播种前 1 个月深耕地块晒地，播种时精细整地，墒平土细，无秸秆、杂物。1.3 米复合带按行距 40 厘米、株距 25 厘米规格种植两行马铃薯，每亩密度 4000 株。打塘种植或开挖种植沟种植，种植塘或开挖种植沟深 10 厘米，播种后盖膜，对塘破膜覆土，覆土低于墒面 2 厘米，形成窝塘。④亩施农家肥 1500 千克基础上，亩施尿素 17～22 千克、普钙 80～100 千克、硫酸钾 30～40 千克或亩施马铃薯专用肥 80～100 千克。⑤覆膜前用乙草胺进行苗前除草。结合中耕管理进行第二次人工除草。出苗后做好引苗工作，防止烧苗。出苗后遇透雨，膜内土壤湿润，起垄成高垄双行，不揭膜。⑥马铃薯病虫害发生种类较多，主要病害有晚疫病、早疫病、青枯病、环腐病、紫顶萎蔫病、马铃薯根线虫等病害。地老虎、蝼蛄、金针虫、蚜虫等虫害。病虫防治以采用预防措施为主，重点抓好种子消毒、土壤处理环节，避免马铃薯连作或与茄科作物连作。播种时撒施或沟施敌百虫粉剂或锌硫磷、多菌灵喷施，以防地下害虫和土壤病害。如遇雨水较多年份，加强对晚疫病预防。当发现有晚疫病症状后，必须立即打药，以后每隔7~10天打一次。根据天气情况，打2~3次，病情就可以得到控制。推荐农药有58%劳特、58%甲霜灵、72%克露、75%百菌清、80%大生、银法利等。早疫病发病初期，及时喷施代森锰锌、大生、百菌清等杀菌保护剂。紫顶萎蔫病发病初期，及时用敌杀死进行喷防，防治昆虫带病传播。

4.2.1.4　案例四

试验名称：低纬高原大春马铃薯抗旱集成技术研究与推广案例。

试验时间：2002~2013年。

试验地点：云南省沾益县、会泽县、宣威市、马龙县。

试验设计及执行人：陈建林、陈吉昆，沾益、会泽、宣威、马龙等市县区农业技术推广中心相关人员。

试验点地理气候概况：沾益县位于东经103°29′~104°14′、北纬25°31′~26°06′，平均海拔2000米左右，属云南高原季风，年平均气温14.5℃，年降雨量1000毫米左右。会泽县位于东经103°03′~103°55′、北纬25°48′~27°04′，平均海拔2200米以上，属典型的温带高原季风气候，年平均气温12.7℃，年降雨量818毫米左右。马龙县位于东经103°16′~103°45′、北纬25°08′~25°37′，平均海拔2000米，属低纬高原季风型气候，年均气温13.4℃，年平均降雨量1032毫米。宣威市位于东经103°35′~104°40′、北纬25°53′~26°44′，平均海拔1960米，属低纬高原季风型气候，年平均气温13.3℃，年降雨量980毫米。

研究背景：曲靖市马铃薯常年种植面积300万亩左右，占全省播种面积的1/3，占总产的45%，是云南省最大马铃薯种薯和商品薯生产基地。是重要的粮、经、饲作物，马铃薯生产的好坏将影响山区和半山区农业的发展。

2000年以前，曲靖市马铃薯种植以满天星、单垄单行、套种为主，商品率只有55%~65%，平均亩产只有800~1200千克，亩产值仅320~480元。曲靖市委一届三中全会上确定并提出薯类经济发展战略的宏伟目标，针对种植密度不够、种植不规范、病害发生较重、干旱突出、施肥不科学、商品率低、效益低等实际情况，曲靖市科技人员加强马铃薯新品种选育及栽培技术的研究，并进行多年研究示范及推广，取得较好的经济效益和社会效益。

（1）试验方案及实施

1）马铃薯高垄双行及密度研究。2004年在马龙县通泉镇小寨村委会陆家庄村进行不同播幅、不同密度试验，其目的在于研究掌握最佳密度与播幅的产量关系和提高薯块商品率的关键技术，为大面积推广和机播机收，提供科学依据。供试品种为'合作88'，试验设计了从复合带1.2米（小行40厘米、大行80厘米）到1.5米（小行40厘米、大行

110 厘米），株距为 30 厘米、35 厘米，以常规种植方式为对照。

2）马铃薯高垄双行密度施肥试验研究。试验于 2005~2006 年在宣威、马龙、沾益进行，试验土壤为酸性红壤，肥力中等，供试作物为马铃薯'合作 88'，供试肥料有尿素、普通过磷酸钙、硫酸钾，试验用二次回归正交旋转组合设计。统一施 1500 千克农家肥为底肥，试验所用肥料作底肥一次性施用。

3）大春马铃薯种薯大小试验。2010 年为探索大春马铃薯种薯大小不同对环境条件的抵抗能力、生长势、产量等方面的差异，进行试验。在会泽县火红乡进行，供试品种为当地主推品种'会-2'。试验设 4 个处理，分别为：A，群众自留种薯；B，种薯不足 50 克/个；C，种薯在 50~100 克/个；D，种薯大于 100 克/个。试验采用单因素随机区组排列，重复 3 次，小区面积 13.2 平方米（4 米×3.3 米）；采用高垄双行进行种植，每小区种植 4 个双行，每行种植 10 株，密度 3703 株/亩。

4）大春马铃薯播种深度试验。2010 年大春马铃薯播种深度试验在沾益县炎方马铃薯试验基地进行，品种为'会-2'，试验共设置 5 个处理。处理 1，播种深为 10 厘米（对照）；处理 2，播种深度为 15 厘米；处理 3，播种深度为 20 厘米；处理 4，播种深度为 25 厘米；处理 5，播种深度为 30 厘米，每个处理重复 3 次，随机区组排列，小区面积为 11.52 平方米（4.8 米×2.4 米），行距 60 厘米，株距 30 厘米，共 15 个小区。

（2）试验结果

1）在控制合理播幅、密度的前提下，实行高垄双行栽培对于提高马铃薯单产、增加商品薯率，效果较为明显，可以推广应用。规格宜采用：1.2 米复合带（小行 40 厘米、大行 80 厘米），株距 30 厘米，每亩种植 3700 株，亩产 3490 千克，80 克以上的商品率为 74.21%，居第一位。在一定的用量范围内，施用氮磷钾肥料均能提高马铃薯产量，过量的施用肥料，会造成马铃薯减产。通过数学模型的优化和解析，得出马铃薯高垄双行栽培技术的最佳施肥量及最佳密度为纯氮 7.774~15.134 千克/亩、纯磷 12.384~12.704 千克/亩、纯钾 14.35~19.75 千克/亩，密度 3237~3782 株/亩。

2）生理年龄相同的同一批马铃薯种薯，种薯大小均匀一致，田间生长势基本一致。种薯大小差异大，田间生长势有一定差异，特别是植株高矮差异大，整齐度差。种薯大小在 50~100 克，田间生长势基本一致，产量最高，比对照增 8%；种薯大于 100 克，单株结薯数量最多，大薯率低，产量低；种薯小于 50 克，田间长势较弱，株高偏矮、茎偏细、主茎数偏少、单株结薯数少、单株产量低、大薯率低，产量最低。经 2010~2012 年在会泽县火红乡 5 亩定点示范，品种为'会-2'，2010 年亩产 3674.5 千克，比对照亩产 2265.4 千克，增 62.2%；2011 年亩产 5243 千克，比对照亩产 3621.5 千克，增 44.8%；2012 年亩产 3847.6 千克，比对照亩产 1988.4 千克，增 48.32%。

3）结合本地区的实际以及试验结果表明，播种深度以 15~20 厘米为宜。

（3）效益分析

1）经济效益。按四川省农业科学院研制的"农业科技成果经济效益计算方法"，推广面积保收系数 0.9，经济效益缩值系数 0.7，推广费复利系数 0.01637，推广单位应占份额 30% 计算；2013~2015 年部、省级政府三年累计投入资金 1280 万元，市、县级投入 490.55 万元，总推广费 = 1280+490.55 = 1770.55 万元，马铃薯平均市场综合价每千克 1.5 元计，全市大春马铃薯推广抗旱集成栽培技术面积2013年为110万亩，示范区比非示范区平均增483.4千克；2014年推广面积为120万亩，示范区比非示范区平均增274.1千克；2015年推广面积达140万亩，示范区比非示范区平均增247.35千克。总投入=科研费+推广费+生产费=10+1770.55+370×40＝16 580.55万元；复利成本=新增总投入×复利率＝16 580.55万元×0.01637＝271.42万元。经济效益评价指标：

①新增总产量＝有效推广面积×亩增产量×经济缩值系数
　　　　　　＝110×0.9×483.4×0.7+120×0.9×274.1×0.7+140×0.9×279.21×0.7
　　　　　　＝75 544.182万千克

②新增总产值＝新增总产量×市场平均价格
　　　　　　＝75 544.182×1.5
　　　　　　＝113 316.273万元

③新增纯收益＝新增总产值–新增总投入
　　　　　　＝113 316.273–16580.55
　　　　　　＝96 735.723万元

④产投比＝新增总产值/(投入+复利成本)
　　　　＝113 316.273/(16 580.55+271.42)
　　　　＝6.72

⑤推广投资收益率＝新增纯收益×0.3(推广单位应占份额)/推广费
　　　　　　　　＝96 735.723×0.3÷1770.55
　　　　　　　　＝16.391

⑥农民得益率＝亩增产值/亩增生产费
　　　　　　＝亩增产量×马铃薯市场价格/亩增生产费
　　　　　　＝204.2×1.5/44.8＝6.8

上述计算分析表明，本项目每年投入1元可获得6.8元的经济效果，经济效益显著。

2）社会效益。通过低纬高原大春马铃薯抗旱集成技术的推广，结合曲靖市的生态条件和生产实际，优化马铃薯良种繁育基地布局，建设稳定的种薯生产基地、商品薯生产基地，促进优良品种的区域化、专业化和规模化生产，实现了百亩同种、千亩成行、万亩连片。10年来，全市低纬高原大春马铃薯抗旱集成栽培技术推广为马铃薯产业的做大做强奠定了坚实基础。

3）生态效益。低纬高原大春马铃薯抗旱集成技术的推广，推广了农业科技成果，提高了农作物单位面积的产量，改善了农产品的品质，减轻了由于发展经济和退耕还林给粮食生产带来的压力，同时由于马铃薯种植基本不施农药，化肥用量较少，因此可为当地环境条件的持续利用打下良好的基础，避免了因过多施用化肥、农药对生态环境的污染，具有环保、绿色、健康的生态效益。

综上，与原来栽培技术相比成本未增加，仅种植优化，增产15%以上，每公顷增产5019千克。

（4）低纬高原大春马铃薯抗旱集成技术要点

1）精细整地。马铃薯是浅根作物，用块茎播种后长出的须根穿透力差，大多分布在

15~30厘米深的土层。在块茎播种后出苗前，根系在土壤中发育得愈好，幼苗出土后植株长势就愈强，产量也就愈高。特别是早熟种的根系一般不如晚熟种发达，而且分布较浅。所以，整地质量直接影响块茎生长，精细整地、深耕、高垄是保证马铃薯高产的基础。据此，应选择耕层深厚、土壤疏松、肥力中等以上、排灌方便、光照充足的地块，深耕25~30厘米，两犁两耙，人工镇压碎垡，做到土壤疏松，土垡细碎。

2）品种及种薯选择。选择审定过的'会-2''合作88''滇薯6号''丽薯6号''宣薯2号''中甸红''威芋三号''靖薯1号''靖薯2号'等品种。选择脱毒健康种薯、选择种薯单个重在50~100克。

3）适时播种、合理密植，做到平播起垄。大春马铃薯2~3月播种，通过试验，高垄双行栽培采用1.2米复合带（小行40厘米、大行80厘米），株距28~32厘米，3500~4100株/亩的密度播种为宜，播种深度以15~20厘米为宜，马铃薯出苗后，幼薯期起垄，培土。

4）合理施肥。马铃薯是高产作物，需肥量较多。在三要素中，需钾最多，氮次之，磷较少。一般亩施腐熟农家肥1500千克，测土配方肥亩施纯氮7.774~15.134千克、亩施纯磷12.384~12.704千克、亩施纯钾14.35~19.75千克，即混配肥120~150千克，从播种前一次性施入。

5）整薯播种。生产实践证明，整薯播种是一项普遍增产的技术措施，可避免病毒病和细菌性病害通过切刀传病，避免腐生菌从薯块切面入侵而导致烂薯缺苗。整薯催芽播种后出苗整齐，结薯时期比较一致，薯块整齐，商品薯率高。同时，整薯播种比切块播种抗逆性强、耐干旱、病害少，增产潜力大，有利于高产。整薯播种的薯块太大，则用种量大，成本高，薯块太小则种性不强，苗弱，一般用50~100克的整薯播种较适宜。

6）加强中耕管理。为避免生长前期匍匐茎伸出地面（外露）变成普通枝条和结薯后块茎外露变绿，防止晚疫病菌的孢子从皮孔侵入块茎，在马铃薯生长前期要及时培土，厚培土壤结合中耕除草进行培土，要求培土2~3次，培土垄高25厘米以上。

7）加强晚疫病防治。晚疫病的防治以防为主，选择抗病品种尤其重要，在生长中后期田间一旦发现晚疫病中心病株，或者根据预测预报系统预报时间，要及时喷药防治，一般选用600~800倍液的甲霜灵锰锌，每隔7~10天喷施一次，3次防治效果较好。

8）控制徒长。植株高大的品种，当雨量充沛的年份，会产生一定程度的徒长，可当冠层覆盖度达95%时选择晴天叶面喷施浓度为万分之二的多效唑溶液，防止植株倒伏，确保高产稳产。

9）适时收获。植株充分成熟后收获，择晴天收获，防止烂薯。

（5）评价

低纬高原大春马铃薯抗旱集成栽培是继以前栽培技术的总结和发展，是根据马铃薯生长的特点和结薯习性、气候异常（干旱和集中降雨）进行科学总结而提出的一整套新的马铃薯丰产栽培技术。该技术在曲靖市内研究，适合本地推广，试验证明低纬高原大春马铃薯抗旱集成栽培技术具有出苗整齐、大中薯比例高、产量高等优点，较原栽培技术亩增产270千克，增10%以上。通过平播，达到保温保湿的效果，提高出苗整齐度和出苗率。通过高培土，能较好地防止地下块茎生长点伸出到地面转化为地上生长点，增加单株结薯数，也能为块茎膨大创造良好条件；实行宽窄行种植，能改善田间通风透光，减轻马铃薯病虫害发生程度，尤其是马铃薯晚疫病的发生和蔓延，防止田间积水，还可提高地温，促进马铃薯薯块生长，达到增产、增收效果显著。高垄双行栽培与农机配套，便于机耕、机播、机收，能够大幅度提高生产效率。该技术在干旱年能解决生产实际问题，极端旱年，也不能彻底解决干旱问题。

推广价值：2005~2015年，曲靖市大春马铃薯抗旱集成栽培技术已成为曲靖市大春马铃薯高垄双行栽培技术和大面积集成推广技术，被广大种植户接受和使用，累计推广面积968.13万亩，仅2013~2015年三年累计推广370万亩，新增总产量75544.182万千克，新增总产值113 316.273万元，新增纯收益96 735.723万元，最高亩产5084千克，取得了显著的经济效益、社会效益和生态效益，对曲靖市农村农业经济发展具有重要意义。2015年低纬高原大春马铃薯抗旱集成技术播种面积已占曲靖市大春马铃薯播种面积61.4%，占纯种面积90%，为全市粮食产量稳步发展做出了贡献，该技术被云南省农业厅列为省2016年主推技术。

4.2.1.5 案例五

试验名称：丽江市马铃薯平播后起垄综合配套栽培技术集成试验示范推广案例。

试验时间：2009~2015年。

试验地点：丽江市玉龙县太安乡及丽江市大春一季作区。

执行人：和平根、和国钧、张凤文、杨群擎、和生鼎。

试验点地理气候概况：丽江市位于青藏高原东南缘，滇西北高原，东经100°26′、北纬26°52′，属金沙江中游，低纬高原气候，境内山峦起伏，地形地貌复杂多样，加之受东南季风的影响，形成了复杂多样的自然立体气候，大春一季作马铃薯种植区海拔为2500~3200米，年降雨量为800~1000毫米，山区面积大，森林覆盖率高，生态环境好，土壤类型为红壤夜潮土、酸性，非常适合种植马铃薯。

研究背景：丽江地处滇西北，气候冷凉、病虫害较少、种性退化慢，较适宜马铃薯生产，是滇西北最重要的优质脱毒种薯生产基地，种薯辐射西南诸省。目前，全市种植面积33.2万亩，年产马铃薯约37万吨。一季作马铃薯多种植在山区半山区，集中在宁蒗县、玉龙县、永胜县、古城区的高海拔冷凉山区，无灌溉条件，是雨养农业，1~5月是旱季，6~9月是雨季，在大春马铃薯生长期间前期受干旱影响，出苗困难，块茎膨大受限，中后期则受雨水且持续时间长的影响导致晚疫病发生较重。加之传统栽培中普遍存在的塘播稀植、牛耕人作、偏施氮肥、土壤缺磷钾、不注重防病等诸多问题，造成该区域马铃薯单产较低、效益不高。针对上述问题，丽江试验站自2009年以来将现代农业高产栽培理论同丽江物候和农耕特点结合起来，进行了"滇西北马铃薯平播后起垄综合配套栽培技术"研究，对提高马铃薯单产，促进薯农增产增收，促进落后山区农民思想观念的转变，推进现代农业科学技术的大众传播具有重要意义。

（1）试验方案及实施

试验设计：针对大春马铃薯种植特点，探索抗旱栽培模式，试验站设计不同密度试验、平播与塘种对比试验、3414施肥试验、晚疫病药剂筛选试验、不同覆膜方式抗旱栽培试验、钾镁肥用量对品质影响试验等，不断补充完善优化集成，形成平播后起垄综合配套栽培技术，2014年形成技术规程。

实施过程：早在产业技术体系建设之前结合丽江大春马铃薯存在的问题，开展了一些基础研究，改塘播为垄作，控氮增磷钾，提倡多施农家肥，对化学肥料进行优化，用小型山地拖拉机代替牛犁进行翻耕、起垄和中耕操作，并将马铃薯晚疫病的综合防治纳入高产高效栽培系统，在栽培技术上取得了明显的成就，为马铃薯平播后起垄综合配套栽培技术的形成奠定了基础。2009年，产业体系开始实施，有了经费的保障，从各个操作环节进一步优化，尤其根据丽江马铃薯种植区人少地多，劳动力不足和前期干旱缺水打药困难的实际，将晚疫病防治策略"预防为主，治疗为辅"变更为"防于农艺措施，治于复配喷药"，农民广泛接受。最终将优化后的栽培技术形成了规范的操作技术要点并在高产创建区进行了综合应用，整体平均产量达2026.5千克/亩，较对照（1455.8千克/亩）增产39.2%。2010年引入多因素多水平优化设计分析技术，实施了二次正交旋转组合设计、3414配方施肥以及密度、早晚疫病药剂筛选等系列栽培试验，以期对平播后起垄综合配套栽培技术进一步优化。通过对上述若干试验的综合分析，发现除筛选出几个防治效果较好的新药外，对密度和施肥的优化结果同现有平播后起垄综合配套栽培技术的实施指标差别并不大，进一步印证了该技术的科学性。2011年以来，在前期研究和应用的基础上，将马铃薯各项栽培措施集成为"马铃薯平播后起垄综合配套栽培技术"并在丽江范围内推广应用，取得显著成效。2011年9月16日，由丽江市科技局主持，邀请了市县有关专家对平播后起垄栽培田块进行了现场验收，专家组在听取了相关人员的高产栽培及测产情况介绍后，认为这一高产典型的出现是良种良法相结合的典范，是相关科技人员努力的结果，对指导丽江市马铃薯高产栽培具有重要意义，决定进行全田收挖验收，其验收结果为：收挖面积2.77亩，亩产3812.3千克。突破了1976年由丽江市农业科学研究所创造的实生薯亩产3773千克的高产纪录，是30多年来丽江市在马铃薯品种与栽培技术上的重大突破，创造了丽江市马铃薯栽培史上的奇迹。

（2）技术改进

通过多年的试验，不断完善充实、改进优化，栽培技术上有了较大改进和提高。与当地常规种植相比在以下几方面有了较大改进。

1）改塘种为行种，增加种植密度。丽江传统马铃薯栽培以满天星塘种为主，株距70~80厘米，有的高达90厘米，每亩仅种植1000~1300株，每塘放2个块茎，每亩2000~2600株，种植密度太稀，栽培上改进的第一步就是改塘种为行种，增加种植密度。通过密度试验指导大面积生产，亩密度在3200~3500株为宜，高产田块在3800~4000株。

2）改传统施肥为平衡配方施肥。由于受经济条件的限制，丽江市马铃薯生产的投入普遍不足，有些田块甚至丢"白籽"，即播种时什么肥料也不施；即便施肥也不注重氮磷钾的配合施用，多数偏施氮肥。而马铃薯是块茎作物，对钾的需求量很大，氮：磷：钾的比例为2.5：1：4.5，植株才能正常生长，才能获得好的产量。而偏施氮肥往往加重晚疫病危害。在改塘种为行种、增加密度取得初步效果的基础上，将改进传统施肥方法作为一个重要内容进行研究。进一步优化施肥方案，即播种时，每亩施2000千克腐熟的圈肥、30千克硫酸钾复合肥（N：P：K=15：15：15）；现蕾时，结合第2次中耕除草，每亩追施硫酸钾复合肥15~20千克（N：P：K=15：15：15）、硫酸钾10~15千克，尿素5~10千克，追施尿素时看田间长势，长势好的就少施或不施，长势差的适当多施，同时培土后做成 25 厘米左右的高垄。

3）改传统自留种为脱毒种薯。在生产用种上，广大山区薯农习惯自留种，长期的自留种或窜换留种，导致品种混杂，种性退化，产量质量降低。项目组有序组织"丽薯 6 号"脱毒种薯的生产，为农民应用脱毒种薯提供了种源保障。

4）改牛耕人作为小型机械耕作。由于长期采取牛犁耕地，耕作层一年比一年浅，许多田块耕作层甚至不足 15 厘米，而且形成了厚厚的坚硬犁底层，中耕培土时已挖不出可培的泥土。这对于以收获薯块为主，喜欢耕层深厚疏松土壤的马铃薯十分不利。随着手扶拖拉机在广大山区的普及，开展了以手扶拖拉机为主的农机农艺相结合的相关研究，用手扶拖拉机耕地、开沟、中耕、收挖，极大地提高了生产效率。实现了用手扶拖拉机耕地、开沟、中耕培土、收挖的全程机械化，每亩地比传统耕作栽培减少用工 4~5 个，节本效果明显。

5）改不防晚疫病为综合防治晚疫病。晚疫病是丽江市马铃薯生产上普遍发生为害严重的病害。项目实施前广大薯农没有防治晚疫病的意识，绝大部分农户从来就不防治晚疫病，每年都因晚疫病发生而造成损失。在栽培技术改进的同时，从 2009 年开始进行化学防治技术的试验示范，先后开展防治晚疫病药剂筛选试验、不同药剂的组合试验以及综合技术的集成试验与示范，筛选出了在丽江气候条件下防治晚疫病效果较好的 6 种药剂及 4 种组合方式，成功总结出了农艺措施与药剂防治相结合的综合防治技术。晚疫防治技术的应用使产量进一步提高。

（3）马铃薯平播后起垄栽培技术要点

1）选地及深耕。选择排水良好，土层深厚，肥力中上的壤土、砂质壤土，pH 在 4.8~7.5。前作以油菜、玉米、绿肥、荞麦为宜，不应为茄科作物。要求在上季作物收后深翻 20~30 厘米，播前精细整地，使土壤颗粒大小适合、地面平整，为马铃薯生长创造疏松的土壤环境。

2）小整薯播种。选择具有典型品种特征的健康种薯，播种时块茎开始冒芽。单薯重在 30~50 克/个。进行种薯处理，可采用干拌和湿拌。干拌用 70%甲基托布津可湿性粉剂、52.5%抑快净可湿性粉剂、72%农用链霉素、滑石粉按 10∶10∶1∶250 的比例混合拌匀后，按 100 千克种薯用 2 千克混合粉剂拌种，拌种 1~2 天后播种。湿拌用 500 倍的百菌清和甲霜灵混合液喷雾种薯，拌匀并晾干后播种。播种时，每亩施 2000 千克腐熟有机肥、40~45 千克三元复合肥（N∶P∶K＝15∶15∶15）作底肥。

3）单垄单行密植平播。按行距 80 厘米、沟深 20 厘米、沟宽 25~30 厘米开沟，株距 20~25 厘米，肥力好的地块约 3500 株/亩，肥力差的地块约 4000 株/亩。种薯摆放在沟底，上盖充分腐熟的农家肥，后施复合肥，盖土厚约 10 厘米，至沟面稍凹或平沟，有利于保墒抗旱。播种期一般在 2 月下旬至 3 月下旬，遇干旱可推迟 10~15 天。

4）高垄培土。现蕾期（株高 15~30 厘米），用手扶拖拉机带犁，结合追肥培土起垄，垄高约 25 厘米，有利于排水和结薯。现蕾时，结合中耕除草及培土起垄，每亩追施硫酸钾 10~15 千克、尿素 5~10 千克，追施尿素要看田间长势，长势好的就少施或不施，长势差的适当多施。

5）晚疫病综合防治。防治晚疫病要农艺措施与药剂防治相结合，才能取得好的效果。

首先要选择好适宜的药剂，其次是进行合理的搭配，最后是适时喷药，为确保防效，应进行统防统治。经过药剂筛选试验、不同药剂组合试验及示范，可优先选用75%代森锰锌可湿性粉剂、72%克露可湿性粉剂、64%杀毒矾可湿性粉剂、瑞凡悬浮剂+杀毒矾、银法利悬浮剂、25%阿米西达悬浮剂等农药。其组合方式有：①第一次用代森锰锌，第二次用瑞凡+杀毒矾，第三次用银法利。②第一次用代森锰锌，第二次用克露，第三次用杀毒矾。③第一次用克露，第二次用代森锰锌，第三次用瑞凡+杀毒矾。④第一次用代森锰锌，第二次用银法利，第三次用阿米西达。第一次喷药在齐苗后15~20天进行，第二次在发病初期即田间发现"中心病株"时进行，第三次在第二次喷药后7~10天进行。喷药浓度瑞凡+杀毒矾、75%代森锰锌为500倍液，72%克露、68.75%银法利、64%杀毒矾为600倍液，25%阿米西达为1500倍液。马铃薯晚疫病发生时正是丽江阴雨连绵时期，因此应提前购置好药剂，准备好喷雾器，一旦天晴，及时喷药，以免延误时机，影响防效。

6) 农机与农艺结合。以手扶拖拉机前轮轮距80厘米为行距，配以组合式犁头，实现耕地、开沟、中耕、收挖的全程山地农机化，充分发挥手扶拖拉机在马铃薯生产中的作用，降低劳动强度，提高生产效率。用手扶拖拉机中耕要掌握好时机，过早会埋了植株，过晚则损伤植株，而且不便于操作，以植株高度为15~30厘米时比较适合。用手扶拖拉机带犁隔行翻犁，人工进行拣薯，比全部进行人工收挖可提高功效2~3倍，而且挖烂的薯块少。

7) 收获。收挖需在自然成熟或割秧后，选择土壤湿度低、天气晴朗时及时进行。分拣时应剔除病烂薯，并按照大薯（≥150克）、中薯（<150克且≥50克）、小薯（<50克）的等级规格进行分级，用网袋包装。贮藏前用生石灰对贮藏室消毒。分品种遮光贮藏，保持室内整洁、通风、干燥。

（4）试验结果

2011~2015年累计推广面积达66.2万亩，较当地常规栽培平均增产177.7千克，新增总产104 608.85万元，按综合单价每千克1.44元计算，新增经济效益16 893.59万元。该技术在丽江市山区、半山区具有广泛的适应性和适用性（表4-8）。

表4-8　2011~2015年丽江市平播后起垄综合配套栽培技术示范推广面积

技术名称	年份	面积（万亩）	平均单产（千克/亩）	较当地对照亩增产（千克）	总产（10^4千克）	新增总产（10^4千克）	综合单价（元/千克）	新增产值（万元）
平播后起垄	2011	10.6	1 771.1	467.6	18 773.66	4 956.6	1.35	6 691.356
	2012	11.1	1 657.6	168.2	18 399.36	1 867.0	1.35	2 520.48
	2013	14.25	1 472.5	113.2	20 983.125	1 613.1	1.65	2 661.62
	2014	14.93	1 519.8	90.8	22 690.614	1 355.6	1.6	2 169.03
	2015	15.32	1 551.05	128.59	23 762.086	1 970.0	1.2	2 364.00
	合计	66.2	1 580.2	177.7	104 608.85	11 762.323	1.44	16 893.59

（5）效益分析

生产马铃薯的成本主要是种薯、农药、化肥、工时，按照目前市场综合价格计算，每亩投入成本约为：种薯300千克×1.44元/千克=432元，农药多数种植区未用，全市平均每亩10元，化肥平均每亩150元，工时以每天80元计算，每亩需10个工，计800元。

合计1392元。按全市平均产量1580.2×1.44=2275.5元，每亩纯收入883.5元。

与同季作物夏播油菜相比较，夏播油菜种子每亩10元，农药20元，工时以每天80元计算，每亩8个工，计640元，平均亩产量160千克×6元/千克=960元，每亩纯收320元。两者相比，种植马铃薯每亩比夏播油菜多收入563.5元。

（6）评价

平播后起垄综合配套栽培技术就是针对山区以雨养农的特点，经过多年的不断摸索，不断优化而集成的技术，具有简单易行，不受条件限制；便于小型机械化操作，节约劳动成本；增加通风透光度增强作物抗逆能力；前期起到抗旱保苗，后期高垄培土可起到防涝的作用。在不具备小型机械的条件下，完全靠人工则难以实施。

推广价值：该项技术通过近几年的实施，已成为丽江市科技增粮的主要措施，2014年形成技术规程，2015年被云南省农业厅列入全省主推技术，对指导云南省及一季作区的抗旱栽培具有重要的意义。

4.2.2 大春作马铃薯高产栽培技术案例

试验名称：不同种植密度高产攻关试验案例。

试验时间：2015年。

试验地点：云南省昆明市寻甸县甸沙乡苏撒坡村委会丫巴山。

试验点地理气候概况：试验地点海拔2578.0米，年平均气温10.50℃，年降水量1098.00毫米，适宜种植马铃薯、油菜、荞麦等农作物。有耕地6169.35亩，土壤主要为高山红壤土系，土层深厚，水分适度，肥力中等。

试验设计及执行人：杨正富、马惠明、杨志雄。

试验方案及实施：试验用地选在甸沙乡苏撒坡村委会丫巴山村王天侧承包地，面积4.2亩。地势平坦，肥力均匀，表土深厚、结构疏松、排水通气良好和富含有机质。除种植密度不同，选种、追肥及其他田间管理措施均同当地大田生产。主要技术有大垄双行、膜下滴灌、脱毒良种、精量播种、测土配方施肥、晚疫病综合防控等技术。

参试品种'青薯9号'一级种，单块种薯大小平均70克左右，均为带芽播种。试验共设3个处理，每个处理1亩。处理1，大垄双行，沟深15厘米，小行距55厘米，株距30厘米，大行间1.1米，垄高15厘米，种植密度4040株/亩；处理2，大垄双行，沟深15厘米，小行距60厘米，株距36厘米，大行间1.2米，垄高15厘米，种植密度3086株/亩；处理3，大垄双行，沟深15厘米，小行距65厘米，株距40厘米，大行间1.3米，垄高15厘米，种植密度2564株/亩；处理4，当地农户传统种植2300株/亩。

3月14日开始种植，采用拉线开沟播种，沟深15厘米，放种时采用定点、定株距放种，薯块在沟内芽朝上摆好后覆盖农家肥，亩施农家肥3000千克、马铃薯专用肥100千克、普钙100千克、硫酸钾20千克，一次性施足基肥。然后覆满沟土，镇压平整，铺设滴灌带，随后立即覆膜。3月21日浇水灌溉一次，3月30日出苗时，开始进行破膜、放苗、覆土，并进行补苗处理，现蕾期至初花期遇雨进行揭膜并进行培土，结合培土亩施尿素10千克，块茎膨大期遇雨进行第二次培土，清除垄面裂口。后期苗棵徒长时，喷施多效唑（80毫升/升）防徒长，促进地下部分生长，盛花期喷施磷酸二氢钾。5月28日、6月

6日、6月10日,交替使用诺凡、甲霜灵锰锌进行晚疫病防控。

试验结果:2015年10月9日,由云南省农业厅科技教育处组织省、市5位专家现场实测,种植密度4040株/亩的亩产4349.1千克/亩;种植密度3086株/亩的亩产4550.8千克/亩;种植密度2564株/亩的亩产4471千克/亩。农户大面积种植密度2300株/亩的亩产1875.4千克/亩。

效益分析:试验总投入由种薯、化肥、地膜、农药、工时构成。不同处理总投入分别是1910.6元/亩(处理1)、1612.0元/亩(处理2)、1459.0元/亩(处理3)。较农户常规种植投入1270.0元/亩增加14.7%~50.2%(表4-9)。

三个处理的试验产出分别为3300.32元/亩、3848.96元/亩、3906.2元/亩,较农户传统种植1270.53元/亩,增159.8%~207.4%。投入产出比为1:1.7、1:2.4、1:2.7。因此,试验获得了较好结果,投入产出较好的种植密度是2564株/亩和3086株/亩,可以获得适中产量和较高商品薯率(表4-10)。

表4-9 试验投入

处理	处理(株)	种薯(元)	化肥(元)	地膜(元)	农药(元)	工时(元)	合计(元)	与对照比增	与对照比增(%)
处理1A	4040	565.6	250	45	50	1000	1910.6	638.6	50.2
处理2B	3086	432.0	200	40	40	900	1612.0	340.0	26.7
处理3C	2564	359.0	180	35	35	850	1459.0	187.0	14.7
对照D	2300	322.0	150			800	1272.0		

注:种薯当年当地价格为2.0元/千克

表4-10 试验产出

处理	处理(株)	亩产量(千克)	亩产值(元)	亩成本(元)	亩纯收入(元)	与对照比增(元/亩)	与对照比增(%)
处理1A	4040	4349.1	5210.92	1910.6	3300.32	2029.79	159.8
处理2B	3086	4550.8	5460.96	1612.0	3848.96	2578.43	202.9
处理3C	2564	4471.0	5365.2	1459.0	3906.2	2635.67	207.4
对照D	2300	1875.4	2250.48	1272.0	1270.53		

注:鲜薯平均地头价为1.20元/千克

评价:高产攻关田产量较农户大面积产量高,种植技术得到验证是可行的。高产出的同时也是高投入,种植密度越高,成本投入越大,因此,'青薯9号'最佳种植密度推荐为2500~3000株/亩。

推广价值:大力推广大垄双行、膜下滴灌、脱毒良种、合理密植、精量播种、测土配方施肥、晚疫病综合防控等技术可以提高高寒山区马铃薯产量和商品率,从而提高效益,增加收入。

4.2.3 冬作区高产栽培技术案例

冬作马铃薯种植区是指云南滇南、滇西南马铃薯冬播作一季种植区,该区多为海拔

1600米以下的低海拔热带、亚热带河谷，坝子和丘陵山地，包括文山州、红河州、临沧市、普洱市、德宏州、西双版纳州，以及玉溪市的部分县（市）。区内大春季（5～10月）主要种植水稻、玉米，冬季气温适于栽培马铃薯。2013年冬作区的马铃薯种植面积70 253.33公顷，占全省马铃薯总面积的13.25%，鲜薯总产量140.61万吨，占全省马铃薯总产量的14.45%；冬季种植马铃薯主要用于解决当地淡季蔬菜供应，省内外蔬菜和加工原料市场的需求，由于冬马铃薯种植面积较小，产品数量少，外销市场需求量大，冬马铃薯的价格高于大春生产的马铃薯，农民可以有很好的经济收入。

冬早马铃薯主要是商品薯，外销量占马铃薯生产65%～75%。由于冬早马铃薯生产不能影响大春作物种植，以及对外销商品薯要求，满足小春马铃薯、早春马铃薯和秋马铃薯用种，要求冬早马铃薯品种一般选择满足早熟、中晚熟品种，即休眠期60～80天，薯形光滑，能适应本地消费及外地消费的品种。冬早马铃薯生产以高产高效为目的，需要配套的高产栽培技术。

4.2.3.1 春作区低热河谷冬马铃薯栽培技术试验案例

试验名称：曲靖市冬马铃薯膜下滴灌栽培技术。

试验时间：2013年12月至2016年5月。

试验地点：陆良县、师宗县、罗平县、宣威市、会泽县、马龙县、麒麟区。

试验设计及执行人：陈建林、钱彩霞，曲靖市7个县（市、区）农业技术推广中心相关人员。

试验点地理气候概况：曲靖市位于云南省东北部，属云贵高原、亚热带季风气候，具有典型的"立体气候"特征，平均海拔2000米左右，年平均气温14.5℃，年平均降水量在1000毫米以上，马铃薯生产和育种区主要分布在海拔690～2600米处，其中冬早马铃薯种植在海拔690～1850米处。

试验背景：曲靖市是云南省马铃薯种薯、商品薯生产的重要基地，独特的气候条件使得曲靖一年四季均可种植马铃薯，马铃薯常年种植面积300万亩左右，其中冬早马铃薯56万亩左右。冬马铃薯作为重要的淡季蔬菜和加工原料，市场化程度高，种植效益好，近年来已发展成为曲靖市主要的农业优势特色产业之一，成为农民增收致富的重要渠道。而曲靖的冬春季节性干旱缺水、化肥施用量大，肥料利用率低及灌溉方式落后，肥水利用率低，土壤酸化等因素严重制约着曲靖市冬早马铃薯产业的快速发展，探索一项适合曲靖市冬马铃薯生产的规模化、节约化高产高效栽培技术已迫在眉睫。

（1）试验方案及实施

2013年10～11月在项目区进行田间工程建设，根据田块地形、土壤质地、作物种植方式、水源特点、灌水量等情况，设计建设集雨（蓄水）池及提灌水主沟渠，田间灌溉系统由主管、支管、滴灌带组成，主管采用φ75mm PE管，每亩用量8米，支管采用φ63mm PE管，每亩用量8米，滴管带采用贴片式非压力补偿滴灌带，滴头间距20厘米，每亩用量600米。

2013年11月下旬至12月上旬种植马铃薯，按常规膜下种植。次年1～4月进行中耕管理，当马铃薯出苗40%时，定期监测项目区土壤墒情，如达不到相对湿度要求（表4-11），进行膜下滴灌，4～5月收获。

表 4-11 马铃薯生长期温湿度需求表

项目		时期					
		播种期	出苗期	开花期	块茎膨大期	快速生长期	结薯期
温度	地上	>5℃	10~20℃	16~22℃	17~22℃	15~21℃	15~18℃
	地下10cm	7~15℃	5~10℃	10~20℃	16~19℃	17~19℃,高于29℃停止生长	16~22℃
相对湿度（土壤）		50%~60%	14%~16%	60%~80%	70%~80%	60%左右	80%~85%,收获时50%~60%

（2）试验结果

从 2013 年以来的实践中，通过膜下滴灌用水量试验、土壤墒情监测调查和大面积示范等工作，初步掌握了灌水量、灌水时期（周期）与土壤墒情、马铃薯生育期之间的关系，提高了节水效果。据田间调查测算，播种期以 20 厘米土层内保持相对含水量 55%~65% 为宜，一般情况该时期不需灌水；出苗期以 20 厘米土层内保持相对含水量 60%~70% 为宜；现蕾期以 30 厘米土层内保持相对含水量 70%~80% 为宜，该时期经常保持根系层湿润；开花期以 30 厘米土层内保持相对含水量 70%~80% 为宜，该时期应经常保持根系层湿润；成熟收获期以 30 厘米土层内保持相对含水量 60%~75% 为宜，该时期一般不灌水，收获前 15 天停止灌溉，以确保收获的块茎周皮充分老化，便于贮藏。

根据墒情监测及分析，马铃薯生长期间共需灌水 8~10 次，即苗灌水 1~2 次、团棵期灌水 2~3 次、开花期灌水 4~5 次，总灌水量为 60~90 米³/亩。优化施肥、施药，降低了成本投入，冬马铃薯膜下滴灌经济最佳施氮 21.78 千克/亩、磷 7.05 千克/亩、钾 12.96 千克/亩，并验证出施用 N：P：K＝16：9：10 配方肥 120~140 千克/亩较为理想。膜下滴灌改善田间操作管理办法，推进病虫统防统治、专人管水灌水及专人管护工作，提高了组织化程度，提高了劳动率，减轻了劳动强度，每亩可节约用工 5~6 个。

（3）效益分析

1）经济效益。经实收测产，膜下滴灌平均亩产 2466.9 千克，比常规种植平均亩产 1528.1 千克亩增产 938.8 千克、增 61.44%、增收 1877.6 元（按市场平均单价 2.0 元/千克计算），实施膜下滴灌 4 万亩共计增产 37520 吨、增收 7504 万元，商品薯率较常规种植提高 2%~3%。膜下滴灌比常规种植可亩节约生产成本 290 元，其中节约化肥 60 元、农药 30 元、水电及工时费 200 元，扣除亩投入滴灌带及配套设备成本 101.5 元，亩实际可增收 1776.1 元，4 万亩共计增收 7104.4 万元。比常规沟灌生长期间灌水 5~6 次，即苗期灌水 1 次、现蕾期灌水 2 次、开花期灌水 2~3 次，每次灌水量 36~40 米³/亩，生长期间共灌水 180~240 米³/亩，亩节约灌水量 100~150 立方米，节水 50%~70%。与习惯施肥相比，亩均节约化肥总量 60~80 千克，亩节化肥纯量 20%~25%。专人管水灌水及专人管护工作，每公顷可节约用工 75~90 个。

2）社会效益。冬马铃薯膜下滴灌栽培技术的示范推广应用，通过良种良法配套、农艺工程配套，可提高马铃薯栽培中新节水技术推广应用，提高马铃薯生产科技应用水平，充分利用有限的水资源，扩大马铃薯种植规模，提高商品率和市场竞争力，确保农民持续增收、农业增效和农村经济发展，社会效益显著。

3）生态效益。膜下滴灌技术是地膜覆盖栽培技术和滴灌技术有效结合、优势叠加，是先进灌水技术和栽培技术的集成。地膜覆盖可增加地温、促进作物早生快发并减少作物株间水分蒸发，达到更好地增产效果。膜下滴灌具有灌水量小、地表蒸发量少、不向深层渗漏、能维持根区最佳含水量，可有效提高地温、抑制蒸发和避免深层渗漏，改善土壤物理性状、促进作物生长发育等作用，对农业可持续、生态、安全发展具有重要作用。

（4）评价

增产效果好，示范效应、节本增效明显，同时还探索了马铃薯高产栽培技术，提高了马铃薯生产抵御自然灾害的能力，推进了新技术示范进程，适应土地流转，规模化经营。

推广价值：此技术节本、增产、增收效果显著，能大幅推进农业增产农民增收，促进农业及农村经济快速发展，加快冬早马铃薯产业发展步伐，示范效应明显，适宜大面积推广应用。

4.2.3.2 文山州冬马铃薯生产技术案例

（1）案例一

试验名称：马铃薯稻草覆盖免耕栽培集成技术案例。

试验时间：2012年。

试验地点：文山州。

成果总结人：卢春玲、周洪友。

试验点地理气候概况：文山州地处云南省东南部低纬度高原，东南近北部湾，西南邻孟加拉湾，来自这两个方向的水蒸气带来丰沛降雨。北回归线横穿全州，大部在北回归线以南，属中亚热带季风气候。大部地区冬无严寒，夏无酷暑，春秋长，冬夏短，四季气候宜人，"一年有冷热，久雨变成秋；冬晴如春暖，惊蛰有冬寒"。年平均日照时数2028小时，年均积温6829.3℃。年无霜期平均为309天，初霜出现于12月初，终霜出现于1月底，雪天平均约10年一遇，年平均气温18.4℃，全年昼夜温差11.7℃，平均相对湿度75%，常年平均降雨量1187.8毫米，全年降雨量约28亿立方米。最高海拔2991米，最低海拔107米，一年四季均可种植马铃薯，海拔1700米以上地区夏、秋季气候冷凉，适宜马铃薯种植，是文山州传统的马铃薯种植区；而海拔1500米以下的低热河谷区，冬、春季气候温暖，光照充足，适宜种植冬早马铃薯。

试验背景：马铃薯稻草覆盖免耕栽培技术是在前作收获后，地块未经翻耕犁耙，直接分厢开沟，将薯种摆放在厢面上，用农家肥或细土覆盖种薯，在两行薯种中间施化肥，再用稻草等物覆盖，配合适当的追肥与管理措施，直至收获的一项轻型高效栽培技术。通过考察学习，文山州富宁县从2008年冬开始在板仓、归朝等乡镇引进马铃薯免耕栽培技术试验示范面积50亩获成功，后在富宁县委、政府的高度重视下，逐年扩大，至2012年冬马铃薯高产创建示范面积达10 084.5亩，经测产百亩核心示范区亩产量达到2513千克，千亩连片展示区平均亩产2150千克；万亩示范区亩产1526千克，项目示范取得了较好的经济效益。主要技术要点如下。

1）选用保水田块和良种。马铃薯稻草覆盖免耕栽培适宜选择涝能排、旱能灌、中等肥力以上的稻田进行免耕种植，切忌在涝洼地种植。中、晚稻田更有利于发挥前期丰富的温、光资源优势。根据当地气候条件和市场的需求，选择生育期适中，适销对路的高产、优质、抗病品种，并且是休眠期已过的优质脱毒一级、二级种薯，避免使用带毒、带病种薯和商品薯作种。

2）种薯处理。播种时须做到种薯芽萌动，带芽播种，促进马铃薯早出苗、出壮苗。对未打破休眠的种薯要进行催芽，采用沙床催芽方法，在室内干燥、通风处进行。首先将消毒好的种薯平铺于经过消毒的地面，用清洁无污染的湿河沙覆盖，河沙覆盖厚度 3 厘米，然后在河沙上密集铺放第二层小块茎，再在其上铺盖河沙，如此一层薯块一层湿河沙铺放 2～3 层，最后用麻袋或稻草盖好。注意经常检查河沙湿润度，太干要及时喷水，但不宜淋水过多，切忌底部积水。6～8 天后，当大部分薯块萌发出芽时，适当晾种炼芽（以芽变紫色为度）。催好芽后，根据种薯芽的长短、粗壮程度进行分级播种。

3）免耕划厢播种。根据稻田含水情况划厢，含水多划小厢，含水少划大厢。大厢摆种，先用畜力犁松排灌沟。按沟宽 30 厘米，沟深 15 厘米，厢面宽 150 厘米的规格，每厢种植 4 行，宽窄行种植，中间为宽行，大行距 40 厘米，两边为窄行，小行距 30 厘米，株距 25 厘米左右，厢边各留 25 厘米。按"品"字形摆种，每亩摆种 5500～6000 株。小厢摆种：同样先用畜力犁松排灌沟。按沟宽 30 厘米，沟深 20 厘米，厢面宽 70 厘米。每厢播 2 行，行距 30 厘米，株距 25 厘米左右，厢边各留 20 厘米。按"品"字形摆放，每亩种植 5000～5500 株。将种薯摆放在土面上，芽眼向下或者侧向贴近土面并用排灌沟细土覆盖。肥料施在空行中间，均匀地盖上 10 厘米左右厚的稻草，然后清沟覆土，沟土覆盖在稻草上。

4）施足基肥。根据地块肥力和产量要求在盖稻草前一次性施足肥料。每亩施优质农家肥 1000～1500 千克、三元复合肥 70～100 千克、硫酸钾 20～30 千克。腐熟的厩肥作基肥，可适当兑土在播种时直接分放在种薯上。化肥放在两株种薯的中间，也可放在种薯附近，但需与种薯保持 5 厘米以上的距离，不能与种薯直接接触，以防烂种。生长后期脱肥的可用 0.2%磷酸二氢钾或 0.5%的尿素液进行 1～2 次根外追肥。

5）适时播种。马铃薯免耕覆盖栽培要根据本地的气候情况适时播种。如播种期过早，由于气温高，薯苗容易徒长，过迟则影响下季作物的种植。文山州 9 月底收获稻谷，马铃薯最佳播种期为 10 月底至 11 月中旬，次年 3 月底至 4 月初即可以收获，不影响大春水稻育秧和栽插。

6）及时盖草。施肥后用排灌沟的细土盖种、盖肥，然后均匀地盖上 8～10 厘米厚的稻草。排灌沟其他的泥土均匀撒放在稻草面上，避免漏光和大风吹走稻草。稻草应整齐铺满整个厢面，不留空，保证种薯容易出苗，提高产品质量。否则会降低保温保湿作用，薯块也易现青泛绿。稻草交错缠绕，有时会出现"卡苗"现象，需要人工引苗。齐苗后应及时定苗，每棵马铃薯保留最壮的 1～2 个主茎，剪除多余弱苗、小苗，以利结大薯。

7）田间管理。出苗前土壤始终保持湿润，遇到干旱应及时灌水，水层宜浅（不浸过田面泡到种薯），以润灌、喷灌为好，禁止漫灌，及时排水落干。生长中期适当灌水，保持土壤湿润。遇到连绵阴雨天气要注意排水，防止渍水和贴近土面的稻草湿度过大。

8）病虫防治。病虫害主要有晚疫病、蚜虫，可用克露、雷多米尔或金雷多米尔 600 倍溶液喷施。喷施阿维菌素或插黄板控制蚜虫。

9）防霜灭鼠。调整好播种期，尽量避开霜冻危害。生长期出现霜冻天气时，要在上风位置堆火烟熏防霜冻，并注意浇水，保持土壤湿润，或施用抗冻剂、复合生物菌肥减轻霜冻危害。冬种马铃薯往往鼠害较为严重，需统一灭鼠，要选用符合无公害生产要求的鼠药，注意人畜安全。

10）适时收获。当茎叶由绿逐渐变黄转枯时，匍匐茎与块茎容易脱落，块茎表皮韧性大、皮层厚、色泽正常时，即可收获。收获时掀开稻草即可拣薯，入土的部分薯块用木棍或竹签撬出土，稍微晾晒后拣薯分级装箱运走，防止雨淋和日光暴晒，以免薯块腐烂和薯皮变绿。

（2）案例二

试验名称：文山州旱坡地平播起垄露地栽培技术。

成果总结人：卢春玲、周洪友。

试验背景：旱坡地平播起垄露地微喷（滴灌）栽培技术是农民集体智慧的结晶，即利用烤烟水窖或在旱坡地上端开挖20~60立方米水池（视种植面积而定），用厚度为0.1毫米的大棚膜或油布铺垫池底及四周防止漏水，引水灌入，架设微喷滴灌管带，在马铃薯需水时用22马力的小型抽水泵加压通过灌水器将水、肥料和农药小流量、长时间、高频率地滴灌到马铃薯根系。该节水技术有效解决了文山州冬春旱区不能种植马铃薯的瓶颈问题。栽培技术要点如下。

1）播前准备。选择耕层深厚，肥力中上，土壤墒情好，无结板的地块。忌连作或前作为茄科作物，前作最好为禾本科或豆科作物，前作收获后立即深耕细耙，做到土壤细碎，无前作秸秆、农膜等残留。选择优质、丰产、抗病、结薯集中、市场销售行情好的品种，如'合作88''丽薯6号'等。亩备种薯160~200千克，播种前10~15天将种薯摊放在15~20℃的室内催芽，当大部分种薯露芽时，剔除病、烂薯，散射光照晒，待芽长5毫米左右变紫时切块播种。要求单块重30~50克，每个切块保证有2~3个芽眼，用草木灰或药剂拌种。切块时，要进行切刀消毒，当切到烂病薯时，剔除病烂薯，同时将切刀在5%高锰酸钾溶液中浸泡1~2分钟，然后再切其他薯种，两把刀交替消毒切种。

2）适时播种。根据本地的气候条件，结合生产实际情况，以能避开霜期危害又不影响次年春做生产为最佳播期，通常在11月初至次年1月中旬播种。采取宽窄行规范化种植，即大行距0.7米，小行距0.4米、株距0.3米，亩播种4040株人工打塘或耕牛开沟平播，播深0.1米。播种时根据土壤肥力和目标产量将农家肥1000千克+一包茄果专用肥（高钾低磷中氮23:7:10）充分混匀撒施于种薯四周后覆土形成平厢。同时亩施吡虫啉2千克拌细土10千克顺垄撒于小行内，防控地下害虫。

3）铺设管道。管道铺设采取主管与冬马铃薯种植行垂直，每100米设置一个闸阀，16毫米口径滴灌带沿马铃薯种植平行方向布置，平铺于每行种植种植带小行距上，每一个滴灌带与主管接口按一个小闸阀，每一个滴灌带最长不能超过100米，滴灌带滴口间距与马铃薯株距等同。利用抽水机抽水实施滴灌，灌溉过程中灌水及施肥均匀系数达到0.8以上，在设施系统运行过程中，要确保水管稳定在一定的水压范围内。检查水压、过滤器、出水口等，及时排除杂症，确保滴灌的均匀度。

4）灌溉制度。结合马铃薯的需水特性和土壤墒情，每15天进行一次滴灌，每次约2小时（结合土壤墒情，每次土壤湿润到土壤深度0.2~0.3米处停止滴灌）。每次灌溉上限控制田间持水量在85%~95%，下限控制在55%~65%，即土层浸积水为宜。每次喷滴灌均要检查喷灌出水情况，避免发生堵塞。

5）田间管理。播后15天内，用乙草氨每亩100~150克或用金都尔每亩40~50毫升加水地面喷洒防草；或在马铃薯出苗前4~5天，用农达150~200毫升/亩进行苗前处理。在马铃薯出苗后，可用二甲四氯100~150克/亩或高效盖草能40克/亩，兑水25~30千克/亩进行喷雾防除。中耕培土是旱坡地马铃薯平播起垄露地滴灌栽培获得高产的关键环节之一。当幼苗长到15厘米高时，采用人工或耕牛进行培土，培土高度5~10厘米；加厚增宽垄台，以增厚结薯层，避免薯块外露，为块茎膨大提供良好条件。发棵时追肥一次，亩追施尿素10~15千克；现蕾时亩追施高钾复合肥15~20千克。从现蕾期开始，要保持土壤湿润。同时，叶面喷施0.1%硼砂、15%多效唑每亩45克兑水30千克和1%的磷酸二氢钾溶液100倍，田间需要防控早疫病和晚疫病，可选用70%甲基托布津、50%多菌灵800倍溶液、银法利或诺凡等。

6）收获。马铃薯脚部茎叶开始枯黄时即可收获。收获前15天将喷管清理收好放置阴凉通风处，收管时不能将毛管折叠，须将毛管卷起来放于阴凉通风处，尽量延长喷管的使用年限。收获前一周割秧杀青，促使马铃薯马铃薯表皮木栓化，减少收获时破损，分级上市销售。

示范推广成效：旱坡地平播起垄露地滴灌栽培技术有效解决了文山州冬春旱区不能种植马铃薯困境，将滴灌技术与传统分厢种植技术有效结合，是旱坡地抗旱获高产的一项轻便技术。近年来应用面积在3000亩左右，一般亩产在1600~2600千克，亩产值在5000元左右，扣除种薯、化肥、铺设微喷滴灌带、燃油等生产成本投入2000元，亩纯收入在3000元以上，比常规种植小麦亩产值600元，亩纯收入400元，亩增纯收入2500元以上，在冬春旱区马铃薯生产中具有较好的推广应用价值。

技术评价：旱坡地平播起垄露地滴灌栽培技术是针对文山州冬春旱区因缺水不能种植马铃薯的瓶颈问题，免去种植覆膜程序、简化喷灌系统，具有可灵活、方便、准确地控制施肥数量和时间，节省劳力、节省生产成本、提高肥料的利用率，可根据马铃薯养分需求规律有针对性施肥，做到缺什么补什么，实现精准施肥，施肥及时，养分吸收快速，保持土壤良好的水汽状况，不破坏原有土壤的结构，操作方便、增产增效明显，在文山州冬春旱区冬马铃薯种植极具推广价值。

（3）案例三

试验名称：文山州马铃薯规范化起垄覆膜双行栽培集成技术示范案例。

试验时间：2014~2016年。

试验执行人：卢春玲、周洪友。

试验背景：文山试验站承担的百亩示范区以"规范化起垄覆膜双行栽培技术"为核心，取得较好示范效果，如2016年在文山市喜古乡完成的103.5亩示范。涉及农户53户，户均增收达万元以上。基地农户纷纷表示种植马铃薯时间短，收益高，是"大春拿粮小春拿钱"的好项目，得到了广大种植户的欢迎，项目实施取得了较好的经济效益。主要技术要点如下。

1）精细整地。前作水稻收获后，及早排水晾田，10月底前用旋耕机两犁两耙，做到土壤细碎，厢面平整，无稻桩等残留物，以免戳破农膜。

2）选用优良品种。示范基地用种采用云南英茂集团大理种业调供的'合作88'一级种，该品种生长期中长、休眠期长、耐贮藏、食口性好、产量高、商品性好。

3）种薯处理。为确保出苗整齐和提早收获，对种薯进行催芽。催芽用10~15毫克/升赤霉素液浸泡10~20分钟，捞出沥干，堆放于阴冷处，等小白芽露出时，再放到散射光下，使芽变绿，长得粗壮。大种薯需进行切块，保证每个薯块有2~3个芽，而且重量不低于30克，最大不超过50克。切刀用75%乙醇或甲醛等消毒。

4）适期播种、规范化种植。用草木灰或农药拌种后播种，文山州通常在10月底到第二年1月播种。播种时以1米开厢，单垄双行规范化种植，窄行40厘米，垄高30厘米，沟宽30厘米，株距25厘米，亩播种4100株。底肥撒施在两个种薯间，挖土覆盖形成高垄后盖膜，盖膜要压紧压实，不能漏气，间隔2米垄面盖一定量的土，防止压盖不严大风吹破薄膜。

5）科学施肥。重施底肥，每亩用腐熟农家肥1000千克+茄果专用控释肥40千克混匀播种时施于穴间作底肥。现蕾期亩用磷酸二氢钾400克兑水60千克进行叶面喷施两次，每次间隔10天。

6）加强中耕管理。切实做好灌（浇）排水工作，防止渍害发生，马铃薯分枝较多，生长过旺和密度过多均会影响地下部分发育，应及时进行疏枝，去除病枝、弱枝，增强通风透光，减少病虫害发生。在花蕾形成期，要及时摘除花蕾，避免养分消耗，促进养分集中供应块茎，增加产量。

7）病虫草害防治。遵循预防为主，综合防治的方针。马铃薯生长期间经常受到早疫病、晚疫病、蚜虫、地老虎、蛴螬、斑潜蝇等危害。防治早、晚疫病可用58%的甲霜灵锰锌500~600倍液、25%甲霜灵可湿性粉剂800~1000倍液、70%代森锰锌可湿性粉剂500~600倍液、64%杀毒矾400~500倍液进行叶面喷雾防治，以上几种药剂间隔7~10天交替使用效果最好。对地老虎、蛴螬亩用辛硫磷2~3千克在播种前混入底肥撒施；对蚜虫、斑潜蝇的防治采取亩栽插黄板20片进行物理防控，大发生时可用50%抗蚜威1500~2000倍液或10%吡虫啉可湿性粉剂800~1500倍液进行化学防控，每隔10天交替喷施，根据病虫害发生情况及早防治，喷药时必须叶面正反两面均喷到药液，做到不漏喷。在采收前15~20天停止用药。化学除草用50%乙草胺乳油兑水喷施，苗前防除。

8）适时收获上市销售。当地上部分的茎叶变黄，薯块成熟时是收获的最佳时候。收获前10天，将地上部分割掉，使块茎在土中后熟，表皮木栓化，采收时不易破皮，在采挖时要尽量减少破皮，提高薯块商品性，以获得最高的经济效益。

示范推广成效：

1）社会效益。通过开展冬马铃薯示范基地建设，改变农户分厢覆膜栽培为规范化起垄双行覆膜栽培，加快了农业新技术成果的转化和冬马铃薯高产栽培技术的示范推广步伐，提高了农业先进实用技术组装集成水平，实现了集成技术及模式的创新发展。通过组织现场观摩、挂牌督办、田头指导、专家咨询等活动，达到农民群众"能看到、能听到、能问到、能学到"的最佳培训效果，提高了农民科学种薯水平。通过抓基地、树典型，带动和影响了大面积生产水平的提高，在促进全州马铃薯增产、农民增收和确保粮食安全中发挥了一定的示范带动作用。

2）经济效益。2016年完成冬马铃薯生产示范基地建设103.5亩，文山州农业局组织有关专家组成验收组于2016年5月3日进行实地测产，实测3块地的3个点，实测面积37.98平方米，鲜薯重113.1千克，折合亩产2788.5千克，其中商品薯104.73千克（50克以上），折合亩产商品薯2582.1千克，商品率达92.6%。按市场价商品薯2.5元/千克、小薯以0.8元/千克计，折合复合平均亩产值6620.37元。比传统种植小麦亩产180千克，每千克市场价3元，亩产值540元，平均亩增产值5915.25元。扣除种植冬马铃薯种薯、配方肥、农膜、农药等生产性投入1000元亩纯收入5620.37元，103.5亩共新增纯收入58.17万元，涉及农户53户，户均增收达万元以上。

3）生态效益。文山试验站百亩示范基地建设属农业生态工程，在项目实施中实行良种良法相配套，采取品种与种植技术相统一，每亩配套推广茄果专用配方肥一包+腐熟农家肥500千克以上，中等以上肥力地块后期基本不存在脱肥现象，坚持"预防为主、综合防治"的植保方针，栽插黄板诱杀蚜虫，统防统治，提高病、虫、草害综合防治水平，降低了农药的施用频率及施用量，项目实施结束指导种植农户收集残膜集中堆放在垃圾池（烤烟集中销毁池）中销毁，避免对农业生态环境造成污染，利于农业生态环境建设，有利于食品安全水平的提高，确保食品消费安全。

4.2.3.3 临沧市冬马铃薯生产技术案例

试验点基本情况：临沧市马铃薯栽培历史悠久，"九五"以前主要在高海拔山区大春季种植为主，主要用作粮食自给自足，缺少政府规划和生产技术指导，生产水平和经济效益均较为低下。"十五"以来，随着农业产业结构调整，马铃薯以其高产、经济效益显著及用途广泛、产业链长等多种特有的优势受到政府和农业部门的重视，逐渐发展成为本市的主要经济作物之一。通过脱毒良种和高产栽培技术推广，马铃薯面积由"九五"末的8万亩发展到"十二五"末的20万亩，总产4.5万吨。其中脱毒马铃薯的面积达到13.7万亩，脱毒马铃薯应用率达65%。云县和双江县是主要的冬马铃薯生产县。

试验名称：临沧冬马铃薯优质高产高效栽培案例。

试验地点：云县爱华镇水磨村。

试验设计及执行人：杨永梅、杨顺。

试验时间：2015年11月25日至2016年3月29日。

试验背景：临沧市云县爱华镇水磨村委会属于坝区，国土面7.00平方千米，海拔1080.00米，年平均气温22.00℃，年降水量900.00毫米，适宜种植水稻、玉米、冬马铃薯等农作物。有耕地1226.00亩，其中人均耕地0.80亩。全村辖7个村民小组，有农户439户，人口1689人。该村2014年农村经济总收入2807.00万元，农民人均纯收入12 492.00元，农民收入以种植业和养殖业为主。水磨村发展冬马铃薯时间较长，从2000年冬季农业开发以来，冬马铃薯生产水平不断提高，种植水平在市内首屈一指。2015~2016年度该村冬马铃薯种植面积1200亩，平均亩产值超过8000元。冬马铃薯生产对促进该村社会经济发展起到了重要作用。

试验方案及实施：

1）种薯来源。水磨村冬马铃薯种植面积较大，产业化程度较高，种薯调供自成体系,每年固定由村内种薯经营者统计播种面积,统一种薯价格,统一供种,统一回收商品薯。2015年种薯由丽江市调入。种薯价格3.4元/千克,三级种薯。

2)播种前准备。2015年10月上旬种薯就位,放置于通风干燥的室内贮藏,不进行物理或化学催芽处理,2015年11月25日播种时种薯已自然度过休眠期开始萌芽。于播种前2天切块,'丽薯6号'种薯大薯率高,平均单薯重200克以上,需进行切块播种。切块时充分利用顶端优势,从脐部开始螺旋式向顶部斜切,最后按顶芽一分为二或一分为四,每块种薯要带1~2个健康芽眼,每块重量在50克左右。切块过程中为预防青枯病、环腐病等病害通过切刀传染,因此切刀、切板用75%乙醇溶液消毒。种薯切块后每100千克薯块用滑石粉2千克+70%甲基托布津可湿性粉剂80克+农用链霉素40克混合均匀拌种。放置在阴凉干燥处1~2天,切面愈合后播种。前茬作物为水稻,2015年9月水稻收获后,及时进行机械深耕翻犁;播种前15天左右进行机械耙细整平,播种前3天撒施农家肥(厩肥)并进行第二次机械耙细,使农家肥细碎与土壤充分混合,做到土细墒平。播种时使用小型开沟培土机进行开沟。

3)机械类型。土壤深耕翻犁及耙细整平使用中型旋耕机;开种植沟使用小型开沟培土机。

4)播种。2016年11月25日播种。大垄双行种植,每亩密度6500株,1.2米起垄,沟宽0.4米,垄面宽0.8米,平均行距0.6米,株距0.17米。使用小型开沟培土机开种植沟。按照间距0.4米进行开沟理墒,播种时种植两沟空一沟,即成高垄双行,覆土深度15~20厘米,做垄高至0.25米。亩施农家肥3000千克、尿素10千克、钙镁磷50千克、硫酸钾30千克、农家乐复合肥160千克作基肥。播种前全层施农家肥,结合机械耙田使农家肥细碎与土壤充分混合。播种时施化肥入播种沟,种肥隔离;尿素兑水浇施做追肥。

5)田间管理。小水勤灌,苗期灌水2次,中后期灌水3次,保持田间湿润。播种后15天用乙草胺进行苗前封草,生长前期使用代森锰锌进行晚疫病预防,防治2次。中后期用银法利,防治晚疫病,防治3次。用吡虫啉等防治蚜虫和斑潜蝇。

试验结果:2016年3月29日收获,种植到收获天数125天。亩产4516.1千克,商品薯4226.7千克,商品薯率93.6%。其中大薯(≤150克)3330.5千克,大薯率73.7%;中薯(100~149克)730.2千克,中薯率16.2%;小薯(50~99克)166.0千克,小薯率3.7%。非商品薯289.4千克(烂薯、绿薯),非商品薯率6.4%。

效益分析:按大薯4元/千克,中薯1.5元/千克,小薯0.7元/千克计算。亩产大薯3330.5×4=13322元,中薯730.2×1.5=1095.3元,小薯166.0×0.7=116.2元,亩产值合计14 533.5元。

投入:整地成本(犁耙)300元。种薯成本350千克×3.4元/千克=1190元,工时成本18个工时×80元/工时=1440元,化肥成本710元,农药成本150元,成本合计3790元。

净效益:亩产值14 533.5元,扣除生产成本3790元,净效益10 743.5元,投入产出比为1:3.8。

4.2.3.4 红河州冬马铃薯高产高效生产技术案例

马铃薯生产试验方案确立与实施,直接关系到今后一段时间石屏县采用什么样集成技术来推动石屏冬马铃薯产业发展,为确保此项工作有序、有效进行,云南农业职业技术学院马铃薯试验站充分调研、分析目前石屏县冬马铃薯栽培中存在问题,就如何解决问题进行充分研讨,确定尊重当地马铃薯栽培习惯,采取生产试验与示范相结合的办法,逐步推广新技术。计划分步进行。第一步结合石屏冬马铃薯生产实际,初步拟定生产试验方案,解决部分关键问题,让薯农看到新技术效果;第二步根据上一年生产试验情况,拟定的集成技术生产试验方案,系统组织实施,促进当地马铃薯栽培技术改革,总结完善马铃薯集成技术;第三步推广马铃薯高产集成技术。通过技术优化及关键技术集成推广,实现目标单产4～4.5吨。

（1）案例一

试验名称:石屏县冬马铃薯高产攻关案例。

试验人设计及执行人:王孟宇、谭芳。

试验时间:2015～2016年。

试验地基本概况:试验地地处石屏县中山湖盆区,海拔1410米,北纬23°40′44.7″、东经102°30′27.5″,年均温16.4～18.2℃,年积温6000℃左右,年日照时数为2311.6小时,年降雨量平均为950毫米左右,极端最低温-1.6～3.4℃,最高温23.7～34.8℃,年霜期40天左右;土壤类型为冲积土-湖积草煤土,土壤pH为7.5,有机质含量148.6克/千克,氮含量348.3毫克/千克,磷含量102.1毫克/千克,钾含量185毫克/千克。

试验方案及实施:前作收获后,于11月20日机械翻犁晒田,12月21日机械犁地平整、理墒,12月22日机械开沟,人工播种。亩用德沃尔复合肥25千克、普钙75千克、丹爱迪生物有机肥40千克、根动力生物有机肥40千克、有机物料腐熟剂6千克、生根菌肥500克加地菌消土壤消毒杀菌剂500克、毒死蜱1000克与底肥混匀,于整地时广施于田块中。追施肥4次,2月20日,亩用"湘永利"复合肥10千克、"金赛瑞"复合肥10千克、加高效氯氟氰菊酯560毫升,加福美双可湿性粉剂1000克,兑水浇。3月2日,亩用"田麦"复合肥25千克、"亿溶钾"速效硫酸钾（含K≥53%）10千克、浓缩生物肥"地皇"6千克加地菌消土壤消毒杀菌剂500克、高效氯氟氰菊酯560毫升,兑水浇。3月16日,亩用"田麦"复合肥25千克、"亿溶钾"（含K≥53%）20千克、"膨地龙"腐殖酸水溶肥4千克、加高效氯氟氰菊酯560毫升、地菌消土壤消毒杀菌剂500克、地菌乙酸铜一包500克,兑水浇。3月30日,亩用"亿溶钾"速效硫酸钾（含K≥53%）5千克加地菌乙酸铜一包500克,兑水浇。整个生育期结合追肥进行人工浇水4次,人工除草3次,防治病虫草害5次。

试验结果:2016年5月5日,相关人员进行实地测产,梅花形五点取样,试验田实测面积49.2平方米,实收鲜薯317.1千克,其中商品薯301.2千克,非商品薯15.9千克,折合亩产鲜薯4296.8千克,其中商品薯4081.3千克,非商品薯215.5千克,商品薯率95.0%。按当年马铃薯市场平均价4.50元/千克计,可实现亩产值18 365.9元,扣除每亩投入成本3040元（种薯800元、肥料950元、农药90元、地膜100元、水电200元、工时费900元）,亩纯收入15 325.9元,投入产出比为1:6。对照田实测面积49.2平方米,实收鲜薯272.0千克（其中:商品薯255.6千克,非商品薯16.4千克）,折合亩产鲜薯3685.7千克（其中:商品薯3463.4千克,非商品薯222.3千克,商品薯率93.9%）;按当年马铃薯市场平均价 4.50 元/千克计，可实现亩产值 15 585.4 元，扣除每亩投入成本 3040 元，亩纯收入 12 545.4 元。

评价：亩产鲜薯 4296.8 千克，距目标单产 4500 千克差 203.2 千克，差 4.5%，未达到攻关目标。比对照亩增产 611.1 千克，增 14.2%；亩增产值 2780.5 元，增 18.1%。商品薯率高 1.1%。可见，高产攻关试验增产效果明显，未达到 4500 千克的高产目标，是因为种薯、气候等客观原因造成的。采用单垄双行种植，为改变当地传统种植模式和今后马铃薯机械化生产打下了坚实的基础。采用地膜覆盖技术，保水保肥，有效缩短生育期 7～10 天，减少了除草培土用工，节约了生产成本。

（2）案例二

试验名称：开远市冬马铃薯高产栽培技术案例。

试验时间：2013 年 12 月至 2014 年 5 月。

试验设计及执行人：杨家伟、万自琼。

试验地点：红河州开远市中和营镇中和营村委会回民村小组。

试验点地理气候概况：该点海拔 1460 米，属中亚热带季风气候，年平均气温 16.6℃ 左右，≥10℃积温 5138.8℃，年无霜期 315 天，年平均降水量 963 毫米，年日照时数 1933.5 小时；马铃薯种植期间 12 月下旬至 4 月下旬月平均气温 13.1℃，其中 12 月月均气温 10.2℃，1 月 9.3℃、2 月 11.1℃、3 月 15.7℃、4 月 19.1℃、5 月 21.0℃。光、温等自然条件较有利于冬马铃薯生长。土壤为红壤，微酸性；土壤肥力中等，水利条件好。

试验方案及实施：种植面积 1.05 亩，品种用"丽薯 6 号"，种薯为丽江农业科学研究所太安基地繁殖的一级种薯。切块播种时块茎芽长 0.2～1.0 厘米，不需催芽，进行切块播种；大薯切块前用 72%农用链霉素可溶性粉剂 4000 倍液+58%甲霜灵锰锌 500 倍液的混合液浸种或喷淋，进行薯表处理后切块；大薯切块切成 60 克左右大小，尽可能纵切，每个切块上尽量带有顶部芽，切块时注意剔除病薯，准备 2 把切刀，切 3～5 个薯块时更换，并用 75%的乙醇或 0.1%高锰酸钾液浸泡处理，防切刀传病。

1）整地。前作收后，收清残株，机械耕翻晒垡；播前机械整地做到土垡细碎，地面平整后，用机械按种植规格开播种沟。

2）播种。在本地最佳节令内，适时播种，采用"平墒沟播后中耕培土起垄"方式，行距 70 厘米，株距 30 厘米，沟深 15 厘米，每亩栽 3174 株；在沟心内 30 厘米间距摆种，在两个薯种间放化肥，种薯四周亩施地虫清颗粒剂 4 千克防治地下害虫，后用充分腐熟的农家肥（或有机肥）盖种。

3）施肥。亩施硫酸钾型复合肥（N∶P∶K = 15∶5∶20）80 千克、普钙 50 千克、钙镁磷 50 千克、硫酸钾 25 千克，锌肥和硼肥各 1 千克、腐熟农家肥 2500 千克作基肥。在苗期、现蕾封行前进行两次追肥，第一次追肥于间苗定苗后进行，亩追尿素 5 千克；第二次追肥于现蕾封行前亩追硫酸钾型复合肥（N∶P∶K = 15∶5∶20）40 千克，普钙 40 千克。

4）水分管理。铺设微喷带喷灌灌溉，根据土壤墒情、各生育期对水分需求及时补水。采用微喷带灌溉，生育期内喷灌 10 次，亩用水量 287 方。

5）田间管理。播后出苗前如土壤水分不足，影响出苗，应及时补水，补水应结合出苗期间天气预报,适当控水延缓出苗,避免低温霜冻。苗齐后,间苗定苗,苗高10~15厘米,结合中耕深锄浅培土进行第一次追提苗肥;现蕾封垄前,结合中耕浅锄高培土追第二次肥。开远市冬春干旱,田间湿度小,病虫害发生轻,视发生情况进行防控。

试验结果:2014年5月8日,经开远市农业局组织相关专家测产,亩产4536.90千克,商品薯率达93.4%,其中大薯占80.7%、中薯占12.7%、小薯占6.6%,无绿皮薯。

效益分析:按当年省外个体经销商进村收购价大薯2.80元/千克,中薯1.00元/千克,亩产值达10 827元,扣除种薯、化肥、农药和栽种管理工时等费用开支2662元,实现亩收入8165元。

2013年进入示范推广阶段,2013~2015年三年累计示范推广应用面积18 000亩,其中在旱地上应用面积达11 100亩。从该项技术应用在冬马铃薯生产上,使适合栽种面积扩大到旱地的角度来测算,三年新增冬马铃薯面积11 100亩,新增总产28 390吨,新增总产值7492.6万元,新增纯收益4105.6万元。其中:①2013年示范推广旱地马铃薯1800亩,平均单产3297.35千克,亩产值11 540元,实现总产5935.23吨,总产值2077.2万元,亩均投入约2800元,亩纯收入8740元,实现纯收益1573.2万元;②2014年旱地马铃薯3100亩,平均单产1963.02千克,亩产值4691元,实现总产6085.36吨,总产值1454.2万元,亩均投入约2900元,亩纯收入1791元,实现纯收益555.2万元;③2015年旱地马铃薯6200亩,平均单产2640.16千克,亩产值6389元,实现总产16 368.99吨,总产值3961.2万元,亩均投入约3200元,亩纯收入3189元,实现纯收益1977.2万元。

评价:该高产攻关是在本地经过多年探索,不断修订定技术方案,通过实施而取得的一个高产实例。形成的一套集成技术,对指导开远冬马铃薯生产具有一定作用。

1)冬马铃薯微喷灌技术试验示范与应用评价。开远市冬马铃薯由过去的零星、小片分散种植,发展到现今的相对集中连片规模种植,得益于农技部门立足本地资源,以市场为导向,因地制宜,不断开展新品种新技术引进试验示范推广,其中微喷灌技术在开远市冬马铃薯生产中广泛应用,对该产业的稳步发展、规模化发展取到很好的推动作用。

2)技术引进和推广应用评价。冬马铃薯微喷灌技术是由市农业局开远市基层农技推广补助项目马铃薯产业技术组、农技中心引进,2010年末至2011年4月在中和营镇庄科大寨铺设试用2亩。2011年末至2012年4月在中和营庄科大寨、回民村、庄科新寨等地扩大示范,当年示范应用面积236.5亩,累计使用户数75户,应用该项技术的薯农按面积每亩享受项目补助100元。2012~2013年,冬马铃薯"微喷灌"示范应用面积近2000亩,其中旱地马铃薯面积约1800亩。2013~2014年,冬马铃薯微喷灌应用面积近6000亩,其中旱地应用面积近3100亩。2014~2015年进行扩大示范推广,在中和营镇冬马铃薯微喷滴灌应用面积近万亩,其中旱地应用面积约6200亩。该项技术从引进试验、示范和推广应用有5年时间,2013~2015年三年累计示范推广应用面积18 000亩,其中旱地应用面积约11 100亩。

3)技术创新点及优点。开远市冬马铃薯微喷滴灌节水栽培技术的引进,当初是为了顺应市场及产业项目发展需求,弥补农业基础设施或者是高稳产农田(地)不足,应对2009年起连续干旱,浇水工作量大,工时成本上升,以及不利于实现土地整理后,土地规模连片出租流转发展冬马铃薯种植,而引进试验采用的一项新型省工节水灌溉技术。目前该项技术从引进试验到推广应用经历了 2 年的小面积试验示范，3 年的示范推广应用。①省水。比本地常规塘沟浇灌省水 30%～50%。一般提水沟灌亩需水量 350～450 立方米，微喷灌亩需水量 250～300 立方米。②省工。减少人工浇灌用工量和劳动强度，适用于规模连片种植。据测算在整个马铃薯生长期间，每亩可节省灌溉人工 8 个左右。③病虫害相对较轻。例如，在旱地上应用微喷带灌溉马铃薯，较采用滴灌灌溉方式，地下害虫如黄蚂蚁、地老虎等发生危害轻甚至没有；在常年自流灌溉的田地（水浇地）采用微喷灌较采用塘沟人工泼浇和漫灌可有效减轻病害如青枯病等的发病传播概率。④采用该灌溉技术较传统的人工浇灌来说，还具有土壤不易板结，对植株无损伤，可调节土壤地表温度，应用得当还能用来防苗期霜冻。较滴灌来说，用水量相对较大，但对灌溉水质要求不高，不易阻塞，投入相对较低，灌溉故障少，易于维护。

开远市冬马铃薯微喷灌技术的引进应用，在应对多年的持续干旱中发挥了一定的抗旱和节水作用，最重要的是将冬马铃薯适栽面积扩大到冬闲旱地，如 2013 年起中和营黑果山片区，通过土地集零为整后，部分流转到公司、合作社和种植大户手中种植冬马铃薯等作物，流转土地的农户有地租收入，通过打工也有一份收入，同时也学到一些栽种管理知识，农户家庭收入有所增加，促进了当地经济社会的发展。同时，冬马铃薯采用微喷灌灌溉，土壤不容易板结，植株生长较好，利于减少病虫发生，减少化学农药投入，还可实现水肥一体化搭配，有利于农业生态环境保护和改善。

4.2.3.5 德宏州冬马铃薯生产技术案例

德宏州冬马铃薯近年来经过产业开发，已经初具规模，产量和效益逐年提高，成为德宏冬季农业开发的优势产业，农民增收的主要来源。至 2016 年全州实际完成冬马铃薯种植面积 179 019 亩，鲜薯总产量 303 110 吨，总产值 63 487 万元，平均亩产值 3546 元。面积比上年种植面积 18.2357 万亩，减少 0.33 万亩，总产量比上年 30.2355 万吨增 755 吨，增长 0.24%，平均单产有较大提高，亩产鲜薯达到 1693.2 千克比上年 1660 千克增加 33.2 千克，增长 2.0%。总产值增加 20 432 万元，增长 47.46%，平均亩产值增加 1185 元，增长 50.2%。全州近 18 万亩的冬马铃薯，主要推广'合作 88'，种植面积达到 12.76 万亩，占冬马铃薯面积的 71%。其次是鲜食品种'丽薯 6 号'，面积 5.02 万亩，占冬马铃薯面积的 27.8%，其他品种有'云薯 401''云薯 304''大西洋''德薯 2 号''中甸红'等 0.22 万亩，占冬马铃薯面积的 1.2%。种植品种还较单一，加工型品种推广面积和规模较小。

试验名称：德宏州冬马铃薯高产栽培技术试验案例。

试验时间：2014 年 11 月至 2015 年 3 月；2015 年 11 月至 2016 年 3 月，连续两年。

试验地点：云南省德宏州芒市轩岗乡芒广村轩蚌村小组。

试验设计及执行人：陈际才、海梅荣。

试验点地理气候概况：海拔 880 米，前作为水稻，年平均温度 19℃，交通方便，水利条件较好，土质为河流冲积砂壤土，适宜种植马铃薯。

试验背景：为了进一步探索德宏州冬作区马铃薯高产规律性，研究冬马铃薯高产种植技术，提高冬马铃薯产量和技术水平，为大面积冬马铃薯高产栽培和技术推广提供依据，根据省马铃薯产业技术体系任务要求，制订实施本高产攻关技术方案。

试验方案及实施：试验面积1.01亩，产量目标4000千克，播种密度每亩5000株，株行距0.24米×0.55米。种植'丽薯6号'。采用规范化种植高垄双行条播方式种植，结合机械整地，精耕细作，人工划线小型田园机开作播种沟，定种到行，一次性施用底肥，深种15厘米。选用健康良种，种薯较大的切块，但需保证每一块种薯不少于40克至少有1个芽，切种的工具进行消毒；根据天气情况，选择11月中旬播种，并在一天内完成播种，盖土后3天选用"施田补"喷施封草。亩施用与普通过磷酸钙50千克充分混合腐熟的农家肥2000千克，在播种时用高效复合肥（含量51%）50千克、马铃薯专用复混肥80千克，尿素20千克，硼砂、硫酸锌各4千克，混合施入播种沟中种薯之间。农家肥撒施在种薯之上，然后再盖土。苗期追施尿素20千克，并结合中耕、除草、培土。花期追肥以磷酸二氢钾、生命素等为叶面肥，并结合进行第二次培土。主要病害为马铃薯晚疫病。马铃薯晚疫病重在预防，在马铃薯出苗后30天，苗高15~20厘米，即晚疫病尚未出现之前开始使用杀菌剂进行预防性防治。并进行精准喷药防治，每隔5~7天进行喷药防治一次。常用的药剂有：58%甲霜灵锰锌、58%雷多米尔、抑快净、68%金雷水分散粒剂、50%露速净可湿性粉剂、凯特、72%克露霜脲锰锌等。注意药剂要交替使用。主要害虫有瓢虫、地老虎、土蚕、蚜虫、蛴螬、蝼蛄等，可用药剂或黄板诱捕等措施防治。

试验结果：2015年3月24日德宏州农业局组织省马铃薯产业体系和德宏州有关专家组成验收组，对试验进行田间现场实收验收。对试验面积进行了现场测量查实，并组织全田收获测产，实测面积1.01亩，平均亩有效株5645株，鲜薯总产量4326.4千克，总收入6526.3元。其中：大商品薯2507.0千克，销售收入5766.1元，中号商品薯995.5千克，销售收入597.3元，小号商品薯814.5千克，销售收入162.9元，非商品薯9.5千克，商品薯率达99.7%。折合平均亩产4283.56千克，亩产值6461.7元。经评价后认为，该试验实收亩产量突破了德宏州冬马铃薯亩产最高纪录，采取的集成规范化技术切合实际、简单实用具有一定先进性，适于在德宏州冬马铃薯产区推广应用。

2016年3月4日，由德宏州农业局邀请省马铃薯产业体系和德宏州有关专家组成验收组，对2016年冬马铃薯集成技术高产攻关试验进行田间现场实收验收。对所实施的高产攻关试验面积进行了现场测量查实，并组织全田收获测产，实收面积1.01亩，平均亩有效株5445株，鲜薯总产量4004.6千克，总收入11 359.8元。其中：大商品薯2682.9千克，销售收入10 463.3元，中号商品薯633.1千克，销售收入823元，小号商品薯244.7千克，销售收入73.4元，非商品薯443.9千克，商品薯率达88.91%。折合平均亩产3965.0千克，亩产值11 247.3元。验收组经评价后认为，该试验实收亩产量没有突破全州冬马铃薯亩产最高纪录，但每亩产值创造了全州最高纪录，采取的集成规范化技术切合实际、简单实用，具有一定先进性，适于在德宏州冬马铃薯产区推广应用。

效益分析：2016年计犁耙及燃动力费150元，种薯750元，各种化肥计676元，农药150元，工时600元。以上5项合计投入成本2326元。

产出商品薯鲜薯产量4004.6千克，销售总收入11 359.8元。平均亩产3965.0千克，亩产值11 247.3元，亩纯收入8921.3元。

评价：马铃薯生长期短，种植技术简单易行，产量高产值高，是产区增收的主要来源和途径,但需注意市场价格波动较大,灾害性天气时有发生。

4.2.3.6 普洱市景东县冬马铃薯生产技术案例

景东县海拔1300米以下的低热河谷坝区,冬季至次年4月,冬无严寒,昼夜温差大,有霜期短,日照时数日平均达6.96小时,5个月的总降雨量202.8毫米,只占全年的15.8%。景东县冬马铃薯主要是稻后种植,即稻—豆—薯一年三熟或稻—薯一年两熟的耕作模式,首先稻田种植冬马铃薯,通过水旱轮作,能有效地控制马铃薯地下害虫的发生,减少土传病害菌源,减少农药使用量。其次稻草覆盖种植秋大豆规模,常年种植面积保持在5000公顷左右,秋大豆收获后,田间土壤干湿度适中,极有利于土壤的耕作,加之覆盖秋大豆的稻草、秋大豆自身大量的枯枝、落叶以及根瘤菌从空气中固定的氮素,提高了土壤肥力,改善了土壤结构,为冬马铃薯生长发育创造了良好的土壤条件。三是景东县冬马铃薯种植区有使用农家肥的良好习惯,一般每亩施入1000~2000千克的农家肥,这既提高了马铃薯品质,还培肥了土壤;四是马铃薯收获后,土壤中遗留的肥料以及茎秆、枝叶还田,又能提高土壤有机质含量,促进水稻生长。通过这个模式,有效地实现了一年三熟作物相互有利的良性循环,使景东马铃薯产业走上了高效、生态、可持续发展的道路。2015~2016年度景东县种植马铃薯面积4.6万亩,平均单产1754.46千克,鲜薯总产量达到8万吨,产值2.5亿。2015~2016年度,全县8个乡(镇)51个村共种植冬马铃薯4.6万亩,主要种植品种是'丽薯6号''合作88',少量的'青薯9号'。种植模式主要通过龙头企业租赁土地进行连片规模种植;马铃薯种植协会、专业合作社组织农户分户种植等方式进行。种植重点区域分布在川河坝、者干坝、澜沧江沿岸的低热河谷坝区,种植面积2000亩以上的有文井和大街镇的文华、三营、大街3个村,种植面积1000亩以上的有文井、锦屏、太忠,以及文龙镇的者后、都拉、文窝、北屯、前所、董报、灰窑、沾牛、花石、文录、龙街等11个村。产品全部以鲜食外销。

试验名称:景东县冬马铃薯秸秆覆盖栽培技术试验案例。

试验时间:2014年11月至2015年3月。

试验地点:景东县文井镇者后村、文华村、者吉村。

试验设计及执行人:罗文荣、王成汉、钟学梅。

验点地理气候概况:景东县文井镇属南亚热带季风气候,年温差小,日温差大。冬春为干旱季节,夏秋为雨季,干湿明显,降水丰沛。年均气温18℃,最冷月1月平均气温11.5℃,最热月6~7月平均气温28℃,≥10℃年有效积温达6440℃,年无霜期达340天以上;5~10月为雨季,年降雨量1500~1600毫米,年均湿度77%。

试验方案及实施:冬马铃薯秸秆覆盖试验,主要采用同田对比试验,品种选用'丽薯6号'。覆盖秸秆主要采用玉米秸秆覆盖,每亩400千克干秸秆。试验设置对照,除了不覆盖秸秆,所有技术措施相同。

1)规范种植。在土壤干湿度适中时,及时进行耕耙,耕耙深度不少于25厘米,做到土壤细碎、疏松、平整。采用高垄双行种植,大行距80厘米,小行距40厘米,株距18~20厘米,亩播5200株以上,确保亩有效株数不少于4500株,亩用种量200千克。在种植前清理好田块四周排水沟,按120厘米分墒,墒面宽80厘米,沟宽40厘米。播种时先开 50 厘米宽播种沟，按小行距 40 厘米，株距 20~25 厘米摆放好种薯，亩施硫酸钾 50 千克、钙镁磷 50 千克、尿素 40 千克、硫酸锌 1.2 千克、硼砂 1.2 千克。将所有肥料混合拌均匀撒在种薯四周，并尽量减少肥料与种薯接触。

2）覆盖秸秆。清沟培土覆盖种薯和肥料，见不到种薯和肥料时，覆盖玉米秸秆，一般可在种植沟内摆放 3~5 棵玉米秸秆，呈带状覆盖，然后培土，覆盖后培土的厚度 10~12 厘米，每亩覆盖玉米秸秆 400 千克。整平墒面后，选择对马铃薯无害的芽前除草剂喷施墒面，并及时覆盖地膜，盖膜时要拉紧、压严地膜。

3）田间管理。在马铃薯生长过程中根据土壤干湿度情况适时进行数次灌水，灌水深度不超过墒沟深度的一半，使土壤缓慢吸湿返潮，不能大水漫灌。每亩用辛硫磷颗粒 5 千克与化肥拌匀作底肥后一次性施入，防治地下害虫。薯苗出齐后及时进行第一次病虫害防治，用 58%的甲霜灵锰锌可湿性粉剂 800 倍液加 10%的高效氯氰菊酯乳油 2000 倍液交替喷雾，每隔 7 天喷一次，连喷 2~3 次预防马铃薯早晚疫病和防治地老虎危害。

试验结果：经多点测产，者后村覆盖玉米秸秆 3 亩，平均单产 2356.4 千克，商品薯率为 95%，比不覆盖玉米秸秆对照亩产 2014 千克，商品薯率 85%，增产 342.4 千克，增 17%，商品薯率增长 10%；文华村覆盖玉米秸秆 4 亩，平均单产 3116.6 千克，商品薯率为 96.5%，比不覆盖玉米秸秆对照亩产 2748 千克，商品薯率 91%，增产 348.6 千克，增 13.4%，商品薯率增长 8.5%；者吉村覆盖玉米秸秆 3 亩，平均单产 2156.7 千克，商品薯率为 87%，比不覆盖玉米秸秆对照亩产 1845 千克，商品薯率 80%，增产 261.7 千克，增 16.7%，商品薯率增长 15%（表 4-12）。

表 4-12 不同试验地产量

处理	地点	商品薯率（%）	单产（千克/亩）	商品薯率增长（%）	产量增长（%）
覆盖秸秆	者后村	93	2356.4	10	17
对照	者后村	83	2014		
覆盖秸秆	者吉村	87	2156.7	7	16.7
对照	者吉村	80	1865		
覆盖秸秆	文华村	97.5	3116.6	6	13.4
对照	文华村	91	2748		
平均				7.7	15.7

效益分析：玉米秸秆覆盖处理，亩投入成本 2580 元，其中种薯 540 元、化肥 320 元、地膜 80 元、工时 840 元、机耕费 200 元、农药 100 元、玉米秸秆 100 元、租地费 400 元。产值 5595.04 元（平均单产 2543.2 千克，单价 2.2 元/千克），净收入 3015.04 元。对照，亩投入成本 2360 元，其中种薯 540 元、化肥 320 元、地膜 80 元、工时 720 元、机耕费 200 元、农药 100 元、租地费 400 元。产出 4859.8 元（平均单产 2209 千克，单价 2.2 元/千克），净收入 2499.8 元。玉米秸秆覆盖处理比对照亩净收入增 515.24 元。

评价：采用秸秆覆盖技术，改善土壤的理化性状，以改善马铃薯薯块在土壤中的生长环境条件，从而提高单产，提高产值。在同等的栽培管理水平下，冬马铃薯采用秸秆覆盖技术，单产提高15%以上，商品率提高5%～10%。实现秸秆还田，提高土壤有机质含量，减少焚烧秸秆给环境造成不良影响，但需要有充足的秸秆和增加用工量。

推广价值：冬马铃薯玉米秸秆覆盖技术，既有一定的经济效益，又可促进秸秆还田，改善土壤的理化性状，提高土壤有机质含量，促进农业的可持续发展，有着很大的推广价值。

4.2.3.7 迪庆州高原冬马铃薯生产技术案例

试验名称：迪庆高原冬作马铃薯高垄双行地膜覆盖栽培技术试验案例。

试验时间：2012年11月至2013年6月。

试验示范地点：迪庆州香格里拉市尼西乡汤满村上社。

试验设计及执行人：闵康、张永妹、斯那七皮。

试验示范村自然环境及马铃薯生产情况：迪庆州香格里拉市尼西乡汤满村，海拔2685米，年平均气温16℃，年降水量650毫米，受金沙江河谷干热风影响，在该高海拔区域仍可种植冬马铃薯。年种植马铃薯面积为5000亩，马铃薯种植以市场热销鲜薯的品种为主，以往多为'中甸红'品种，单产为1800千克左右。近年来借助马铃薯体系平台逐步更换马铃薯新品种和应用了马铃薯高产栽培技术，目前种植面积较大的品种有'中甸红''丽薯7号''青薯9号'，单产也逐年提高，在2300千克以上。

试验背景：2016年迪庆州马铃薯种植面积达到9.60万亩，比2015年马铃薯种植面积增8700亩，单产1215.00千克，比2015年平均单产1241.72千克，亩减产26.72千克，总产达到11.66万吨，其中冬马铃薯4.50万亩，单产1290.00千克，总产7.10万吨；大春马铃薯5.10万亩，单产1140.00千克，总产5.81万吨。在总产11.66万吨中，农民自己留种（串换）3.0万吨，农民自食（包括饲料）及本地市场销售（串换）5.50万吨，种薯外销3.16万吨。

迪庆州高原冬作马铃薯以11月中下旬种植翌年6月收获，种植区域海拔在2100～2900米，是迪庆州马铃薯鲜薯上市最早的地区，往年正常上市时本地区市场已被外来（多数为丽江）马铃薯占据，已过最佳销售季节，市场价位趋于下滑，马铃薯销售收入只能靠马铃薯产量和品质，薯农销售收入偏低，经济效益不明显。迪庆州高原薯农能否有好的收成，就要从如何提早上市，打造本地品牌效应，如何提高马铃薯的产量和品质入手，为此开展迪庆高原冬作马铃薯高垄双行盖膜栽培技术试验示范，从而缩短马铃薯生育期，改善种薯结块条件，提高单产，提早上市，使薯农达到增产增收的目的。

试验方案及实施：

1）试验地选择。试验地选择在迪庆州香格里拉市尼西乡汤满村上社四块地，田块土质疏松，土壤肥力上等，有机质含量高，前作为玉米，无地下害虫，土壤为沙壤，土壤酸碱性6～6.5，有灌溉条件。

2）品种选择。迪庆高原冬作马铃薯种薯选用中早熟、抗逆性强、商品性好、适宜当地栽培条件的品种，以及薯农喜爱品种，此次试验选择'中甸红'和'青薯9号'，种薯质量符合《GB 18133—2012 马铃薯种薯》的规定，由迪庆州农业科学研究所提供的脱毒优质种，具有最佳发芽势的种薯，大小在30～60克，每亩用种量200千克。

3）整地和施肥。试验深耕细耙，在土壤含水量40%～60%时耕地，耕作深度25厘米，耕耙两次，每亩施农家肥 1500 千克，整碎土垡，使土壤颗粒大小适宜，结构疏散，土地平整。播种时穴施氮：磷：钾＝14：16：15 的复合肥，每亩 40 千克。

4）适时播种。播前一天晒种，选种，淘汰薯形不规整、表面粗糙老化及芽眼凸出、皮色暗淡、有虫眼或病斑等不良性状的薯块，减少种薯的病原菌，降低田间病害发生。

5）种植规范。按高垄双行盖膜栽培技术种植。种植时整地作垄按照地膜宽来定，以 1 米分厢起垄，地垄宽 70 厘米，沟宽 30，垄高 25 厘米，每垄穴播两行，种薯相互错开，小行距 40 厘米，株距 30 厘米，盖膜前起高垄并精细整地，肥料一次施足，复合肥施在两种薯之间，以防伤苗。盖膜时一定要拉紧铺平，地膜紧贴地表，每个畦上地膜用土压严压实，使地膜拉平伸展，绷紧，紧贴畦面把两边地膜拉紧，用土压严，畦沟不覆膜，留作蓄水，地膜用量为 8.5 千克。

6）田间管理。播种前 3 天灌水 1 次，2013 年 3 月 5 日出苗初期开始按需浅灌水 3 次，3 月 25 日第一次中耕除草培土，4 月 28 日第二次中耕除草培土，尽量把空行土培到种植行中，使墒面起垄高达 30 厘米，空行成沟，降雨集中时有利于排水。全生育期未发生病虫害，2016 年 6 月 5 日收获。

试验结果：测产结果为，4 块地亩产最低 3000 千克/亩，最高 3937.5 千克/亩，较农户田常规种植增产 27.66%～67.55%（表 4-13）。

表 4-13 迪庆州高原冬作马铃薯高垄双行地膜覆盖栽培技术试验示范收获情况表

试验地	面积（亩）	收获日期（月/日）	小薯产量＜50 克（千克）	中大薯产量≥50 克（千克）	合计（千克）	折合单产（千克/亩）	比对照增 千克	比对照增 %	位次
1 号	1.2	5/20	790.00	3450.00	4240.00	3534.00	1184	50.38	2
2 号	0.8	5/20	350.00	2800.00	3150.00	3937.50	1587.5	67.55	1
3 号	1.1	6/5	700.00	2600.00	3300.00	3000.00	650	27.66	3
4 号（CK）	1.0	6/18	350.00	2200.00	2550.00	2550.00	—	—	4

效益分析：

1）投入成本。种薯每亩 200 千克×2.00 元＝400.00 元；三元复合肥每亩 40 千克×4.50 元＝180.00 元；地膜每亩 7 千克×15.00 元＝105.00 元；高垄双行地膜覆盖栽培总投入 8 个工×100.00 元＝800.00 元；其他栽培总投入 12 个工×100.00 元＝1200.00 元。

2）效益分析。采用高垄双行地膜覆盖栽培技术种植的田块，鲜薯平均亩产为 3534.00 千克，比使用常规栽培 534.00 千克，增产率为 17.80%。地膜覆盖后可增温保湿防冻，可灌水防旱，能加快生育进程，比常规种植方式提早 30 天收获，还可以早上市销售，销售早，市场价比以往正常收获销售高，同一品种中大薯≥50 克鲜薯亩销售额为 5087.50 元，比无地膜覆盖亩增销售额 1978.41 元，新增率为 63.63%，经济效益显著，薯农增产增收。

马铃薯高垄双行地膜覆盖栽培可以增加土壤的通透性，促进薯块膨大，提高大薯比例，防止形成绿薯，从而提高马铃薯产量。因比常规栽培提早收获 10 天，亩市场销售也增 1861.82 元，增幅为 41.2%（表 4-14）。

表 4-14 迪庆州高原冬作马铃薯高垄双行盖膜栽培技术试验示范效益分析表

试验地	面积（亩）	中大薯产量≥50克（千克）	销售日期（月/日）	销售（元/千克）	销售金额（元）	投入成本（元）	亩净收入（元）	比对照亩增销售	
								元	%
1号	1.2	3450	5/22	2.2	7590	1485	5087.50	2907.50	133.37
2号	0.8	2800	—	2.2	6160	1485	5843.75	3663.75	168.06
3号	1.1	2600	6/1	2	5200	1780	3109.09	929.09	42.62
4号（CK）	1	2200	6/2	1.8	3960	1780	2180.00		

注："—"表示销售日期不能确定。

评价：应用迪庆州高原冬作马铃薯高垄双行地膜覆盖栽培技术种植马铃薯，土壤湿度高，含水量增加，促进了养分转化吸收，有利于马铃薯的生长发育，可提早出苗10天，早开花15天，早成熟20天，不影响马铃薯生长还可起到增产和养地的作用。应用技术简明，操作性、实用性强，薯农容易接收，增产性高、增收明显，易于推广应用，从而改善地区马铃薯种植结构，提高了地方马铃薯产业化发展。

马铃薯产业技术体系迪庆试验站通过2012年迪庆高原冬作马铃薯高垄双行盖膜栽培技术试验，达到增产增收，经济效益明显，自2013年起在尼西乡汤满村积极推广应用此技术，2016年全村种植马铃薯5000亩，应用该技术面积达4500亩，其余500亩因排灌条件差、田块不规则而进行常规栽培。2016年该技术在迪庆冬作区普及推广应用，让一方农民尝到了甜头，香格里拉市尼西乡早春马铃薯已成为地方特色产业，发展前景广。此技术的推广应用，表明了马铃薯产业技术体系迪庆试验站的科技推广效果明显，提高了技术支撑的能力，发挥了体系的核心作用。

4.2.4 秋作马铃薯栽培技术案例

云南大春马铃薯生产46.6多万公顷，冬作18万公顷，秋作6.6万公顷，依靠种植面积扩大大春马铃薯种植，已经不可能，要推进马铃薯产业发展，秋马铃薯发展空间较大，并且具有重要意义，一是全省烤烟生产区、果园始果期、早熟玉米地，实行间套作种植均可发展秋马铃薯种植。二是增加农户收入，秋马铃薯收获于12月至次年1月，鲜薯较少，效益较高，种植秋马铃薯实现亩产值800~1700元。三是随着人口增加，粮食安全已引起社会关注，发展秋马铃薯生产，可提高复种指数，增加粮食，每亩可以产粮150~500千克（按1∶5折算），同时增加农民收入。发展秋马铃薯，播种期田间湿度较大，高温，易造成烂种；生长期高温高湿，晚疫病发生较重；薯块膨大期常遇干旱，薯块小；需开展研究，形成秋马铃薯高产栽培技术。

试验名称：秋马铃薯高产栽培技术。

试验时间：2008~2014年。

试验地点：云南省陆良县。

试验设计及执行人：陈建林、徐春秀、吴勤芬、邵艳、许石昆、朱建良。

试验点地理气候概况：陆良县位于北纬24°44′~25°18′，东经103°23′~104°02′。境内海拔1840米。属亚热带高原季风型冬干夏湿气候区，年平均气温14.7℃，年降雨量为900~1000毫米。

试验方案及实施：

1）开展地形选择。在秋马铃薯种植区，开展不同地理位置调查冻害情况。

2）开展播种期试验。烤烟套种秋马铃薯试验，地点为陆良县大莫古镇烂泥沟村委会。试验设计 5 个处理，分期播种。每隔 10 天播一期，于 8 月下旬播完。即：处理①7 月 15 日播种。处理②7 月 25 日播种。处理③8 月 4 日播种。处理④8 月 14 日播种。处理⑤8 月 24 日播种。

3）早熟玉米地套种秋马铃薯试验。地点为陆良县召夸镇召夸村委会。试验设计 4 个处理，分期播种。每隔 10 天播一期，于 9 月上旬播完。即：处理①8 月 2 日播种，处理②8 月 15 日播种，③8 月 25 日播种，④9 月 7 日播种。其余均与大面积相同。

4）开展马铃薯晚疫病药剂试验。试验地点小百户镇炒铁村 2 组。海拔 1870 米，土壤为红壤土，肥力中等，前作烤烟，8 月 9 日播种，亩播种量 220 千克，底肥亩用马铃薯复混肥 200 千克，不用追肥，田间管理按常规进行设 4 个处理，1 个对照（表 4-15）。

表 4-15 试验处理

处理代号	试验处理
处理 A	1. 播种时，在正常施肥及正常管理的基础上，以优美达 2 千克/亩作为种肥与马铃薯同时施入 2. 马铃薯播种后覆土前用西普达 75 克/亩兑水喷沟 3. 马铃薯晚疫病发病初期，诺凡 1000 倍喷雾
处理 B	1. 播种时，在正常施肥及正常管理的基础上，以优美达 2 千克/亩作为种肥与马铃薯同时施入 2. 马铃薯播种后覆土前用西普达 75 克/亩兑水喷沟 3. 马铃薯晚疫病发病初期，诺凡 1500 倍喷雾
处理 C	1. 播种时，在正常施肥及正常管理的基础上，以优美达 2 千克/亩作为种肥与马铃薯同时施入 2. 马铃薯播种后覆土前用西普达 75 克/亩兑水喷沟 3. 马铃薯晚疫病发病初期，诺凡 3000 倍喷雾
处理 D	1. 播种时，正常施肥及正常管理 2. 马铃薯晚疫病发病初期，银法利 600 倍喷雾
处理 E	对照（CK）播种时，正常施肥及正常管理

5）薯块膨大期滴灌。如薯块膨大期遇干旱，滴灌 1~2 次。

试验结果：

1）地形调查结果。冷空气流动方向总是由北向南，冷空气产生的冻害背风处低于向风处，流走处低于逗留处，北高南低低于南高北低地形，高地低于低凹，冻害发生至少低于 75%概率，受冻程度低于 35%左右。

2）播期结果。烤烟套种秋马铃薯在每年 7 月 20~30 日种植较好，亩产可达 1120.84 千克。早熟玉米地套种秋马铃薯适宜在 8 月 15~25 日播种，亩产可达 1607 千克。

3）防治马铃薯晚疫病。马铃薯播种后覆土前用西普达 75 克/亩兑水喷种薯和喷沟；或播种时用优美利，在正常施肥及正常管理的基础上，以优美利 2 千克/亩作为种肥撒在种薯上。初见马铃薯发病时用诺凡 1000 倍液防治，能明显控制住马铃薯晚疫病。亩产达 2606.24 千克，比对照亩增产 593.06 千克，增产率高达 29.46%；与对照相比亩增产值 1482.65 元，除去亩成本 297.50 元，亩纯增产值 1185.15 元。

4）薯块膨大期滴灌。如薯块膨大期遇干旱，进行滴灌 1~2 次，最高亩产 3509 千克，比对照亩产 2564 千克，增 945 千克，增 36.85%。

效益分析：

1）传统的栽培方式投入和产出。亩投入成本 730 元，包括种薯 300 元、化肥 130 元、工时 300 元，亩产 1222.3 千克，亩产值 2343.7 元，亩净收益 1613.7 元，均不防控。

2）全程防控投入产出。亩投入成本 1190 元，包括种薯 300 元、化肥 170 元、农药 240 元、工时 480 元，亩产 2491.8 千克，亩产值 4821.8 元，亩净收入 3631.8 元。

3）与同季其他作物比较。小麦投入化肥 50 元、种子费 40 元、工时费 200 元、农药费 30 元，合计 320 元；亩产 250 千克，亩产值 550 元，亩净收入 230 元。

推广价值： 2014~2015 年累计推广该技术 13 万亩，平均亩产 1986 千克，比传统种植秋马铃薯亩产 1158 千克，增 828 千克，每千克以 1.8 元计算。新增产量 = 13×828 = 1.0764 亿千克，降低生产成本（降低农药使用）：13×140 = 1820 万元，新增效益 = 10764×1.8+1820 = 2.1195 亿元。

因此，秋马铃薯种植较同季其他作物有较高的收入，但需要有技术支持，可采用本试验全程晚疫病防控技术。

秋马铃薯栽培技术要点：

1）生态适宜区选择。马铃薯生产时期，处于 7 月中旬至 12 月，播种期高温高湿，薯块的膨大期秋分节令（9 月下旬）至 11 月下旬，生育期长的品种到 12 月上旬。从霜降节令开始，轻霜及冷空气逐渐加大，持续到 11 月中下旬。重霜到来，马铃薯苗被冻死。因此种植地势选择北高南低，防止冷空气逗留，滞留，减轻冻害。选择耕作层深，土壤疏松、肥沃、土层深厚，土壤沙质微酸性的平地与缓坡地，排水要畅，有利于沥水，减轻因高温高湿而烂种。所以，秋马铃薯种植以海拔 1700~2000 米为宜。

2）品种选择。秋马铃薯种植，以外销商品薯和春作区需种为主，选择品种以薯形光滑，能适应外地消费，又能作为大春种植的品种，品种以早熟和中熟品种为主。目前种植最好品种主要是'会-2''合作 88''丽薯 6 号'等品种。

3）种薯准备。秋马铃薯种薯绝大部分是当年收获的冬早马铃薯，收获冬早马铃薯作秋种种薯时需注意，一是在种薯生产区，在现蕾开花期保纯度；二是种薯调出区，看有无土传病害，用水稻田繁殖的种薯带菌率较低，旱地繁殖的种薯带菌率略高，带菌率高，严禁调运。秋马铃薯种薯也有少部分是春作区收获的马铃薯，同样要把好质量关。

4）种薯处理。选用冬早马铃薯做种薯的，在秋马铃薯种植时，绝大部分出芽。用收获春作区的马铃薯作种薯，因现挖现运现种植，马铃薯还处于休眠期，要进行催芽播种，催芽方法跟冬早马铃薯催芽一样。催芽过程中，凡发现环腐病、晚疫病、块茎蛾、青枯病等不同症状的薯块，进行清除，确保健康种薯播入田间。种薯大小一律用 20~30 克的整薯，严禁用大种薯切块种植，切块的种薯在高温高湿的条件下，易被病菌浸染，烂种可高达 45%。

5）适时播种。马铃薯播种期，随海拔升高，播种须提前。以海拔 1850 米为界，海拔 1850 米以下，在立秋节令后种植，海拔 1850 米以上，在立秋节令前种植，播种时限为 20 天，确保早霜到来之前，马铃薯度过膨大期。

6）种植规格。净种马铃薯田块，因品种有差异，一般分枝差，主茎数差而少的品种，种植密度在 4500~5000 株，相反的品种 4000~4500 株，种植规格以 2 米理墒，墒面种植 5 行马铃薯。套种田块，一般选择烤烟地或早熟包谷地，在烤烟墒面及早熟玉米墒面上，进行种植，亩播种密度为 4400 株。

7）大田种植。秋马铃薯种植净种选用地块为空闲地，甜脆玉米、鲜大豆、青贮饲料早收获的地块，这些作物收获后，及时清除秸秆和人工拔除杂草，进行翻耕，按 1.8 米一墒理墒播种四行。播种可以人工打塘，人工理沟，进行人工播种，也可以用牛通沟播种，播种深度为 8 厘米，比春作区播种浅，促进早生快发。播种时，一边摆种，一边施入化肥，严禁接触种薯，每亩用农家肥 1000 千克盖种，再覆盖土。套种秋马铃薯，在播种时，严禁施种肥，种肥导致前作恋青，马铃薯出苗后，结合清除秸秆，追肥再培土。

8）田间管理。净种秋马铃薯除草随前季作物一边收获，一边拔除杂草，马铃薯出苗时，田间仍然还有杂草，应适当进行人工薅锄、培土。套种秋马铃薯因前作没有收获，早熟玉米地、烤烟地田间杂草量较大，在播种前 15 天内，进行人工拔除和铲除。烤烟地也可以在秋马铃薯播种时或播种后 3 天内，用专用除草剂精喹禾灵除草剂进行灭草和除草。前作玉米、烤烟收获后，要立即铲出秸秆，追肥进行中耕培土，培土不要摘去薄膜，有利于保墒，防止后期干旱。

在云南，秋马铃薯播种后，降雨量逐渐减少，如果前期降雨量少，中后期无降雨，幼薯至薯块膨大期，田间水分极为不够，不能满足薯块膨大期对水分需求，而导致减产，减产高达 50%~100%。如薯块膨大期水分得到满足，可实现亩产 3 吨左右。在有水源的地方对小墒净种秋马铃薯的地块，可采取抽水方式，用软管，抽水浸灌，4~6 天一次；对田烟田种植秋马铃薯，采取沟灌，一般 3~5 天一次，均可满足马铃薯对水的需求，早霜来临，马铃薯苗死亡，不进行灌溉。

秋马铃薯是病虫发生最少时期，但仍有真菌、细菌、线虫等病害和块茎蛾。防治方法是：秋马铃薯播种处于立秋节令前后，病害发生早，净种秋马铃薯和早熟玉米地套种秋马铃薯，播种时用西普达"喷一喷"（马铃薯播种后覆土前用西普达 75 克/亩兑水喷种薯和喷沟）；其次用的优美利"撒一撒"（播种时，在正常施肥及正常管理的基础上，以优美利 2 千克/亩作为种肥撒在种薯上）；最后，初见马铃薯发病时再用诺凡药剂（1000 倍液防效最佳）"防一防"。

9）收获。秋马铃薯收获期处于降雨量极少时期，但早晨温度低，有时夜间下霜，收获尽量选择在上午 10：00 以后进行。挖收的马铃薯按等级分包，大薯作商品薯出售，健康小薯留作春作区马铃薯种薯。

评价：该技术在秋马铃薯适宜区能取得较好效益。在海拔 2000 米以上地区，由于早霜危害，不适宜使用；海拔 1700 米以下地区，气温较高，不利于生长，也不适宜。

4.3 其他栽培技术案例

4.3.1 宣威市马铃薯玉米"4套4"栽培技术案例

试验名称：宣威市马铃薯玉米"4套4"栽培技术案例。

成果总结人：徐发海。

技术背景：宣威市土地面积6075平方公里，其中耕地面积235.8万亩。马铃薯产业已成为当地保障粮食安全、促进农民增收和农村经济发展的重要支柱产业。马铃薯在宣威已有上百年的种植历史，种植区域主要分布在海拔1900~2300米的山区和半山区。常年种植面积达5万亩以上的有热水镇，3万亩以上的有羊场、宝山、倘塘、龙场、板桥等10个乡（镇）；2万~3万亩的有12个乡（镇），1万亩以下的有4个街道办事处。马铃薯套种玉米是充分利用土地资源来实现粮食增产增收的重要途径，坝区乡镇有马铃薯和玉米套作的种植习惯。宣威市于20世纪70年代就开始了马铃薯套作玉米试验示范，到现在已应用了40多年，通过不断改进、集成，增产增收效果显著，还可增加光合利用率，特别是把马铃薯和玉米进行"4套4"种植，是充分利用高矮作物不同生长期进行搭配，发挥农作物调节作用和边行优势，充分利用有限的土地资源，提高土地综合生产能力，增加了通风透光带，有利于降低田间病虫害的发生危害、减少化学农药用量、控制农业环境污染、农机农技结合、降低劳动强度，是一项确保粮食安全、生产绿色食品、节本增效、提高产量、品质的重要栽培模式。马铃薯玉米"4套4"栽培技术要点如下。

1）土壤选择。马铃薯是不耐连作的作物，马铃薯套种玉米的地块应选择轮作换茬、土地平整、土层深厚、肥沃、保水、保肥性能好、排灌方便的壤土种植玉米、马铃薯。

2）精细整地。要求深耕细耙，墒平垡细，无残留物，保证全塘、全苗。

3）选用良种。选用品质优良、丰产稳产、抗病性强、市场前景好的脱毒马铃薯。植株适中，中早熟较好，如'宣薯2号''云薯801'等株高低于80厘米的品种。拣种薯时剔出带病虫的、破烂的、畸形的薯块，并选择大小适中（50~100克）的整薯作种。玉米品种选用生育期适中、高产、优质、抗逆性和抗病性强，株型紧凑或半紧凑的杂交玉米良种如'宣黄单4号''宣黄单5号''宣宏2号''华兴单7号''云瑞505'等品种。

4）适时播种。马铃薯在3月上、中旬播种。海拔在1900米以上地区，在3月中旬至4月上旬播种玉米；1900米以下地区，在4月中旬至5月上旬播种完玉米最适宜。

5）规范种植。马铃薯与玉米套种模式为"4套4"，即马铃薯4行、玉米4行，播幅420厘米。马铃薯4行等行距连种，马铃薯之间的行距50厘米，株距30厘米，亩种植2100株。玉米采用地膜覆盖"凹塘"或"W形"集雨抗旱栽培种植，即宽窄行种植4行，大行距70厘米，小行距40厘米，株距17厘米，玉米出苗后，间苗定苗留单株，密度3700株/亩。

6）肥水管理。马铃薯播种时施足底肥，农家肥、氮、磷、钾配合施用，一般不追肥。亩施农家肥1500~2000千克，测土配方马铃薯专用复合肥40~60千克。玉米底肥施用方法有条施、撒施和穴施三种，一般以条施效果较好。通常施充分腐熟细农家肥1000~1500

千克，玉米配方专用肥 40~60 千克。追肥必须深施，分两次进行，第一次在六至七叶期，亩追施尿素 15~20 千克或碳铵 40~60 千克；第二次在大喇叭口期，亩追施尿素 30~40 千克或碳铵 100 千克。玉米需水量较大，但也不耐涝，遇到天气干旱时结合施肥进行浇水，遇涝时也要及时进行排水。

7）病虫害防治。马铃薯出苗后，加强田间管理，6月下旬至8月，是马铃薯晚疫病的高发期，以预防为主，防治为辅。第一次以防为主，现蕾期用大生 M-45 600-800 倍液预防；第二次在开花期喷施用 70%安泰生可湿性粉剂 500 倍液+金雷 700 倍液进行防控；第三次用银法利 800 倍液进行防控。如暴发晚疫病，应及时调整防治措施，增加喷药次数 1~2 次，各种农药交替使用，间隔时间 7~10 天。玉米病虫害主要有锈病、大斑病、小斑病、灰斑病、地老虎、黏虫、螟虫等，以农业防治为主，化学防治为辅，在选用抗病品种、实施规格化间套种植、合理施肥的基础上，适时、适量选用低毒、低残留的对口农药防治，并严格控制使用剧毒、高毒、高残留的农药，确保玉米的安全品质。

8）适时收获。马铃薯茎叶死亡后 1 个月收获，表皮层木栓化，有利于运输和储存。收获时应该选择晴天，锄挖从垄的两边挖，避免挖烂块茎。挖出的块茎先摊在地里，晾晒一段时间待表皮干燥后，土壤与块茎分离，进行分级，再装袋或装车运输。玉米完熟期籽粒饱满，在生理上达到完熟，此时选择晴天及时收获，产量较高。

适宜区域：马铃薯玉米"4 套 4"栽培技术，要考虑玉米和马铃薯的生长气候，适宜海拔 1900~2100 米的大春马铃薯、玉米产区。

评价：玉米和马铃薯"4 套 4"种植模式有效利用植物病害流行学原理，从时空上阻断了玉米锈病、马铃薯晚疫病菌在田间的传播，控制了病害流行。"4 套 4"形成了条带轮作，有效解决了土地面积有限带来的轮作障碍问题。同时保障了农业生产的收入，是一项生态环保的实用技术，值得在海拔 1900~2000 米地区推广应用。

4.3.2 低纬高原冬早马铃薯防霜冻栽培技术案例

试验名称：低纬高原冬早马铃薯防霜冻栽培技术案例。

试验时间：2009~2011 年。

试验地点：云南省陆良县芳华镇后所村 2 社，沾益县西平镇大营村，师宗县五龙乡狗街村。

试验设计及执行人：陈建林、钱彩霞、吴琼芬、董学敏。

试验点地理气候概况：陆良县芳华镇后所村 2 社，海拔 1850 米，年降雨量为 1000~1100 毫米，沾益县西平镇年降雨量 1000 毫米，年平均气温 14℃，平均海拔 1860 米左右，属高原湖盆地形区，亚热带高原季风气候。五龙乡位于师宗县东南部，地形呈西高东低走势，最高海拔 2326.1 米，最低海拔 737 米，属典型的亚热带低热河谷槽区，试验地海拔 1650 米。年平均气温 18℃，年平均日照 1470~1650 小时，年无霜期 340 天，年平均降雨 1250~1600 毫米，空气相对湿度 80%，年活动积温 4500~4700℃，气候宜人，适宜农作物生长。

研究背景：曲靖冬作马铃薯种植区处于低纬高原种植区，常年播种面积达 3.7 万公顷，主要用于鲜食、菜用以及秋播马铃薯种薯。曲靖市冬作马铃薯的播种时间一般为每年的

10月中旬至次年的1月上旬，营养生长期和幼薯期常常遭受霜冻，造成冬作马铃薯减产。而曲靖市秋作马铃薯种植面积达2.4万公顷，种薯需求量大，冬作马铃薯种植面积大小和产量多少很大程度影响秋作马铃薯种薯的供应以及冬作马铃薯市场。为了降低冬作马铃薯霜冻造成的损失，提高冬作马铃薯种植效益，经过多年试验研究形成了低纬高原冬作马铃薯防霜冻栽培技术。

试验方案及实施：

1）开展地形选择调研。在冬作马铃薯种植区，开展不同地理位置调查冻害情况，选择合适地点种植冬作马铃薯。

2）陆良县2009年冬作马铃薯霜冻追肥试验。试验采取随机区组设计，设9个处理，3次重复，27个小区，小区面积12.06平方米。马铃薯受冻后，亩追尿素2千克，4千克，6千克，8千克，10千克，12千克，14千克。供试品种'合作-88号'，试验位于陆良县芳华镇后所村2社陈自忠家田块。

3）沾益县2010年冬作马铃薯抗击霜冻试验模拟性试验。试验采用3次重复，随机区组，小区面积0.02亩，种植密度为4000株，于12月20日播种，采用免耕稻草覆盖种植。处理1，对照。处理2，在小春马铃薯出苗后，3月4日，剪去主茎。处理3，在小春马铃薯出苗后，3月4日，剪去主茎，喷施20毫克/升赤霉素溶液40千克/亩。处理4，在小春马铃薯出苗后，3月4日，剪去主茎，在现蕾开花期4月12日，每亩追施20千克尿素。供试品种'会-2'。底肥施用农家肥2000千克/亩，复合肥60千克/亩，处理4增施追肥尿素20千克/亩。于2009年12月20日播种，2月20日至3月10日放苗，3月4日拔除主茎，4月12日追肥，4月29日收获。灌水4次。

4）师宗县2009年冬早马铃薯受冻病害防控试验。冬早马铃薯受冻后，叶片浅绿而黄，易导致早疫病及晚疫病发生，甚至枯死，采取甲霜灵锰锌+硫酸锌+硼肥进行同田对比喷施。

试验结果：

1）地形选择。冷空气由北向南流动，冷空气产生的冻害背风处低于迎风处，流走处低于停留处，北高南低低于南高北低地形，高地低于平地，冻害发生至少低于75%概率，受冻程度低于35%左右。

2）冬作马铃薯受冻追肥试验。马铃薯受冻后，及时追肥，每公顷追尿素150千克，效果较好，比不处理增产25%以上。

3）冬作马铃薯抗击霜冻模拟性试验。通过数据分析，马铃薯苗期受冻较重死苗后，减产达34.9%，如进行抗灾处理，可挽回损失20.5%。马铃薯苗期受冻不重，减产达26.1%，如进行抗灾处理，可挽回损失12.1%（表4-16）。

表4-16 沾益县2010年冬马铃薯抗霜冻试验结果

处理	小区产量（千克）					折合单产（千克/亩）	较对照增产（千克）	较对照增产率（%）
	I	II	III	合计	平均			
处理1（对照）	13.3	8.7	5.8	27.8	9.3	463.3		
处理2	7.4	6.8	3.9	18.1	6.0	301.7	−161.6	−34.9

续表

处理	小区产量（千克）					折合单产（千克/亩）	较对照增产（千克）	较对照增产率（%）
	Ⅰ	Ⅱ	Ⅲ	合计	平均			
处理3	6.7	7.4	4.6	18.7	6.2	311.7	−151.6	−32.7
处理4	9.8	6.7	7.3	23.8	7.9	396.7	−66.6	−14.4
合计	37.2	29.6	21.6	88.4	29.5			
平均	9.3	7.4	5.4	22.1	7.4	368.3	−126.6	−27.3

4）师宗县五龙乡冬早马铃薯受冻病害防控试验。2009年师宗五龙冬早马铃薯受冻后，叶片浅绿而黄，采取甲霜灵锰锌每隔7天喷施，一共两次，每亩喷施硫酸锌1千克、硼肥0.5千克，能有效防治冬早马铃薯受冻后，叶片枯死，并转为正常生长，进行同田对比测产，亩增产17%以上。

产量效益分析：以上试验表明，在苗期和现蕾期剪去主茎后，喷施赤霉素、追施尿素以及适量浇水，都能有效提高冬马铃薯受冻恢复生长能力，平均可挽回产量损失20%～30%。冬马铃薯现蕾期剪去主茎，能平均亩挽回损失276.4～525.1千克，减少损失16.45%～31.25%，扣除生产成本后，每亩可挽回收益414.6～787.65元。花期剪去主茎后，能平均亩挽回损失56.7～195千克，挽回损失10.25%～35.24%，每亩可挽回收入85.05～292.5元。

低纬高原冬早马铃薯防霜冻栽培技术要点：

1）栽培技术要点：①选地整地，为了减轻冷空气对马铃薯影响，种植生态选择以北高南低，防止冷空气逗留、滞留，减轻冻害。选择耕作层深，土壤疏松、肥沃、土层深厚，土壤沙质微酸性的平地与缓坡地，排水要畅，能浇灌的地块，以防治冬春干旱不能浇水或浇水后不能排水，给冬早马铃薯生长带来损失。整地需深耕耙平，做到碎垡，捡出秸秆，防止秸秆及杂物对覆盖薄膜造成破损。②精选种薯，冬早马铃薯一般作为菜用，应选择表皮光滑、薯形好，并且适合本地种植，不影响下茬栽培的品种，现大面积种植的品种有'合作88''会-2''脱毒米拉''宣薯2号''中甸红''丽薯6号''靖薯2号'等。挑选不带菌的薯块20～30克作种薯，一般带芽整薯播种。③开沟理墒、浅播种植，冬早马铃薯种植墒面一般2米开墒，墒面1.8米，实现打塘种植，每个墒面种5行，亩播种4500～5000株，塘深以摆种薯和农家肥后，农家肥与塘口持平为宜，略盖土。④适时播种，配方施肥量，每亩施农家肥1500千克，施配方肥13∶9∶7，合计量130千克。⑤地膜覆盖及放苗，通常选2米宽、厚0.008毫米地膜进行覆盖。马铃薯播种后15～20天开始出苗，要勤检查，防止马铃薯顶膜后烧苗，要按时破膜放苗。

2）冬早马铃薯防霜冻措施：①看天气防止霜冻，霜降季节开始，到3月30日，下霜天气随时都可能发生。如果白天天气晴朗，傍晚过热，夜间下霜，应该及早在田间堆积秸秆物，夜间1∶00～2∶00，开始燃烧秸秆，防止霜冻十分有效。②马铃薯受霜冻后，造成马铃薯损失严重，苗期受冻，轻则造成黄叶，重则造成死苗，死苗可造成减产达30%。现蕾初花期，受冻造成枝叶死亡，减产可达70%。因此，马铃薯受冻处理措施是排水提温、调节营养、药剂护理刺激生长等措施。排水提温：马铃薯不管在哪个时期受冻，气温较低，土壤中水分温度较低，易造成马铃薯冻害。此时应抓紧开沟排水，排出田间静态冷水，以便提高田间的温度，同时，放入河水及水库水，利用水交换热量原理，提高地温，可挽回损失 25%。调节营养、药剂护理：马铃薯遭受霜冻后，轻的叶片淡黄，心叶萎缩，表现缺锌、缺硼现象突出，应抓紧补充锌肥和硼肥，每亩施锌肥 1 千克、硼肥（硼砂）不低于 0.5 千克。同时叶片受冻后，抵抗病菌的能力较弱，往往晚疫病爆发，应抓好防治晚疫病工作，用甲霜灵锰锌或银法利间隔 7 天防治晚疫病 2 次，可增产 17%左右。补充营养、刺激生长：马铃薯遭受严重霜冻后，植株茎叶枯死，仅茎基部主茎侧芽还有生命力，如出现此情况，用剪刀剪去主茎及叶片，用赤霉素 15~20 毫克/升的溶液对塘喷施，促进早生快发，侧芽萌发后，及时补充作物营养，每亩追施尿素 10 千克，可实现增产 25%。

评价：该技术系统地研究冬早马铃薯栽培技术，在冬早马铃薯如遇霜冻危害，采取措施，能取得较好效益。低纬高原冬作马铃薯防霜冻栽培技术有力地推动冬早马铃薯发展，冬早马铃薯由 2010 年 2.33 万公顷发展至 2015 年 3.66 万公顷，为农民增收，为农业农村经济发展做出了贡献，可挽回损失 25%以上，曲靖市 2014 年每年推广面积 3.66 万公顷，3 年累计 10.99 万公顷，亩产 1828 千克，亩增 30%，增 548.4 千克，以每千克 1.5 元计算。扣除每亩施锌肥 1 千克 3.5 元，硼肥 6 元，尿素 15 元，银法利 12 元，工时费 40 元，合计 76.5 元。新增产量 = 165×548.4 = 9.0486 亿千克，新增效益 = 165×（548.4×1.5−76.6）= 12.3090 亿元。该技术 2016 年被云南省农业厅列为云南主推技术。

4.3.3 大理州鹤庆县桑园间种马铃薯品种比较试验案例

试验名称：大理州鹤庆县桑园间种马铃薯品种比较试验案例。

试验时间：2016 年。

试验地点：鹤庆县金墩乡邑头村。

试验设计及执行人：赵彪、杨雄、杨艳丽、洪正杰、杨金顺、谢春霞。

试验点地理气候概况：鹤庆县金墩乡邑头村海拔 2200 米，年无霜期 210 天，常年初霜期为 11 月上旬，终霜日为 4 月中旬，秋季气温下降快，冬季气温回升慢。

研究背景：大理州有近 10 万亩桑园，由于桑树的生长期为每年的 3~9 月，其他时间为空闲期，桑园内长满杂草。秋季桑园进行伐条、挖桑沟，春季进行追肥培土等管理。为了充分利用桑园空闲时间，在桑园中间作一季早春马铃薯，提高土地利用率，增加桑园的产出率，增加桑农的经济收入。为此，在鹤庆县金墩乡邑头村的桑园中，间种不同品种的马铃薯试验，以期筛选出适合大理州桑园种植的马铃薯新品种，为大面积推广提供依据。2016 年云南省现代农业马铃薯和蚕桑产业技术体系联合，在大理州鹤庆县开展该试验，同时用'丽薯 7 号'进行小面积示范。

试验方案及实施：

1）试验设计。采用随机区组设计，重复 3 次，行距为桑树的行距 1.33 米，株距为 0.2 米，行长 6 米，小区面积 15.96 平方米，折合 0.024 亩。每小区种植 2 行，每行种植 30 个薯块，每区种植 60 个薯块。

2）参试品种（系）分别为'宣薯2号''宣薯5号''宣薯6号''11号''凤薯6号''B4''52号''丽薯7号'。由宣威市农业技术推广中心、大理州农业科学院和丽江市农业科学研究所供种。

3）试验过程。试验于2016年1月26日播种，每小区施入农家肥25千克（折1042千克/亩），每小区施入硫酸钾2千克（折合83千克/亩），每区施入三元复合肥2.2千克（折合92千克/亩），播种后覆土加盖塑料薄膜。4月10日试验零星出苗，4月15日灌水，4月18日揭膜。6月6日收获。桑树正常管理，照样摘桑叶喂蚕。

试验结果与分析：产量结果见表4-17～表4-21。通过实收，8个参试品种（系），商品薯476～944千克/亩，比'丽薯7号'增产的有6个品种（系），即'宣薯2号''宣薯6号''11号''凤薯6号''B4'和'52号'，增产28～467千克/亩，增产5.67%～98.1%。产量结果经方差分析，品种间产量差异达极显著水平，区组间产量差异达极显著水平。

品种（系）间产量差异经多重比较，结果为：'宣薯6号'产量居第一位，它与'11号'和'宣薯2号'之间产量差异不显著，显著地比'B4'和'宣薯6号'增产，极显著地比'52号'、'丽薯7号'和'宣薯5号'增产。'11号'产量居第二位，与'宣薯2号'之间产量差异不显著，显著地比'B4'和'宣薯6号'增产，极显著地比'52号''丽薯7号'和'宣薯5号'增产。'宣薯2号'产量居第三位，显著地比'B4'和'宣薯6号'增产，极显著地比'52号''丽薯7号'和'宣薯5号'增产。'B4''宣薯6号''52号''丽薯7号'和'宣薯5号'之间产量差异不显著。

区组间产量差异达极显著水平，说明桑园的土壤肥力和小气候差异显著，导致试验区组间马铃薯产量差异显著。亩产量居前三位的'宣薯6号''11号'和'宣薯2号'之间产量差异不显著，增收效果都很明显，但它们的生育期较长，种植生长量较大，收获时仍然处于盛花期，桑树生长量也较大，桑园荫蔽，通风透光性差。'B4'和'宣薯6号'增收效果较差，但是，它们早熟，种植较为矮小，收获时基本成熟，它们可充分利用桑园前期桑树生长量小，桑树间通风透光性好的有利条件，尽快形成一定的生物产量和经济产量，不影响桑树间通风透光。马铃薯收获后，茎叶可作为桑树的有机肥，不影响桑园的追肥、培土等管理。'丽薯7号'较早熟，薯块膨大的速度较快，但是，增收效果较差，植株较高大，影响桑树的通风透光。

表4-17 马铃薯产量统计表

品种	重复	收获株数（株）	大中薯（千克）	小薯（千克）	合计（千克）	商品率（%）	亩产（千克）
宣薯6号	1	26	23.1	5.5	28.6		
	2	37	14.1	2.8	16.9		
	3	33	17.8	4.5	22.3		
	合计	96	55.0	12.8	67.8		
	平均		18.33	4.27	22.60	81.12	944.1

续表

品种	重复	收获株数(株)	大中薯(千克)	小薯(千克)	合计(千克)	商品率(%)	亩产(千克)
11号	1	33	20.8	5.3	26.1		
	2	39	17.4	3.4	20.8		
	3	47	17.2	3.6	20.8		
	合计	119	55.4	12.3	67.7		
	平均		18.47	4.19	22.57	81.83	942.8
宣薯2号	1	21	22.0	5.3	24.9		
	2	7	16.6	3.4	18.9		
	3	27	18.2	3.6	21.5		
	合计	55	56.8	12.3	65.3		
	平均		18.93	2.83	21.77	86.98	909.4
B4	1	48	14.5	3.7	18.2		
	2	40	10.6	3.1	13.7		
	3	48	14.6	2.7	17.3		
	合计	136	39.7	9.5	49.2		
	平均		13.23	3.17	16.40	80.69	685.1
宣薯6号	1	44	16.7	3.5	20.2		
	2	53	10.6	3.1	13.7		
	3	41	8.8	4.7	13.5		
	合计	138	36.1	11.3	47.4		
	平均		12.03	3.77	15.80	76.16	660.0
52号	1	48	13.7	4.4	18.1		
	2	48	8.1	2.4	10.5		
	3	39	4.9	2.8	7.7		
	合计	135	26.7	9.6	36.3		
	平均		8.9	3.2	12.10	73.55	505.5
丽薯7号	1	25	10.3	2.0	12.3		
	2	23	12.1	2.1	14.2		
	3	30	7.7	0.1	7.8		
	合计	78	30.1	4.2	34.3		
	平均		10.03	1.4	11.43	87.76	477.5
宣薯5号	1	40	7.1	3.8s	10.9		
	2	26	8.6	4.5	13.1		
	3	32	5.1	5.1	10.2		
	合计	98	20.8	13.4	34.2		
	平均		6.93	4.47	11.40	60.82	476.2

表 4-18 产量计算表

品种	重复Ⅰ产量（千克）	重复Ⅱ产量（千克）	重复Ⅲ产量（千克）	合计（千克）	亩产（千克）
宣薯 6 号	28.6	16.9	22.3	67.8	944.1
11 号	26.1	20.8	20.8	67.7	942.7
宣薯 2 号	24.9	18.9	21.5	65.3	909.4
B4	18.3	13.7	17.3	49.2	685.1
凤薯 6 号	20.2	13.7	13.5	47.4	660.0
52 号	18.1	10.5	7.7	36.6	505.5
丽薯 7 号	12.3	14.2	7.8	34.3	477.5
宣薯 5 号	10.9	13.1	10.2	34.2	476.2
合计	159.3	121.8	121.1	402.2	

表 4-19 方差分析表

变因	平方和	自由度	均方	F 值	理论 F 值	
					$F_{0.05}$	$F_{0.01}$
品种	518.28	7	74.04	9.38	2.77	4.28
区组	119.42	2	59.71	7.57	3.74	6.51
机误	110.50	14	7.89			
总和	748.20	23				

注：SE = 1.59

表 4-20 品种间产量差异多重比较标准

	2	3	4	5	6	7	8
SSR0.05	3.03	3.18	3.27	3.33	3.37	3.39	3.41
SSR0.01	4.21	4.42	4.55	4.63	4.70	4.78	4.83
LSR0.05	4.82	5.06	5.20	5.29	5.36	5.25	5.42
LSR0.01	6.69	7.03	7.23	7.36	7.47	7.60	7.68

表 4-21 品系间商品薯产量差异多重比较

品种	小区平均产量（千克）	差异						
宣薯 6 号	22.60							
11 号	22.57	0.03						
宣薯 2 号	21.77	0.83	0.80					
B4	16.40	6.17	6.17	5.37				
凤薯 6 号	15.80	6.77	6.77	5.97	0.60			
52 号	12.10	10.47	10.47	9.67	4.30	3.70		
丽薯 7 号	11.43	11.14	11.14	10.34	4.97	4.37	0.67	
宣薯 5 号	11.40	11.17	11.17	10.37	5.00	4.40	0.70	0.03

经济收入分析：桑园间作马铃薯每亩新增加成本，塑料薄膜 2 千克，20 元；增加复合肥 50 千克，200 元；多用工 4 个，400 元；种薯 100 千克，350 元。合计 970 元。

桑园间种马铃薯每公顷新增成本 14 550 元，扣除成本后，增收效益好的是'宣薯 2 号'，每公顷增收 22 809 元；其次是'11 号'，每公顷增收 227 410.5 元；再次是'宣薯 6 号'，每公顷增收 21 682.5 元；'B4'每公顷增收 12 304.5 元，'凤薯 6 号'每公顷增收 10 426.5 元，'丽薯 7 号'每公顷增收 5182.5 元，52 号每公顷增收 4185 元，'宣薯 5 号'每公顷增收 1275 元（表 4-22）。

表 4-22 经济收益比较　　　　　　　　　　（单位：元/亩）

品名	大中薯收入	小薯收入	合计	扣除成本	合计	桑园收入	综合收入
宣薯 6 号	2297.1	118.4	2415.5	970	1445.5	6500	7945.5
11 号	2314.8	171.3	2486.1	970	1516.1	6500	8016.1
宣薯 2 号	2372.4	118.2	2490.6	970	1520.6	6500	8020.6
B4	1657.9	132.4	1790.3	970	820.3	6500	7320.3
凤薯 6 号	1507.6	157.5	1665.1	970	695.1	6500	7195.1
52 号	1115.3	133.7	1249.0	970	279.0	6500	6779.0
丽薯 7 号	1257.0	58.5	1315.5	970	345.5	6500	6845.5
宣薯 5 号	868.5	186.7	1055.2	970	85.2	6500	6585.2

注：大中薯以每千克 3 元计，小薯以每千克 1 元计

2016 年云南省现代农业马铃薯和蚕桑产业技术体系联合在大理州鹤庆县的桑园中进行桑园间种马铃薯示范，示范品种为'丽薯 7 号'，总示范 24 户面积为 22.4 亩，通过调查加权平均产量为 503.1 千克/亩，产量幅度为 457~575 千克/亩。每亩净增加经济收入 539.3 元。

评价：通过一年的桑园间种马铃薯试验和示范，桑园间种马铃薯是成功的，农民增收效果明显，可以在大面积生产上推广应用。建议 2017 年再进行验证试验，以期筛选出适合鹤庆县桑园种植的马铃薯品种，尽快应用于大面积生产，提高土地的产出率，增加桑农的经济收入。

4.3.4　鲁甸县坡耕地马铃薯高产攻关技术集成案例

试验名称：鲁甸县坡耕地马铃薯高产攻关技术集成案例。

试验时间：2015 年。

试验设计及执行人：张新永、易祥华、肖华、陈兴。

试验地点：云南省昭通市鲁甸县水磨镇拖麻村店子社。

试验点地理气候概况：鲁甸县水磨镇拖麻行村距离水磨镇 12.50 千米，面积 39.81 平方千米，海拔 2555.00 米，年降雨量为 600~1100 毫米，年平均气温 9.1℃，年无霜期 140 多天，适宜种植马铃薯、荞麦等农作物，该区域以坡耕地为主。

试验背景：鲁甸县是云南省昭通市下辖县，位于云南省东北部，昭通市南部，牛栏江北岸。县境东西横距 50 千米，南北纵距 60 千米，总面积 1519 平方千米，其中山区占总面积的 87.9%，坝区占 12.1%。山区面积中超过 50% 为坡耕地。鲁甸县是昭通市优势马铃薯主产县之一，近年来，在县委、县政府的高度重视下，马铃薯产业在种植规模、优质种薯扩繁、科技措施推广应用、加工转化等方面有了提高，产业链不断延伸，促进了马铃薯产业的发展。2015 年全县马铃薯种植面积 20.1763 万亩，产量 32.7 万吨，单产为 1529.9 千克/亩。主产区主要集中在水磨、龙树、新街、江底、火德红等镇，马铃薯种植面积前三位的乡（镇）分别是水磨、龙树、江底，栽培面积占全县的 48.2%，产量占全县的 47%。2016 年全县马铃薯种植面积 20.7 万亩，预计总产量 31 万吨，预计平均单产 1500 千克/亩。

试验方案及实施：试验设计为同田对比示范，设处理与对照，处理 3 亩，对照田 2 亩，处理与对照的种植品种及种薯级别一致，对照的管理措施为当地常规种植方式。

1）地块选择。在马铃薯净作区选择耕地坡度大于 28°的地块。

2）品种选择及实施面积。品种为"云薯 401"，种薯等级为一级种。

3）种薯切块。在播种 2 天前切块，块重在 50 克左右，每个薯块至少保留 2 个芽眼，一旦发现有病薯块，要剔除该薯块并用 75%乙醇浸泡切刀消毒。

4）种薯处理。薯块切好，每亩用高巧 30 毫升+银法利 25 毫升兑水 1 千克，拌种 150 千克，然后均匀摊放在阴凉之处晾干。

5）播种时间及模式。3 月 25 日播种，采用大垄双行模式。

6）播种方式。开沟起垄的方向由高处向低处顺坡进行。采用开沟点播的方式，沟深 10 厘米，打点拉绳，先播种，芽眼向下，在薯块上施农家肥，再施入化肥在播种点的一侧，然后覆土 10 厘米。宽行距 1.3 米（两大垄沟心到沟心的距离），窄行距 40 厘米（同一大垄内两行的距离），株距 25 厘米，亩种植 4100 株。每亩用 1500~2000 千克优质腐熟农家肥。氮磷钾复合肥 100 千克（氮：磷：钾 = 15：15：15）、硼砂 1 千克作底肥。齐苗后结合中耕培土进行根部追肥，尿素 15 千克、硫酸钾 15 千克，穴施；现蕾期叶面喷施 0.5%的硝酸钾、盛花期叶面喷施 0.3%磷酸二氢钾、花期结束喷施 0.5%的硫酸钾。培土厚度约 8 厘米。重点防控晚疫病，第一次喷药时间为齐苗并完成中耕培土后进行，用代森锰锌 25 克兑水 15 升对 1 亩地进行预防，第二次喷药时间在封垄后每亩使用银法利 75 毫升进行防控，第三次在盛花期每亩喷施甲霜灵锰锌 100 毫克进行防控，第四次在花期结束后每亩喷施银法利 75 毫升进行防控。当茎叶完全枯萎后即可适时收获，应当选择土壤含水量较低时进行。

试验结果：9 月 29 日，经实地收挖称重，高产示范 3 亩实产马铃薯鲜重 5932.2 千克，平均亩产 1977.4 千克，对照 2 亩实产马铃薯鲜重 2974 千克，平均亩产 1487 千克，高产示范比对照平均亩增产 490.4 千克，增 33%。

效益分析：

1）投入产出分析。投入单价按当地市场价格计算。坡耕地每亩投入：种薯 440.00 元，农家肥 450.00 元，化肥 396.00 元，农药 90.00 元，工时 480.00 元。坡耕地每亩合计共投入 1856.00 元。对照每亩投入：种薯 374.00 元，农家肥 450.00 元，化肥 96.00 元，工时 360.00 元。对照每亩合计共投入 1320.00 元，坡耕地比对照新增投入 536.00 元。

产出单价按当地市场价格计算，鲜薯每千克 1.20 元。坡耕地每亩产 1977.4 千克，平均亩产值 2372.88 元，每亩纯收入 516.88 元。对照每亩产 1487 千克，平均亩产值 1784.40 元，每亩纯收入 464.4 元。每亩坡耕地比对照新增马铃薯 490.4 千克，新增亩产值 588.48 元，新增纯收益 52.48 元。

2）与同季其他作物比较。马铃薯净作区由于海拔较高，气温冷凉，只能种植玉米、荞麦、燕麦。玉米每亩投入 777.00 元，每亩产出 1169.52 元，玉米每亩纯收入 392.52 元，坡耕地种马铃薯比种植玉米新增纯收入 124.36 元。荞麦每亩投入 209.00 元，每亩产出 399.56 元，荞麦每亩纯收入 190.56 元，坡耕地种马铃薯比种植荞麦新增纯收入 326.32 元。燕麦每亩投入 204.00 元，每亩产出 395.08 元，燕麦每亩纯收入 191.08 元，坡耕地种植马铃薯比种植燕麦新增纯收入 325.80 元。

评价：通过使用坡耕地马铃薯高产技术集成，能有效提高马铃薯产量，从而增加农户收入。但坡耕地马铃薯高产技术需要增加劳动力，同时叶面肥及农药防治的时间要及时施用。

坡耕地马铃薯高产技术比常规马铃薯种植每亩能新增收入 52.48 元；比同季作物玉米每亩新增收入 124.36 元；比同季作物荞麦每亩新增收入 326.32 元；比同季作物燕麦每亩新增收入 325.80 元。能有效增加收入，具有一定推广价值。

4.3.5 昭阳区净作马铃薯"2+X"氮肥总量调控试验案例

试验名称：昭阳区净作马铃薯"2+X"氮肥总量调控试验案例。

试验时间：2015 年 3~10 月。

试验设计及执行人：陈正奎、黄开顺、王进。

试验地点：靖安镇松杉村 4 社、罗石富家地块。

试验点地理气候概况：昭通市昭阳区地处滇东北，位于云、贵、川三省结合部，海拔 494~3364 米，气候主要受季风环流所支配，境内地处暖温带，为北纬高原大陆季风气候。冬季气温较低，夏季气候凉爽，干湿，两季分明，气候冷凉，昼夜温差大，具有典型的立体气候特征，良好的气候环境很适宜马铃薯生产。靖安镇松杉村海拔 2165 米，东经 103°41′30″、北纬 27°35′32″，东西向。土壤肥力中等，属于山地黄壤类型。

试验方案及实施：按"2+X"氮肥分期调控方法设计。为了不断优化马铃薯氮肥适宜用量，设置氮肥总量控制试验，在优化施肥量（全生长期氮肥按 30 千克尿素，磷肥按 40 千克普钙，钾肥按 10 千克硫酸钾含量计）的基础上，磷肥 100%一次性作底肥施用。钾肥现蕾期一次性施用；氮肥底肥 80%，盛花期 20%，分覆膜与不覆膜两种模式分别设置 4 个处理，设 3 个重复，采用随机区组排列。试验地选择平坦、整齐、肥力均匀的地块，避开道路、有土传病害、堆肥场所或者前期施用大量有机肥，肥力不等的地块。种植方式采用双行垄作，每小区 3 个条带，1.1 米下线；小区宽 3.3 米，长 5 米，面积 16.5 平方米，0.0247 亩。

设置 4 个处理，处理 1，无氮区不施氮，只施普钙 40 千克（底肥），硫酸钾 10 千克（现蕾期一次性施用）。处理 2，70%优化施氮量区，亩施尿素 21 千克（底肥 16.8 千克，盛花期 4.2 千克），普钙 40 千克（作底肥），硫酸钾 10 千克（现蕾期一次性施用）。处理 3，优化施氮量区，亩施尿素 30 千克（底肥 24 千克，盛花期 6 千克），普钙 40 千克（底肥），硫酸钾 10 千克（现蕾期一次性施用）。处理 4，130%优化施氮量区，亩施尿素 39 千克（底肥 31.2 千克，盛花期 7.8 千克），普钙 40 千克（底肥），硫酸钾 10 千克（现蕾期一次性施用）。其中优化施氮量根据马铃薯目标产量、养分吸收特点和土壤养分状况确定，磷钾肥施用以及其他管理措施相同，分别设置 4 个处理（表 4-23）。

表 4-23 马铃薯氮肥总量控制试验处理设计

处理	试验内容	N	P	K
1	无氮区	0	2	2
2	70%的优化氮区	1	2	2
3	优化氮区	2	2	2
4	130%的优化氮区	3	2	2

注：0 水平指不施该种养分；1 水平指适合当地生产条件下的推荐值的 70%；2 水平指适合当地生产条件下的推荐值；3 水平指过量施肥水平，为 2 水平氮肥适宜推荐量的 1.3 倍

试验结果：实地田间测产，小区采用全部收获后称重，并分大小薯分别称重。同时计算大小薯个数。其中小薯指重量小于 50 克的小薯以及病薯、烂薯和绿皮薯等薯块。一般情况下，扣除收获薯块总重的 1.5%作为杂质、含土量（表 4-24）。

表 4-24 昭阳区净作马铃薯"2+X"氮肥总量控制肥料田间试验测产数据

处理	重复	小区面积（亩）	小区产量（千克）	大中薯重比率（%）	平均单株产量（千克）	折合亩产（千克）	合计个数	大薯个数比率（%）
覆膜无氮	Ⅰ	0.025	57.9	72.7	0.839	2316	450	60.667
	Ⅱ	0.025	61.2	81.8	0.887	2448	642	55.14
	Ⅲ	0.025	56.25	81.1	0.815	2250	579	53.886
	平均	0.025	58.45	78.533	0.847	2338	557	56.564
露地无氮	Ⅰ	0.025	51.6	76.7	0.782	2064	525	48
	Ⅱ	0.025	57.15	76.7	0.828	2286	636	47.642
	Ⅲ	0.025	50.4	73	0.764	2016	594	48.485
	平均	0.025	53.05	75.467	0.791	2122	585	48.042
覆膜70%	Ⅰ	0.025	67.05	72.7	1.016	2682	525	43.429
	Ⅱ	0.025	54.15	83.8	0.785	2166	489	60.736
	Ⅲ	0.025	54	81.6	0.75	2160	663	52.036
	平均	0.025	58.4	79.367	0.85	2336	559	52.067

续表

处理	重复	小区面积（亩）	小区产量（千克）	大中薯重比率（%）	平均单株产量（千克）	折合亩产（千克）	合计个数	大薯个数比率（%）
露地70%	Ⅰ	0.025	60	76.7	0.87	2400	594	40.909
	Ⅱ	0.025	49.65	79.1	0.788	1986	810	30.741
	Ⅲ	0.025	46.95	86.1	0.711	1878	477	66.667
	平均	0.025	52.2	80.633	0.79	2088	627	46.105
覆膜100%	Ⅰ	0.025	64.2	85.8	0.93	2568	618	56.796
	Ⅱ	0.025	67.8	83.3	0.983	2712	564	54.255
	Ⅲ	0.025	74.85	80.4	1.188	2994	612	54.902
	平均	0.025	68.95	83.167	1.034	2758	598	55.318
露地100%	Ⅰ	0.025	53.55	78.3	0.85	2142	483	50.932
	Ⅱ	0.025	52.05	79.6	0.754	2082	570	51.579
	Ⅲ	0.025	54.6	84.8	0.791	2184	498	59.036
	平均	0.025	53.4	80.9	0.799	2136	517	53.849
覆膜130%	Ⅰ	0.025	58.5	78.6	0.848	2340	621	46.86
	Ⅱ	0.025	63.9	79.7	0.926	2556	615	55.61
	Ⅲ	0.025	63.75	83.1	1.063	2550	417	58.273
	平均	0.025	62.05	80.467	0.945	2482	551	53.581
露地130%	Ⅰ	0.025	53.4	78.6	0.848	2136	507	52.663
	Ⅱ	0.025	50.4	71.4	0.764	2016	549	41.53
	Ⅲ	0.025	56.7	83.1	0.822	2268	483	57.764
	平均	0.025	53.5	77.7	0.811	2140	513	50.652

计算公式：

小区产量(千克)=[商品薯平均亩产量+非商品薯平均亩产量(千克)]×(1−杂质率)

评价：用地膜优化氮区亩产2758千克，比地膜130%优化氮区亩产2482千克亩增276千克，增10%；比地膜无氮区亩产2338千克增产420千克，增15.2%；比地膜70%优化氮区亩产2336千克增产422千克，增15.3%。由此可以看出，地膜加130%优化氮区还没有地膜优化氮区增产，这说明要按照科学的施肥方法正确的施用化肥才能获得更好的效益，否则多花钱而造成增产不增收。

在高寒山区种植马铃薯，地膜是一项比较好的增产措施。从地膜与露地相比：地膜100%优化氮区比露地100%优化氮区亩增产622千克；地膜无氮区比露地无氮区亩增产216千克；地膜70%优化氮区比露地70%优化氮区亩增产248千克；而地膜130%优化氮区比露地130%优化氮区亩增产342千克。由此可以看出，无论是采取什么方式和比例，采用地膜都比不用地膜的增产。在氮肥总量控制的情况下，因氮肥用量过大，又加上地膜覆盖造成植株长势过旺，突发晚疫病，植株提早死亡，造成出钱买灾的现象。因此，采用马铃薯生产期总尿素30千克，分底肥24千克，盛花期6千克，使适合当地生产情况，同时，配底肥40千克普钙等，现蕾期10千克硫酸钾，能获得最好收益。

效益分析：靖安镇松杉村海拔在2165米左右，综合产值进行分析，马铃薯净种地膜覆盖和施100%氮效益最好（表4-25）。

表4-25 马铃薯不同处理产量及效益比较

种植模式	平均单株产量（千克）	大中薯率（%）	单产（千克）	大薯单价（元）	小薯单价（元）	产值（元）	成本（元）	效益（元）
覆膜无氮	0.847	78.53	2338	1.6	1.8	3841.194	1598	2243.194
露地无氮	0.791	75.47	2122	1.6	1.8	3499.305	1549	1950.305
覆膜70%	0.85	79.37	2336	1.6	1.8	3833.983	1598	2235.983
露地70%	0.79	80.63	2088	1.6	1.8	3421.689	1548	1873.689
覆膜100%	1.034	83.17	2758	1.6	1.8	4505.634	1598	2907.634
露地100%	0.799	80.9	2136	1.6	1.8	3499.195	1548	1951.195

4.3.6 昭阳区净作马铃薯"2+X"氮肥分期调控试验案例

试验名称：昭阳区净作马铃薯"2+X"氮肥分期调控试验案例。

试验时间：2015年3~10月。

试验地点：马铃薯昭阳试验站基地，靖安镇松杉村9社、种植大户罗石富家地块。

试验点地理气候概况：海拔2165米，东经103°41′30″、北纬27°35′32″，东西坡向。

试验设计及执行人：黄开顺、陈正奎、王进。

试验方案及实施：按"2+X"氮肥分期调控方法设计。马铃薯在施肥上需要考虑肥料分次施用，遵循"少量多次"原则的基础上为了优化氮肥分配，达到以更少的施肥次数，获得更好的效益。在亩施农家肥500~1000千克、磷肥40千克作基肥、钾肥亩施10千克（齐苗期一次性施用）的基础上，分覆膜与不覆膜两种模式分别设置3个处理，试验设3次重复，采用随机区组排列。采用双行垄作，每小区3个条带，1.1米下线，小区宽3.3米，长5米，面积16.5平方米，0.0247亩。各处理氮肥的施用如下：农民习惯施肥，即氮肥一次性做基肥施用，每亩施氮量尿素30千克/亩；调控施肥，氮肥全部用于追肥，按3:7分次优化施肥，30%为基肥（9千克），追肥分齐苗期40%为12千克，初花期30%为9千克。

试验结果：实地田间测产，小区采用全部收获后称重，并分大小薯分别称重。同时计算大小薯个数。其中小薯指重量小于50克的小薯，以及病薯、烂薯和绿皮薯等薯块。一般情况下，扣除收获薯块总重的1.5%作为杂质、含土量（表4-26）。

表 4-26 昭阳区净作马铃薯"2+X"氮肥分期调控肥料田间试验测产数据

处理	重复	小区面积（亩）	小区产量（千克）	大中薯重比率（%）	平均单株产量（千克）	折合亩产（千克）	合计个数	大薯个数比率（%）
露地习惯	I	0.025	53.7	78.3	0.746	2148	498	50.602
	II	0.025	41.7	76.772	0.579	1668	453	36.424
	III	0.025	49.2	80.139	0.683	1968	375	50.4
	平均	0.025	48.2	78.404	0.669	1928	442	45.809
覆膜习惯	I	0.025	55.2	73.569	0.767	2208	522	45.402
	II	0.025	59.7	89.474	0.829	2388	402	61.94
	III	0.025	63.9	87.179	0.888	2556	459	55.556
	平均	0.025	59.6	83.408	0.828	2384	461	54.299
露地3∶7	I	0.025	56.7	82.011	0.788	2268	534	51.124
	II	0.025	49.8	78.37	0.692	1992	543	44.199
	III	0.025	46.5	83.893	0.646	1860	402	55.224
	平均	0.025	51	81.424	0.708	2040	493	50.182
覆膜3∶7	I	0.025	77.7	86.519	1.079	3108	546	59.89
	II	0.025	75	40.816	1.042	3000	513	60.819
	III	0.025	63.3	82.621	0.879	2532	429	46.853
	平均	0.025	72	69.986	1	2880	496	55.854
露地全部用于追肥	I	0.025	48.9	77.193	0.679	1956	435	45.517
	II	0.025	42.6	81.538	0.592	1704	420	50.714
	III	0.025	55.8	76.246	0.775	2232	501	40.719
	平均	0.025	49.1	78.326	0.682	1964	452	45.65
覆膜全部用于追肥	I	0.025	66.6	87.059	0.925	2664	840	37.5
	II	0.025	66.6	80.769	0.846	2436	501	58.084
	III	0.025	70.5	88.889	0.979	2820	474	58.228
	平均	0.025	66	85.572	0.917	2640	605	51.271

注：计算公式为小区产量（千克）=[商品薯平均亩产量+非商品薯平均亩产量(千克)]×(1-杂质率)

效益分析：综合产值分析表明，马铃薯净种地膜覆盖，氮肥全部用于追肥，按比3∶7分次优化施肥效益最好（表4-27）。

表 4-27 马铃薯不同处理产量及效益比较

种植模式	平均单株产量（千克）	大中薯率（%）	单产（千克/亩）	大薯单价（元）	小薯单价（元）	产值（元）	成本（元）	效益（元）
露地习惯施肥	0.669	78.404	1928	1.6	1.8	3168.07	1548	1620.07
地膜习惯施肥	0.828	83.408	2384	1.6	1.8	3893.51	1598	2295.51
露地基追比3∶7分次优化施肥	0.708	81.424	2040	1.6	1.8	3339.79	1548	1791.79
地膜基追比3∶7分次优化施肥	1	69.986	2880	1.6	1.8	4780.88	1598	3182.88
露地氮肥全部用于追肥	0.682	78.326	1964	1.6	1.8	3227.54	1548	1679.54
地膜氮肥全部用于追肥	0.917	85.572	2640	1.6	1.8	4300.18	1598	2702.18

评价：从不同的施肥方式来看地膜基追比 3∶7 分次优化施肥，亩产量为 2880 千克，产量最高，比地膜氮肥全部用于追肥的亩产量 2640 千克，增产 240 千克，增 8.3%；比地膜习惯性施肥亩产 2384 千克增 496 千克，增长 17.2%。因此，净作马铃薯"2+X"氮肥分期调控比大面习惯施肥增产。从不同的种植方式来看，不管是用什么施肥比例种植，地膜种植都比不用地膜的露地种植增产。地膜基追比 3∶7 分次优化施肥比露地 3∶7 亩增产 840 千克，增长 29.2%；地膜氮肥全部用于追肥的比露地氮肥全部用于追肥的亩增产 676 千克，增长 25.6%；地膜习惯性施肥的比露地习惯性施肥的亩增差 456 千克，增长 19.1%。这说明在海拔 2100~2300 米的山区种植马铃薯，用地膜覆盖是一项较好的增产措施。

4.3.7　昭阳区马铃薯轮作试验案例

试验名称：昭阳区马铃薯轮作试验案例。

试验时间：2014 年 2 月至 2016 年 11 月。

试验设计及执行人：黄开顺、刘家福、伍正容。

试验地点：靖安镇松杉村 9 社、罗石富家地块，海拔 2165 米，东经 103°41′30″、北纬 27°35′32″。年平均温度 10℃，年降雨量 900 毫米。该区主产马铃薯、荞麦，大春一季种植。土壤为山地黄棕壤。

试验背景：近年马铃薯主产区，连作突出，导致马铃薯病害发生严重，影响马铃薯产量和质量水平的提升，是马铃薯单产不高不稳的主要原因。技术部门也因缺乏实际的轮作效果依据，担心轮作的累加效益不及连作而不敢大胆提倡轮作。昭阳区试验站为探寻轮作真实效果，自 2014 年起开展了马铃薯轮作效果比较试验历时三年在同一地块连续三年实施。探索山区以马铃薯为主轮作效果及最佳模式，为全区山区马铃薯轮作提供科学依据。

试验方案及实施：试验设置了荞麦→豆类→马铃薯（三年一轮）、马铃薯→荞麦（两年一轮）、马铃薯→马铃薯→马铃薯（连作）三个处理。不设置重复。每小区面积 0.34 亩。每小区宽 9 米，长 25 米，225 平方米，0.338 亩。

1）参试各作物种植技术。

马铃薯：大春一季净作，第一年种植'威芋 5 号'，第二年种植'云薯 801'，第三年种植'云薯 505'脱毒种薯。每年 2 月下旬至 3 月上旬播种，9~10 月收获。实行双行垄作，人工打塘点播。每个条带 1.1 米，种马铃薯两行，小行距 0.4 米，株距 0.4 米，每亩株数 3030 株。每小区种植 8 个条带。

豆类：大春一季种植，第一年种植大豆'滇豆 5 号'、第二第三年均种植当地红豆。每年 4 月上旬播种 7 月下旬收获。人工打塘点播。试验小区 1.8 米 1 个复带，每小区种植 5 个条带。

净种红豆（或大豆）：大春一季种植。1.1 米下线，小行距 0.40 米，株距 0.4 米，每亩 3030 塘。每个小区种植 8 个条带。

荞麦：大春一季种植，当地习惯荞麦行距 0.30 米，株距 0.25 米（每个条带横向种 7 株），每亩 8889 株。

2）其他技术。施肥水平按当地高产栽培的施肥量施用，肥料用量精确到条带。每年度收获时对各处理小区产量实地测产，对马铃薯大、中、小薯分级实测。

试验结果：从马铃薯累计产量看，两年一轮的累计亩产为2182.1千克，比连作的减少1112.2千克，减33.8%。三年一轮的累计亩产为3476.6千克比连作的减少1524.4千克，减30.5%；就累计产量而言，不论是两年一轮还是三年一轮均确实比不过连作产量。但仅就同季情况下的马铃薯单产而言，又表现为两年一轮（第二年）的为2032.9千克，比连作（第二年）的1809.4千克增223.5千克，增12.3%；三年一轮（第三年）的最高为3235.6千克，比连作三年（第三年）的1706.7千克亩增1528.9千克，增89.6%（表4-28）。

表4-28 马铃薯轮作效果比较试验产量结果统计 （单位：千克）

处理	第一年			第二年		第三年		两年一轮合计			三年一轮合计		
	马铃薯	荞麦	豆类	马铃薯	豆类	马铃薯	荞麦	亩产	轮作比连作增		亩产	轮作比连作增	
	亩产	亩产	亩产	亩产	亩产	亩产	亩产		产量	%		产量	%
连作	1484.9	—	—	1809.4	—	1706.7	—	3294.3	0	0	5001.0	0	0
两年一轮	—	149.2	—	2032.9	—	—	219.8	2182.1	1112.2	−33.8	2402	2599	0.5
三年一轮	—	—	75.8	—	165.3	3235.6	—	165	3129	−95	3476.6	1524.4	30.5

效益分析：

1）投入成本。将三种模式的投入种子、肥料、农药、用工农膜成本折算后得出轮作比连作成本低，其中，两年一轮比连作的减1039元/亩，减36.8%；三年一轮的比连作减2024元/亩，减47.8%（表4-29）。

表4-29 马铃薯轮作试验投入成本核算统计表

作物	每年投入（元/亩）								两年连作投入累计（元/亩）	连作三年投入累计（元/亩）	两年一轮投入累计（元/亩）	两年一轮投入累计比连作		三年一轮投入累计（元/亩）	三年一轮投入累计比连作	
	种子	肥料			农药	用工	农膜	合计				增（元/亩）	%		增（元/亩）	%
		农肥	氮肥	磷肥	钾肥											
马铃薯	150	200	75	40	40	30	800	75	1410							
荞麦	24	40		16	25		320		425	2820	4230	1781	−1039	−36.8	2206	−2024	−47.8
豆类	50	40		16	25		240		371							

2) 当季马铃薯商品率。两年一轮（第二年）的为72%，比连作两年（第二年）的67%增5个百分点；三年一轮（第三年）的为88.3%，比连作三年（第三年）的72.9%增15.4个百分点；当季马铃薯亩产量：试验中仅就同季情况下的马铃薯而言，商品率、亩产量、亩产值方面，轮作均显著优于连作：两年一轮（第二年）的为2032.9千克，比连作两年（第二年）的1809.4千克增223.4千克，增12.3%；三年一轮（第三年）的为3235.6千克，比连作三年（第三年）的1706.6千克/亩增1529千克，增89.6%。当季马铃薯亩产值：两年一轮（第二年）的为2911.1元，比连作两年（第二年）的2297.9元增613.2元，增26.7%；三年一轮（第三年）的为4949.4元，比连作三年（第三年）的2268.5元增2680.9元，增118.2%（表4-30）。

表4-30 马铃薯轮作效果比较试验马铃薯商品率情况结果统计

年度		折合亩产（千克）	比对照增产		马铃薯大中薯率（%）	轮作比连作大中薯率提高（%）	小薯价（元/千克）	大中薯价（元/千克）	小薯产值（元/亩）	大中薯产值（元/亩）	合计产值（元/亩）	比对照增值	
			千克/亩	%								元/亩	%
第一年	连作第一年	1484.9	0	0	61.6	0			342.1	548.8	890.9	0	0
第二年	连作第二年	1809.4	0	0	67.0	0			358.3	1939.7	2297.9	0	0
	轮作第二年	2032.9	223.5	0.1	72.0	5.0	0.6	1.6	569.2	2341.9	2911.1	613.2	26.7
第三年	连作第三年	1706.7	0	0	72.9	0			277.3	1991.2	2268.5	0	0
	轮作第三年	3235.6	1528.9	0.9	88.3	15.4			379.2	4570.2	4949.4	2680.9	118.2

3) 累加产值。两年一轮的（荞麦+马铃薯）累计亩产值为3335元，比连作两年（马铃薯+马铃薯）的3188元增146.9元，增4.6%；三年一轮（豆类+荞麦+马铃薯）的为6538元，比连作（马铃薯+马铃薯+马铃薯）5457元，增1080.7元，增19.8%；产值增加原因主要是轮作马铃薯单产增加，商品率单价也提高（表4-31）。

表4-31 马铃薯轮作效果比较试验产值核算结果统计表　　　　　（单位：元）

处理	第一年	第二年			第三年			第一年产值	第二年产值	两年合计产值	两年一轮合计比连作增		第三年产值	连续三年合计产值	三年一轮合计比连作增	
	马铃薯亩产值	荞麦亩产值	豆类亩产值	马铃薯亩产值	豆类亩产值	马铃薯亩产值	荞麦亩产值				产值	%			产值	%
连作	891			2298		2269		891	2298	3188	0.0	0.0	2298	5457	0.0	0.0
两年一轮		424		2911			879	424	2911	3335	146.9	5.2	2911	4214	—	—
三年一轮			597		992	4949		597	992	1589	—	—	4949	6538	1080.7	19.8

4）纯收入及投入产出比情况。各处理产值在扣除成本后的纯收入和投入产出比。两年一轮的合计亩纯收入为 1554.3 元，比连作两年的增 1185.8 元，增 321.79%，投入产出比为 1∶1.876 比连作两年的高 0.746；三年一轮的亩纯收入为 4332 元，比连作三年的增 3076.2 元，增 244.9%，投入产出比为 1∶2.96 比连作三年的高 1.66（表 4-32）。

表 4-32 马铃薯轮作试验纯收入及投入产出比核算统计表 （单位：元）

耕作制度	种植模式	纯收入						投入产出比		
		第一年纯收入	连续两年合计纯收入	连续两年比连作增		连续三年合计收入	三年一轮比连作增	第一年	第二年	第三年
				元	%		元	%			
连作	马铃薯→马铃薯→马铃薯	-519	369	0	0	1256	0	0	1∶0.63	1∶1.13	1∶1.3
两年一轮	马铃薯→荞麦	53	1554.3	1185.8	321.79	4040	2784.4	221.7	1∶0.997	1∶1.87	1∶2.83
三年一轮	荞麦→豆类→马铃薯	172	793	424.3	115.14	4332	3076.2	244.9	1∶1.4	1∶1.99	1∶2.96

评价：本试验说明，轮作与连作相比，除马铃薯累计产量不如连作外，马铃薯单产、品质，商品率均有显著提高，同时，降低病、虫、草害，节约种子、肥料、农药、农膜、用工等生产成本效果十分突出。累加产值、纯收益，投入产出比均显著高于连作。是一条环保型、可持续发展、节本增效十分显著的技术措施。以三年一轮的效果最好（表 4-33）。

表 4-33 马铃薯轮作效果比较试验经济效益汇总统计表

处理		亩产量			累计亩产值			累计亩投入成本			累计纯收入			累计投入产出比
		累计亩产（千克）	比对照增		累计产值（元）	轮作比连作增		累计成本（元）	轮作比连作增		累计纯收入	轮作比连作增		
			千克/亩	%		元	%		元	%		元	%	
两年一轮与连作比较	连作对照	3294	0.0	0.0	3188.4	0	0	2820	0	0	369	0	0	1∶1.13
	两年一轮（荞麦→马铃薯）	2182	-1112.2	-33.8	3335.3	146.9	4.6	1781	-1039	-36.84	1554.3	1185.8	321.8	1∶1.87
三年一轮与连作比较	连作对照（马铃薯→马铃薯→马铃薯）	5001	0.0	0.0	5457.3	0	0	4230	0	0	1256	0	0.0	1∶1.3
	三年一轮（荞麦→豆类→马铃薯）	3477	-1524.4	-30.5	6538	1080.7	19.8	2206	-2024	-47.85	4332	3076.2	244.9	1∶2.96

推广价值：昭阳区山区常年以马铃薯为主栽作物，搭配作物有荞麦、燕麦、红豆、绿肥、蓝花子、油菜等，总面积在 40 万亩左右。长期以来连作十分普遍，目前各种作物 80%都是连作，有 20%的也最多是两年一轮。若按本试验三年一轮比连作亩增纯收入计算，在全区推广 30 万亩"三年一轮"模式可每年每亩节约种子、肥料、农药、用工、农膜的投入成本 670 元，亩增产值 360 元，亩增纯收入 1030 元以上，按可推广面积 30 万亩计，总增纯收入 3.09 亿元。推广前景十分广阔。建议在马铃薯大田生产中，大力推广轮作，并应采用三年一轮的模式。同时应进一步探索适合的具有较高产值的搭配作物。

4.4 集成技术示范案例

2009 年产业技术体系建设以来各试验站集成研发中心技术，开展百亩、千亩示范工作，取得一定成效。

4.4.1 石屏县冬马铃薯高产栽培集成技术百亩示范案例

2010～2011 年开始在石屏异龙镇高家湾开展生产试验研究，当时最主要以 100 亩核心示范区为主，采用品种为'宣薯 2 号'，在总结试验基础上，2011～2012 年开展集成技术的示范推广，除品种'宣薯 2 号'外，选择发展潜力好的品种'丽薯 6 号'开展示范推广工作，极大提高石屏冬马铃薯产量，大中薯率、商品薯率，改变了石屏商品薯的外观品质，赢得经销商和市场认可，全面带动石屏冬马铃薯产业发展，生产技术成果辐射到红河州个旧、建水、红河、弥勒、开远等地，助推红河州冬马铃薯产业发展。2011～2016 年，示范面积共计 671 亩，平均亩产 3408.4 千克。示范总产值 693.5 万元，平均亩产值 10335.3 元。平均比当地增产 26.62%。平均商品率达到 95%以上（表 4-34）。

表 4-34 2011～2016 年生产集成技术百亩核心区示范成效情况表

年份	品种	面积（亩）	平均亩产量（千克）	单价（元/千克）	产值（万元）	比当地增长率（%）
2011	宣薯 2 号	97	3100	2.0	66.34	32
	丽薯 6 号	10				
2012（霜冻灾害）	宣薯 2 号	67	3211.7	3.0	85.91	39.4
	丽薯 6 号	40				
2013	丽薯 6 号	107	3549.1	3.2	124.93	31.4
2014	丽薯 6 号	120	3507.9	3.0	134.70	16.93
2015	丽薯 6 号	120	3511.2	2.5	105.33	18.90
2016	丽薯 6 号	110	3570.5	4.5	176.73	21.12
合计		671			693.5	

4.4.2 石屏县冬马铃薯高产栽培集成技术千亩示范案例

2011～2016 年，示范面积共计 7200 亩，平均亩产 3053 千克。示范总产值 6511.2 万元，平均亩产值 9043.33 元。平均比当地增产 17.93%。平均商品率达到 85%（表 4-35）。

表 4-35　2011～2016 年生产集成技术千亩辐射区示范成效情况表

年份	品种	面积（亩）	平均亩产量（千克）	单价（元/千克）	产值（万元）	比当地增长率（%）
2011	宣薯 2 号	1100	3100	2.0	621.6	15.45
	丽薯 6 号	100				
2012（霜冻灾害）	宣薯 2 号	800	2655.5	3.0	796.7	39.45
	丽薯 6 号	400				
2013	丽薯 6 号	1200	3000.5	3.2	1152.2	11.13
2014	宣薯 2 号	1200	3354.7	3.0	1207.7	11.18
2015	丽薯 6 号	1200	3380.6	2.5	1014.2	13.90
2016	丽薯 6 号	1200	3336.7	4.5	1718.8	16.48
合计		7200				

4.4.3　临沧市冬马铃薯高产高效集成技术百亩示范案例

农业发展不仅需要政策的有力扶持，更需要科技的有力支撑。临沧市试验站经过多年的科学试验、技术创新，研究总结出适宜临沧生产的"冬季马铃薯高产高效集成技术"，核心内容是"三改、三增、三结合、九统一"措施，在百亩核心区进行示范。

三改：①改用良种。从过去以低产的地方老品种为主，改为采用高产优质脱毒专用型品种'合作 88''丽薯 6 号''青薯 9 号'等。临沧马铃薯生产"九五"以前以高海拔大春季栽培为主，栽培品种以地方品种为主，如永德县'小红长洋芋''瓦壳洋芋'；镇康县'黄心洋芋''鞋底洋芋''芒果洋芋'；耿马县'小紫糯洋芋''花生洋芋'等。品种多、乱、杂，单产在 500 千克左右，农户自给自足尚且困难，无法形成商品创造经济效益。②改市场零星采购为统一供种。从过去群众种植马铃薯不重视种薯质量，自留种薯或在市场零星采购商品薯做种薯，病毒积累、种性退化严重的状况，改为推广应用脱毒良种，品种的丰产性、抗病性等优良综合性状得到充分发挥，单产得以大幅提高。现在与丽江伯符农业公司、大理英茂种业公司、寻甸高原公司等企业合作，向企业集中采购脱毒马铃薯良种，保证种薯质量并统一供种。③改进种植方式。由传统的牛犁播种、无规则打塘点播，发展成有规格的单垄单行条播，再进一步提炼形成目前主推的大垄双行规范化栽培模式。大垄双行垄面宽 80 厘米，垄高 30 厘米以上，每垄种植 2 行马铃薯。该种植方式的优点，首先是田块受光面积大，利于前期提高地温，提早出苗；覆土深厚，土层疏松利于薯块膨大；中后期利于通风透光，提高光合效率；排灌方便，减少病虫害发病率。从而能够显著提高产量。其次是利于机械化操作，可以利用小型机械进行开沟、培土及收获，从而能够显著提高效率，增加效益。

三增：①增加栽培密度。构建高产高效的优良群体结构，达到群体与个体的有机统一。冬季由于气候因素，植株生长量小于大春季，因此需要增加密度，合理密植，结合品种特征一般种植密度 5000～6000 株。以小整薯播种，种薯催芽、消毒，适期播种等措施培育壮苗，提高单株生产能力，从而增加总产量。②增加有机肥、钾肥及硼镁锌等中微量元素用量,平衡施肥。马铃薯生长要求土层深厚、疏松、富含有机质的土壤环境条件。马铃薯是喜钾作物,一般每生产1吨马铃薯块茎需从土壤中吸收氮5.5千克、磷2.2千克、钾10.2千克,三者吸收比例为1∶0.4∶2,增施钾肥是提高产量的关键措施。硼镁锌等中微量元素肥料对产量提高关系密切,要适量补充,平衡施肥,使土壤养分协调,满足作物需求。③增加地膜覆盖。在海拔1300~1500米区域种植冬马铃薯,播种期在12月中下旬或次年1月上旬,气温及地温均比较低,导致马铃薯出苗慢、不整齐,对产量影响较大。在该区域增加地膜覆盖,可以提高近地温度和土壤温度,促进出苗,保证出苗率达到要求。冬季降雨量少,地膜覆盖能够抑制蒸发保持水分。铺膜时将膜四周拉平、盖严、压实,生长期保持膜面光洁完整,出苗期及时破膜放苗,并用细土覆盖出苗口,充分发挥地膜增温、保水、抑制杂草的作用。

三结合: ①资源优势与技术优势相结合。临沧市海拔1300米以下的低热河谷地区如双江县、云县等冬季基本无霜、热量充足、地势平坦,土壤肥力较高,水利灌溉条件较好,非常适宜冬马铃薯生长。为提高临沧市冬马铃薯生产水平,临沧试验站将马铃薯试验基地建立在双江县,并与云南农业大学联系衔接,将双江基地作为云南农业大学冬马铃薯试验示范基地,每年引进上千个品种(系)进行筛选试验,开展冬马铃薯高产栽培技术研究,将资源优势与技术优势有机结合。②农机与农艺相结合。提高冬马铃薯市场竞争力,除提高马铃薯单产和商品需求的市场衔接外,适度的规模经营是提高市场竞争力的有效措施。目前农村青壮年大量进城务工,劳动力短缺现象突出。扩大生产规模、降低生产成本的有效措施就是机械化耕作、栽培,实行农机农艺相结合。根据机械型号,制定马铃薯栽培规格便于机械操作。通过积极组织农民到外地参观学习培训,结合农机补贴政策,引导农民购买价格适中、适用性广的中小型机械。例如,双江县沙河乡忙孝马铃薯种植专业合作社拥有20余台小型田园管理机,用于马铃薯开沟起垄、中耕培土及收获,可以节约劳动力成本400元/亩,提高了工作效率,经济效益显著增长。③科技与企业相结合。市县农业技术推广部门积极与企业、马铃薯专业合作社进行合作,使科技成果在生产上更好的发挥增产增效的作用。例如,与耿马县永翔绿色蔬菜种植公司、云县爱华镇水磨蔬菜种植专业合作社合作,由对方统一调供生产所需'合作88''丽薯6号'等脱毒良种,市县农业技术推广部门负责进行生产全程技术指导;在双江县大文乡建立马铃薯良种繁殖基地,由双江县沙河乡忙孝马铃薯种植专业合作社统一收购种薯统一供种,生产出的商品薯再由合作社与马铃薯经销商对接统一销售,统一销售价格,根据经销商每天所需的马铃薯数量及农户田间马铃薯生长进程确定收获的马铃薯数量,使群众生产出的马铃薯有条不紊的销售,确保冬马铃薯生产群众及经营商的利益。

九统一: ①统一优良品种及使用脱毒种薯,根据近年来的新品种试验示范结果,以及市场对马铃薯品质、外观的需求,选择抗病性强、适宜性广、产量高、品质优、薯形好、商品率高、生育期适中的优良品种。主推'丽薯6号''青薯9号'等优良品种。冬季生产上使用的种薯选用脱毒马铃薯一、二、三级种薯,尽可能杜绝使用商品薯做种薯。②统一规划及精细整地,马铃薯以地下块茎为收获产物,土壤环境对其生长至关重要。适宜的土壤为砂壤,要求土层深厚、疏松、富含有机质。马铃薯是茄科作物,不宜与茄科其他作物轮作,以避免病害交叉感染。宜与禾谷类作物轮作,水旱轮作(水稻—冬马铃薯)是适宜的生产方式，可以大大降低病虫害发生概率，生产出高质量无公害的优质产品。此外甘蔗产区的土壤、气候条件也比较适宜马铃薯生长，新植蔗在甘蔗未封行前可实行甘蔗—马铃薯间作模式或马铃薯与其他作物间套作，可以提高单位面积的产出率，增加农民经济收入。前作收获后，及时排水深耕土壤。统一机耕，耕作层不低于30厘米，做到深犁细耙，拾净前作根茬，使土壤疏松，提高土壤的蓄水保肥能力。并进行土壤消毒杀菌、疏通边沟，能排能灌。③统一种植规格，大垄双行种植，用犁间距40厘米的微耕机进行开沟理墒，播种时种植两沟空一沟，即成高垄双行（垄面宽80厘米，垄沟宽40厘米，垄高25厘米）。单垄单行种植规格：用犁间距40厘米的微耕机进行开沟理墒，播种时种植一沟空一沟，即成单垄单行（垄面宽40厘米，垄沟宽40厘米，垄高25厘米）。厢作种植规格：2米开墒，1.6米墒面，0.4米沟宽。每厢种植5行。④统一种薯处理，播种前20天左右，用湿沙摊成宽1米、厚10厘米，长度不限的催芽床，然后摊放一层种薯覆一层湿沙，厚度以看不见薯块为准，可摊放3~4层，然后在上面及四周盖湿沙7~8厘米。温度保持在15~18℃，最高不超过20℃，淋水保持湿润，15~20天后，可萌芽。待芽长到0.5厘米左右时扒出，放在散射光下炼芽，使芽变绿、变粗壮后即可播种。采用小整薯播种（30~50克），可以避免病原菌通过切刀进行传播，从而降低植株发病率，同时具有保水性好，抗旱耐寒，出苗整齐，生长旺盛，丰产性好等优点。大于50克的种薯需进行切块播种。切种在播种前2~3天进行，切块应充分利用顶端优势。从脐部开始螺旋式向顶部斜切，最后按顶芽一分为二或一分为四，每块种薯要带1~2个健康芽眼，每块重以30~50克为宜。青枯病、环腐病等会通过切刀传染，因此切刀、切板要严格消毒。可用75%乙醇或0.5%高锰酸钾溶液浸泡消毒。种薯切块后拌种消毒，每100千克薯块用滑石粉2千克+70%甲基托布津可湿性粉剂80克+农用链霉素40克混合均匀拌种。并放置在阴凉干燥处至少1~2天，切面愈合后才能播种。⑤统一适期播种及合理密植，冬马铃薯要防止霜冻为害，特别是苗期霜冻在生产中经常发生。根据长期的生产经验，并结合市场需求，适时早播，提早上市。临沧冬马铃薯播种期在11月上旬至12月下旬，播种后出苗前，一般10天以内，针对往年杂草发生情况，选择对应的除草剂进行地表喷雾预防杂草。种植密度根据品种特性和栽培条件确定。一般每亩用种量250~300千克，每亩5500株，播种深度12~15厘米。大垄双行合理密植：20厘米×（40+80）/2厘米（即120厘米起垄，沟宽40厘米，垄面宽80厘米，平均行距60厘米，株距20厘米）。大垄单行合理密植：每亩密度5500株，株距15厘米，行距80厘米。厢作合理密植：每亩密度5500株，株距30厘米，行距40厘米。在海拔1300~1500米区域种植冬马铃薯需要地膜覆盖，地膜覆盖可以提高近地温度和土壤温度，促进出苗，保证出苗率达到要求。冬季降雨量少，地膜覆盖能够抑制蒸发保持水分。铺膜时将膜四周拉平、盖严、压实，生长期保持膜面光洁完整，出苗期及时破膜放苗，并用细土覆盖出苗口，充分发挥地膜增温、保水、抑制杂草的作用。⑥统一配方施肥，马铃薯是高产作物，对养分需求量大，亦是典型的喜钾作物，对硫酸钾的需求量较大，对硼镁锌等中微量元素也要适量补充。每亩肥料总用量，有机肥2000千克、三元复合肥100千克、尿素30千克、钙镁磷50千克、硫酸钾30千克、硼、镁、锌肥等微肥各4千克。其中有机肥、钙镁磷、微肥全部用于底肥。三元复合肥80%用于底肥，20%用于追肥；尿素20%用于底肥，80%用于追肥。硫酸钾70%用于底肥，30%用于追肥。底肥应施在种薯下方或侧下方，与种子相隔 5 厘米以上。追肥要结合灌水和培土进行。现蕾期至开花期使用磷酸二氢钾进行 3~4 次叶面喷施。⑦统一田间管理，马铃薯是需水较多的作物，全生育期保持田间最大持水量 60%~80%为宜。出苗达 60%，小水灌溉一次，以促进出苗；齐苗后结合追肥进行灌溉；中后期是块茎快速增长，决定产量的关键时期，对水分的需求量达到最大，要连续保持土壤湿润状态，最好能够每周灌溉一次。收获前 15 天停止灌溉，以确保收获的块茎周皮充分老化，便于贮藏。马铃薯结薯层主要分布在 10~15 厘米的土层中，需要疏松的土壤环境。通常中耕除草培土 3 次，第 1 次在苗出齐后进行，结合追肥进行一次浅培土，以培到第一片单叶为准；发棵期培土 1~2 次，到植株即将封行时进行大培土一次，培成 30 厘米以上的高垄。高培土有利于保水保肥、防霜冻、减少绿薯、提高块茎品质、增加产量。密切关注天气变化，霜冻风险大时采取灌溉、覆盖、熏烟、喷施 0.2%~0.5%的磷酸二氢钾或 400~500 倍的植物防冻剂溶液等措施有效防御霜冻。⑧统一病虫害防控，贯彻"预防为主，综合防治"的方针。采用农业、物理和化学防治相结合，有效控制病虫害。宣传培训农药安全使用技术，禁止使用高毒、高残留农药。加强田间巡查，发现中心病株立即拔除，全部移出地块以外。并开始使用治疗药剂，可用银法利、阿米西达、丙森锌等，选择其中 2~3 种交替使用，间隔 5~7 天喷药 1 次，连续防治 3~4 次，可以有效控制早、晚疫病。青枯病、环腐病以土壤和种薯消毒为主，加强田间巡查，发现中心病株立即拔除，全部移出地块以外。发病率高时用农用硫酸链霉素或乙蒜素 600~800 液灌根。斑潜蝇、蚜虫采用黄板诱杀。地老虎、蛴螬等地下害虫可以通过药剂拌种、撒毒土、地表喷雾、灌根等途径防治。⑨统一适时收获，收获时提前 10 天割去地上茎叶，以促进薯皮木栓化，减少薯皮破损现象。选择晴天进行收获，根据薯块大小分级销售。如果不能及时销售，应放在干燥、通风、凉爽的室内贮藏，及时剔除病薯、烂薯，防止薯皮变绿，确保产品质量。

4.4.4 昭阳区试验站马铃薯高产高效集成技术百亩示范案例

建设地点：昭通市昭阳区西魁种植专业合作社。

示范样板地理及气候概况：百亩示范区位于昭通市昭阳区靖安镇松杉村，海拔 2165 米，东经 103°41′30″、北纬 27°35′32″。年平均温度 10℃，年降雨量 900 毫米，年无霜期 200 天。该区以马铃薯、荞麦为主要农作物，大春一季种植。土壤为山地黄棕壤。

示范指标：连片 100 亩，亩产比当地大面增 20%~30%，亩节约成本 8%。

主要集成技术：①选用高产抗病的脱毒良种，示范样板选用经近两年试验及小面积示范的抗病高产脱毒种薯。2014 年选用'宣薯 2 号'50 亩'云薯 401'40 亩'威芋 5 号'14 亩。2015 年选用'宣薯 2 号''云薯 801''威芋 5 号'。2016 年选用'宣薯 2 号'50 亩，'威芋 5 号'80 亩，'云薯 505'30 亩。每年均与大面推广的'会-2'作对照。结合当地物候适时播种，播种期控制在 2 月 20 日至 3 月 25 日最宜，过早气温低易产生冻害，太迟会错过马铃薯最佳出苗期，影响马铃薯生长发育。②进行种薯处理，2014 年用 1：800 倍液代森锰锌喷雾薯块，2015~2016 年改进为 1：100 倍代森锰锌与钙镁磷肥混合后涂抹切口杀灭薯块病菌。③规范化栽培增加密度，采用双行垄作，1.1~1.2 米一个条带，小行距 0.4 米，株距 0.4~0.45 米，密度控制在 2600~3000 株，比大面增加 500

株以上。④实行地膜全程覆盖，针对样板区气温低的问题，每年坚持覆盖地膜，实行全程覆盖。随播种覆膜。⑤科学施肥，亩施农家肥600～700千克作底肥，化肥部分在常规露地栽培亩施尿素40千克、普通过磷酸钙55千克基础上通过利用配方施肥成果和2014、2015两年连续在样板开展的马铃薯"2+X"氮肥总量控制试验和"2+X"氮肥分期调控试验结果不断改进为亩施尿素28千克（比常规露地减12千克）普通过磷酸钙35千克（比露地栽培减20千克），硫酸钾7千克。氮肥施用时期按"2+X"氮肥分期调控试验最好的处理，由一次性施用改为底肥30%，齐苗期追施70%的方法。⑥加强晚疫病防控，在常规未实行药剂防治晚疫病基础上，每年注意适时药剂防控马铃薯晚疫病。从初花期开始做到每隔7～10天喷药一次，防治5次。根据长势及气候，在气候潮湿，苗情长势过旺时喷施多效唑控制地上部分生长。

实施结果： 2014～2016年，试验站共完成高产高效示范样板1784亩。做到了连片集中。三年样板经每年多点测产，加权平均计算，平均鲜薯单产达2565.6千克，比非示范样板对照1379.3千克增产鲜薯1186.3千克，增产86%。总增鲜薯1499吨。样板产值在按平均单产、鲜薯商品率按当年各品种产地价加权平均计算结果，样板三年平均亩产值为3396元，大面对照为1182元，样板比对照平均亩增产值为2213.8元，增187.3%，总增产值为279.8万元（表4-36和表4-37）。

表4-36 2014～2016年现代农业马铃薯产业体系昭阳试验站百亩示范区产量

年份	项目	完成面积（亩）	平均亩产（千克）	亩产比对照增		总产（千克）	总产比对照增（千克）
				千克	%		
2014	示范田	104	1 645.7	455.5	40.0	165 812.7	47 368.2
	非示范田		1 138.9	0.0	0.0	0.0	0.0
2015	示范田	500	3 101.8	1545.8	99.3	1 550 914.0	772 914.0
	非示范田		1 556.0	0.0	0.0	0.0	0.0
2016	示范田	660	2 312.4	869.4	60.2	1 526 160.0	573 780.0
	非示范田		1 443.0	0.0	0.0	0.0	0.0
三年累计/平均	示范田	1 264	2 565.6	1 186.3	86.0	3 242 886.7	1 499 456.2
	非示范田		1 379.3	0.0	0.0	0.0	0.0

表4-37 2014～2016年现代农业马铃薯产业体系昭阳试验站百亩示范区产量产值

年份	项目	面积（亩）	合计产值（元）	每亩产值（元）	平均单价（元/千克）	亩产比对照增		总增产值（元）
						千克	%	
2014	示范田	104	180 189	1 732.59	1.05	853.59	97.1	88 773.3
	非示范田		879	879.00	0.77			
2015	示范田	500	1 937 454	3 874.9	1.25	2 771.4	251.1	1 385 696.0
	非示范田		0	1 103.5	0.7092			
2016	示范田	660	2 174 894	3 295.3	1.43	1 244.6	60.7	821 412.5
	非示范田		0	1 298.7	0.90			
三年累计/平均	示范田	1 264	4 292 537	3 396.0	1.32	2 213.8	187.3	2 798 301.0
	非示范田			1 182.1				

节本效益：由于示范样板规模化生产，在整地、防治晚疫病、收获用工上机械化率较高，用工成本降低，化肥施用上采用新技术降低了氮肥、磷肥用量及成本。据测算，示范样板亩均投入各种用工，种子、化肥农药薄膜等为1083元，非示范样板亩均投入为1209元，示范样板比非示范样板亩均节约成本126元，节约率为10%（表4-38）。

表4-38　云南省现代农业马铃薯产业技术体系昭阳试验站示范样板节本增效核算表

名称		每亩用工（每工按80元计）		种薯（种薯每2元/千克计）		农肥（每20元/100千克计）		化肥（氮、磷、钾）		薄膜（每千克15元计）		农药（元/亩）	合计亩投入（元）
		个	元	千克/亩	元/亩	千克/亩	元/亩	千克/亩	元/亩	千克/亩	金额		
示范样板		6	457	160	320	800	160	70	126	5	75	20	1083
对照		10	816	120	240	800	160	98	148	0	0	5	1209
示范样板比对照增	数量	−4	−359	40	80	0	0	−28	−22	5	75	15	−126
	%	−44	−44	33	33	0	0	−29	−15	100	100	300	−10

4.4.5　寻甸试验站大春作区高产栽培千亩示范案例

2009~2013年体系区域推广站要求每年建立综合示范区1000亩。2014~2016年试验站要求每年建立高产示范片100亩。8年实际完成示范推广面积7162亩，平均亩产2806.9千克/亩，比对照亩增759.9千克/亩，增37.1%，共增鲜薯544.225万千克；平均亩产值4161.19元/亩，比对照亩增1077.9元/亩，增34.96%，新增产值771.99万元。单位生产成本降低8.3%（表4-39）。

表4-39　寻甸试验站百亩、千亩示范区产量汇总表

年份	示范推广面积（亩）	示范品种（技术）（个、项）	综合示范区（高产示范片）							单位生产成本降低（%）
			产量			产值				
			亩产量（千克）	比对照增		共增鲜薯（×10⁴千克）	亩产值（元）	产值增加		新增产值（万元）
				千克/亩	%			元/亩	%		
2009	1208	4	2972.1	921.7	44.9	111.341	5329.3	1460.27	37.7	176.401	8.0
2010	1258	3	3131.5	916.7	41.4	115.321	3748.82	1135.02	43.5	142.786	5.2
2011	1374	3	2620.7	493.3	23.2	67.779	4000.86	940.70	30.4	129.252	8.2
2012	1374	4	2634.9	763.7	40.8	104.932	4038.83	992.79	32.6	136.409	10.2
2013	1378	4	2513.6	675.8	36.8	93.125	3361.07	736.22	28.1	101.451	7.6
2014	166	2	2647.6	854.7	47.7	14.188	4011.61	1557.70	63.5	25.858	8.3
2015	202	2	3523.2	839.7	31.3	16.962	5762.21	1408.93	32.4	28.460	12.0
2016	202	2	3647.9	1018.6	38.7	20.576	5646.92	1553.07	37.4	31.372	14.0
合计	7162	24	2806.9	759.9	37.1	544.225	4161.19	1077.90	35.0	771.989	8.3

主要技术措施：2009~2014年主要以新优品种示范为主。示范区全面推广优良品种和脱毒种薯、适时播种、地膜双垄覆盖、测土配方施肥、病虫害综合防治、适时收获与市

场营销等高产综合配套技术。采取统一连片、统一供种、统一播种时间、统一规格、统一防治病虫害等组织措施。先后示范推广了'合作88''滇薯6号''丽薯7''昆薯2号''宣薯2号''青薯9号''丽薯6号'等品种,并成为当地主推品种。现区域内主推品种为'青薯9号''宣薯2号''丽薯6号',推广面积18万亩,并有逐年扩大趋势,占马铃薯种植面积的90%。

2015~2016年主要以示范推广膜下滴灌和水肥一体化技术为主。集成大垄双行、膜下滴灌及水肥一体化、脱毒良种、精量播种、测土配方施肥、晚疫病综合防控等技术。全县示范推广膜下滴灌近1000亩。

4.4.6 鲁甸试验站大春作区高产栽培技术千亩示范案例

鲁甸试验站自2009年来紧紧围绕《云南省现代农业产业技术体系马铃薯体系实施方案》,在马铃薯产业技术研发中心及首席科学家的指导下,以科学技术为依托,促进了农民增产增收和马铃薯产业的可持续发展,对发展现代农业和推进社会主义新农村建设起到了积极的作用。鲁甸试验站2009~2016年以来,累计举办云南省现代农业马铃薯产业技术体系综合示范样板5577亩,综合示范样板主要采取了脱毒种薯、双行起垄、增加种植密度、增施磷钾肥、加强马铃薯晚疫病防治等技术措施。其中2009年完成1000亩,2010年完成1007亩,2011年完成1004亩,2012年完成1013亩,2013年完成1017亩,2014年完成260亩,2015年完成160亩,2016年完成116亩,在综合示范样板上示范了'云薯101''爱德53''云薯301''宣薯2号''丽薯6号''云薯401''青薯9号''云薯505''威芋5号'等马铃薯新品种。2009年来所举办的马铃薯产业技术体系综合示范样板,经实收称重,示范样板累计平均亩产1810.7千克,大面常规种植平均亩产1518.9千克,示范样板每亩比对照亩增291.8千克,增19.2%,增产突出。通过示范样板的实施,有效提高单产水平,广大农户进一步认识到加强应用科学技术措施的重要性和必要性,对鲁甸县马铃薯产业的发展起到了积极的促进和带动作用(表4-40)。

表4-40 2009~2016年以来示范样板完成情况统计表

年份	示范样板面积(亩)	示范样板平均亩产(千克)	对照平均亩产(千克)	比对照平均亩增产(千克)	比对照亩增(%)	培训资料(份)	培训人数
2009	1 000	1 740	1 510	230	15.2%	800	2 000
2010	1 007	1 783.8	1 504.9	278.9	18.5%	1 500	2 600
2011	1 004	2 014.6	1 744.3	270.3	15.5%	1 500	2 200
2012	1 013	1 755.8	1 437.2	318.6	22.2%	1 600	2 400
2013	1 017	1 831.2	1 574.3	256.9	16.3%	1 000	2 200
2014	260	1 714.7	1 385.2	329.5	23.8%	2 733	2 900
2015	160	1 872.6	1 525.1	347.5	22.8%	1 500	2 100
2016	116	1 773.2	1 470.5	302.7	20.6%	1 000	400
合计	5 577	1 810.7	1 518.9	291.8	19.2%	11 633	16 800

节本增效主要技术措施：重点是加强推广应用脱毒马铃薯高产新品种，提高种植密度，合理施肥，重视马铃薯晚疫病的防治等措施来提高马铃薯单产。马铃薯品种主要采用'云薯101''爱德53''云薯301''宣薯2号''丽薯6号''云薯401''青薯9号''云薯505''威芋5号'等，选用小整薯播种，大种薯需要切块时，切刀须消毒。进行深耕细耙，拣除残渣石块。于3月上中旬播种，采用双行起垄净种栽培，播种密度以每亩3600~4000株为宜，1.1~1.2米幅带开沟起垄，每垄种植两行马铃薯，小行距40厘米，株距30~33厘米。净种马铃薯底肥每亩施优质农家肥1500千克以上、普钙50千克、尿素10千克、硫酸钾10千克，苗出齐后追施尿素15千克，蕾期追施硫酸钾5~6千克。加强中耕管理，于苗期、蕾期、盛花期，根据苗情及植株长势，把锄草、松土、追肥、培土等措施结合起来，同时喷药加强防治各种病虫害。重点加强马铃薯晚疫病防治，苗期用代森锰锌预防一次，蕾期开始用甲霜灵锰锌、霜脲锰锌交替防治3次，每次用药间隔7~10天。

效益分析：示范田每亩投入种薯360.00元，农家肥450.00元，化肥143.00元，农药40.00元，工时440.00元；示范样板每亩合计共投入1433.00元。对照每亩投入种薯180.00元，农家肥450.00元，化肥137.00元，工时360.00元，对照每亩合计共投入1127.00元。示范样板比对照新增投入306.00元。

产出：产出单价按当地市场价格计算，鲜薯每千克1.20元。示范样板每亩产1810.7千克，平均亩产值2172.84元，每亩纯收入739.84元。对照每亩产出1518.9千克，平均亩产值1822.68元，每亩纯收入695.68元。每亩示范样板比对照新增产出291.8千克，新增亩产值350.16元，新增纯收益44.16元。

与同季其他作物比较：马铃薯净作区由于海拔较高，气温冷凉，只能种植玉米、荞麦、燕麦粮食作物。与玉米相比，玉米每亩投入777.00元，每亩产出1169.52元，玉米每亩纯收入392.52元，示范样板比种植玉米新增纯收入347.32元。与荞麦相比，荞麦每亩投入209.00元，每亩产出399.56元，荞麦每亩纯收入190.56元，示范样板比种植荞麦新增纯收入549.28元。与燕麦相比，燕麦每亩投入204.00元，每亩产出395.08元，燕麦每亩纯收入191.08元，示范样板比种植燕麦新增纯收入548.76元。

评价：通过示范样板建设，能有效提高马铃薯单产，从而增加农户收入。

推广价值：示范样板比常规马铃薯种植每亩能新增收入44.16元；比同季作物玉米每亩新增收入347.32元；比同季作物荞麦每亩新增收入549.28元；比同季作物燕麦每亩新增收入548.76元。能有效增加收入，具有一定推广价值。

5 云南马铃薯主要病虫害防控技术及案例

植物因受到不良条件或有害生物的影响和袭击，超过了植物的忍受限度，而不能保持自身平衡，植物的局部或整体的生理活动和生长发育出现异常，称为植物病害。植物病害发生受植物自身遗传因子异常、不良环境条件、病原生物和人为因素的影响，常将植物病害划分为传染性（侵染性）病害和非传染性（非侵染性）病害。由生物病原物引起的病害称为传染性病害，传染性病害按病原生物种类不同，还可以进一步分为：由真菌侵染引起的真菌病害，如马铃薯早疫病；由原核生物侵染引起的细菌病害，如马铃薯青枯病；由病毒侵染引起的病毒病害，如马铃薯花叶病；由寄生性种子植物侵染引起的寄生植物病害，如菟丝子；由线虫侵染引起的线虫病害，如马铃薯根结线虫病；由原生动物侵染引起的原生动物病害，如椰子心腐病等。由不适宜的环境因素引起的植物病害称为非传染性病害。按病因不同，可分为：植物自身遗传因子或先天性缺陷引起的遗传性病害或生理病害；物理因素恶化所致病害，如大气温度的过高或过低引起的灼伤与冻害；大气物理现象造成的伤害，如风、雨、雷电、雹害等；大气与土壤水分和温度的过多与过少，如旱、涝、渍害等；化学因素恶化所致病害，肥料元素供应的过多或不足，如缺素症；大气或土壤中有毒物质的污染与毒害；农药及化学制品使用不当造成的药害等。马铃薯是重要的栽培植物，其生长过程中常遭到有害生物的危害导致病害发生，对马铃薯生产影响较大的病原菌主要有卵菌及真菌、病毒、细菌和线虫。全世界报道的马铃薯病害有近 100 种，在我国危害较重，造成损失较大的有 15 种，主要有马铃薯晚疫病、马铃薯早疫病、马铃薯粉痂病、马铃薯枯萎病、马铃薯黑痣病、马铃薯 X 病毒病、马铃薯 Y 病毒病、马铃薯卷叶病毒病、马铃薯 S 病毒病、马铃薯纺锤块茎类病毒、马铃薯青枯病、马铃薯环腐病、马铃薯黑胫病、马铃薯根结线虫病等。

对马铃薯病害的防控，防治率达到 90%～95%即可，达到 100%将带来艰巨的技术难题和对生态平衡的影响，综合平衡技术和生态效应将病害控制到经济阈值以下即可。抗病育种、农业防治、药剂防治和生物防治等都是控制病害的有效手段，可以综合运用，也可视生产情况使用单项措施。

5.1 马铃薯主要病虫害发生特点及防控技术

5.1.1 马铃薯真菌、卵菌、细菌病害

由植物病原真菌（含卵菌）引起的病害，占植物病害的 70%～80%。一种作物上可发生几种甚至几十种真菌病害。由真菌引起的马铃薯病害主要有晚疫病、早疫病、干腐病、黑痣病、粉痂病等。细菌病害在部分产区有零星发生，主要是青枯病、环腐病和黑胫病。

5.1.1.1 马铃薯晚疫病

马铃薯晚疫病主要为害叶、叶柄、茎及块茎。叶片染病先在叶尖或叶缘生水浸状绿褐

色斑点,病斑周围偶有浅绿色晕圈,湿度大时病斑迅速扩大,呈褐色,在叶背形成白霉(孢囊梗和孢子囊),干燥时病斑变褐干枯,质脆易裂,不见白霉,且扩展速度减慢。茎部或叶柄染病现黑色或褐色条斑。茎上病斑脆弱,茎秆经常从病斑处折断。发病严重的叶片萎垂、卷缩,终致全株黑腐,全田一片枯焦,散发出腐败气味。块茎染病初生褐色或紫褐色大块病斑,稍凹陷,病部皮下薯肉亦呈褐色,慢慢向四周扩大或腐烂。

马铃薯晚疫病由卵菌纲致病疫霉[*Phytophthora infestans*(Mont.) de Bary]引起,是马铃薯的毁灭性病害之一,一般年份可导致减产 10%~20%,发病重的年份可减产 50%~70%,甚至绝收。病原菌无性繁殖产生孢子囊;有性生殖形成卵孢子,有 A_1 和 A_2 两种交配型,当 A_1 和 A_2 两种交配型同时存在时,产生卵孢子,卵孢子壁厚、抗逆性强,易形成新的生理小种,可以在土壤中越冬,且抗药性较强。

马铃薯晚疫病菌主要通过风、雨水、土壤和种薯传播。致病疫霉菌通过伤口、皮孔、芽眼外面的鳞片或表皮侵入到马铃薯体内,靠近地面的块茎被土中残留或随雨水迁移的孢子囊和游动孢子侵染。在块茎内晚疫病菌以菌丝形态越冬,次年随幼芽生长,侵入茎叶,能通过土壤水分的扩散作用而移动,也会随起垄、耕作等田间农事活动移至地表,遇雨水溅到植株下部叶片上,侵入叶片形成中心病株。之后,中心病株上形成的孢子囊通过空气传播或落到地面随雨水、灌溉水进行扩散,病害逐渐传开。

马铃薯晚疫病是世界性的植物病害,其危害严重,防治困难。因此,马铃薯晚疫病的防治措施遵循"预防为主,综合防控,统防统治"的原则。①使用抗病品种。马铃薯对晚疫病的抗病性有两种类型:一种为小种专化抗性,或称垂直抗性;另一种为非小种专化抗性,又称为田间抗性或水平抗性。垂直抗性是由主效 R 基因控制的,田间抗性则由多基因控制。晚疫病菌极易发生变异,特别是 A_2 交配型出现以后,垂直抗性品种容易"丧失"抗性,具有田间抗性的品种,抗病性比较稳定,生产上首选水平抗性品种。②建立无病留种地,消灭初侵染来源,生产和使用健康种薯。由于病薯是主要的初侵染来源,生产使用健康种薯,可避免种薯带菌,减少中心病株发病率。③化学防治。由于没有高抗或免疫的品种,在晚疫病流行期,化学防治是目前控制马铃薯晚疫病流行的主要措施,只要使用得当,可以收到很好的防病增产效果,应加强病情监测,指导药剂防治。在有条件的地区建立预警站,使用马铃薯晚疫病预警系统,结合中耕管理可使用甲霜灵类药剂进行预防,中心病株出现后可用烯酰吗啉、霜霉威氟吡菌胺等药剂防控,视天气情况确定用药次数,一般为每周一次,多雨天气可每周进行 2 次药剂防控。④合理施肥,加强栽培管理。生长期培土,减少病菌侵染薯块的机会;扩大行距,缩小株距,控制地上部植株生长,降低田间小气候湿度,均可减轻病情;深挖沟高起垄,避免积水,高培土可阻止病菌随雨水侵入块茎,减轻病害发生;轮作套作,避免重茬连作;合理密植,防徒长;错期播种,避开发病气候等。⑤收获前防治。在流行年份,为了减少收获期晚疫病菌侵染块茎,可以在成熟期或接近成熟期前 10~15 天清除地上茎叶,或用化学药剂杀死地上茎叶后再收获。

5.1.1.2 马铃薯早疫病

马铃薯早疫病于 1892 年在美国的佛蒙特州首次发现,目前在世界各地均有发生。已报道的引起马铃薯早疫病的病原菌有 A. solani、A. alternata、A. interrupta 等 8 种。其中 A. solani 为优势病原菌。马铃薯早疫病一般年份可造成马铃薯减产 5%~10%，病害严重年份减产可达 50%以上。

马铃薯早疫病主要为害叶片，也可为害叶柄、茎和薯块。一般先侵染下部叶片，产生褐色、凹陷、与健部分界明显的小斑点，后扩大成大小为 3~4 毫米、具有清晰同心轮纹的椭圆形病斑。湿度大时，病斑上常产生黑色霉层。严重时，整个病斑相互连接，愈合成不规则形的大斑，甚至穿孔脱落。茎、叶柄常于分节处受害，病斑稍凹陷、线条形、颜色为褐色，扩大后呈灰褐色，长椭圆形，具同心轮纹。块茎受害可产生暗褐色、边缘明显稍凹陷的圆形或近圆形病斑，其皮下呈浅褐色海绵状干腐。

早疫病的优势病原菌为茄链格孢菌[*Alternaria solani*（Ell.& Mart.）Joneset Grout]，属半知菌亚门丝孢纲丛梗孢目暗色孢科链格孢属真菌。茄链格孢菌主要以菌丝和分生孢子附着在病株、土壤、被侵染的块茎上以及其他茄科植物的寄主上，并可在土壤中越冬。翌年当温度适宜时，早疫病菌产生大量新的分生孢子。病斑上的分生孢子主要靠风、雨等传播，通过气孔或伤口侵入。一年中，分生孢子多次经由植株的气孔、表皮或伤口多次循环侵染。在生长季节早期，初侵染发生在较老的叶片上，活跃的幼嫩组织和重施氮肥的植株，通常不表现症状。

防治措施主要有：①因地制宜选用相对抗、耐病品种，适当提前收获。②选择土壤肥沃的干燥田块种植，施足底肥，增施有机肥，配方施肥，应适量增施钾肥，适时喷施叶面肥；合理用水，雨后及时清沟排渍降湿，促植株稳生稳长，生长期加强管理，提高植株抗病力。③收获后及时清除病残组织，翻晒土，减少越冬菌源。④及早喷药预防。应于植株封行开始，喷施 75%百菌清+70%托布津（1∶1）1000 倍液，30%氢氧化铜+70%代森锰锌 600~800 倍液，40%三唑酮多菌灵可湿粉 1000 倍液等，视病情防治 1~3 次，10~15 天 1 次，交替喷施，前密后疏。

5.1.1.3 马铃薯黑痣病

又称立枯丝核菌病、茎基腐病、丝核菌溃疡病和黑色粗皮病。随重茬加重，黑痣病发生变得普遍，一般年份可造成马铃薯减产 15%左右，个别年份可达到毁灭全田，严重影响马铃薯的产量和品质。病原菌为立枯丝核菌（*Rhizoctonia solani* Kühn），是一类在自然界中广泛存在的真菌。

丝核菌可危害马铃薯的幼芽、茎基部及块茎。薯块播种到地里出芽后，幼芽顶部出现褐色病斑，使生长点坏死，不再继续生长。地下块茎发病多以芽眼为中心，生成褐色病斑，影响出苗率，造成苗不全、不齐、细弱等现象。在苗期主要感染地下茎，出现指印形状或环剥的褐色病斑，地上植株矮小和顶部丛生；严重时可造成植株立枯、顶端萎蔫。茎表面呈粉状，容易被擦掉，粉状下面的茎组织正常。匍匐茎感病，为淡红褐色病斑，匍匐茎顶端不再膨大，不能形成薯块；感病轻者可长成薯块，但非常小。也可引起匍匐茎徒长，影响结薯，或结薯畸形。生长中后期叶片逐渐枯黄卷曲，植株易倒死亡，此时常在土表部位再生气根，产出黄豆大的气生块茎。成熟的块茎感病时，表面形成大小不一、数量不等、形状各异、坚硬、颗粒状的黑褐色或暗褐色的斑块，也就是病原菌的菌核，牢固地附在表皮上，不易冲洗掉，而菌核下边的组织完好，也有的块茎因受侵染而造成破裂、锈斑、薯块龟裂、变绿、畸形、末端坏死等现象。

马铃薯黑痣病是土传病害，以菌核在病薯块上或残落于土壤中越冬，在土壤中存活2~3年，可经风雨、灌水、昆虫和农事操作等传播为害。菌核在8~30℃皆可萌发，病菌发育适宜温度23℃，田间发病程度与春寒及潮湿条件密切相关，播种早或播后土温较低的情况下发病较重，低洼积水地易于诱发病害。后期菌核萌发需23~28℃的较高温度，连续阴雨或湿度连续高于70%，此病发生严重甚至流行。带菌种薯是翌年的主要初侵染源，又是远距离传播的主要途径。一般经伤口或直接侵染幼芽，导致发病，造成芽腐或形成病苗，一年有2次发病高峰期，第1次发病高峰为苗期至现蕾期，第2次发病高峰为开花期至结薯期。前作为番茄或茄子，发病率高，连作年限越长发病越重。

马铃薯黑痣病的防治采用综合防控措施。①因地制宜选种抗病品种。②建立无病留种田，选用健康种薯。③轮作。提倡与非寄主植物实行2年以上轮作，不能轮作的重病地应进行深耕改土，以减少该病发生。④加强栽培管理。发病重的地区，尤其是高海拔冷凉山区，要特别注意适期播种，避免早播；合理密植，注意通风透光，低洼地应实行高畦栽培，雨后及时排水，收获后及时清园。⑤药剂防治。可进行种薯处理，选用24%氟唑菌苯胺悬浮剂、2.5%咯菌腈悬浮剂、70%甲基硫菌灵可湿性粉剂等拌种。播种时可用25%嘧菌酯悬浮剂、噻呋酰胺悬浮剂进行垄沟喷施。发病初期叶面喷施20%甲基立枯磷乳油、噻呋酰胺悬浮剂等，或者20%甲基立枯磷乳油随滴灌灌根，整个生育期用药2~3次。大田期药剂喷雾时做到药液流经茎秆。

5.1.1.4 马铃薯粉痂病

马铃薯粉痂病于1841年在德国首次报道。目前，马铃薯粉痂病在世界各大洲均有分布，其中在欧洲分布最广泛、发病最严重。继1957年中国福州发生马铃薯粉痂病之后，在福建、内蒙古、广东、甘肃、江西、浙江、湖南、湖北、贵州、四川、云南等省（自治区）均有马铃薯粉痂病的发生。

马铃薯粉痂病主要危害块茎及根部，有时茎也可染病。块茎染病，最初在表皮上出现针头大小的褐色小斑，外围有半透明晕环，后小斑逐渐隆起、膨大，成为直径3~5毫米的"疱斑"，其表皮尚未破裂，为粉痂的"封闭疱"阶段。后随病情的发展，"疱斑"表皮破裂，反卷，散出大量深褐色粉状物（孢子囊球），"疱斑"下陷呈火山口状，外围有木栓质晕环，为粉痂的"开放疱"阶段。如果侵染较严重，"疱斑"连接成片，形成大片不规则的伤口，甚至造成薯块畸形，严重影响薯块的商品性。根部染病，于根的一侧长出豆粒大小单生或聚生的白色瘤状物，成熟时变成棕色；严重的根部侵染，会引起弱小植物的枯萎和死亡。

粉痂病是由马铃薯粉痂菌（*Spongospora subterranean* f.sp. *subterranea*）引起的，病菌从根毛或皮孔侵入寄主。病菌以休眠孢子囊在种薯内或随病残体遗落在土壤中越冬，病薯和病土成为第二年的初侵染源。当条件适宜时，休眠孢子囊萌发产生游动孢子，游动孢子静止后成为变形体，从根毛、皮孔或伤口侵入寄主；变形体在寄主细胞内发育，分裂为多核的原生质团；到生长后期，原生质团又分化为单核的休眠孢子囊，并集结为海绵状的休眠孢子囊，充满寄主细胞内。休眠孢子囊若散入土壤中，可存活4～5年。病薯是来年初次侵染的主要来源。病土和土中残留物，也是来年初次侵染的重要来源。

云南农业大学研究发现，马铃薯粉痂发病率与土壤中磷、钾、氮、有机质和pH有关。雨量多，土壤具有冷、湿、酸的特点，有机物分解缓慢，有效养分含量减少，而硫化氢、低铁等还原性有毒物质常大量积累；土壤湿度为90%左右，土温18～20℃，土壤pH4.7～5.4时对马铃薯生长极为不利，常使其生理活动减弱，抗病力显著降低，极易造成粉痂病的严重发生。

防治措施：马铃薯粉痂菌是活体专性寄生菌，病原菌很难离体培养及在土壤中存留难于被杀死，给粉痂病的防治带来了很多困难。防治马铃薯粉痂病执行"预防为主，综合防治"的方针。①严格执行检疫制度，对病区种薯严加封锁，禁止外调。以法规的形式限制带菌种薯外调，起到控制粉痂病传播的目的，保护非病区受到病害的传播。②控制粉痂病最经济有效且具有环保价值的方法是培育对粉痂病有抗性的马铃薯品种。可以从一些野生的或栽培的种质资源中广泛收集抗原，进行鉴定，从中筛选出抗原进行抗病育种。③通常采用福尔马林、硫酸铜等处理薯块来降低种薯带菌，从而减轻新生薯块受粉痂菌侵染的程度。④土壤处理。杀死土壤中的病原菌与种植不带菌的种薯结合起来是最有效的控制粉痂病的方法。土壤灭菌、施用杀菌剂可以降低土壤中的病原菌。⑤农业措施。在病害发生地区，实行马铃薯与豆类或谷类作物4～5年的轮作。种植马铃薯之前，种植诱导植物番茄诱捕土壤中的病原菌能快速降低土壤中的菌量。⑥杀菌剂能够令人满意地控制许多植物病害，但是对于由土传病原菌引起的病害的防治效果是有限的，目前，还没有一种杀菌剂能完全控制粉痂病。

5.1.1.5 马铃薯青枯病

马铃薯青枯病是世界热带、亚热带和温带地区作物的最重要而且分布广泛的细菌性病害之一，甚至已经在冷凉地区被发现。青枯病造成的损失随着气候温度的增高而加重。在冷凉气候条件下由土壤传播造成的损失为10%左右，在温暖或炎热气候时为25%左右，而由薯块传播的可达30%～100%。土壤温度冷凉时，可由于种植被侵染的薯块造成潜伏侵染，但种薯供应至温暖地区种植后，一般可导致30%～50%的产量损失。

青枯病菌主要侵染马铃薯茎及块茎。感病初期，只有植株的一部分发生萎蔫，而其他部位正常，随着感病时间延长，萎蔫部位扩大；发病初期萎蔫部位早晚能恢复正常，持续一段时间后，整个植株茎叶完全萎蔫死亡，但是植株仍为绿色，叶片不凋落。马铃薯块茎染病后，薯块芽眼呈灰褐色水浸状，切开的薯块可观察到维管束部位流出乳白色菌脓，但薯皮不从维管束处分离；发病严重时薯块髓部溃烂如泥，当土壤湿度大时，可看到灰白色液体渗透到芽眼或块茎顶部末端。

病原物为茄科雷尔氏菌（*Ralstonia solanacearum*）。病菌在10～40℃均可发育，适温25～37℃，pH6.0～8.0，最适pH6.6。土壤温度为20℃时病菌开始活动，土温达25℃时病菌活动旺盛，土壤含水量达25%以上时有利病菌侵入。田间调查表明：种薯带菌、土壤连作带菌是青枯病发生的重要条件，高温高湿，尤其初夏大雨后骤晴，排水不利，钾肥不足,利于病害流行。病菌随寄主病残体遗留在土壤中越冬。若无寄主也可在土壤中存活14个月,最长可达6年之久。病菌通过雨水、灌溉水、地下害虫、操作工具等传播。多从寄主根部或茎基部皮孔和伤口侵入。前期属于潜伏状态,条件适宜时,即可在维管束内迅速繁殖。并沿导管向上扩展,致使导管堵塞,进一步侵入邻近的薄壁细胞组织,使整个输导管被破坏而失去功能。茎、叶因得不到水分的供应而萎蔫。雨后初晴,气温升高快,空气湿度大,热量蒸腾加剧,易促成此病流行。

防治措施:①选用健康小整薯播种能避免病害的发生。带病种薯是青枯菌远距离传播的途径,病薯播种后随着温湿度适宜而发病。块茎上的青枯菌可随雨水、灌溉水进入土壤中并长期存活,导致下季马铃薯受侵染,因此要杜绝播种病薯。②与非茄科作物轮作3～4年,特别与水稻轮作效果最好。③选土层深厚、透气性好的沙壤土或壤土,施入腐熟有机肥和钾肥,控制土壤含水量。种薯播种前杀菌消毒和催芽,大薯切块后用杀菌剂或草木灰拌种杀菌;播种前对种薯进行催芽以淘汰出芽缓慢细弱的病薯以减少发病。田间中耕不要伤根,发现病株及时将整株和穴土全部取出带走,远离薯田,用生石灰水对病穴进行消毒,防止病害传染。④发病初期选用72%农用链霉素2500～5000倍液或用1∶1∶240倍波尔多液喷雾,也可用消菌灵1200倍液、铜制剂灌根,每隔7～10天施药1次,对延缓病害的发生有良好的效果。

5.1.1.6 马铃薯黑胫病

马铃薯黑胫病是细菌性病害,严重影响马铃薯产量和种薯质量。病菌是果胶杆菌胡萝卜软腐欧文氏菌马铃薯黑胫病菌亚种,是一种革兰氏染色阴性致病菌[*Erwinia carotovara* subsp. *atroseptica*(van Hall)Dye]。适宜生长温度是10～38℃,最适为25～27℃,高于45℃会失去活力。寄主范围极广,除为害马铃薯外,还能侵染茄科、葫芦科、豆科和藜科等的100多种植物。

植株和块茎均可感染。病株生长缓慢,矮小直立,茎叶逐渐变黄,顶部叶片向中脉卷曲,有时萎蔫。靠地面的茎基部变黑腐烂,皮层髓部均发黑,表皮组织破裂,根系极不发达,发生水渍状腐烂。有黏液和臭味,植株很容易从土壤中拔出。最典型的症状是腐烂,块茎的软腐可以扩展到块茎的一部分或者整薯。感病薯块起初表皮脐部变黑色,或有很小的黑斑点,随着病菌在维管束的扩展蔓延,由脐部向块茎内部扩展,形成放射性黑色腐烂。严重时薯块烂成空腔,轻者只是脐部变色,甚至看不出症状,薯块也不全有病。纵剖块茎可看到病薯的病部和健部分界明显,病组织柔软,常形成黑色孔洞。感病重的薯块,在田间就已经腐烂,发出难闻的气味。病轻的,只脐部呈很小的黑斑。有时能看到薯块切面维管束呈黑色小点状或断线状。而感病最轻的,病薯内部无明显症状,这种病薯往往是病害发生的初侵染源。

黑胫病的初侵染源主要是带菌种薯。带菌种薯播种后,在适宜条件下,细菌沿维管束侵染块茎幼芽,随着植株生长,侵入根、茎、匍匐茎和新结块茎。并从维管束向四周扩展,侵入附近薄壁组织的细胞间隙,分泌果胶酶溶解细胞的中胶层,使细胞离析,组织解体,呈腐烂状。病害发生程度与温湿度有密切关系。在北方,气温较高时发病重,窖藏期间,窖内通风不良,高温高湿。有利于细菌繁殖和为害,往往造成大量烂薯。

防控措施：①选用抗病品种，建立无病留种田，最好采用单整薯播种。做到催芽晒种，淘汰病薯，并在播种前用新高脂膜拌种，加强呼吸强度，提高种薯发芽率。②适时早播，注意排水，降低土壤湿度，提高地温，促进早出苗，提高出苗率；并在马铃薯生长阶段及时松土，适时浇水、合理施肥，提高植株抗病能力。③加强栽培管理合理安排播种期，使幼苗生长期避开高温高湿天气。马铃薯田要开深沟、高畦，雨后及时清沟排水，降低田间湿度。科学施肥，施足基肥，控制氮肥用量，增施磷钾肥，增强植株抗病能力。及时培土，要进行1~2次高培土，防止薯块外露。④喷施消毒药剂对田间进行消毒处理，发病初期可用100毫克/千克农用链霉素、0.1%硫酸铜或氢氧化铜溶液喷雾，能显著减轻危害。⑤幼苗出土后，要逐垄逐行进行检查，发现病株应及时拔除，拔完病株的空穴用石灰水消毒，挖掉的病株要带至田外深埋，以免再传染。⑥种薯入窖前要严格挑选，入窖后加强管理，窖温控制在4℃左右，防止窖温过高，湿度过大。⑦重茬会加重病害，实行3~4年的轮作制就可以避免病菌感染。

5.1.1.7 马铃薯疮痂病

马铃薯疮痂病是人类较早发现的薯类病害之一，疮痂病严重影响马铃薯外观和品质，降低商品性，减少经济收入。马铃薯疮痂病主要危害块茎，病原菌从皮孔侵入，初期在块茎表皮产生褐色斑点，以后逐渐扩大，侵染点周围的组织坏死，块茎表面变粗糙，组织木栓化使病部表皮粗糙，开裂后病斑边缘隆起，中央凹陷，呈疮痂状，病斑仅限于皮部，不深入薯内。依据病斑在块茎表面的凹陷程度病斑又可分为凹状病斑，平状病斑，凸状病斑。病斑从褐色到黑色，颜色多变，形态不一，可以在皮孔周围形成小的软木塞状的突起，也可以形成深的凹陷，深度可达7毫米。发病严重程度因品种、地块、年份的不同而不同，病斑的大小和深度也因致病菌种、品种的感病程度、环境条件的不同而不同，严重时病斑连片，严重降低块茎的商品性。疮痂病菌除侵染马铃薯薯块外，还会危害甘薯、萝卜、胡萝卜、甜菜、芸薹等作物的块根，有的能侵染马铃薯等植物的须根，造成病斑木栓化。

病原是链霉菌（*Streptomyces* spp.），属于放线菌门放线菌纲放线菌科链霉菌属，是放线菌中唯一能引起植物病害的属。目前已知病原菌有 *S. scabies*、*S. acidiscabies* 和 *S. bobili* 等26种。

种植过程中病菌常伴随种薯调运进入田块，采用代数较多的马铃薯作种薯的田块疮痂病发生最为严重。病菌在土壤中腐生或在病薯上越冬，块茎生长的早期表皮木栓化之前，病菌从皮孔或伤口侵入后染病。中性或偏碱性土壤容易发病，偏酸性土壤发病较轻，pH5.2~8.6有利于发病，pH5.2以下很少发病。马铃薯疮痂病在10~30℃均可发病，云南省以25~30℃最有利于发病，长期干旱会明显加重病害发生。种植密度过大或植株过高、施肥过量特别是氮肥过量，导致田间郁蔽，通风透光差，有利于放线菌生长。

防治措施：马铃薯疮痂病采用综合防治措施，主要有选育和利用抗病品种、改变土壤中矿质元素比例、农业防治、化学防治、生物防治等。一定不要从病区调种。播前用40%甲醛溶液120倍液整薯浸种4分钟。多施有机肥或绿肥，可抑制发病。与葫芦科、豆科、百合科蔬菜进行5年以上轮作。结薯期遇干旱应及时浇水。

5.1.2 马铃薯病毒、类病毒病害

马铃薯病毒病复合侵染较普遍，一些地块两种及以上病毒复合侵染率达 60%以上。在田间，马铃薯病毒病症状表现主要有花叶、卷叶、坏死斑及萎蔫、块茎纺锤状等。

马铃薯病毒病比较复杂，对云南马铃薯产业影响较大的主要有马铃薯 S 病毒、马铃薯卷叶病毒、马铃薯 X 病毒、马铃薯 Y 病毒、马铃薯 A 病毒和马铃薯 M 病毒等。

种薯传播是马铃薯病毒的主要传播方式，介体主要有蚜虫。番茄斑萎病毒属病毒由蓟马传播。在秋冬季播种的马铃薯，由于季节干旱、温暖，自然界中蚜虫、蓟马种群大，容易传播扩散。宿主马铃薯带毒率较高，成为下季马铃薯病毒病主要毒源。

防控措施：传播马铃薯主要病毒的介体为蚜虫，近年新出现侵染马铃薯的番茄斑萎病毒属病毒的介体为蓟马，做好预测预报，在媒介昆虫发生初期施用相应的杀虫剂杀虫防病。良好的栽培管理，施足基肥、合理灌水、汰除病株减少毒源。选用抗病品种是防控马铃薯病毒成本最低、最有效的措施，应加强抗病毒品种的选育工作。因此，在缺乏抗性品种以及缺少有效的病毒病防治药剂的情况下，目前最有效的防控马铃薯病毒病害的措施就是使用脱毒马铃薯。所以，在马铃薯生产中，使用优质的脱毒种薯是提高马铃薯产量和质量的重要保障。

5.1.3 马铃薯主要虫害

马铃薯虫害主要有马铃薯块茎蛾、地老虎、蛴螬、蚜虫等。

5.1.3.1 马铃薯块茎蛾

马铃薯块茎蛾隶属鳞翅目（Lepidoptera）麦蛾科（Gelechiidae）块茎蛾属（*Phthorimaea*），英文名称为 potato tuber moth（简写为 PTM）。国内外历来存在两种叫法，即马铃薯块茎蛾、烟草潜叶蛾。

马铃薯块茎蛾的为害特点是以幼虫从芽眼处钻入块茎，导致块茎腐烂。因此这里主要介绍幼虫和成虫的形态特征。幼虫：刚孵化的幼虫较小，老熟幼虫约 0.94 厘米长。3 龄幼虫之前无雌雄二型现象，4 龄时，雄性可见两条细长的淡黄色睾丸，5、6 龄腹部分节明显。成虫：成虫翅展约 1.27 厘米，体长约 0.94 厘米。雄性一般雄蛾翅膀上有 2～3 个点状斑纹，腹部末端有明显的绒毛；雌蛾翅膀上则有一个 X 形斑纹。成虫白天潜伏，晚上活动。每头雌成虫一生能产卵 38～290 粒。

防控技术：①使用性诱剂是进行成虫引诱的良好方法，用反-4，顺-7-十三碳二烯乙酸酯（E4，Z7-13：Ac）和反-4，顺-7，顺-10-十三碳三烯乙酸酯能很好地诱捕雄性成虫。②合理布局马铃薯种植空间，马铃薯种植区内，最好不要种植其他茄科植物，否则更容易吸引马铃薯块茎蛾成虫。③不要让马铃薯块茎暴露在田间，及时清除已经被虫害的马铃薯等能有效控制虫害的发生。④运用生物防治马铃薯块茎蛾，可利用马铃薯块茎蛾的寄生性天敌、捕食性天敌、病原真菌、细菌和病毒等手段。冷藏也能很好地抑制马铃薯块茎蛾对薯块的危害，一般在 10℃以下马铃薯块茎蛾卵和幼虫都达不到发育温度。

5.1.3.2 马铃薯蚜虫

马铃薯蚜虫属同翅目（Homoptera）蚜科（Aphididae）。有甘蓝蚜、萝卜蚜和桃蚜，世界性分布。直接为害：以成、若蚜吸食植物体内的汁液，使叶片卷缩、变黄，使茎、花梗扭曲、畸形，植株短小甚至死亡。间接为害：传播多种病毒病，三种蚜虫常混合发生。

防治方法：①加强田间管理，清除虫源植物。播种前清洁育苗场地，拔掉杂草和各种残株；定植前尽早铲除田园周围的杂草，连同田间的残株落叶一并焚烧。创湿润而不利于蚜虫滋生的田间小气候。②黄板诱蚜，在马铃薯田周围设置黄色板。插在田地周围，高出地面0.5米，隔3～5米远一块，可以大量诱杀有翅蚜。③尽量将有翅蚜消灭在迁飞之前，或消灭在无翅蚜阶段。可用50%辟蚜雾可溶性粉剂、2.5%溴氰菊酯乳油、20%杀灭菊酯乳油、10%二氰苯醚酯乳油、10%氯氰菊酯乳油、10%多来宝悬浮剂、50%灭蚜松乳油、21%菊马合剂乳油等进行防治，喷药时要侧重叶片背面。

5.1.3.3 二十八星瓢虫

二十八星瓢虫属鞘翅目瓢甲科。别名：酸浆瓢虫、马铃薯瓢虫。成虫、幼虫在叶背剥食叶肉，仅留表皮，形成许多不规则半透明的细凹纹，状如箩底。也能将叶吃成孔状或仅存叶脉，严重时，受害叶片干枯、变褐，全株死亡。

成虫，体均呈半球形，红褐色，全体密生黄褐色细毛，每一鞘翅上有14个黑斑。卵呈炮弹形，初产淡黄色，后变黄褐色。老熟幼虫淡黄色，纺锤形，背面隆起，体背各节生有整齐的枝刺，前胸及腹部第8～9节各有枝刺4根，其余各节为6根。蛹淡黄色，椭圆形，尾端包着末龄幼虫的蜕皮，背面有淡黑色斑纹。马铃薯瓢虫成虫体略大，前胸背板中央有一个大的黑色剑状斑纹，两鞘翅合缝处有1～2对黑斑相连，鞘翅基部第二列的4个黑斑不在一条线上，幼虫体节枝刺均为黑色。

防治方法有及时清洗田园处理残株，降低越冬虫源基数。产卵盛期摘除叶背卵块。利用成虫的假死习性，拍打植株，用盆承接坠落之虫集中加以杀灭。田间卵孵化率达15%～20%时，用药剂防治，可选用20%氰戊菊酯、40%菊马乳油、21%灭杀毙乳油、2.5%功夫乳油、25%噻虫嗪水分散粒剂、20%氰戊菊酯乳油、2.5%高效氯氟氰菊酯乳油喷雾。

5.1.3.4 马铃薯地下害虫

地下害虫主要有蛴螬、小地老虎、金针虫等。

蛴螬： 蛴螬也叫地蚕，是金龟子的幼虫。主要以幼虫阶段进行危害，可为害豆科、禾本科、薯类、蔬菜和野生植物，达31科78种之多。在马铃薯田中，它主要危害地下嫩根、地下茎和块茎，进行咬食和钻蛀，断口整齐，使地上茎营养水分供应不上而枯死。块茎被钻蛀后，导致品质变劣或引起腐烂。

小地老虎： 地老虎是多食性害虫，各地均以第一代幼虫为害春播作物的幼苗，严重造成缺苗断垄，甚至毁种重播。主要危害马铃薯的幼苗，在贴近地面的地方咬断幼苗，使整棵苗子死掉，并常把咬断的苗子拖进虫洞。

金针虫：鞘翅目，叩头虫科。别名沟叩头虫、沟叩头甲、土蚰蜒、芨芨虫、钢丝虫。幼虫在土中取食播种下的种子、萌出的幼芽、根部，致使作物枯萎致死，造成缺苗断垄，甚至全田毁种。

老熟幼虫体长20～30毫米，细长筒形略扁，体壁坚硬而光滑，具黄色细毛，尤以两侧较密。体黄色，前头和口器暗褐色，头扁平，上唇呈三叉状突起，胸、腹部背面中央呈一条细纵沟。尾端分叉，并稍向上弯曲，各叉内侧有1个小齿。各体节宽大于长，从头部至第9腹节渐宽。

防治方法：地下害虫虽各不相同，但也有许多相同之处。它们都在地下活动，所以防治方法大体一致。有效措施是秋季深翻地通过深翻地来破坏它们的越冬环境，冻死准备越冬的幼虫、蛹和成虫，减少越冬数量，减轻下年危害。要经常清除田间、田埂、地边和水沟边等地的杂草和杂物，并远离深埋，以减少成幼虫生存繁殖场所，破坏它们的生存条件，以减少幼虫和虫卵的数量。利用糖蜜诱杀器和黑光灯、鲜马粪堆、草把等，分别对有趋光性、趋糖蜜性、趋马粪性的成虫进行诱杀，可以减少成虫产卵，降低幼虫数量。每亩用1%的敌百虫粉剂3～4千克。加细土10千克拌匀，做成毒土，顺垄撒于沟内。毒杀苗期为害的地下害虫，或在中耕时撒于根部。用40%的辛硫磷，掺在炒熟的麦麸、玉米或糠中，做成毒饵，在晚上撒于田间。

5.2 马铃薯病害研究常规技术及案例

病害研究和防控需要一些技术手段，重要的有马铃薯新品种（系）抗病性评价、马铃薯抗病性鉴定技术、诱导抗病性技术、病原鉴定技术、生理小种鉴定技术、致病性测定、药剂毒力测定和筛选技术等。

5.2.1 马铃薯抗病性鉴定技术及案例

植物的抗病性是指植物避免、中止或阻滞病原物侵入与扩展，减轻发病或损失程度的一类特性，是植物与病原物在长期的协同进化过程中相互适应、相互选择的结果。病原物发展出不同类别、不同程度的寄生性和致病性，植物也相应地形成了不同类别、不同程度的抗病性。植物的抗病性是相对性状，普遍存在。植物的抗病性由遗传决定，按照遗传方式不同可分为垂直抗病性和水平抗病性，垂直抗病性是由个别主效基因决定，寄主与病原物之间有特异的相互作用，即某品种能抵抗某小种，对其他小种无抵抗能力，在生产上表现高度抗病或免疫，病原菌小种发生改变抗性随之丧失，抗性是不稳定和不持久的。水平抗病性在遗传上抗性由多个微效基因决定（也有由单个基因控制的），寄主与病原物之间无特异的相互作用，即某品种能抵抗所有小种，抗性是非小种专化的，在生产上表现中度抗病，抗性是稳定的和持久的。根据抗性的强弱，抗性可分为免疫、抗病、耐病和避病。

马铃薯抗病性测定一般在室内和室外进行。室内用试管苗或离体叶片作为测定材料，人工接种病原菌，给以合适的发病条件使马铃薯发病。室外抗性测定将马铃薯种植于马铃薯主产区或特定要求区域，田间自然发病。马铃薯品种、病原菌、环境条件和抗性评价标准是抗性测定必要的因素。

5.2.1.1 案例一

试验名称：云南省马铃薯主栽品种对晚疫病的离体叶片抗性评价案例。

试验时间：2006年。

试验设计及执行人：杨艳丽、鲁绍凤、胡先奇、罗文富。

试验背景：马铃薯晚疫病由致病疫霉引起，是世界马铃薯的一种毁灭性病害，其危害性、防治难度、及对社会造成的影响，已超过稻瘟病和小麦锈病，被视为国际第一大作物病害。为了满足马铃薯的增产要求，长期追求单一的高产育种目标，使得改良品种的遗传背景日益狭窄，而这些改良品种的大面积种植，取代了很多地方的农家品种，形成了强大的定向选择压力，使病原菌生理小种组成消长迅速，导致马铃薯品种抗病性丧失，人们对此作出了思考，育种学家从选育抗病品种出发，而植物病理学家则从植物抗病机制方面，即植物-病原物互作方面进行了研究。

（1）材料与方法

1）材料。

A. 供试马铃薯品种。马铃薯主栽品种：'合作88''Mira''威芋3号''会-2''滇薯6号''会薯001''会-乌''克新1号''宣乌''85克疫''宣薯2号''宣薯3号'。

加工型马铃薯品种：'夏波蒂''布尔斑克''斯诺登''康乃贝克'和'大西洋'。

B. 供试菌株。供试菌株为已知基因型的马铃薯晚疫病菌株，共32个，采自马铃薯主产区宣威、会泽、陆良、昆明、昭通、寻甸等地，其中优势小种为3.4.6.8.10.11（表5-1）。

表5-1 云南省马铃薯品种对晚疫病菌菌株的抗性反应

供试菌株	米拉	合作88	会乌	会-2	会薯001	布尔斑克	斯诺登	克新1号	夏波蒂	康乃贝克	滇薯6号	威芋3号	宣乌	大西洋	生理小种类型	采集地点
XJ05-1-2	S	R	S	MS	MR	S	S	S	S	S	MR	S	S	S	3.4.10	宣威基地
XBM-17	S	R	S	S	S	S	S	S	S	S	S	R	S	S	3.4.10	宣威板桥
XBM-6	S	R	S	S	R	S	S	S	S	S	S	R	S	S	3.10	宣威板桥
XBM-24	S	MR	S	S	S	S	S	S	S	S	MR	S	S	S	3.4.10	宣威板桥
XBM-19	S	R	S	S	S	S	S	S	S	S	S	R	S	S	3.10	宣威板桥
XH05-1-6	S	R	S	S	S	S	S	S	S	S	S	R	S	S	3.4.10	宣威虹桥
XH05-5-4	S	R	S	S	S	S	S	S	S	S	S	R	S	S	3.10	宣威虹桥
XBM-18	S	R	S	S	S	S	S	S	S	S	MR	S	S	S	3.10	宣威板桥
XH05-2-2	S	R	S	S	MS	S	S	S	S	S	MS	S	S	S	3.10.11	宣威虹桥
XH05-3-1	S	R	S	S	S	S	S	S	S	S	MR	S	S	S	3.10	宣威虹桥
XH05-4-5	S	R	S	S	MS	S	S	S	S	S	MS	S	S	S	3.10	宣威虹桥
HZ-13	S	S	S	S	R	S	S	S	S	S	S	R	S	S	3.4.6.8.11	会泽火红
HZ-1	S	S	S	S	S	S	S	S	S	S	R	S	S	S	3.8.11	会泽火红

续表

供试菌株	供试品种													生理小种类型	采集地点
	米拉	合作88	会乌	会-2	会薯001	布尔斑克	斯诺登	克新1号	夏波蒂	康乃贝克	滇薯6号	威芋3号	宣乌	大西洋		
HZ-6	S	S	S	S	MS	S	S	S	S	S	S	R	S	S	3.4.6.8.10.11	会泽火红
HZ-15	S	S	S	S	S	S	S	S	S	S	S	R	S	S	3.4.6.8.10.11	会泽火红
DH05-2-1	S	R	—	R	S	S	S	S	S	S	S	S	S	S	3.4.10	会泽大海
DQ05-7-3	S	S	S	S	R	S	S	S	S	S	S	S	S	S	1.3.4.5.6.8.10.11	会泽大桥
LBM-4	R	R	S	R	R	R	S	R	S	R	R	R	S	S	4.10	陆良板桥
Lb04-37	S	R	R	S	S	S	S	S	S	S	R	S	S	S	3.4.6.10	陆良小百户
LSX18	S	R	S	S	S	S	S	S	S	R	MR	S	S	S	3.10	陆良三岔河
LSX27	S	S	S	MR	R	MR	MS	R	MR	MR	R	MR	MS	S	3.10	陆良三岔河
LM04-9	S	R	S	S	S	S	S	S	S	S	S	S	S	S	3.4.10	陆良眉毛山
JA05-2-5	S	R	MS	R	S	S	S	S	S	MR	MR	R	S	S	3.4.6.8.10	昭通靖安
XT05-8-3	S	R	MS	R	S	S	S	S	S	S	R	S	—	S	3.4.10.11	昭通新田
XT05-6-4	MR	R	—	—	R	—	S	S	—	—	MS	R	R	S	3.4.6.10	昭通新田
BC13	S	S	S	R	R	R	S	S	S	MR	R	R	S	S	3.4.6.8.10	云南农大
YAU05-1	S	S	S	S	S	S	S	S	S	S	R	S	S	S	3.4.6.8.10.11	云南农大
YAU05-9	S	R	S	R	S	S	S	S	S	S	S	S	S	S	3.4.10.11	云南农大
NKY2	S	S	S	S	MS	S	S	S	S	S	R	MR	S	S	3.4.6.8.10.11	云南农科院
XB05-1-4	S	MS	S	S	R	S	R	S	S	S	S	MR	S	S	3.4.6.8.10.11	寻甸板桥
XB05-6-3	S	MR	S	S	MR	S	S	S	S	S	S	S	S	S	3.4.6.8.10.11	寻甸板桥
7-5-1	S	S	S	S	MS	S	S	S	S	S	S	S	S	S	3.4.6.8.10.11	香格里拉
LJ05-9-5	S	S	S	S	S	S	S	S	S	S	S	S	S	S	1.2.3.4.6.8.9.10.11	丽江太安

注:"S"表示侵染;"R"表示不侵染;"MS"表示中感;"MR"表示中抗;"—"表示不确定

2)方法。

A. 测试马铃薯品种的培育。将健康的马铃薯薯块种植于装有珍珠岩的塑料盆里,进行水肥管理,60天后用于接种鉴定。

B. 标准菌株孢子悬浮液准备。将已知基因型的马铃薯晚疫病菌菌株从试管里移出,培养于黑麦番茄汁培养基上,10~15天菌丝长满培养皿时,加入少量灭菌水并用小刮铲轻刮菌丝表面使孢子囊落入水中,270目网筛过滤,滤液中的孢子囊数目用血球计数器测定,调节滤液浓度,使孢子囊数目为2000~4000个/毫升。

C. 离体叶片接种。从马铃薯植株上取大小一致的叶片，用灭菌水冲洗 3 次，置于含 0.8% 水琼脂的培养皿内，叶背朝上。供试的孢子囊悬浮液在接种前 40 分钟置于 10~12℃培养箱中使其释放游动孢子，接种时用移液器吸取游动孢子悬浮液在叶脉两侧各接种 25 微升，每菌株每个马铃薯品种接种 3 片叶，重复 3 次。接种后放入 17~18℃生化箱内黑暗培养，次日将叶片翻转，17~18℃白天光照夜晚黑暗培养各 12 小时，接种后第 5 天观察记录接种结果。

D. 观察记录接种反应型。离体叶片接种后第 5 天，观察记录接种结果。先观察接种部位症状出现情况，再用低倍显微镜观察症状，症状部位若产生孢子囊，确定为侵染（以 S 表示），接种部位无症状或有轻微症状而无孢子囊产生，确定为不侵染（以 R 表示），具体反应型记载标准如下。供试叶片为 9 叶：S 表示 5~9 叶有孢子；MS 表示 3~4 叶有孢子；MR 表示 1~2 叶有孢子；R 表示 0 叶有孢子。

（2）结果

1）云南省主栽品种的抗性反应。'滇薯 6 号'对菌株 LJ05-9-5（生理小种 1.2.3.4.6.8.9.10.11）表现感病，对其余菌株表现为不同程度的抗性。'合作 88'和'会薯 001'对所有菌株表现为中抗；'会-2'对菌株 HZ-13、Lb04-37、BC13 表现抗性，对其余菌株表现为不同程度的感病。'威芋 3 号'表现中感。'宣-乌'对测试菌株 BC13、XT05-6-4、JA05-2-5 抗病，对其余菌株表现感病。'米拉'对菌株 LBM-4 表现抗性，对其余菌株都表现感病。'克新 1 号'对菌株 LSX27 表现抗病，对其余菌株表现感病。'会-乌'能被所有测试菌株克服而表现高度感病（表 5-1）。

2）加工型品种的抗性反应。'斯诺登'对菌株 LBM-4、Lb04-37、XB05-1-4、XB05-6-3 表现抗病，对其余菌株感病；'康乃贝克'对菌株 LBM-4、Lb04-37 抗病，对其余菌株感病。'布尔斑克'对菌株 LBM-4、BC13 表现抗病，对其余菌株表现感病。夏波蒂对菌株 LBM-4 抗病，对其余菌株感病。'大西洋'对所有测试菌株都表现为高度感病（表 5-1）。

3）参试品种'Mira'对不含有 3 号小种的 LBM-4 表现抗病，而对其余含有 3 号小种的病原菌感病。品种'合作 88'对含有 8 号生理小种的病原菌表现为感病（表 5-1）。

4）表 5-1 中菌株 YAU05-1、XB05-1-4 的病原基因型完全一致，但菌株 YAU05-1 对参试品种'会薯 001''斯诺登'表现致病性（S），而菌株 XB05-1-4 对这两个品种则表现无毒（R）。

（3）评价

1）从表 5-1 中可以看出，云南省多数主栽品种都能被测试菌株所克服，而品质好的'Mira'在云南省已基本丧失抗病性，因此云南省在抗马铃薯晚疫病育种过程中必须注意拓宽晚疫病抗源的利用范围。在本次测定中，云南主栽品种'合作 88''会薯 001'对供试的 33 个菌株中的 20 个表现抗性，因此，可在云南省大部分地区种植。'Mira''会-乌''宣乌''威芋 3 号''夏波蒂''布尔斑克''斯诺登''克新 1 号''康乃贝克''大西洋'等已表现高度的感病，在种植这些品种时，建议采取一定的防治措施。

2）参试品种'滇薯 6 号'对 32 个菌株表现为抗性，表明'滇薯 6 号'含有多个抗性基因，是水平抗性品种，可以在云南省大面积种植，同时其对含有 2 号小种的病原菌感病，推测其可能隐含有抗性基因 R2，有待进一步验证。

3）结果表明，对'合作 88'有毒性的马铃薯晚疫病病原菌都含有 8 号小种，而对其无毒性的病原菌都不含有 8 号生理小种，根据基因对基因学说推测，'合作 88'中含有抗性基因 R8，但'合作 88'对含有 8 号病原基因的菌株 XB05-6-3 表现为中抗，推测其还含有其他的抗性基因。同样，品种'Mira'对生理小种为 4.10 的菌株 LBM4 抗病（R），而对其余含有 3 号小种的菌株感病（S），说明品种'Mira'中含有抗性基因 R3。

4）用相同基因型的不同菌株测参试品种，某些品种表现出不一致的抗性，如菌株 XB05-1-4 与 YAU05-1 的病原基因型完全一致，菌株 XB04-1-4 对马铃薯品种'会薯 001'表现无毒（R），而菌株 YAU05-1 对品种'会薯 001'有毒性（S）；同样，菌株 XB04-1-4 对品种斯诺登无毒性（R），而菌株 YAU05-1 对'斯诺登'有毒性（S）（表 5-1），这可能是由于供试的晚疫病菌株通过基因突变、异核作用和渐进突变等途径发生毒性变异而导致品种产生抗性差异。

5）参试品种'会-乌''大西洋'对所有的测试菌株表现感病，表明两个品种所含的抗性基因与云南马铃薯晚疫病的病原基因相吻合，故表现感病，建议谨慎使用这两个品种。

6）供试菌株均来自宣威，而参试品种也来自宣威，品种'85 克疫'能被所有的菌株所克服而表现感病，说明这个品种不适宜在宣威种植；而品种'宣薯 2 号''宣薯 3 号'表现出抗晚疫病，表明这两个品种适宜在宣威种植，也突显出当地农业部门开展的品种选育工作意义重大，能满足当地生产的需要（表 5-2）。

表 5-2　源自宣威市的马铃薯晚疫病菌对当地种植品种的侵染反应

测试菌株	采集地点	参试品种		
		85 克疫	宣薯 2 号	宣薯 3 号
XH05-1-6	宣威虹桥	S	MR	R
XH05-5-4	宣威虹桥	S	S	R
XBM-18	宣威板桥	S	R	R
XH05-2-2	宣威虹桥	S	R	R
XH05-3-1	宣威虹桥	S	R	R
XJ05-1-2	宣威基地	S	R	R
XH05-4-5	宣威虹桥	S	R	R

5.2.1.2　案例二

试验名称：马铃薯晚疫病育种材料大田抗病性评价案例。

试验时间：2003 年。

试验设计及执行人：杨艳丽、于学安、罗文富。

试验背景：1996 年云南农业大学与国际马铃薯中心签署合作协议，从国际马铃薯中心引入抗晚疫病材料群体 B（PB）材料 120 份，块茎家系（F）材料 48 份，本研究对从国际马铃薯中心引进的水平抗性高代材料群体 B 和块茎家系 48 个杂交组合的后代，继续对其生物学特性、抗病性等进行评价，以期待获得对晚疫病具有水平抗性且农艺性状优良的品系。

（1）材料与方法

1）材料。国际马铃薯中心（CIP）提供，供试品种共 88 个。其中 PB 类 15 个，F 类为70，其他品系为3个。

2）试验设计。试验地选择：云南农业大学实验农场，海拔1960米，红黏壤土，肥力中等。墒面设置均为东西向。行面设置为南北向，株行距为75×50厘米。供试验面积为1.5亩。播种时施用农家肥1500千克，复合肥（N：P：K＝15：15：15）40千克。

3）田间调查。

生育期：从薯块出苗到成熟的时间，以天为单位进行计算，计下各个材料的生育期。

晚疫病发病状况：当对照品种'米拉'发病达50%时开始进行病害调查，每周一次，共5次。采用国际（CIP）9级标准。

产量调查：以千克/亩进行折算，产量＝单株重×每亩播种数。

收获性状调查：对每个材料进行单株收获，分别计下大薯数，小薯数，总个数；大薯重，小薯重，总重。同时记录薯块的性状。

（2）试验结果

1）马铃薯生物学特性。从植物特征看，植株高度超过190厘米的品系有F44-2，高度在160～190厘米的有：'F-2-3''F3''F44-1''F36''Fx2''F22'；高度在140～160厘米为'F37-1''F27-1''F24-1''PB31''F-6''F45-1''F-5-6''F-31'；高度在100～140厘米的有'F37-2''F28-3''F11''F14''F45-2''F-1''F20-1''FX4''FX3''F26-1''米拉''会泽小乌''F21''F38-4''F-5-3''F-18-2''F24-2''F-5-4''F-19''F-13''PB06''PB07''PB30''PB48''PB04''PB12''PB45''PB44''F-16''F-16-1''F5-5''F5-2''F38-3''F20-2''F37-1''F-33''F-3''F28-2''F29-1''F-14''F-27-2'共42个，而高度低于100厘米的共30个。

植株茎粗1.50厘米以上的为'F-2-1''FX1''F44-1''F28-3''F5-1''F11''FX4''FX3''F26-1''PB08''F24-1''FX2''F-2-3''F27-1''PB30''F38-3''F5-6''F-16''F-38'共30个；1.0～1.5厘米的有63个，而1.0厘米以下：'F-14''F20-2''F-5-4''F29-2''PB07'共5个材料。

从生育期方面看，生育期在100天以上的为：'PB52''PB08''PB42''PB06''PB07''PB30''PB48''PB12''PB04''PB45''PB44''PB36''F37-1''F38-4''F-12-1''F-18-2''F38-2''F-30-1''F12''F24-1''F-16''F-16-1''F-5-6''F-5-5''F38-3''F20-2'等共53个，在100天以下的共有35个。

2）大田病级调查。采用的标准为国际马铃薯中心的九级分级标准。当感病品种'Mira'发病率达50%时进行病害调查，每周调查1次，共5次（表5-3）。

表5-3 马铃薯新品系晚疫病病级调查表

品种名称	病级	第1次发病率（%）	病级	第2次发病率（%）	病级	第3次发病率（%）	病级	第4次发病率（%）	病级	第5次发病率（%）
米拉	3	17	4	37	7	100	9	100	9	100
会泽小乌	2	26	3	17	5	100	7	100	9	100
X单株	2	10	3	13	2	13	3	75	6	80
PB08	2	10	2	11	2	12	3	12	4	50

续表

品种名称	病级	第1次发病率（%）	病级	第2次发病率（%）	病级	第3次发病率（%）	病级	第4次发病率（%）	病级	第5次发病率（%）
PB06	2	3.2	2	3.9	2	3.8	4	4	2	4.5
F-38	2	6	3	10	3	12	3	80	9	100
F20-2	2	6	3	10	3	12	2	20	7	30
F38-3	1	0	2	4	2	4	5	50	4	52
F5-2	1	0	1	0	2	2	2	12	3	15
F-23	3	22	4	32	5	32	2	20	6	60
F-5-5	1	0	2	8	4	12	3	50	3	55
F-5-6	2	12	2	12	3	8	6	50	3	55
F-16-1	2	5.7	2	7	2	11	2	10	3	12.5
F-16	1	0	2	10	2	10	2	12.5	2	65
F26-1	2	5	2	5	2	15	2	15	2	16.6
F12-1	2	20	3	20	3	20	4	35	5	45
FX3	2	5	2	10	3	45	2	16.6	6	33.4
FX4	1	0	1	0	3	25	6	60	6	72
F19-1	1	0	1	0	3	15	6	50	4	80
F20-1	1	0	1	0	3	15	3	80	4	100
F17	1	0	2	10	3	25	3	66.7	8	100
F15-1	2	10	2	10	4	40	7	92	5	100
F-1	1	0	2	10	3	20	4	87	4	100
F45-2	1	0	1	0	3	40	5	50	4	75
F-14	1	0	2	10	4	40	4	66.7	4	83.7
F28-1	1	0	3	20	4	30	3	100	3	100
F11	1	0	3	40	3	20	3	33.3	4	50
F28-3	1	0	1	0	3	20	6	90	6	100
F37-2	2	10	2	10	2	10	6	50	5	58
F18-1	1	0	1	0	2	10	4	33.3	3	65.5
F5-1	2	10	2	10	3	30	3	42.5	3	66.7
F-5-4	2	1	2	10	3	30	3	66.7	3	70
F-26-2	2	10	3	30	4	30	2	50	4	90
F34	1	0	1	0	3	20	3	70	4	90
F-10	1	0	1	0	1	0	1	0	3	80
F29-2	1	0	1	0	2	10	1	0	2	40
F24-2	1	0	1	0	1	0	2	10	2	30
F44-2	2	20	1	0	3	20	4	100	4	100
F24-1	1	0	1	0	2	10	3	100	3	100
FX2	2	10	2	10	6	10	3	90	4	100
F-30-1	1	0	2	5	3	30	3	50	4	60
F38-2	1	0	1	0	1	0	2	20	3	70
F-18-2	1	0	1	0	1	0	2	30	2	40
F31	2	10	2	20	2	20	2	40	4	80
F-12-1	1	0	1	0	1	0	3	40	3	80
F-5-3	2	10	2	10	2	10	3	40	3	60
F-2-3	1	0	2	10	2	10	2	20	8	80
F-27-1	1	0	1	0	1	0	2	40	4	100
F38-4	1	0	1	0	2	10	3	33.3	4	75
F21	2	10	3	25	5	50	3	42.5	5	100
F37-1	2	20	2	10	3	30	2	20	5	60
PB31	1	0	1	0	2	3.7	1	4	2	10
PB36	1	0	2	6	2	18	3	100	4	100

续表

品种名称	病级	第1次发病率（%）	病级	第2次发病率（%）	病级	第3次发病率（%）	病级	第4次发病率（%）	病级	第5次发病率（%）
PB44	2	6	2	6	3	21	3	100	3	100
PB45	2	3	2	6	2	14	2	41.5	3	50
PB04	1	0	1	0	2	5	5	100	6	100
PB12	1	0	2	6	2	6	5	100	5	100
PB48	1	0	1	0	3	13	3	100	3	100
PB30	1	0	1	0	2	6	3	80	4	80
PB07	1	0	1	0	3	18	3	27	3	36.6
PB06	1	0	1	0	2	6	3	17	3	20
PB42	1	0	1	0	1	0	4	100	6	100
PB08	1	0	1	0	1	0	4	100	6	100
PB52	1	0	1	0	1	0	5	100	6	100
F-13	1	0	1	0	1	0	6	28.9	7	50
F13	1	0	1	0	2	6	4	100	5	100
F-2-4	1	0	1	0	2	6	4	100	7	100
F-19	1	0	1	0	2	12.5	2	12.5	3	37.5
F-2-2	1	0	2	12.5	2	12.5	2	18.5	3	62
F-27-2	1	0	1	0	1	0	3	66.7	4	70
F-14	1	0	1	0	1	0	3	100	4	100
F29-1	1	0	1	0	1	0	3	79.6	3	80
F30-2	1	0	1	0	1	0	3	50	2	50
F22	1	0	1	0	1	0	1	0	2	6.6
F28-2	1	0	1	0	1	0	2	8.9	2	32
F-3	1	0	2	7	2	7	2	26.3	2	26.3
F44-2	1	0	1	0	1	0	4	30.4	4	62.3
F-33	1	0	1	0	1	0	2	100	2	100
F-21	1	0	1	0	1	0	1	0	2	25
F37-1	1	0	1	0	1	0	1	0	1	0
F36	1	0	1	0	1	0	1	0	1	0
F44-1	1	0	2	6	2	6	1	0	1	0
FX1	1	0	1	0	1	0	2	7	2	14.6
F45-1	1	0	1	0	2	7	3	50	3	50
F35	1	0	1	0	1	0	2	48.2	3	69.5
F-2-1	1	0	1	0	1	0	2	33.3	2	92
F-31	1	0	1	0	1	0	2	16.7	2	25

3）产量记载。就其产量方面看，亩产超过3000千克的材料有'PB06''F38-3''F29-2''F-27-1''PB08'等。亩产在2000～3000千克的材料是'F37-2''Fx2''F-18-2''F21''F-6''F-38''F20-2''F5-2''F-23''F-5-5''F-16-1''Fx3''F19-1''F17''F-13''F13''F-2-2''F44-2''F37-1''F45-1'，亩产在1500～2000千克的材料分别为'F20-1''F15-1''F28-1''F-14''F-21''F37-1''F-31''F24-1''F44-2''F-26-2''F-5-4''F5-1''F-31'其余材料亩产都在1500千克以下。

4）试验结论。通过试验结果得到：产量高、抗晚疫病、植物学性状好的品种为'PB06''PB08''F-18-2''Fx3''Fx2''F-5-6''F-5-5''F-23''F18-1''F37-12''F-13''F29-2''F-27-1''F17''F-2-2''F44-2''F37-1''F45-1''F20-2''F-2-4''F-38''F38-3'等。

（3）评价

马铃薯不同育种材料，晚疫病抗性不同。植株匍匐、叶片平滑宽大、叶色黄绿色的材料较易感病，株型直立、叶片小、绒毛多、叶色深绿的材料较抗病，同时马铃薯的不同生育期对晚疫病的抗性也不同，幼苗期较抗，开花期前后易感病，上部叶片较抗，中部次之，下部叶片较易感病。

5.2.1.3 案例三

试验名称：马铃薯不同品种对根结线虫病的抗性评价案例。

试验时间：2015年。

试验设计及执行人：杨艳丽、廖启彬、刘霞、胡先奇、陈建林、丰加文。

试验背景：马铃薯在我国种植历史已有400多年，现已经成为我国乃至全球重要的粮食作物。云南省是我国马铃薯生产五大省份之一，既是云南高寒偏远山区日常生活中的重要粮食作物，也是当地农民的主要经济来源。近年来，马铃薯根结线虫病在云南省部分马铃薯产区突发，给当地农民带来了较大的经济损失，成为当地马铃薯产业化发展的重要障碍因子。马铃薯根结线虫病是一种植物侵染性病害，严重影响马铃薯的产量和质量，主要是由根结线虫（*Meloidogyne* spp.）引起，分布于我国的云南、河北、河南、安徽、黑龙江、海南、山东、江苏等马铃薯产区。马铃薯受根结线虫侵染后根系和块茎均会产生根结和巨细胞，根系吸收、输送养分和水分的能力下降，形成弱苗，造成植株萎蔫，影响产量和商品性，并且薯块容易受到其他土传病害侵染。目前喷施化学药剂对马铃薯根结线虫病的防治效果并不理想，且易造成环境污染以及农药残留等，因此选育抗病品种是防治马铃薯根结线虫病最经济有效的措施，但由于马铃薯品种种类较多，不同品种对根结线虫的抗性尚不清楚，造成目前生产上并未见对马铃薯根结线虫病抗性较好的品种。针对云南省马铃薯根结线虫病在局部地区爆发的现状，本试验收集云南省32个马铃薯品种（系），在连续发生根结线虫病害的地块进行抗性评价试验，旨在明确云南省马铃薯品种（系）对根结线虫病的抗性水平，为云南省马铃薯品种的合理布局和根结线虫病综合治理提供科学依据。

（1）材料与方法

1）试验时间和地点。

试验时间：2015年3～8月。

试验地点：云南省曲靖市马龙县月望乡，海拔2080米，土壤为红壤。

2）试验材料。本试验所有参试品种的种薯均为一级种，试验均以'合作88'为对照。品种来源见表5-4。

表5-4 马铃薯品种来源

编号	品种	来源
1	S10-843	云南省农科院经作所
2	S10-209	云南省农科院经作所
3	S10-277	云南省农科院经作所

续表

编号	品种	来源
4	S10-327	云南省农科院经作所
5	S10-642	云南省农科院经作所
6	S10-655	云南省农科院经作所
7	S11-1923	云南省农科院经作所
8	云薯304号	云南省农科院经作所
9	云薯401号	云南省农科院经作所
10	云薯505号	云南省农科院经作所
11	合作88	云南广汇种植有限公司
12	宣薯2号	宣威市农技推广中心
13	宣薯4号	宣威市农技推广中心
14	宣薯5号	宣威市农技推广中心
15	宣薯6号	宣威市农技推广中心
16	65.1	曲靖市农业科学院
17	39346.1	曲靖市农业科学院
18	39362906	曲靖市农业科学院
19	03-3-10	曲靖市农业科学院
20	03-3-2	曲靖市农业科学院
21	1-8	曲靖市农业科学院
22	2-8	曲靖市农业科学院
23	3-1	曲靖市农业科学院
24	大21	曲靖市农业科学院
25	大54	曲靖市农业科学院
26	米拉	曲靖市农业科学院
27	青薯9号	曲靖市农业科学院
28	丽薯10号	丽江市农业科学研究所
29	丽薯14号	丽江市农业科学研究所
30	丽薯1104号	丽江市农业科学研究所
31	丽薯1105号	丽江市农业科学研究所
32	丽薯5488号	丽江市农业科学研究所

3）试验设计。试验采用随机排列，每个品种为1个处理，设置3次重复，以'合作88'作对照（CK）。每个处理种植10株，每隔5个品种设置1个对照，施肥水平和管理与当地大面积生产相同，整个生长季节不施防病药剂。

4）调查方法。收获时采用薯块病情5级分级标准，调查各个处理的所有薯块并测产，观察并记录发病薯数和发病薯块病级，计算发病率、病情指数和增产率。

发病率(%)=发病薯数/调查总薯数×100

病情指数 = ∑(病级数值×相应级别植株数)/(调查总株数×最高病级)×100

增产率(%)=（处理组马铃薯总产量−对照组马铃薯总产量）/对照组马铃薯总产量×100

5) 抗性评价方法。

A. 病情分级标准。视薯块表面根结状况分级，分为5级：0，1，2，3，4。本标准由云南农业大学线虫研究室制定：0级，无根结，无坏死；1级，能见到根结，但根结少、小，不明显，无坏死；2级，有根结，出现根结的表面积小于薯块表面积的5%，无明显坏死；3级，根结明显，占薯块表面积的5%~25%，有坏死；4级，根结占薯块表面积的25%以上，有明显坏死。

B. 数据处理。用Microsoft Excel 2003计算不同马铃薯品种的病情指数，并进行数据处理，采用SPSS（statistical product and service solutions）软件进行数据统计分析。

（2）结果与分析

1) 马铃薯品种（系）的抗性反应。在参试的32品种（系）中，病情指数在10以内的有3个，分别为'39346.1''大21''65.1'；病情指数在10~20的有14个，分别为'丽薯5488号''云薯401号''丽薯14号''大54''S10-655''S10-327''S10-843''青薯9号''丽薯1105号''合作88''宣薯6号''丽薯10号''云薯505号''03-3-2'；病情指数在20~30的有8个，分别为'S11-1923''1-8''2-8''宣薯2号''云薯304号''米拉''39362906''S10-642'；病情指数在30~40的有4个，分别为'S10-209''宣薯4号''3-1''03-3-10'；病情指数大于40的有3个，分别为'丽薯1104号''S10-277''宣薯5号'（表5-5）。参加评价的32个品种（系）中，发病率最高的品种是'宣薯5号'，其发病率为94.02%，病情指数为50.87；发病率最低的品种是'39346.1'，其发病率为6.33%，病情指数为6.07。显著差异分析表明，马铃薯品种在处理间有差异性，但在马铃薯品种间差异不显著，因此所有参试的马铃薯品种与对照'合作88'相比，均属于感病品种（表5-6）。

表5-5 马铃薯不同品种对根结线虫病的抗性表现

品种	发病率（%）	病情指数
39346.1	6.33	6.07
大21	17.00	6.93
65.1	12.67	7.00
丽薯5488号	24.67	11.53
云薯401号	22.00	11.80
丽薯14号	25.00	12.00
大54	21.00	12.80
S10-655	23.33	14.20
S10-327	24.67	14.40
S10-843	11.33	14.73
青薯9号	24.67	15.27
丽薯1105号	33.00	16.13

续表

品种	发病率（%）	病情指数
合作 88	30.98	16.59
宣薯 6 号	47.00	18.13
丽薯 10 号	26.33	19.00
云薯 505 号	31.33	19.00
03-3-2	35.67	19.07
S11-1923	41.00	20.56
1-8	25.33	20.87
2-8	48.33	21.33
宣薯 2 号	41.33	23.13
云薯 304 号	45.00	23.87
米拉	37.00	24.47
39362906	34.33	27.40
S10-642	48.00	29.00
S10-209	50.67	33.60
宣薯 4 号	44.33	33.73
3-1	40.33	34.33
03-3-10	45.33	35.73
丽薯 1104 号	43.67	40.67
S10-277	82.00	49.20
宣薯 5 号	94.02	51.87

表 5-6 马铃薯不同品种对根结线虫病抗性显著性分析

品种	病情指数	差异显著性	
		0.05	0.01
宣薯 5 号	51.87	a	A
S10-277	49.20	a	AB
丽薯 1104 号	40.67	ab	ABC
03-3-10	35.73	abc	ABCD
3-1	34.33	abcd	ABCD
宣薯 4 号	33.73	abcde	ABCD
S10-209	33.60	abcdef	ABCD
S10-642	29.00	bcdefg	ABCDE
39362906	27.40	bcdefg	ABCDE
米拉	24.47	bcdefgh	BCDE
云薯 304 号	23.87	bcdefgh	CDE
宣薯 2 号	23.13	bcdefgh	CDE
2-8	21.33	cdefgh	CDE
1-8	20.87	cdefgh	CDE

续表

品种	病情指数	差异显著性	
		0.05	0.01
S11-1923	20.56	cdefgh	CDE
03-3-2	19.07	cdefgh	CDE
丽薯 10 号	19.00	cdefgh	CDE
云薯 505 号	19.00	cdefgh	CDE
宣薯 6 号	18.13	cdefgh	CDE
合作 88	16.59	defgh	CDE
丽薯 1105 号	16.13	defgh	CDE
青薯 9 号	15.27	efgh	DE
S10-843	14.73	fgh	DE
S10-327	14.40	gh	DE
S10-655	14.20	gh	DE
大 54	12.80	gh	DE
丽薯 14 号	12.00	gh	DE
云薯 401 号	11.80	gh	DE
丽薯 5488 号	11.53	gh	DE
65.1	7.00	h	E
大 21	6.93	h	E
39346.1	6.07	h	E

2）马铃薯品种（系）的产量表现。从表 5-7 中可以看出，不同马铃薯品种（系）在产量方面存在一定差异。本试验在评价的 32 份马铃薯品种（系）中，产量高于对照的品种有 15 份，低于对照的品种有 16 份，其中产量最高的品种是'宣薯 5 号'，产量最低的品种是'S10-843'。

表 5-7　不同马铃薯品种对根结线虫病的产量表现

品种	小区产量（千克）	增产率（%）
S10-843	0.80	−66.59
65.1	1.20	−49.88
丽薯 5488 号	1.30	−45.71
大 54	1.30	−45.71
39346.1	1.37	−42.92
大 21	1.83	−23.43
丽薯 1105 号	1.90	−20.65
03-3-2	1.90	−20.65
39362906	1.93	−19.26
丽薯 14 号	1.97	−17.87

续表

品种	小区产量（千克）	增产率（%）
03-3-10	2.13	−10.9
云薯401号	2.17	−9.51
3-1	2.17	−9.51
青薯9号	2.23	−6.73
2-8	2.27	−5.34
丽薯10号	2.30	−3.94
合作88	2.39	0
1-8	2.47	3.02
S10-327	2.83	18.33
宣薯2号	2.90	21.11
S10-1923	2.90	21.11
丽薯1104号	2.97	23.9
米拉	3.00	25.29
S10-655	3.20	33.64
宣薯4号	3.37	40.6
云薯304号	3.47	44.78
S10-642	3.47	44.78
S10-277	3.50	46.17
云薯505号	3.73	55.92
S10-209	5.43	126.91
宣薯6号	6.10	154.76
宣薯5号	6.27	161.72

（3）结论

32个品种（系）均能感染根结线虫病，没有发现对马铃薯根结线虫病免疫的品种。其中，病情指数低于10的有3个，分别为'39346.1''大21''65.1'；病情指数高于30的有7个，分别为'S10-209''宣薯4号''3-1''03-3-10''丽薯1104号''S10-277''宣薯5号'。在产量表现方面，'宣薯5号'比对照增产161.72%，但该品种发病率和病情指数均最高，因此，不宜在根结线虫发病区使用该品种。

云南省主栽的马铃薯品种'云薯401号''云薯505号''云薯304号''宣薯2号''米拉''宣薯4号''宣薯5号'等均能感染根结线虫病，其病情指数均在11~50，因此所有参试的马铃薯品种（系）都对根结线虫表示感病。

（4）评价

随着云南省马铃薯种植面积的不断扩大和种植年限的增加，马铃薯根结线虫病的危害呈上升趋势，因此明确云南省马铃薯品种（系）对根结线虫病的抗性有重要的指导意义，可以提高病害的预防效果。目前，对马铃薯根结线虫病的研究主要集中在马铃薯根结线虫病的鉴定、抗性机制、基因表达、分子检测和田间化学防治上。喻盛甫等对云南省种植作物的根结线虫进行了鉴定，结果表明南方根结线虫是本地区的优势种。原霁虹在马铃薯种植时覆膜并喷施神农丹、甲基异柳磷、辛硫磷等药剂，对马铃薯腐烂茎线虫病防治效果明显。而我国对于根结线虫病的抗病育种研究主要集中在番茄和甘薯上，而在马铃薯上的研究很少。本试验对云南省 32 个品种（系）进行抗性评价，发现没有品种对马铃薯根结线虫病表现免疫，但大部分品种均表现一定的抗性。在产量方面，'宣薯 5 号'的产量最高，发病率、病情指数和增产率均高于对照，但对根结线虫表现高度感病，所以在根结线虫病高发地区，不建议种植该品种。

目前，在生产中对根结线虫的防治主要采用物理、化学、生物防治等，但化学药剂的大量使用，一方面会导致根结线虫产生抗药性；另一方面也会造成环境的污染，因此选育抗根结线虫品种是防治根结线虫危害的最经济、有效、环保的措施。本试验收集 32 个马铃薯品种（系）对马铃薯根结线虫病进行抗性评价，初步掌握了云南省马铃薯品种对根结线虫病害的抗性情况，云南抗根结线虫病育种工作任重道远。

5.2.1.4 案例四

试验案例名称：马铃薯新品种抗晚疫病大田试验案例。

试验时间：2016 年。

试验设计及执行人：黄开顺。

试验地点：昭通市昭阳区靖安镇松杉村西魁种植专业合作，该区年平均温度 10℃，年降雨量 900 毫米。大春一季种植，主要作物是马铃薯和荞麦。典型黄壤土，属山地黄棕壤。海拔 2165 米，东经 103°41′30″、北纬 27°35′32″。东西坡向。中等肥力，前作为马铃薯。

试验背景：对 2015 年选育出表现好的 8 个品种进行晚疫病抗性筛选，筛选出抗晚疫病的新品种供示范推广。

（1）试验方案及实施过程

1）参加试验品种：'靖薯 6 号''冀张薯 8 号''YS505''云薯 801''S10-209''05-320''ZT014''ZT003'，以'会-2'为对照。

2）试验田间设置。随机排列，3 次重复，27 个小区，双行垄作，复带 1.1 平方米，每小区三个复带，长 5 米、宽 3.3 米，面积 16.5 平方米，每个单行种 12 株，株距 0.4 米，每小区种植种薯 72 个薯块，密度为 2908 株/亩。试验总长 1.1×3×9+0.8×2 = 31.3 米；总宽 5×3+0.8×4 = 18.2 米，总面积 31.3×18.2 = 567.84 平方米 = 0.852 亩。

3）主要技术：3 月 15 日，种薯切块播种。地膜全程覆盖。亩施农家肥 800 千克。尿素 40 千克、专用肥（7:5:9）2 包（计 80 千克）2:1 混匀后按每亩 78 千克，全生育期化肥一次性作底肥。全生长期未施药防治晚疫病。自晚疫病初发起每隔 7~15 天，田间目测各品种晚疫病发生百分率并作记载。计观察 8 次，成熟收获时各小区单收并作大小分级称重。

4）生长期物候特点。全生长期雨水多湿度大，晚疫病发生较重，极有利观察品种晚疫病感病情况。当年因晚疫病重，普遍减产 30%~70%。

(2) 试验结果

1）产量分析。参试9个品种，对照'会-2'单产1373.81千克/亩，其余8个参试种平均单产从高到低分别为'YS505' 2889.03千克/亩，比对照亩增1515.23千克，增110.29%；'05-320' 2293.04千克/亩，比对照亩增919.24千克，增66.91%；'S10-209' 2225.70千克/亩，比对照亩增851.89千克，增62.01%；'靖薯6号' 1939.49千克/亩，比对照亩565.68增千克，增41.18%；'ZT003' 1606.14千克/亩，比对照亩增232.33千克，增16.91%；'云薯801' 1569.78/亩，比对照亩增195.97千克，增14.26%；'ZT014' 1511.86千克/亩，比对照亩增138.05千克，增10.05%；'冀张薯8号' 793.98千克/亩，比对照亩减579.83千克，增42.21%（表5-8）。

表5-8 马铃薯品种抗性比较试验田间观察记载表

处理名称	小区产量（千克）			合计	平均	折合单产（千克/亩）	比对照增		位次
	重复1	重复2	重复3				数量（千克）	%	
冀张薯8号	17.4	19.5	22.05	58.95	19.65	793.98	−579.83	−42.21	9
ZT003	31.5	55.5	32.25	119.25	39.75	1606.14	232.33	16.91	5
云薯801	43.05	34.5	39	116.55	38.85	1569.78	195.97	14.26	6
ZT014	42	51.75	18.5	112.25	37.42	1511.86	138.05	10.05	7
YS505	63	75	76.5	214.5	71.50	2889.03	1515.23	110.29	1
S10-209	73.5	66.75	25	165.25	55.08	2225.70	851.89	62.01	3
靖薯6号	61.5	36	46.5	144	48.00	1939.49	565.68	41.18	4
05-320	54	58.5	57.75	170.25	56.75	2293.04	919.24	66.91	2
对照会-2	30	33	39	102	34.00	1373.81	0.00	0.00	8

2）晚疫疫病发生情况分析。自晚疫病开始发病起每隔7～10天田间观各品种晚疫病发生百分率一次，直至感病率达100止，共计观察8次（表5-9）。

用病害发展曲线下面积法（AUDPC法）分析发病结果：参试8个品种，有6个品种AUDPC值小于对照'会-2'，依次为'05-320' 'S10-209' '靖薯6号' 'YS505' '云薯801' 'ZT014'。表明这6个种比对照'会-2'抗晚疫病。AUDPC值大于对照'会-2'的有'ZT003'和'冀张薯8号'2个品种，表明这两个种比对照'会-2'晚疫病抗性差（图5-1）。

表5-9 西魁马铃薯品种晚疫病抗性试验田间感病率观察记载表

品种 \ 发病率（%）	时间							
	6月29日	7月6日	7月13日	7月27日	8月2日	8月12日	8月19日	8月25日
冀张薯8号	80	100	100	100	100	100	100	100
ZT003	60	90	95	100	100	100	100	100
云薯801	20	70	90	100	100	100	100	100
ZT014	40	70	85	100	100	100	100	100
YS505	10	15	20	50	80	100	100	100
S10-209	10	15	20	30	40	90	100	100
靖薯6号	5	15	20	35	50	90	100	100
05-320	10	15	20	30	50	70	90	100
对照会-2	60	80	90	100	100	100		

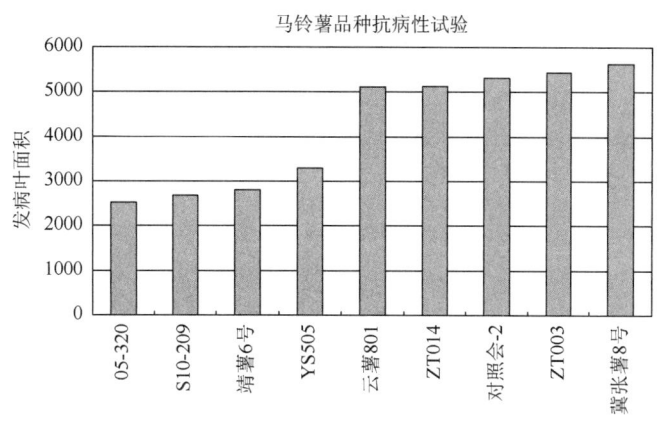

图 5-1 晚疫病 AUDPC 图

（3）评价

从产量和晚疫病发病分析结果，说明本试验参试 8 个品种，有'05-320''S10-209''靖薯 6 号''YS505''云薯 801''ZT014'6 个品种比对照'会-2'抗晚疫病。从亩产量分析'YS505''05-320''S10-209''靖薯 6 号'4 个种比对照'会-2'增产较为显著，亩增鲜薯产量在 1515.23～565.68 千克，增幅为 110.29%～41.18%。在当前大面严重缺乏抗病品种情况下值得在生产中推广应用。

5.2.2 病原菌鉴定技术及案例

病原菌鉴定是病害诊断的重要环节，明确病原菌种类有利于确定病害种类和针对性提出防控措施。鉴定技术有传统和分子生物学鉴定技术，可单项技术或多种技术配合使用。案例如下。

试验名称：云南马铃薯干腐病菌种类鉴定技术案例。

试验时间：2015 年。

试验设计及执行人：刘霞、李婷、杨艳丽、黄勋、高达芳。

试验背景：马铃薯干腐病是由镰刀菌引起的一种真菌病害，可以导致薯块腐烂，是马铃薯贮藏期的重要病害之一，因镰刀菌导致窖贮损失率高达 60%，对马铃薯生产带来巨大的经济损失。研究发现国内外有 10 几个镰刀菌的种或者变种可引起马铃薯干腐病，不同国家报道的病原菌的优势种有所不同，其中接骨木镰刀菌为主要病原菌的报道最多，茄病镰刀菌为主要病原的报道也较多。国内方面，叶琪明等对浙江省马铃薯干腐病病原进行研究，鉴定出 9 个种和变种，其中茄病镰孢和串珠镰孢是浙江省马铃薯干腐病病原的优势种。闵凡祥等鉴定出黑龙江省马铃薯干腐病菌主要为拟枝孢镰孢、茄镰孢、接骨木镰孢、拟丝孢镰孢、燕麦镰孢和茄病镰孢蓝色变种。魏巍等对河北和内蒙古的马铃薯干腐病菌种类进行了鉴定，发现两省马铃薯干腐病共存在 4 种病原菌，即接骨木镰刀菌、锐顶镰刀菌、尖孢镰刀菌和芬芳镰刀菌。云南省是我国重要的马铃薯主产区和重要的种薯生产基地，干腐病常年发生，但病原菌种类尚不清楚，也未开展云南省马铃薯干腐病菌种类系统研究，因此明确当前病原菌种类是必要的。

5.2.2.1 材料与方法

(1) 供试材料

1) 供试菌种。2014年2~9月采集于曲靖、宣威、昭通等地的40份马铃薯样品进行病原菌分离纯化，得到22个菌株。

2) 供试培养基。马铃薯蔗糖培养基（PDA）：马铃薯200克，蔗糖20克，琼脂17克，蒸馏水1升。马铃薯蔗糖培养基+抗（PDA+抗）：马铃薯200克，蔗糖20克，琼脂17克，利福平0.02克，阿莫西林1粒，蒸馏水1升。

3) 主要试剂。克隆载体pMD18-T、DNA凝胶回收纯化试剂盒购自宝生物工程（大连）有限公司，质粒提取试剂盒购自天根生化科技（北京）有限公司，DNA Marker、真菌基因组DNA快速抽提试剂盒购自上海生物工程有限公司。

(2) 试验方法

1) 病原菌的分离与纯化采用组织分离法。先将病薯用75%乙醇表面消毒，然后病薯切开，用解剖刀切取病健交界处长2~3毫米的小块，转至PDA培养基中，在25℃培养箱中黑暗培养，而后挑取边缘菌丝进行初步纯化。采用单孢挑取法进行单孢分离。将孢子悬浮液涂于水琼脂培养基表面，低倍镜下检查，将单个孢子和培养基一同切下转至PDA（pH 6.5~7.0）平板中，获得菌株纯培养用于鉴定。将同一薯块上形态特征相同的分离物视为同一菌株，斜面保存。

2) 生物学特征。病原菌的常规鉴定方法主要参照闵凡祥等的鉴定方法进行，根据菌株在PDA培养基上生长速度（pH5.6，24~25℃，生长4天后测得的菌落直径）、菌丝形状、菌落色泽、小型分生孢子、大型分生孢子的数量及形状等，按Booth镰刀菌分类系统的描述进行比对，并参考John和王拱辰有关镰刀菌鉴定方法进行对比鉴定，根据综合性状确定不同镰刀菌种类。

3) 病原菌致病性测定。选择云南省主栽品种'合作88'（S88）作为供试品种，试验设4次重复，每次重复选3个块茎，以不接菌的3个块茎为对照，用直径0.5厘米打孔器在经75%乙醇表面消毒的健康马铃薯块茎上打3个小孔，将在PDA平板上培养4天的直径为0.5厘米病菌菌丝块接种于孔中，再将原组织放回后用透明胶封口，置于25℃暗培养，10天后观察发病情况。淘汰不发病菌株，发病菌株进行分子鉴定。

4) 基因组DNA提取。选取已纯化好的未污染的菌株，采用上海生工的真菌基因组DNA快速抽提试剂盒提取基因组DNA，具体步骤参考试剂盒说明书。获得DNA后进行琼脂糖凝胶电泳检测，存入-20℃冰箱备用。

5) 分子鉴定。采用真菌内转录间隔区序列进行分子鉴定。根据ITS1和ITS4引物来进行PCR扩增，ITS1: TCCGTAGGTGAACCTGCGC，ITS4: TCCTCCGCTTATTGATATGC，扩增片段大小为500bp作用，反应总体积25微升。DNA模板1微升，ITS1 1微升，ITS4 1微升，去离子水17.3微升，Buffer 2.5微升，dNTP 2.0微升，*Taq*酶0.2微升。PCR反应条件为：94℃预变性4分钟；94℃ 30秒，55℃ 30秒，72℃ 1分钟，30个循环，72℃延伸10分钟。参照TaKaRa回收试剂盒回收PCR产物，回收产物连接到pMD®18-T Vector载体上，转化*E. coli* DH5α感受态细胞，筛选阳性克隆，PCR确认后送华大基因公司测序。

用 DNAMAN 软件和 GenBank 的 Blast 功能（http://blast.ncbi.nlm.nih.gov/）下进行序列同源性比对和分析，采用 MEGA 5.10 分析软件进行系统发育树构建。

5.2.2.2 结果与分析

（1）病原菌分离和致病性测定

将采自云南省不同地区的 40 份病薯分离培养及单孢分离纯化获得的 22 株镰刀菌菌株，通过马铃薯块茎接种，与自然病薯的症状进行比较。其中 7 个菌株侵染并表现不同程度的黑褐色凹陷斑块，切开薯块，病组织呈黑色至黑褐色。病薯进一步发展形成空洞，内有白色菌丝（图 5-2）。与自然发病马铃薯干腐病症状相同，从回接发病马铃薯块茎中可分离得到原接种病菌，因此确定 7 个菌株能引起马铃薯干腐病。

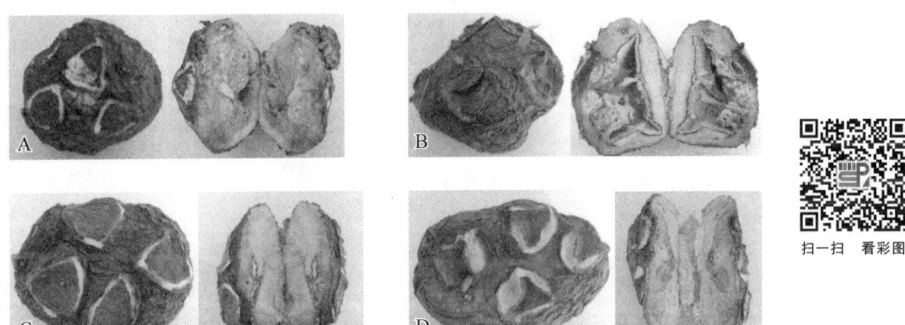

图 5-2 不同镰刀菌接种马铃薯薯块症状
A. 菌株 F5；B. 菌株 F13；C. 菌株 F18；D. 菌株 F22

（2）病原菌形态学鉴定

对具有致病性的 7 个菌株进行形态学鉴定，分属于镰刀菌属的 4 个种，分别是芬芳镰刀菌、接骨木镰刀菌、茄病镰刀菌和黄色镰刀菌。

1) 芬芳镰刀菌（*F. redolens*）。气生菌丝丝绒状，白色或桃红色，菌落背面通常产生紫红色色素。大型分生孢子呈"美丽型"，向两端均匀变尖，顶胞和基胞明显，一般 3 个分隔。小型分生孢子常见、数量多，卵圆形、椭圆形至腊肠形；厚垣孢子球形，间生、顶生或串生（图 5-3）。产孢细胞较短单瓶梗。

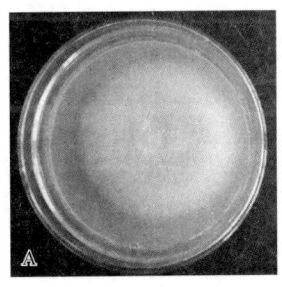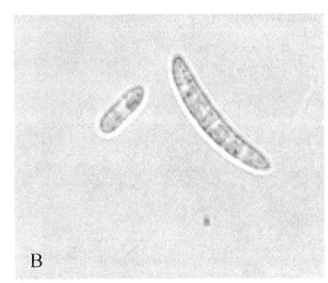

图 5-3 芬芳镰刀菌培养性状和形态学特性
A. PDA 培养基上菌落形态；B. 大型分生孢子和小型分生孢子（400×）

2）接骨木镰刀菌（*F. sambicium*）。气生菌丝稀疏，丛卷毛状。初呈白色，后变淡黄色。大型分生孢子弯曲，背腹分明，顶部细胞鸟嘴行，基胞足跟明显或不明显，通常3～5个分隔。未观察到小型分生孢子和厚垣孢子，产孢细胞单瓶梗，瓶状小梗呈圆柱形，倒棍棒形（图5-4）。

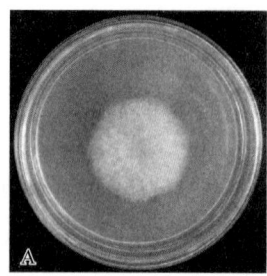
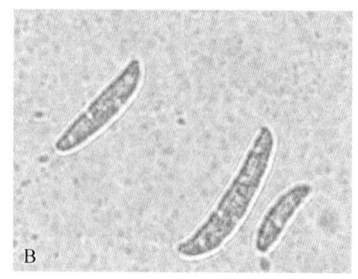

图5-4　接骨木镰刀菌培养性状和形态学特性
A. PDA培养基上菌落形态；B. 大型分生孢子

3）茄病镰刀菌（*F. solani*）。气生菌丝絮状，紫灰白色，背面分泌出暗紫褐色色素。大型分生孢子粗新月形，通常1～5个分隔；小型分生孢子无隔，长卵圆形；厚垣孢子圆形，单个或2个联生。分生孢子梗呈粗树枝状分枝，在小柄上着生分生孢子（图5-5）。

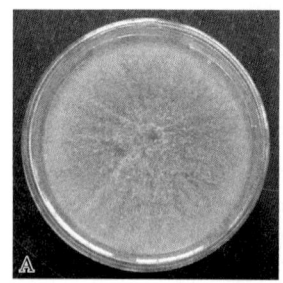
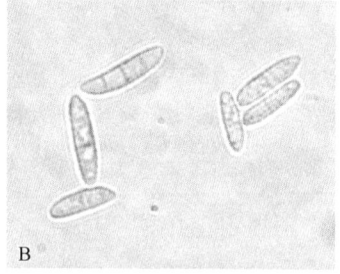

图5-5　茄病镰刀菌培养性状和形态学特性
A. PDA培养基上菌落形态；B. 大型分生孢子

4）黄色镰刀菌（*F. culmorum*）。气生菌丝絮状，带黄色，菌层呈红色，背面溶出褐色色素。大型分生孢子新月形，较粗，通常2～7个隔；小型分生孢子树枝状着生，椭圆形，单细胞；厚垣孢子2～3个联生（图5-6）。

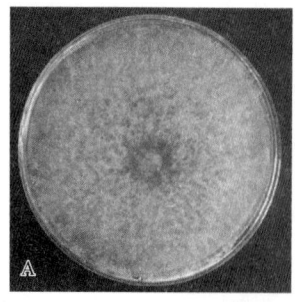

图5-6　黄色镰刀菌培养性状和形态学特性
A. PDA培养基上菌落形态；B. 大型分生孢子

（3）病原菌分子鉴定

7个菌株中有3个与其余4个菌株相同，因此分别提取7个菌株中的4个菌株编号为F5、F13、F18和F22的总DNA，以DNA为模板，用通用引物ITS1和ITS4进行PCR扩增，分别获得1条500bp左右的片段，经测序后大小分别为534bp（KP310867）、540bp（KP310868）、498bp（KP310869）、518bp（KP310870），与GenBank中已有的相关DNA序列进行BLAST比对发现，这4个病原菌分别与接骨木镰刀菌、茄病镰刀菌、黄色镰刀菌、芬芳镰刀菌的同源性均达到99%以上（图5-7）。将菌株F5、F13、F18和F22的rDNA-ITS序列在构建的rDNA-ITS序列系统发育树中，菌株F5与接骨木镰刀菌（GenBank KC899115.1）相聚于同一群，菌株F13与茄病镰刀菌（GenBank KF751073.1）相聚于同一群，菌株F18与黄色镰刀菌（GenBank AY147288.1）相聚于同一群，菌株F22与芬芳镰刀菌（GenBank KJ584549.1）相聚于同一群。因此，F5、F13、F18和F22 4个菌株分别为接骨木镰刀菌、茄病镰刀菌、黄色镰刀菌、芬芳镰刀菌（图5-8）。

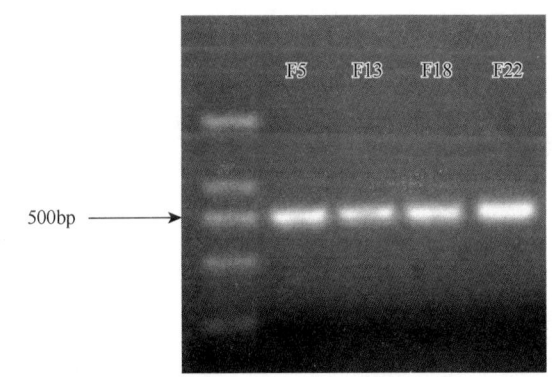

图5-7　PCR扩增电泳图谱

F5. 接骨木镰刀菌；F13. 茄病镰刀菌；F18. 黄色镰刀菌；F22. 芬芳镰刀菌

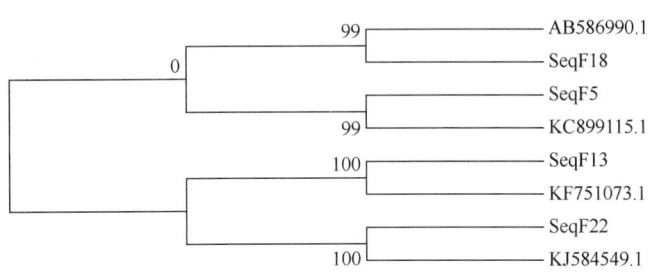

图5-8　ITS系统树构建

5.2.2.3　结论

本实验共获得22个菌株，其中致病菌株7个，通过形态学和分子鉴定，7个菌株分别属于芬芳镰刀菌、接骨木镰刀菌、茄病镰刀菌和黄色镰刀菌；上述4种镰刀菌均具有很强的致病性，能引起马铃薯干腐病。因此，引起云南马铃薯干腐病的病原镰刀菌主要有4种。

5.2.2.4 评价

马铃薯干腐病由镰刀菌引起，全世界报道的引起马铃薯干腐病的病原多达 10 种，不同地区马铃薯干腐病致病的镰刀菌种类不同。2004 年何苏琴报道甘肃省定西地区马铃薯干腐病主要由硫色镰刀菌引起；2007 年陈彦云报道宁夏西吉县马铃薯干腐病主要病原为茄病镰孢蓝色变种和接骨木镰刀菌；闵凡祥等研究表明在我国黑龙江导致马铃薯干腐病的镰刀菌主要有拟枝孢镰孢、茄病镰刀菌、接骨木镰刀菌、拟丝孢镰孢、燕麦镰孢和茄病镰孢蓝色变种，其中接骨木镰刀菌、燕麦镰孢和拟丝孢镰孢致病力最强；魏巍等研究表明在内蒙古和河北马铃薯干腐病共有 4 种病原菌，即接骨木镰刀菌、锐顶镰刀菌、尖孢镰刀菌和芬芳镰刀菌。本研究鉴定出 4 种镰刀菌，分别为芬芳镰刀菌、接骨木镰刀菌、茄病镰刀菌和黄色镰刀菌。初步确定了云南省马铃薯干腐病的主要病原菌；同时对 4 种镰刀菌的致病性进行了鉴定，结果表明在云南省上述 4 种镰刀菌致病性均较强。云南省是否存在其他种类的镰刀菌，还需要进一步广泛采集样品鉴定。

5.2.3 生理小种鉴定技术及案例

生理小种是指同种、变种、专化型内的病原物的不同群体在形态上无差别，在生理特性、培养性状、生化特性、致病性等方面存在差异的群体。以马铃薯晚疫病菌为例，采用 Black1953 年"致病疫霉生理小种的国际命名方案"，用 11 个抗病类型品种作鉴别寄主测定生理小种。马铃薯晚疫病菌生理小种鉴定可以采用大田鉴定、试管内鉴定和室内离体鉴定方法。

5.2.3.1 案例一

试验名称：马铃薯晚疫病菌生理小种室内离体叶片鉴定技术案例。

试验时间：2006 年。

试验设计及执行人：杨艳丽、鲁绍凤、胡先奇、罗文富。

试验背景：晚疫病菌具有明显的生理分化现象，并具有对不同品种的致病力，根据它对寄主品种的致病性不同可分为许多生理小种。自 20 世纪 80 年代以来，马铃薯晚疫病菌生理小种的组成日趋复杂，很多国家如法国、以色列、荷兰等已对本国的马铃薯晚疫病菌生理小种的组成及分布进行了广泛深入的研究。Andrivon 1991~1993 年鉴定了法国的 116 个马铃薯晚疫病菌菌株，最终鉴定出 19 个生理小种；Schober 和 Turkensteen 报道在 77 个荷兰的菌株中鉴定出 25 个小种；Yigal 和 Cohen 测定了以色列采集的 71 个菌株中，共有 42 个生理小种，其中 34 个小种是新出现的。关于我国的生理小种也已有很多报道，黄河等报道了 1962~1967 采集自河北、黑龙江、甘肃、山西、内蒙古、青海和北京等地的马铃薯晚疫病菌菌株的生理小种。刘晓鹏等于 1995 年报道了湖北恩施地区晚疫病菌的生理小种组成，由 1、3、1.3、4 组成，其中以 3、1.3 号为主。朱杰华等报道了 1997~1998 年采自河北（围场县、康保县）、云南（曲靖市、楚雄州、大理州、祥云县、宣威市、陆良县）、重庆万县、四川西昌市、内蒙古呼伦贝尔盟等地的 90 个菌株，鉴定出 21 个生理小种，其中小种 1.3.4.7.9.10.11 发生最普遍。张国宝等报道了河北省部分地区马铃薯晚疫病菌生理小种分布情况。杨艳丽等 1999~2000 年用 R1~R4 四个主基因鉴别寄主鉴定了云南省 12 个市县的马铃薯晚疫病菌生理小种的组成及分布情况，结果表明云南省马铃薯晚疫病菌生理小种由 0、3、4、3.4 共 4 个小种组成，其中以 3 号和 0 号生理小种为主。K.Y.Ryu、罗文富等报道云南省陆良县、建水县等秋马铃薯晚疫病菌的生理小种情况。本试验则利用室内离体叶片鉴定方法，从国际马铃薯中心引进的 DH1～DH21 带有主效基因和复合主效基因的一套鉴别寄主测定云南 9 个市县 26 个采集点的 117 个马铃薯晚疫病菌株的生理小种类型，以期明确云南省马铃薯主产区的马铃薯晚疫病菌生理小种的组成及分布情况。

（1）材料与方法

1) 材料。

A. 马铃薯晚疫病菌株。菌株采自云南省 9 个市县 26 个采集点（表 5-10）。

表 5-10 2003～2005 年菌株

菌株编号	寄主品种	菌株来源	采集时间	菌株编号	寄主品种	菌株来源	采集时间
9-4	微米拉	镇雄	2004.7.18	XB05-3-1	昆引 13	寻甸板桥	2005.7.26
9-8	微米拉	镇雄	2004.7.18	XB05-7-4	威芋 3 号	寻甸板桥	2005.7.26
9-7	微米拉	镇雄	2004.7.18	XB05-1-4	威芋 3 号	寻甸板桥	2005.7.26
9-9	微米拉	镇雄	2004.7.18	XB05-6-3	S88	寻甸板桥	2005.7.26
9-1	微米拉	镇雄	2004.7.18	YAU05-1	斯诺登	云南农大	2005.9.18
10-5	微米拉	镇雄	2004.7.18	YAU05-9	米拉	云南农大	2005.9.18
10-6	微米拉	镇雄	2004.7.18	YAU05-15	F29-2	云南农大	2005.9.18
18-6	PB04	镇雄	2004.7.18	YAU05-16	昆引 13	云南农大	2005.9.18
18-7	PB04	镇雄	2004.7.18	YAU05-13	F29-2	云南农大	2005.9.18
18-4	PB04	镇雄	2004.7.18	NKY-2	—	云南农科院	2005.8.1
7-1	米拉	镇雄	2004.7.18	LM04-9	马尔科	陆良眉毛山	2004.12.4
2-3	米拉	镇雄	2004.7.18	XG05-2-1	会-2	宣威耿屯	2005.7.17
11-1	PB31	镇雄	2004.7.18	XT05-6-4	威芋 3 号	昭通新田	2005.8.13
17-6	PB04	镇雄	2004.7.18	XT05-1-7	威芋 3 号	昭通新田	2005.8.13
5-5	米拉	镇雄	2004.7.18	XT05-8-3	威芋 3 号	昭通新田	2005.8.13
5-6	米拉	镇雄	2004.7.18	XT05-2-8	威芋 3 号	昭通新田	2005.8.13
12-1-1	选 00-909	香格里拉	2004.9.3	DQ05-6-2	B9	会泽大桥	2005.8.17
PX11-1	抗青 9-1	香格里拉	2004.9.3	DQ05-1-2	S88	会泽大桥	2005.8.17
PX8-5	YA04-4	香格里拉	2004.9.3	DQ05-5-2	会薯 003	会泽大桥	2005.8.17
13-1-1	云选 2 号	香格里拉	2004.9.3	DQ05-3-3	会-2	会泽大桥	2005.8.17
13-1-2	云选 2 号	香格里拉	2004.9.3	DQ05-7-3	S88	会泽大桥	2005.8.17
6-4-3	丽薯 3 号	香格里拉	2004.9.3	DQ05-2-2	爱德 53	会泽大桥	2005.8.17
6-1-2	丽薯 3 号	香格里拉	2004.9.3	DH05-3-4	会薯 001	会泽大海	2005.8.16
2-2-4	中甸红	香格里拉	2004.9.3	DH05-2-1	S88	会泽大海	2005.8.16
1-2-1	PB04	香格里拉	2004.9.3	DH05-1-4	会-2	会泽大海	2005.8.16
3-3-5	米拉	香格里拉	2004.9.3	KY8	昆引 18	云南农大	2003.8.2

续表

菌株编号	寄主品种	菌株来源	采集时间	菌株编号	寄主品种	菌株来源	采集时间
7-5-1	丽薯4号	香格里拉	2004.9.3	HH05-2-4	S88	会泽火红	2005.8.14
Lb04-39	马尔科	陆良小百户	2004.12.3	HH05-4-2	PB08	会泽火红	2005.8.14
Lb04-29	马尔科	陆良小百户	2004.12.3	HH05-3-8	会-2	会泽火红	2005.8.14
Lb04-20	马尔科	陆良小百户	2004.12.3	HH05-6-1	PB06	会泽火红	2005.8.14
Lb04-09	马尔科	陆良小百户	2004.12.3	HH05-2-8	S88	会泽火红	2005.8.14
Lb04-37	马尔科	陆良小百户	2004.12.3	JC05-1-3	S88	会泽驾车	2005.817
LBM-4	S88	陆良板桥	2004.7.28	JC05-2-1	会-2	会泽驾车	2005.817
LBM-9	S88	陆良板桥	2004.7.28	JC05-3-1	大西洋	会泽驾车	2005.817
LBM-3	S88	陆良板桥	2004.7.28	JC05-1-4	S88	会泽驾车	2005.817
LBM-14	S88	陆良板桥	2004.7.28	JZ05-1-1	Mira	会泽驾车	2005.817
HZ-1	会-2	会泽火红	2003.2.20	LJ05-6-1	B18	丽江太安	2005.9.5
HZ-10	会-2	会泽火红	2003.2.20	LJ05-10-4	200205	丽江太安	2005.9.5
HZ-11	会-2	会泽火红	2003.2.20	LJ05-2-5	S88	丽江太安	2005.9.5
HZ-6	会-2	会泽火红	2003.2.20	LJ05-8-4	丽薯2号	丽江太安	2005.9.5
HZ-15	会-2	会泽火红	2003.2.20	LJ05-7-4	丽薯3号	丽江太安	2005.9.5
HZ-13	会-2	会泽火红	2003.2.20	LJ05-4-4	丽薯3号	丽江太安	2005.9.5
XBM-6	会-2	宣威板桥	2003.2.23	LJ05-9-5	200201	丽江太安	2005.9.5
XBM-17	会-2	宣威板桥	2003.2.23	LJ05-5-3	B20	丽江太安	2005.9.5
XBM-24	S88	宣威板桥	2003.2.23	LJ05-3-3	B19	丽江太安	2005.9.5
XBM-18	米拉	宣威板桥	2003.2.23	XL05-1-1	大西洋	香格里拉	2005.10.16
XBM-19	米拉	宣威板桥	2003.2.23	XL05-1-2	大西洋	香格里拉	2005.10.16
LSX-18	马尔科	陆良三岔河	2004.12.3	XL05-1-3	大西洋	香格里拉	2005.10.16
LSX-27	马尔科	陆良三岔河	2004.12.3	BC13	PB36	云南农大	2003.7.18
LSX-125	马尔科	陆良三岔河	2004.12.3	JA05-3-1	会-2	昭通靖安	2005.8.13
LSX-49	马尔科	陆良三岔河	2004.12.3	JA05-2-5	会-2	昭通靖安	2005.8.13
XJ05-1-2	85克疫	宣威基地	2005.7.17	JA05-2-7	会-2	昭通靖安	2005.8.13
XMB06-21	PB06	玉溪新平	2004.4.12	JA05-1-4	会-2	昭通靖安	2005.8.13
XH05-5-4	米拉	宣威虹桥	2005.7.17	JA05-1-5	会-2	昭通靖安	2005.8.13
XH05-1-6	米拉	宣威虹桥	2005.7.17	XH2-18	番茄	昆明嵩明	2004.9
XH05-4-5	米拉	宣威虹桥	2005.7.17	YH45	番茄	玉溪研和	2003.12
XH05-2-2	米拉	宣威虹桥	2005.7.17	JDQ65	番茄	建水曲江	2004.12
XH05-3-1	米拉	宣威虹桥	2005.7.17	JDQ117	番茄	建水曲江	2004.12
XB05-4-4	威芋3号	寻甸板桥	2005.7.26	XH19-26	番茄	昆明嵩明	2004.9
XB05-5-5	S88	寻甸板桥	2005.7.26	XT05-3-2	威芋3号	昭通新田	2005.8.13
XB05-2-1	S88	寻甸板桥	2005.7.26	LSX112	马尔科	陆良三岔河	2004.12.3

注："—"表示寄主名称不清楚

B. 鉴别寄主。国际马铃薯中心培育，从中国农业科学院花卉蔬菜研究所引入，编号为 DH1～DH21，带有主效基因 1～11 和复合主效基因 1～4（表 5-11）。

表 5-11 马铃薯晚疫病生理小种的鉴别寄主及其基因型

鉴别寄主	鉴别寄主基因型	鉴别寄主	鉴别寄主基因型
DH1	R1	DH12	R1 R2
DH2	R2	DH13	R1 R3
DH3	R3	DH14	R1 R4
DH4	R4	DH15	R2 R3
DH5	R5	DH16	R2 R4
DH6	R6	DH17	R3 R4
DH7	R7	DH18	R1 R2 R3
DH8	R8	DH19	R1 R2 R4
DH9	R9	DH20	R2 R3 R4
DH10	R10	DH21	R1 R2 R3 R4
DH11	R11	r	r

2）方法。

A. 鉴别寄主准备。将试管组培苗移栽于育苗盘珍珠砂中，进行水肥管理，60 天后用于生理小种接种鉴定。

B. 孢子囊悬浮液的准备。取纯化的供试菌株培养于黑麦番茄汁培养基上，10～15 天菌丝长满培养皿，加入少量灭菌水并用小刮铲轻刮菌丝表面使孢子囊落入水中，270 目网筛过滤，滤液中的孢子囊数目用血球计数器测定，调节滤液浓度，使孢子囊数目为 1000～2000 个/毫升。

C. 离体叶片接种。从鉴别寄主植株上取大小一致的叶片，用灭菌水冲洗 3 次，置于培养皿内 0.8%水琼脂表面，叶背朝上。供试的孢子囊悬浮液在接种前 40 分钟置于 10～12℃下使其释放游动孢子，接种时用移液器吸取游动孢子悬浮液在叶脉两侧各接种 25 微升，每菌株每鉴别寄主接种 3 片叶，重复 3 次。接种后放入 17～18℃生化箱内黑暗培养，次日将叶片翻转，17～18℃白天光照夜晚黑暗培养各 12 小时，接种后第 5 天观察记录接种结果。

D. 接种反应型的观察记录。离体叶片接种后第 5 天观察记录接种结果。先观察接种部位症状出现情况，再用低倍显微镜观察症状部位，症状部位若产生孢子囊的，确定为侵染（以"+"或"S"表示），接种部位无症状或有轻微症状而无孢子囊产生的，确定为不侵染（以"−"或"R"表示）。

E. 马铃薯晚疫病菌生理小种的命名方法。准确确定菌株是否有致病性之后，根据 Black 等（1953）提出的马铃薯晚疫病生理小种国际命名方案，确定生理小种（表 5-12）。

表 5-12　致病疫霉菌的生理小种与寄主基因型的关系

基因型	\multicolumn{16}{c}{致病疫霉菌的生理小种}
	0	1	2	3	4	1,2	1,3	1,4	2,3	2,4	3,4	1,2,3	1,2,4	1,3,4	2,3,4	1,2,3,4
r	+	+	+	+	+	+	+	+	+	+	+	+	+	+	+	+
R_1	−	+	−	−	−	+	+	+	−	−	−	+	+	+	−	+
R_2	−	−	+	−	−	+	−	−	+	+	−	+	+	−	+	+
R_3	−	−	−	+	−	−	+	−	+	−	+	+	−	+	+	+
R_4	−	−	−	−	+	−	−	+	−	+	+	−	+	+	+	+
R_1R_2	−	−	−	−	−	+	−	−	−	−	−	+	+	−	−	+
R_1R_3	−	−	−	−	−	−	+	−	−	−	−	+	−	+	−	+
R_1R_4	−	−	−	−	−	−	−	+	−	−	−	−	+	+	−	+
R_2R_3	−	−	−	−	−	−	−	−	+	−	−	+	−	−	+	+
R_2R_4	−	−	−	−	−	−	−	−	−	+	−	−	+	−	+	+
R_3R_4	−	−	−	−	−	−	−	−	−	−	+	−	−	+	+	+
$R_1R_2R_3$	−	−	−	−	−	−	−	−	−	−	−	+	−	−	−	+
$R_1R_2R_4$	−	−	−	−	−	−	−	−	−	−	−	−	+	−	−	+
$R_1R_3R_4$	−	−	−	−	−	−	−	−	−	−	−	−	−	+	−	+
$R_2R_3R_4$	−	−	−	−	−	−	−	−	−	−	−	−	−	−	+	+
$R_1R_2R_3R_4$	−	−	−	−	−	−	−	−	−	−	−	−	−	−	−	+

注："+"表示能侵染，"−"表示不能侵染
资料来源：Black et al.，1953

（2）结果与分析

1）云南省马铃薯晚疫病菌生理小种的类型。通过对9个市县26个采集点的117个菌株进行生理小种鉴定，共测出 25 个生理小种，分别为 3.4.6.8.10.11、3.4.10、3.10、2.3.4.5.6.7.8.9.10.11、3.4.6.10.11、3.4.6.10、3.4.5.6.7.8.9.10.11、3.4.5.6.8.10.11、3.4.6.8.10、3.4.6.8.9.10.11、1.2.3.4.5.6.7.8.9.10.11、3.4.6.7.8.9.10.11、3.4.8.10、3.8.10、3.4.6.8.11、3.8.11、3.4.10.11、3.4.6.7.8.10.11、1.3.4.5.6.8.10.11、3.6.8.10、2.3.4.6.8.10.11、3.4.8.10.11、1.2.3.4.6.8.9.10.11、2.3.4.6.7.8.9.10.11、1.3.4.6.8.9.10.11。

2）云南省马铃薯晚疫病生理小种的分布。云南省马铃薯晚疫病菌的生理小种有 25 个，其中优势小种为 3.4.6.8.10.11，发生频率为 28.69%，主要分布在寻甸县、丽江市、昆明市；其次是 3.4.10，发生频率为 13.11%，主要分布在镇雄县；然后是 3.10，其发生频率为 10.66%，主要分布在宣威市（表 5-13）。

表 5-13　马铃薯晚疫病菌生理小种组成及分布

生理小种	发生频率（%）	地区分布	菌株数	寄主品种	海拔（米）
3.4.6.8.10.11	28.69	中甸	4	中甸红、选 00-909、大西洋	3270
		镇雄	2	PB04	1523
		玉溪	1	PB06	1630

续表

生理小种	发生频率（%）	地区分布	菌株数	寄主品种	海拔（米）
3.4.6.8.10.11	28.69	寻甸	7	威芋3号、S88、昆引13	2630
		会泽	3	会-2	2440
		火红	3	会-2、S88	2400
		大桥	1	S88	2450
		大海	1	会薯001	2880
		驾车	3	S88、会-2	2420
		丽江	5	S88、B18、B20、B18、200205	2720
		昆明	5	斯诺登、F29-2、昆引13	1960
3.4.10	12.9	镇雄	6	米拉、微米拉	1523
		陆良	3	马尔科、S88	1840
		宣威	3	米拉、85克疫	1850
		金钟	1	米拉	2100
		昭通	2	会-2	2240
		大海	1	S88	2880
3.10	10.5	陆良	4	马尔科	1840
		宣威	8	米拉	1850
		昭通	1	威芋3号	2000
2.3.4.5.6.7.8.9.10.11	0.82	中甸	1	抗青9-1	3270
3.4.6.10.11	4.82	镇雄	2	微米拉	1523
		陆良	3	马尔科	1840
		大桥	1	爱德53	2500
3.4.6.10	6.45	镇雄	3	米拉、微米拉	1523
		陆良	2	马尔科	1840
		昭通	2	威芋3号、会-2	2240
		大桥	1	B9	2420
3.4.5.6.7.8.9.10.11	0.82	镇雄	1	PB04	1523
3.4.5.6.8.10.11	0.82	镇雄	1	PB04	1523
3.4.6.8.10	3.22	镇雄	1	PB31	1523
		昆明	2	昆引31、PB36	1960
		陆良	1	S88	1840
3.4.6.8.9.10.11	2.42	中甸	2	米拉、YA04-4	3270
		丽江	1	丽薯3号	2720
1.2.3.4.5.6.7.8.9.10.11	2.42	中甸	3	丽薯3号、云选2号	3270
3.4.6.7.8.9.10.11	1.61	中甸	2	丽薯3号、PB04	3270
3.4.8.10	3.22	陆良	1	S88	1840
		宣威	1	PB04	1850
		昭通	2	会-2	2240
3.8.10	1.61	会泽	1	会-2	2440
		昭通	1	威芋3号	2000
4.6.8.11	0.82	建水	1	番茄	1350
3.4.6.8.11	3.22	会泽	1	会-2	2440

续表

生理小种	发生频率（%）	地区分布	菌株数	寄主品种	海拔（米）
3.4.6.8.11	3.22	建水	1	番茄	1350
		嵩明	2	番茄	2136
3.8.11	0.82	会泽	1	会-2	2440
3.6.8.11	0.82	玉溪	1	番茄	1630
3.4.10.11	2.42	昆明	1	米拉	1960
		昭通	2	威芋3号	2000
3.4.6.7.8.10.11	0.82	大桥	1	会-2	2420
1.3.4.5.6.8.10.11	2.42	大桥	1	S88	2440
		中甸	2	大西洋	3270
3.6.8.10	0.82	大桥	1	会薯003	2420
2.3.4.6.8.10.11	1.61	大海	1	会-2	2880
		火红	1	PB06	2440
3.4.8.10.11	2.42	火红	1	会-2	2440
		驾车	1	大西洋	2420
		陆良	1	马尔科	1840
1.2.3.4.6.8.9.10.11	0.82	丽江	1	200201	2720
2.3.4.6.7.8.9.10.11	0.82	丽江	1	丽薯2号	2720
1.3.4.6.8.9.10.11	0.82	丽江	1	丽薯3号	2720

3）来自同一田块同一品种的不同菌株可以是不同的生理小种，如采自镇雄县同一田块'米拉'品种上的4个菌株7-1、5-5、5-6、2-3，其中2个属于小种3.4.10，2个小种属于3.4.6.10，说明同一地区同一品种上存在不同的生理小种；来自同一田块同一品种单株上的不同菌株可以是不同的生理小种，如采自镇雄同一株'微米拉'品种上的5个菌株9-1、9-4、9-7、9-8、9-9，其中1个菌株的小种属于3.4.6.10，2个菌株的小种属于3.4.6.10.11，2个菌株的小种属于3.4.10，说明同一地区同一品种单株上存在不同的生理小种（表5-14）。

表5-14 晚疫病菌生理小种的结构类型（镇雄县）

测试菌株	基因型																					r	寄主品种
	DH1	DH2	DH3	DH4	DH5	DH6	DH7	DH8	DH9	DH10	DH11	DH12	DH13	DH14	DH15	DH16	DH17	DH18	DH19	DH20	DH21		
9-4	R	R	S	S	R	R	R	R	R	S	R	R	S	S	S	R	S	S	S	R	R	S	微米拉
9-8	R	R	S	S	R	S	R	R	R	S	R	R	S	R	S	R	S	S	S	R	R	S	微米拉
9-7	R	R	S	S	R	S	R	R	R	S	R	R	S	R	S	R	S	S	S	R	R	S	微米拉
9-9	R	R	S	S	R	R	R	R	R	S	R	R	S	R	S	R	S	S	S	R	R	S	微米拉
9-1	R	R	S	S	R	R	R	R	R	S	R	R	S	R	S	R	S	S	S	R	R	S	微米拉
10-5	R	R	S	S	R	R	R	R	R	S	R	R	S	R	S	R	S	S	S	R	R	S	微米拉

续表

测试菌株	DH1	DH2	DH3	DH4	DH5	DH6	DH7	DH8	DH9	DH10	DH11	DH12	DH13	DH14	DH15	DH16	DH17	DH18	DH19	DH20	DH21	r	寄主品种
10-6	R	R	S	S	R	R	R	R	S	R	R	R	S	S	S	S	R	R	R	S	R	S	微米拉
18-6	R	R	S	S	S	S	S	S	S	S	S	R	S	S	S	S	S	S	S	S	S	S	PB04
18-7	R	R	S	S	S	R	S	S	R	S	S	R	S	S	S	S	S	S	S	R	S	S	PB04
18-4	R	R	S	S	S	S	S	S	S	S	S	R	S	S	S	S	S	S	S	S	S	S	PB04
17-6	R	R	S	S	R	S	S	S	S	S	S	R	S	S	S	S	S	S	S	R	S	S	PB04
7-1	R	R	S	R	R	R	R	R	R	R	R	R	R	S	R	R	R	R	R	R	R	S	米拉
5-5	R	R	S	R	R	R	R	R	R	R	R	R	R	S	R	R	R	R	R	R	R	S	米拉
5-6	R	R	S	R	R	R	R	R	R	R	R	R	R	S	R	R	R	R	R	R	R	S	米拉
2-3	R	R	S	R	R	R	R	R	R	R	R	R	R	S	R	R	R	R	R	R	R	S	米拉
11-1	R	R	S	R	R	R	R	R	R	R	R	R	R	S	R	R	R	R	R	R	R	S	PB31

（3）评价

1）从表 5-14 可以看出，在采自镇雄的 16 个菌株中，能够克服单抗性基因 R8 的菌株有 5 个，占所测菌株的 31.25%，而不能够克服单抗性基因 R8 的菌株占所测菌株的 68.75%，该结果说明在培育含有不同抗性基因的抗病品种或在外地引入品种时，可否考虑培育含有抗性基因 R8 的抗病品种，从而能有效控制马铃薯晚疫病的大发生。

菌株 18-4、18-6、18-7、17-6 的寄主品种是'PB04'，前面 2 个菌株的生理小种分别是 3.4.5.6.8.10.11、3.4.5.6.7.8.9.10.11，后 2 个菌株的小种属于 3.4.6.8.10.11，病原菌的小种毒力很强且很复杂，据有关资料表明 PB04 是水平抗性品种，这就说明需要含有多个致病基因的小种才能克服水平抗性品种，所以推广马铃薯水平抗性品种是有科学依据的，但这是否也表明，由于水平抗性品种的大面积推广种植，形成强大的定向选择压力，导致了该地病原小种的发生发展迅速，类型组成复杂多样，从而给育种工作带来更大的困难呢？

表 5-14 中 DH14 的抗性基因是 R1R4，DH19 的抗性基因是 R1R2R4，这两个鉴别寄主能被所有的毒性基因克服，按照 Black（1953）致病疫霉生理小种的国际命名方案中致病疫霉菌的生理小种与寄主寄主基因型的关系中，含有抗性基因 R1R2R4 的寄主能被克服，其病原生理小种为 1.2.4，则病原小种 1.2.4 能克服含有 R1、R2、R1R2 等抗性基因的寄主，但该表的结果表明，DH19 被克服，但 DH1（R1）、DH2（R2）、DH12（R1R2）并没有被克服，而 DH4（R4）被克服，这是否说明鉴别寄主 DH19（R1R2R4）中 R4 是主效基因，还有待进一步证明；同样 DH14（R1R4）的主效基因是 R4 也有待证明。

2）自昭通市新田乡的同一田块的 5 个菌株，其寄主品种是昭通的感病品种'威芋 3 号'，种植模式是 2 行玉米套种 1 行马铃薯，这 5 个菌株的小种类型是 3.4.10.11、3.10、3.8.10、3.4.6.10，其类型多样，组成简单，该结果表明在套种玉米的马铃薯田块中，晚疫病病原小种组成相对简单，推测利用生物多样性原理可以有效地抑制或阻止马铃薯晚疫病的扩散蔓延（表 5-15）。

表 5-15 马铃薯与玉米套种田块马铃薯晚疫病生理小种组成

测试菌株	基因型																					r
	DH1	DH2	DH3	DH4	DH5	DH6	DH7	DH8	DH9	DH10	DH11	DH12	DH13	DH14	DH15	DH16	DH17	DH18	DH19	DH20	DH21	
XT05-1-7	R	R	S	S	R	R	R	R	S	S	S	R	R	S	R	S	S	S	R	S	R	S
XT05-2-8	R	R	S	R	R	R	R	R	S	S	S	R	R	S	R	S	S	S	R	S	R	S
XT05-3-2	R	R	S	R	R	R	R	S	S	S	S	R	R	S	R	S	S	S	R	S	R	S
XT05-6-4	R	R	S	R	R	R	R	R	S	S	S	R	R	S	R	S	S	S	R	S	R	S
XT05-8-3	R	R	S	S	R	R	R	R	S	S	S	R	R	S	R	S	S	S	R	S	R	S

3）如果只以含有抗性基因 R1、R2、R3、R4 的鉴别寄主测定生理小种，那么比较 2001 年、2003 年、2005 年所测定的生理小种可以得出，生理小种 3.4 号在几年当中随着年份的增加而速增，而 0 号生理小种则呈递减趋势，该结果表明晚疫病菌生理小种毒性日渐增强，类型日趋复杂化，据 2005 年生理小种的测定情况表明，除了 3.4、0、3、4 等 4 种病原小种外，还有其他的约占 10%的复杂小种如 1.3.4、2.3.4、1.2.3.4 的出现。其可能原因是由于众多的马铃薯品种的种植为晚疫病菌生理小种的分化提供了非常有利的条件，使得晚疫病病菌生理小种的种类发展非常迅速，而由于大多数新培育的品种仅具有单基因抗性，在大面积种植后，形成强大的定向选择压力，使病原菌生理小种组成和消长迅速，原有的稀有小种上升为新的优势小种，导致新的品种抗性丧失，从而使得生理小种发展迅速且组成类型较复杂（图 5-9）。小种复杂化带来的田间病害加重或减轻有待进一步研究。

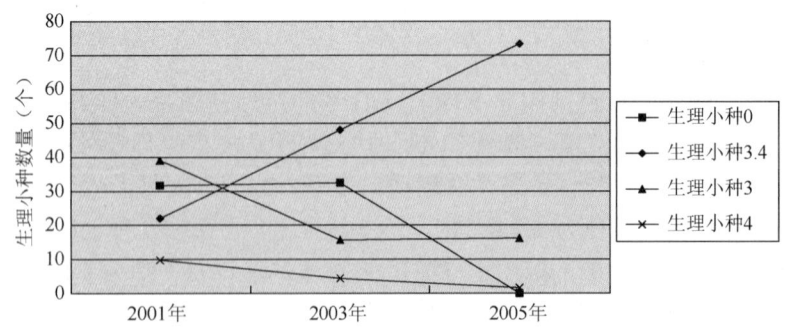

图 5-9 马铃薯晚疫病生理小种的变化情况

5.2.3.2 案例二

试验名称：马铃薯晚疫病菌生理小种试管内鉴定技术案例。

试验时间：2012 年。

试验设计及执行人：杨艳丽、李娴、刘霞、罗文富。

试验背景：马铃薯晚疫病菌有明显的生理分化现象，并对不同品种具有致病力，根据其对寄主品种的致病性可分为许多生理小种。2007 年杨艳丽等用 11 个分别含有单抗性基因 R1、R2…R11 及其不同组合的复合基因鉴别寄主，对 2003～2005 年采自云南省春作区 9 个市县 26 个采集点的 117 个马铃薯晚疫病菌株和 5 个番茄晚疫病菌株进行了生理小种鉴定。结果共鉴定出 27 个生理小种，其中优势小种为 3、4、6、8、10、11，占所测菌株的 28.69%，主要分布在寻甸、丽江、昆明；其次是小种 3、4、10，发生频率为 13.11%，主要分布在镇雄县；后是小种 3、10，其发生频率为 10.66%，2010 年王自然等对来自全省春作区的 186 个菌株进行生理小种测定，186 个菌株中有 100 个生理小种类型，优势小种为 1、2、3、4、5、6、7、8、9、10、11，发生频率是 22.1%。因此，云南的马铃薯晚疫病菌的生理小种发生了改变，且致病基因型在增加。实时跟踪并鉴定云南马铃薯晚疫病菌的生理小种对抗病育种和指导病害防控具有重要的意义。本试验采用试管内鉴定生理小种的方法，该方法由云南农业大学马铃薯病害研究室创立。

（1）材料及方法

1）实验材料。

A. 供试鉴别寄主。供试生理小种鉴别寄主由国际马铃薯中心选育，从中国农业科学院蔬菜花卉研究所引入。共 22 个品种，其中编号 DH1～DH21 含主效基因 R1～R11，DH12～21 含主效基因 R1～4 的复合体，r 不含主效基因（表 5-16）。

表 5-16 马铃薯晚疫病生理小种的鉴别寄主及其基因型

鉴别寄主	鉴别寄主基因型	鉴别寄主	鉴别寄主基因型
DH1	R1	DH12	R1 R2
DH2	R2	DH13	R1 R3
DH3	R3	DH14	R1 R4
DH4	R4	DH15	R2 R3
DH5	R5	DH16	R2 R4
DH6	R6	DH17	R3 R4
DH7	R7	DH18	R1 R2 R3
DH8	R8	DH19	R1 R3 R4
DH9	R9	DH20	R2 R3 R4
DH10	R10	DH21	R1 R2 R3 R4
DH11	R11	r	r

B. 供试菌株来源。供试马铃薯晚疫病病菌菌株采自云南省昆明市小哨镇,分离纯化后获得的 7 个马铃薯晚疫病菌株。采集时间为 2011 年 9 月 25 日。

2) 试验方法。

A. 鉴别寄主的准备。将已用试管保存的鉴别寄主进行扩繁:在无菌条件下切段,用 MS 培养基培养,每瓶 10 段。放置组培室培养 15 天(培养温度 25℃)。保证其生长情况一致。

B. 供试菌种的准备。

黑麦-番茄培养基的制备:采用黑麦-番茄培养基,称取 50~60 克黑麦,用蒸馏水浸泡 24 小时,直到大部分黑麦都发芽露白,用电磁炉煮沸,至麦粒破裂,过滤,量取 900 毫升,加入番茄果汁 100 毫升及琼脂 15 克摇匀,放入高压灭菌中灭菌 30 分钟。

孢子悬浮液的制备:采用杨艳丽等提出的方法制备孢子悬浮液。将纯化的马铃薯晚疫病菌至于黑麦-番茄培养基中培养 10~15 天,待菌丝长满培养皿后,加入适量的无菌水清洗,并用小刮铲轻刮菌丝表面使孢子囊落入水中,清洗 3~4 次后过滤,滤液中的孢子囊数目用血球计数板测定,调节滤液浓度,使孢子囊个数为 8000/毫升。使用前放置于生化箱中 30 分钟诱发游动孢子产生,备用。

C. 接种方法。生理小种的鉴定方法采用试管内喷雾接种法。挑选处于同一生理期的鉴别植株,揭盖后置于生化培养箱中,将预先准备好的孢子悬浮液用小喷壶喷洒到试管苗上。喷洒过程中尽量确保每一植株叶片都被淋到滴水为止。每个菌株重复 3 次。接种后放入 17~18℃生化箱中培养。接种后第 5 天观察记录结果。

D. 接种反应型的观察。种苗接种 5 天后观察接种结果。先观察症状出现情况,再用低倍显微镜观察症状部位,症状部位若产生孢子囊的,确定为浸染(以 S 表示);接种部位无症状的确定为不侵染(以 R 表示)。

E. 马铃薯晚疫病菌生理小种的命名方法。准确确定菌株是否有独立之后,根据 Black 提出的马铃薯晚疫病生理小种命名方案,确定生理小种的名称。根据晚疫病在 22 个鉴别寄主上引起的反应,相应地命名。

(2) 结果与分析

1) 试管苗对晚疫病菌的反应。

A. 接种 5 天和 7 天后试管苗的发病情况。接种 5 天,部分试管苗开始发病,主要表现为:叶尖出现水渍状小斑(图 5-10A)叶柄上有白色稀疏霉层(图 5-10B),镜检后确定该霉层为致病疫霉菌;提供试管苗营养的 MS 培养基表层有少量菌丝附着(图 5-10D),镜检后确定为致病疫霉菌,菌丝很发达且数量多,但孢子囊数量少。

接种 7 天,部分试管苗严重发病,主要表现为:叶尖、叶片、茎干上均出现黑褐色坏死(图 5-10C)马铃薯晚疫病在大田中的发病症状相同(图 5-10CK);MS 培养基上有大量菌体附着(图 5-10E)。

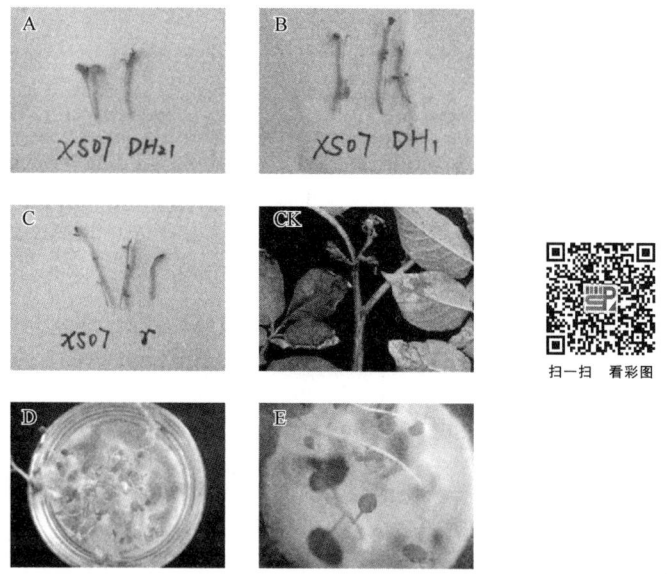

图 5-10 马铃薯晚疫病菌在试管内对鉴别寄主的浸染情况

A，B，D 为 5 天后试管内的浸染情况；C，E 为 7 天后试管内的浸染情况；CK 为大田中马铃薯晚疫病发病症状

B. 接种 7 天马铃薯晚疫病菌对鉴别寄主的侵染情况。接种 7 天不同的马铃薯晚疫病菌对鉴别寄主有不同的浸染能力。其中编号为 XS04 的马铃薯晚疫病菌对 22 个鉴别寄主都具有致病力（表 5-17）。

表 5-17 马铃薯晚疫病菌在试管内对鉴别寄主的浸染情况

鉴别寄主	菌株编号						
	XS01	XS03	XS04	XS05	XS06	XS07	XS08
DH1	S	S	S	S	S	S	S
DH2	R	S	S	S	S	S	S
DH3	S	S	S	R	S	S	S
DH4	S	S	S	S	S	S	R
DH5	R	R	S	R	R	R	S
DH6	S	S	S	S	S	S	S
DH7	S	S	S	S	S	S	S
DH8	S	R	S	R	S	R	R
DH9	R	R	S	R	R	R	S
DH10	S	S	S	R	S	R	S
DH11	S	S	S	S	S	S	R
DH12	S	S	S	S	R	S	S
DH13	S	R	S	S	R	S	S
DH14	R	S	S	R	S	R	R
DH15	R	R	S	R	R	R	R
DH16	R	R	S	R	S	R	R

续表

鉴别寄主	菌株编号						
	XS01	XS03	XS04	XS05	XS06	XS07	XS08
DH17	S	S	S	S	R	S	S
DH18	R	R	S	S	R	S	S
DH19	S	S	S	S	S	R	R
DH20	S	S	S	S	S	S	S
DH21	S	S	S	S	S	S	S
r	S	S	S	S	S	S	S

2）小哨晚疫病菌生理小种组成。通过对采自云南省昆明市小哨镇的7个菌株的鉴别寄主实验，共测出7个生理小种，分别为：1.3.4.6.7.8.10.11；1.2.3.4.6.7.10.11；1.2.3.4.5.6.7.8.9.10.11；1.2.4.6.7.11；1.2.3.4.6.7.8.10.11；1.2.3.4.6.7.11；1.2.3.5.6.7.9.10。其中，XS04能克服已知的R1-R11的单抗病基因及R1-R4的复合抗病基因（表5-18）。

表5-18 2011年昆明市小哨村马铃薯晚疫病菌生理小种鉴定结果

生理小种	菌株编号	采集地点
1.3.4.6.7.8.10.11	XS01	昆明市小哨村
1.2.3.4.6.7.10.11	XS03	昆明市小哨村
1.2.3.4.5.6.7.8.9.10.11	XS04	昆明市小哨村
1.2.4.6.7.11	XS05	昆明市小哨村
1.2.3.4.6.7.8.10.11	XS06	昆明市小哨村
1.2.3.4.6.7.11	XS07	昆明市小哨村
1.2.3.5.6.7.9.10	XS08	昆明市小哨村

（3）结论

1）本研究采用试管内喷雾法对马铃薯晚疫病生理小种进行测定，该法首次用于马铃薯晚疫病生理小种的测定，结果证明应用该法测定马铃薯生理小种是可行的。相比传统的大田自然接种和室内离体叶片接种法，该法操作更简单，且省时省力，并能准确地测出马铃薯晚疫病菌的生理小种。

2）云南省昆明市小哨镇马铃薯晚疫病菌生理小种由1.3.4.6.7.8.10.11；1.2.3.4.6.7.10.11；1.2.3.4.5.6.7.8.9.10.11；1.2.4.6.7.11；1.2.3.4.6.7.8.10.11；1.2.3.4.6.7.11；1.2.3.5.6.7.9.10组成。其中编号XS04的马铃薯晚疫病菌携带有11个能抗R1～R11的基因。

（4）评价

本研究采用试管内喷雾法对马铃薯晚疫病生理小种进行测定，该法首次用于马铃薯晚疫病生理小种的测定，结果证明应用该法测定马铃薯生理小种是可行的。相比传统的大田自然接种和室内离体叶片接种法，该法操作更简单，且省时省力，并能准确地测出马铃薯晚疫病菌的生理小种。

在实验过程中，我们还发现晚疫病菌能在 MS 培养基上生长且生长迅速，接种 5 天后就能长出大量的菌丝，生长出的菌丝很发达，但孢子囊数目却很少。因此，我们推测 MS 培养基可能适合马铃薯晚疫病菌的菌丝生长。但对于 MS 培养基是否能用来培养晚疫病菌还需做进一步的研究来证明。

本研究首次测定的昆明市小哨镇马铃薯晚疫病菌的生理小种。我们随机选取的 7 个菌株进行测定，测出了 7 个生理小种。可推断该地区马铃薯生理小种的组成十分复杂。在今后的研究中可以进一步对该地区采集的菌株进行交配型、小种毒力等方面的研究。

本研究中还发现一株能克服全部被测抗病基因的菌株，这种菌株携带有 11 个能抗 R1~R11 的基因。这类菌株并非首次在云南出现，在韩彦卿等的研究中发现有一株来自云南的菌株能抵抗所有已知的 R1~R11 抗性基因，并被其称作"超级毒力小种"。此外，在国内的内蒙古自治区、四川省也发现这类菌株。这些菌株可以克服携带已知的 11 个抗病基因（R1~R11）的任意组合，即对于这些菌株而言，来自野生种 *S. demissum* 的 R 基因已经完全丧失抗病性，这些毒力基因复杂组合的生理小种的出现给中国马铃薯晚疫病的育种工作带来了很大的挑战。以 *S. demissum* 的 R 基因为抗源培育的垂直抗病品种的抗性是小种专化的，不稳定且不持久，相对而言水平抗性品种是的抗性非小种专化的，抗性也是稳定而持久的。为了更好地利用抗病品种控制马铃薯晚疫病，必须尽快筛选出新的抗病资源，培育出水平抗性的抗病品种。

5.2.4 致病性测定技术及案例

致病性是指病原物所具有的破坏寄主和引起寄主病变的能力，并非是单纯的病原物对营养和水分的依赖关系。一般而言，病原物都有寄生性，但不是所有的寄生物都是病原物，具有致病能力的寄生物才能称为病原物，因此鉴定致病能力是确定是否是病原物的重要手段。

试验名称：马铃薯晚疫病菌株 ZY15 和 XS04 的致病性测定技术案例。

试验时间：2013 年。

试验设计及执行人：杨艳丽、文媛漫、刘霞。

试验背景：人们对马铃薯栽培品种对晚疫病的抗性进行了大量的评价工作，分析主要育成品种的抗性水平，但是能够应用于育种中充当杂交亲本的只有极少数，而大多数材料因为其抗病基因型的不清楚而未被开发利用，造成了种质资源的浪费。新品种选育出来后需要进行对晚疫病的抗性评价，掌握其抗性水平，可以为新品种能否大面积应用提供依据，从而减少大田因晚疫病造成损失。

5.2.4.1 材料与方法

（1）材料

供试马铃薯品种共 69 个，分别为：'F2-3''布尔班克''F21''F5-1''F36''昆引诺''F44-1''YAOS-5''丢 1''F1''F20-2''F38-3''F29-2''丢 5''克新 1 号''DH5''合作 114''I-1085''昆引 11''昆引 17''DH8''会泽红''YA03-4''LBr203''F16-1''会-2''PB08''DH12''DH6''DH16''DH2''昆引 13''DH1 和 DII2 混种''DH2'

'F37-2''DH21''PB01''DH11''DH16''F5-5''紫洋芋''Fx-3''F14''会合152''PB19''F15-1''昆引10''米拉''F31''昆引15''昆引16''PB42''F19''F27-1''YA03-6''F16''会薯10''F19-1''892629-8''昆引18''S88''F38-2''F24-2''YA03-2''PB12''F37-1''F-5-6''PB06''r''系列DH1～DH21'（表5-19）。

供试菌株：马铃薯晚疫病菌株ZY15和XS04。

供试培养基：黑麦-番茄培养基、MS培养基。

表5-19 DH系列品种基因型

鉴别寄主	鉴别寄主基因型	鉴别寄主	鉴别寄主基因型
DH1	R1	DH12	R1 R2
DH2	R2	DH13	R1 R3
DH3	R3	DH14	R1 R4
DH4	R4	DH15	R2 R3
DH5	R5	DH16	R2 R4
DH6	R6	DH17	R3 R4
DH7	R7	DH18	R1 R2 R3
DH8	R8	DH19	R1 R2 R4
DH9	R9	DH20	R2 R3 R4
DH10	R10	DH21	R1 R2 R3 R4
DH11	R11	r	r

表中22个品种编号为DH1～DH21，其中DH1～DH11含主效抗性基因R1～R11，DH12～DH21为由主效抗性基因R1～R4组成的复合基因，r为无抗性基因品种。

（2）仪器设备

恒温培养箱、超净工作台、灭菌锅、显微镜、血细胞计数器、锥形瓶、喷壶等。

（3）试验方法

1）供试马铃薯品种的培育。对DH1～DH21品种及r组培苗进行大量扩繁，培养35天后即可开展试验；同时定期观察种植于大田的供试品种生长情况，采摘叶片进行测定。

2）培养基的制备。黑麦-番茄培养基的制备。取60克黑麦洗净后浸泡12小时；量取浸泡液1000毫升与浸泡后的黑麦共煮沸5分钟；用4层纱布过滤，弃去滤渣；取滤液750毫升，加入17克琼脂条，量取150毫升番茄汁；调pH至6.5；倒入大锥形瓶内用蒸馏水定容至900毫升，用棉塞及报纸扎好，再量取100毫升蒸馏水高温高压灭菌30分钟；取出后冷却至50℃左右，加入抗生素（阿莫西林胶囊1粒+利福平20毫克+致霉菌素20毫克）于100毫升的无菌水溶解，倒入大锥形瓶中与其混匀至1000毫升；倒入培养皿中，冷却待凝固，最后置于4℃冰箱中备用。

MS培养基的制备。取MS培养基粉末41.74克；加入1000毫升的水溶解，煮沸至无颗粒状，定容至1000毫升，再分装到小培养瓶内，每瓶30～40毫升；高温高压30分钟后取出置于超净台上灭菌冷却待用。

水琼脂培养基的制备。称取琼脂条19克，量取1000毫升自来水煮沸溶解，高压灭菌；

分装于培养皿中冷却凝固，于4℃冰箱中备用。

3）马铃薯晚疫病菌的培养。将保存的ZY15、XS04的菌种转移到黑麦-番茄固体培养基上培养一个月。

4）孢子悬浮液的准备。孢子悬浮液的准备。取保存的XS04和和ZY15菌株培养于黑麦番茄汁培养基上，10～15天菌丝长满培养皿，先加入50毫升灭菌水并用小刮铲轻刮菌丝表面使孢子囊落入水中，270目网筛过滤，滤液中的孢子囊数目用血球计数器测定，调节滤液浓度，孢子囊数目达到2000～4000个/毫升，然后把50毫升的孢子悬浮液稀释5倍，即为250毫升孢子悬浮液。

5）接种。用稀释的ZY15孢子悬浮液，直接均匀地喷洒于DH1～DH21系列和r的健康组培苗上，每瓶重复3次，接种之后保持湿润，第8天观察记录接种结果。

从大田马铃薯植株上取同一株中大小一致的三片叶片，用灭菌水冲洗3次，吸水纸吸干后置于培养皿内0.8%水琼脂表面，叶背朝上；将XS04的孢子囊悬浮液接种前40分钟置于10～12℃下使其释放游动孢子，接种时用移液器吸取游动孢子悬浮液在叶脉两侧各接种20微升，每菌株每鉴别寄主接种3片叶，重复3次。接种后放入17～18℃生化箱内黑暗培养，次日将叶片翻转，17～18℃白天光照夜晚黑暗培养各12小时，接种后第8天观察记录接种结果。

6）观察马铃薯叶片表面坏死斑的情况。对喷施过马铃薯晚疫病菌ZY15孢子悬浮液的DH1～DH22系列和r组培苗每天观察一次。观察XS04病菌对大田叶片接种情况，包括出现坏死斑的部位、大小情况、严重程度、是否重新长出菌丝和孢子束。

7）接种反应型的观察记录。离体叶片和组培苗接种后第8天观察记录接种结果。先观察接种部位症状出现情况，再用低倍显微镜观察症状，症状部位若产生孢子囊的，确定为感病（以"+"表示），接种部位无症状或有轻微症状而无孢子囊产生的，确定为抗病（以"–"表示）。

马铃薯晚疫病的抗性评价标准：

免疫型（0）：无症状或在叶片上出现针尖大小的枯死斑。

抗病型（–）：病斑直径在0.5厘米以内，但周围无褪绿圈或仅水渍状，不继续扩展。

轻度感病（+）：病斑直径在0.5厘米以上，周围有褪绿圈或水渍状，可见到白色霉状的菌丝体。

中度感病（++）：病斑继续扩大，占叶片的1/2，有褪绿圈并可明显看到白色霉状的菌丝体。

重度感病（+++）：病斑扩至叶片的2/3，可见到大量的霉层，出现组织坏死。

5.2.4.2 结果与分析

（1）ZY15菌株对DH系列品种的致病性反应

在66瓶组培苗中'DH3''DH4''DH5''r'品种全部感病，长出菌丝；'DH6''DH8''DH10''DH11'品种不被侵染；'DH1''DH2''DH7''DH12''DH18''DH20'品种中有2/3被侵染，'DH9''DH13''DH14''DH15''DH16''DH17''DH19''DH21'品种中有1/3被侵染。因此菌株'ZY15'有致病性（表5-20）。

表 5-20　晚疫病菌株 ZY15 致病性测定结果

数量	名称	致病性表现		
1	DH1	−	+	+
2	DH2	+	−	+
3	DH3	+	+	+
4	DH4	+	+	+
5	DH5	+	+	+
6	DH6	−	−	−
7	DH7	+	+	
8	DH8	−	−	−
9	DH9	+		
10	DH10	−	−	−
11	DH11			
12	DH12	+	+	−
13	DH13	−	+	
14	DH14	−	−	+
15	DH15			
16	DH16	−	+	−
17	DH17	+		
18	DH18		+	+
19	DH19	−	+	
20	DH20	+	+	−
21	DH21	+	−	
22	r	+	+	+

注："−"表示不能侵染，表现为抗病；"+"表示能侵染，表现为感病

（2）XS04 菌株对马铃薯不同品种（系）的致病性反应

接种 XS04 孢子悬浮液 8 天后，69 个马铃薯品种（系）中'DH12''昆引 13''DH1 和 DH2 混合种薯''DH2''会合 152''PB19''昆引 15''F24-2''F37-1''F-5-6'，这 10 个品种接种部位不产孢子，且叶片发黄接种点呈黄褐色坏死斑；其余 59 个品种叶片的接种点周围有褪绿圈或水渍状，可见到白色霉状的菌丝体，严重的叶片可见到大量的霉层，出现组织坏死。因此，XS04 菌株能使供试的 59 个品种发生晚疫病。

5.2.4.3　结论

实验结果表明：XS04 和 ZY15 都能使马铃薯产生晚疫病，且 XS04 的致病性强于 ZY15；在供试的 69 个品种中有 59 个品种能被侵染，其余的'DH12''昆引 13''DH1 和 DH2 混合种薯''DH2''会合 152''PB19''昆引 15''F24-2''F37-1'和'F-5-6'品种不能被侵染；用 DH 系列鉴别寄主测定菌株 ZY15 的致病性表明 ZY15 含有 R1、R2、R3、R4、R5 和 R7 号致病基因。

5.2.4.4 评价

目前，国内外在防治晚疫病方面主要采取培育抗病品种和药剂防治这两种方法。本实验测定晚疫病菌株 ZY15 和 XS04 的致病性，得出晚疫病菌株 XS04 为强致病菌株，ZY15 菌株含有 6 个毒性基因。因此，在品种的选用上应充分利用垂直抗性品种的短期抗性和对水平抗性品种的选育及利用，以稳定病菌生理小种，抑制新小种和优势小种的形成。而晚疫病菌株 ZY15 的致病性测定仍需作进一步的研究与小种鉴定。

5.2.5 诱导抗病性技术及案例

植物与病原物长期共同演化过程中，伴随病原物的较多致病途径，植物发展了复杂的抗病机制。植物的抗病机制是多因素的，有先天具有的被动抗病性因素，也有病原物侵染引发的主动抗病性因素。按照抗病因素的性质则可划分为形态的、机能的和组织结构的抗病因素，即物理抗病性因素；以及生理的和生物化学的因素，即化学抗病性因素。任何单一的抗病因素都难以完整地解释植物抗病性。事实上，植物抗病性是多种被动和主动抗病性因素共同或相继作用的结果，所涉及的抗病性因素越多，抗病性强度就越高、越稳定而持久。植物诱导抗病性是指经外界因子诱导后植物体内产生的对病原物的抗性现象。植物在病原物或一些植物激素的影响下将主动诱导乳突的产生，细胞壁也会加厚，凝胶物质、侵填体和木栓化的形成来抵抗病原菌的侵入。诱发的化学抗性也可以称为主动抗病性，抗病可表现在过敏性坏死、活性氧进发、植物保卫素形成、防卫相关蛋白的积累和植物对毒素的降解作用等。

植物诱导抗病性的研究不仅可以揭示植物和微生物之间的复杂关系，具有重要的理论价值，而且对于植物病害的防治也具有相当重要的应用价值和现实意义。由于采用适当的诱导处理可使感病植物表现抗病性，且抗性也较稳定，还能抵抗多种病害，克服了过去一些防治措施的不足，如抗病育种年限太长、抗病品种的某些农艺性状不如感病品种、化学防治易污染环境且引起病菌产生抗药性、一些重要作物的病害如棉花枯萎病、黄萎病仍缺乏有效药剂和抗病品种等。因此，一旦在诱导因子的筛选及诱抗技术方面获得成功，将会在生产上得到广泛的应用。研究表明，诱导抗病性可以成为病害综合防治的重要内容之一，把诱导抗病性和植物病害防治的其他技术有机结合，将可能有效提高现有综合防治水平，因此植物诱导抗病在病害综合防治中必将具有良好的应用前景。

试验案例名称：茉莉酸和水杨酸诱导马铃薯抗晚疫病技术案例。

试验时间：2009 年。

试验设计及执行人：杨艳丽、太红映、胡先奇、肖浪涛。

试验背景：马铃薯晚疫病的防控以综合防控技术为主导，由于抗病育种工作上的某些局限以及使用化学杀菌剂的残留、残毒、污染环境等问题，寻求新的防治途径已成当务之急。茉莉酸（jasmonic acid，JA）作为新型植物激素，在激活植物一系列抗病虫防卫反应中起重要的信号分子作用，在病虫害逆境下，植物通过茉莉酸信号激活植物体内相应的防御基因表达，诱导植物产生各种防御化学物质，如生物碱、多氧化酶、蛋白酶抑制剂等，从而提高植物对病虫害的防御能力。另外植物病虫害也激发植物茉莉酸、茉莉酮、茉莉酸甲酯（methyl jasmonate，MeJA）、水杨酸甲酯和乙烯等挥发性有机化合物，"通知"邻近植物打开防御病虫害攻击系统。并能够诱导植物体产生抗性，从而达到直接防御的目的。茉莉酸甲酯是茉莉酸甲酯化形态，具有挥发性。有人研究认为，JA负责植物体内长距离的信号转导，诱导防御基因表达，产生防御蛋白，诱导参与反应的次生物质和物理防御结构的形成，同时通过对其他防御信号途径的调节，一方面减弱防御反应中活性氧等对细胞的损伤，另一方面增强协同抗性。据报道，MJ（或MeJA）在受伤或经抗病原菌激发子处理后的植物及细胞培养物中大量累积，以不同水平的MeJA处理后的马铃薯抗植物病原侵染的能力有所提高。也有人认为植物过敏反应与MeJA、SA等诱导的植物抗病性可能是两条不同诱导抗性途径。经诱导的植物，与抗病表达相关的基因能快速开启，基因表达的速度和强度增强与抗病性相关的物质代谢也随之加强，最终表现出抗病性。水杨酸（salicylic acid，SA）能诱导一些防御基因的表达，激活植物过敏反应（hypersensitive response，HR）和系统获得性抗性（systemic acquired resistance，SAR）。已经查明SAR诱导的早期现象是植物细胞内源合成水杨酸。水杨酸作为烟草、黄瓜和拟南芥对病原菌诱发而产生SAR的信号分子，当水杨酸羟化酶过量表达时，水杨酸不能积累，也不能诱导SAR，说明水杨酸是其中必不可少的成员。病原物侵入植物后，被侵染部位局部组织、细胞迅速死亡，产生枯斑，并连同病原生物同归于尽，从而阻止病原生物进一步扩大侵染，这种保护性坏死称为过敏反应，如马铃薯晚疫病菌的菌丝与植物细胞质膜接触10~60分钟后，寄主细胞就坏死。HR发生后，还会诱导整株植物对同一种病原或其他病原产生抗性，即形成系统获得性抗性。研究证实，SA为植物产生HR和SAR所必需。水杨酸在植物系统获得性抗性产生中的作用，是它与过氧化氢酶结合并抑制该酶的活性，由此诱导防御反应。水杨酸的这种作用是通过抑制过氧化氢酶活力而引起H_2O_2水平上升来实现的。过氧化氢或源于它的其他活性氧（AOS）可能作为第二信使而激活抗病途径中的防御相关基因。水杨酸是近10年来研究比较热门的一种植物信号分子。关于水杨酸的存在、代谢及在抗病、开花过程中的作用都是研究的重要内容。

云南是我国马铃薯生产的主要产区之一，一年四季均有马铃薯种植。云南的气候条件独特，为马铃薯晚疫病的发生传播提供了有利条件。云南省主要种植的马铃薯品种'米拉''会-2''合作88'等，基本为单基因抗性，易受病原新小种的侵染而丧失抗性，加之近几年云南省种薯调运频繁促进病菌的传播，晚疫病越来越严重。因此，有目的地喷施茉莉酸或水杨酸，将有利于促进马铃薯对晚疫病抗性的提高。用不同浓度茉莉酸和水杨酸处理不同抗性的马铃薯品种'滇薯6号''合作88'和'米拉'的植株，再用晚疫病菌接种离体叶片和薯块，观察发病情况，分析茉莉酸和水杨酸在抗马铃薯晚疫病中的作用，为开展诱导抗性工作奠定基础。

5.2.5.1 试验材料与方法

（1）材料

仪器：培养皿、移液器、灭菌锅、无菌操作台、生化培养箱、血细胞计数器、电磁炉、挑针、汤锅、镊子等。

材料：黑麦、番茄、琼脂、阿莫西林、利福平、五氯硝基苯、制菌霉素、$CaCO_3$等。

供试晚疫病菌株：LSX18、ZY15、XH05-5-4。

供试马铃薯品种：'滇薯6号（PB06）''合作88（S88）''米拉（Mira）'。

（2）实验方法

1）先将'滇薯6号''合作88'和'米拉'的健康薯块种植于装有红土和腐质土（1:1）的塑料盆里，水肥管理，待长至7叶后使用。

2）黑麦培养基的制作：用蒸馏水浸泡60~80毫克黑麦粒36小时（或24小时），倒出并保存上清液，加蒸馏水于膨胀的黑麦粒中搅拌2分钟，100℃下煮至黑麦开花，用四层纱布过滤，弃去滤渣，滤液与上清液合并。加入12克琼脂粉、150毫升番茄汁、1.2克$CaCO_3$蒸馏水定容至1000毫升，调pH至7.0。高压灭菌30分钟，取出后稍冷却倒入到灭过菌的培养皿中，置于4℃冰箱中待用。

3）病原菌的扩大培养。将马铃薯晚疫病病原菌LSX18、ZY15、XH05-5-4菌株接种于马铃薯品种'米拉'薯片上，使其恢复致病力。3天后，用灭过菌的接种针挑取少量菌丝放在黑麦培养基上让其扩大培养。

4）试菌株对供试品种致病性的测定。

孢子囊悬浮液的准备：将在黑麦培养基上培养了10~15天马铃薯晚疫病菌菌丝用挑针轻轻挑取放在放有灭菌水的小烧杯中搅拌，使孢子囊脱落于水中，用网筛过滤，滤液中的孢子囊个数用血细胞计数器测定，调节滤液浓度（2000~4000个/毫升），备用。接种前将供试的孢子囊悬浮液提前40分钟置于4℃冰箱中，使其释放游动孢子。

活体植株接种：先在长至7叶的马铃薯不同品种的健康植株上喷施浓度为100微摩尔/升、150微摩尔/升、200微摩尔/升的茉莉酸和浓度为0.1毫克/升、0.5毫克/升、1.0毫克/升的水杨酸，每品种，每浓度做3个重复，每品种设3个对照（CK），每个对照3次重复，喷施7天后，将晚疫病菌孢子悬浮液分别接种到不同品种的马铃薯植株上，CK1为空白对照，CK2在植株上直接喷蒸馏水，CK3在植株上直接接种马铃薯晚疫病游动孢子悬浮液。接种后，每3天观察一次马铃薯植株的发病情况。并记录观察结果。

离体叶片接种：喷施了不同浓度茉莉酸、水杨酸4天后，从同一马铃薯植株上剪取大小一致的叶片，用灭菌水冲洗3次，晾干后，置于含0.8%的水琼脂培养皿内，每浓度3个重复，每重复（每皿）放3片叶，叶背朝上，用移液器吸取游动孢子悬浮液在叶脉两侧各接种25微升。接种后放入17~18℃的黑暗生化培养箱内，次日将叶片翻转，放入17~18℃的白天光照夜晚上黑暗生化培养箱内各12小时，5天后，观察喷施了不同浓度的茉莉酸（水杨酸）马铃薯叶片的发病情况，并记录观察结果。

薯块接种：将活体植株接种后收获的薯块选取大小一致的，清水冲洗后，用75%乙醇擦拭表皮后切块（厚约0.5厘米）放入培养皿，每浓度做3个重复，用移液器吸取游动孢子悬浮液25微升接种于薯块上，接种后放入17~18℃的黑暗生化培养箱内，5天后，观察喷施了不同浓度的茉莉酸（水杨酸）马铃薯薯块的发病情况，并记录观察结果。

5）接种反应型的观察记录。离体叶片接种后第5天观察记录结果，根据叶片的发病面积确定发病级数，制定判定标准。0级：叶片正常；1级：20%以内的叶面积坏死；2级：20%~40%的叶面积坏死；3级：40%~60%的叶面积坏死；4级：60%~80%的叶面积坏死；5级：80%以上叶面积坏死。

植株接种后观察记录结果，根据 CIP 九级标准（表 5-21）。

表 5-21 CIP 马铃薯晚疫病田间发病分级标准

CIP 分级	病斑面积百分比		症状
	平均值	上下限	
1	0		没有晚疫病症状
2	2.5	微～5	植株初次感病，每株最多 10 个病斑
3	10	5～15	植株外观健康，但靠近可见病斑，最大病斑面积不超过 20 片小叶
4	25	15～35	多数植株发病，25%的叶片上带病斑
5	50	35～65	小区植株呈绿色，全部植株发病，植株下部叶片枯死，病斑面积占 50%
6	75	65～85	小区植株呈绿色，但有褐色斑块，每株病斑面积占 75%，植株下半部叶片枯死
7	90	85～95	小区植株呈褐绿色，仅顶叶呈绿色，很多茎上带有大病斑
8	97.5	95～100	小区植株呈褐色，仅几片顶叶呈绿色，多数茎有病斑或死亡
9	100		全部植株枯死

薯块接种后第 5 天观察记录结果，根据薯块的发病面积确定发病级数制定判定标准。1 级：无坏死，颜色浅黄；2 级：有坏死，坏死面积低于 20%；3 级：坏死面 30%；4 级：坏死面积低于 50%；5 级：坏死面积低于 70%；6 级：坏死面积大 70%。

5.2.5.2 结果与分析

（1）不同浓度的茉莉酸对马铃薯离体叶片的抗性诱导反应

喷施不同浓度茉莉酸第 4 天，进行离体叶片接种，叶片接种结果表明：喷施过茉莉酸的植株叶片较对照发病严重，'米拉'发病最重，所有的叶片均有病斑，'合作 88'次之，大部分叶片有病斑。'滇薯 6 号'几乎不发病，只偶见几个小病斑。喷施过茉莉酸的叶片均比对照发病面积大，三个品种间处理抗性均未比对照好。推测短时间内，茉莉酸对马铃薯抗性无诱导作用，甚至加重病害的发生。

（2）不同浓度的茉莉酸对马铃薯植株的抗性诱导反应

空白对照与喷蒸馏水的对照结果一致，故选其一为对照。喷施不同浓度茉莉酸，7 天后接种 $P.\ infestans$，对全株植株发病情况的调查结果如下：用茉莉酸处理过的植株较对照先发病，三个供试品种开始发病时间几乎一致，但不同的品种抗性出现的时间不同。'滇薯 6 号'第 37 天前对照与处理病级相近，对照与处理间病级未出现显著差异，第 37 天后出现显著差异，用经茉莉酸 150 微摩尔/升处理过的植株发病较对照缓慢，病级增幅较小，抗性有所提高，第 34～43 天病级与对照相比呈平稳趋势（图 5-11）。可能抗性得到较好诱导或抗性物质形成。'合作 88'第 25 天前对照与处理病级相近，对照病级与处理间病级未出现显著差异，第 25 天后对照与处理间出现显著差异，且经 150 微摩尔/升茉莉酸处理的植株发病较对照缓慢，病级增幅较小，抗性有所提高。第 25～34 天病级与对照相比呈平稳趋势（图 5-12）。'米拉'第 31 天前对照与处理病级相近，对照病级与处理间未出现显著差异，第 31 天后对照与处理间出现显著差异，且经茉莉酸 100 微摩尔/升处理过的植株发病较对照缓慢，病级增幅较小，抗性有所提高，第 31~40 天病级与对照相比呈平稳趋势（图 5-13）。45 天后，'米拉'整个植株呈现枯萎至死亡状态；'合作 88'植株的上部叶片有许多零散病斑，且发病面积较大，但植株未呈倒伏状；'滇薯 6 号'发病最轻，只有下部叶片出现病斑，上部叶片几乎未发现病斑。所以，茉莉酸能诱导马铃薯对晚疫病产生抗性，且品种不同，诱导抗性出现的时间不同（表 5-22）。'合作 88'第 25 天就表现出抗性，'滇薯 6 号''米拉'均是第 30 天左右出现抗性，但病级稳定持续时间均为 10 天左右。

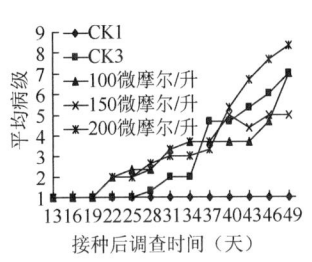

图 5-11 'PB06'植株喷施茉莉酸平均病级趋势

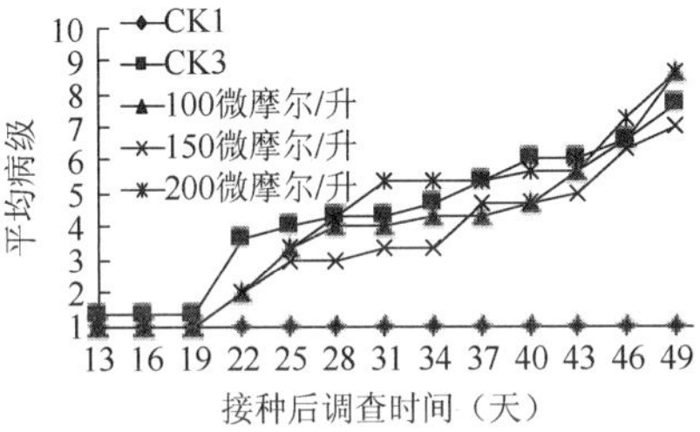

图 5-12 'S88'植株喷施茉莉酸平均病级趋势

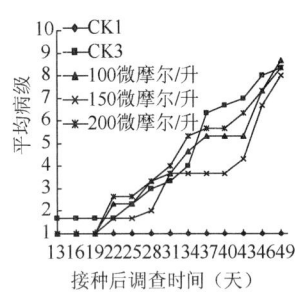

图 5-13 'Mira'植株喷施茉莉酸平均病级趋势

表 5-22 喷施茉莉酸后马铃薯晚疫病发生情况

品种	处理	平均病级	5%显著水平	1%极显著水平
PB06	CK1	1	c	C
PB06	CK2	1	c	C
PB06	CK3	1	a	A
PB06	100 微摩尔/升	3.67	ab	AB
PB06	150 微摩尔/升	3.33	b	AB
PB06	200 微摩尔/升	3.67	ab	AB
S88	CK1	1	c	C
S88	CK2	1	c	C
S88	CK3	4.33	ab	AB
S88	100 微摩尔/升	4	abc	AB
S88	150 微摩尔/升	3	c	BC
S88	200 微摩尔/升	5.33	a	A
Mira	CK1	1	c	B
Mira	CK2	1	c	B
Mira	CK3	6.33	a	A
Mira	100 微摩尔/升	3.67	b	A
Mira	150 微摩尔/升	5.33	ab	AB
Mira	200 微摩尔/升	5.67	ab	A

(3)不同浓度的茉莉酸对马铃薯薯块的抗性诱导

将活体植株喷施茉莉酸后收获的薯块,接种马铃薯晚疫病菌,第 5 天,'米拉'发病面积大,但泡沫状薯块较少。'合作 88'薯块病斑分散,不集中,泡沫状薯块少,但发病面积较大;'滇薯 6 号'薯块病斑明显,集中,泡沫状薯块较多。各处理平均病级比较结果表明:'滇薯 6 号''米拉'与对照相比抗性差异不显著;'合作 88'经 150 微摩尔/升茉莉酸处理抗性最好,极显著高于经 200 微摩尔/升茉莉酸处理时的抗性,显著高于 100 微摩尔/升茉莉酸处理时的抗性。说明,茉莉酸对薯块的抗性诱导与植株不同,植株抗性提高,块茎未必(表 5-23)。

表 5-23　'S88'喷施茉莉酸后薯块发病情况

处理	平均病级	5%显著水平	1%极显著水平
CK1	1	c	C
CK2	5.33	a	AB
CK3	5.56	a	A
100 微摩尔/升	3.67	b	C
150 微摩尔/升	3.33	b	C
200 微摩尔/升	5.22	a	AB

(4)不同浓度的茉莉酸对马铃薯全株的抗性诱导

茉莉酸对马铃薯植株的全株抗性有促进作用,同一品种的地上部分与地下部分抗性最好时所需茉莉酸的浓度:'滇薯 6 号'地上部分经 100 微摩尔/升茉莉酸处理抗性最好,地下部分经 200 微摩尔/升茉莉酸处理抗性最好。'米拉'地上部分经 150 微摩尔/升茉莉酸处理抗性最好,地下部分也是 200 微摩尔/升茉莉酸处理抗性最好。'合作 88'地上部分和地下部分都是经 150 微摩尔/升茉莉酸处理抗性最好。同一品种的地上部分与地下部分抗性最好时所需茉莉酸的浓度不一定一致,不同品种间抗性最好时所需茉莉酸的浓度也不一定一致。浓度不同,作用效果不同,且浓度的高低与马铃薯植株的抗性不呈正相关。时间不同,作用效果也不相同。

(5)不同浓度的水杨酸对马铃薯离体叶片的抗性诱导反应

喷施不同浓度水杨酸第 4 天,进行离体叶片接种,叶片接种结果表明:'滇薯 6 号'经 0.1 毫克/升、0.5 毫克/升水杨酸处理均未发病,抗性较对照显著提高。'合作 88'经 1.0 毫克/升水杨酸处理抗性较对照显著提高。'米拉'经水杨酸处理过的植株叶片均比对照发病严重。短时间内,水杨酸对一些马铃薯抗性有诱导作用。

(6)不同浓度的水杨酸对马铃薯植株的抗性诱导反应

喷施不同浓度水杨酸,7 天后,接种 P. infestans,对全株植株发病情况的调查结果如下:用水杨酸处理过的植株较对照先发病,三个品种开始发病时间几乎一致,但抗性出现的时间不一致。'滇薯 6 号'第 37 天前对照与处理病级相近,对照与处理间未出现显著差异，第 37 天后，'滇薯 6 号'植株经三个浓度处理的植株发病情况均比对照轻，但经 0.5 毫克/升、1.0 毫克/升水杨酸处理过的植株病级不稳定（图 5-14）。'合作 88'第 25 天前对照与处理病级相近，对照与处理间未出现显著差异，第 25 天后对照与处理间出现显著差异，且经 1.0 毫克/升水杨酸处理时的植株发病较对照缓慢，病级增幅较小，抗性有所提高，病级第 28~40 天与对照相比呈平稳趋势（图 5-15）。'米拉'第 34 天前对照与处理病级相近，对照与处理间未出现显著差异，第 34 天后天对照处理间出现显著差异，且经 1.0 毫克/升水杨酸处理时的抗性提高，且浓度越高抗性越好。病级第 31~43 天与对照相比呈平稳趋势（图 5-16）。45 天后，'米拉'整个植株呈现枯萎至死亡状态；'合作 88'植株的上部叶片有许多零散病斑，且发病面积较大，但植株未呈倒伏状；'滇薯 6 号'发病最轻，只有下部叶片出现病斑，上部叶片几乎未发现病斑（表 5-24）。所以，水杨酸能诱导马铃薯对晚疫病产生抗性，且品种不同，诱导抗性出现的时间不同。'合作 88'第 25 天就出现抗性，'滇薯 6 号''米拉'均是第 30 天左右出现抗性，但三个品种病级减缓持续时间不同，'滇薯 6 号'病级变化较大，'合作 88'和'米拉'病级稳定持续时间均为 12 天左右。

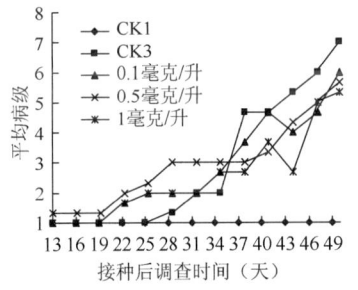 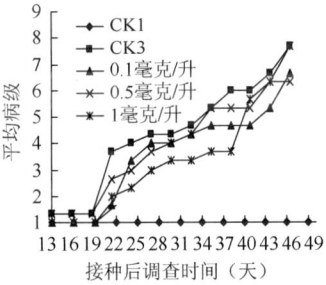 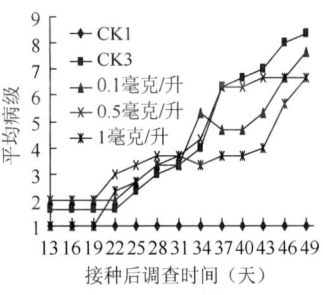

图 5-14 'PB06'植株喷施水杨酸平均病级

图 5-15 'S88'植株喷施水杨酸平均病级

图 5-16 'Mira'植株植喷施水杨酸平均病级

表 5-24 喷施水杨酸后马铃薯晚疫病发生情况

品种	处理	平均病级	5%显著水平	1%极显著水平
PB06	CK1	1	c	C
PB06	CK2	1	c	C
PB06	CK3	4.67	a	A
PB06	0.1 毫克/升	3.67	ab	AB
PB06	0.5 毫克/升	3	b	B
PB06	1.0 毫克/升	2.67	b	B
S88	CK1	1	cd	C
S88	CK2	1	cd	C
S88	CK3	3.67	a	A

续表

品种	处理	平均病级	5%显著水平	1%极显著水平
S88	0.1毫克/升	1.67	bcd	BC
S88	0.5毫克/升	2.67	b	B
S88	1.0毫克/升	2	bc	BC
Mira	CK1	1	c	B
Mira	CK2	1	c	B
Mira	CK3	6.33	a	A
Mira	0.1毫克/升	4.67	ab	A
Mira	0.5毫克/升	6.33	a	A
Mira	1.0毫克/升	3.67	b	AB

（7）不同浓度的水杨酸对马铃薯薯块的抗性诱导反应

将活体植株喷施水杨酸后收获的薯块接种马铃薯晚疫病菌，第5天，各处理平均病级比较结果表明：'滇薯6号'的对照与处理间抗性差异不显著，水杨酸对'滇薯6号'的薯块无明显诱导效应。但对'合作88''米拉'的抗性有明显的促进作用，'合作88'经1.0毫克/升水杨酸处理抗性提高，显著高于经0.1毫克/升、0.5毫克/升水杨酸处理时的抗性（表5-25）。'米拉'经0.5毫克/升水杨酸处理抗性提高，显著高于经0.1毫克/升、1.0毫克/升水杨酸处理时的抗性（表5-26）。

表5-25　'S88'喷施水杨酸后薯块发病情况

处理	平均病级	5%显著水平	1%极显著水平
CK1	1	c	D
CK2	5.33	a	AB
CK3	5.56	a	A
0.1毫克/升	5.78	a	A
0.5毫克/升	5.56	a	A
1.0毫克/升	4.33	b	BC

表5-26　'Mira'喷施水杨酸后薯块发病情况

处理	平均病级	5%显著水平	1%极显著水平
CK1	1	c	D
CK2	5.33	a	A
CK3	5.89	a	A
0.1毫克/升	6	a	A
0.5毫克/升	4.22	b	BC
1.0毫克/升	5.89	a	A

(8) 不同浓度的水杨酸对马铃薯全株的抗性诱导反应

水杨酸对马铃薯植株的全株抗性有促进作用,同一品种的地上部分与地下部分抗性最好时所需水杨酸的浓度:第 37 天后,'滇薯 6 号'植株经三个浓度处理的植株发病情况均比对照轻,但经 0.5 毫克/升、1.0 毫克/升水杨酸处理过的植株病级不稳定。地下部分经 0.5 毫克/升水杨酸处理抗性最好。'米拉'地上部分经 0.1 毫克/升处理抗性提高。'米拉'第 31 天前对照与处理病级相近,对照与处理间未出现显著差异,第 31 天后对照与处理间出现显著差异,且经 1.0 毫克/升水杨酸处理过的植株发病较对照缓慢,病级增幅较小,抗性有所提高。地下部分是 0.5 毫克/升水杨酸处理抗性最好。'合作 88'地上部分和地下部分都是经 1.0 毫克/升水杨酸处理抗性最好。同一品种的地上部分与地下部分抗性最好时所需水杨酸的浓度不一定一致,不同品种间抗性最好时所需水杨酸的浓度也不一定一致。浓度不同,作用效果也不同,且浓度的高低与马铃薯植株的抗性不呈正相关。时间不同,作用效果也不相同。

5.2.5.3 结论

1)一定浓度的茉莉酸对马铃薯植株的抗性有促进作用,不同品种,达到抗性最高所需的茉莉酸浓度不同。'滇薯 6 号'和'合作 88'经 150 微摩尔/升茉莉酸处理时抗性提高,'米拉'经 100 微摩尔/升茉莉酸处理时抗性提高。且不同的品种诱导抗性形成的时间不同,'滇薯 6 号'和'合作 88'接种第 31 天平均病级较对照明显低,'米拉'却到第 34 天。但病级稳定持续时间均为 10 天左右。

2)一定浓度的水杨酸对马铃薯植株的抗性有促进作用,不同品种,达到抗性最高所需的水杨酸浓度不同。'滇薯 6 号'和'合作 88'经 0.5 毫克/升水杨酸处理时抗性提高,'米拉'经 1.0 毫克/升水杨酸处理时抗性提高。且不同的品种诱导抗性形成的时间不同,'滇薯 6 号'处理过的植株发病均比对照发病轻,但病级不稳定。'合作 88'接种第 28 天病级较对照明显低,'米拉'却到第 34 天。'合作 88'和'米拉'病级稳定持续时间均为 12 天左右。

5.2.5.4 综合评价

茉莉酸和水杨酸作为新型的植物激素,它们具有用量小、速度快、效益高,可对植物的外部性状与内部生理过程进行双调控等特点。在激活植物一系列抗病虫害防卫反应中起重要的信号分子作用。

研究表明,诱导抗病性可以成为病害综合防治的重要内容之一,把诱导抗病性和植物病害防治的其他技术有机结合,将可能有效提高现有综合防治水平,因此植物诱导抗病在病害综合防治中必将具有良好的应用前景。

就本实验情况来看,喷施茉莉酸和水杨酸能使马铃薯感病品种的抗病性明显增强,使抗病品种的抗病性变得更强,而且主要表现为减少病斑数目、减小病斑面积降低病级。

在植物与病原物相互作用过程中,激素所充当的角色可能是重要和复杂的。许多悬而未决的问题,如病原侵染与寄主激素代谢变化之间可能存在的早期信号转导,激素在病原致病和寄主抗病中作用的异同，病原侵染和定殖对激素的极性输导和相关激素受体的影响，几种激素变化在致病过程中产生的协同或拮抗作用的分子机制，病原诱导寄主激素代谢变化和症状产生的因果关系，以及从外部症状上未表现明显激素作用的病原与寄主关系中是否也存在激素的效应等等，均需要通过植物病理学、生理学、生物化学和分子生物学等多方面的研究来解决。

总之，目前关于茉莉酸参与植物抗病性的研究报道不多。Cohen 等报道茉莉酸（JA）及其甲酯可以诱导番茄对 *Phytophthora infestans* 的抗性，但却没有发现 SAR 分子标记的产生和积累。有人指出茉莉酸诱导大麦抗白粉病可能是由于它具有体外抗菌活性。并且茉莉酸在黄瓜和烟草中也不能诱导 SAR 分子标记的出现。Xie 等实验发现茉莉酸可能通过信号传递链来控制拟南芥一种抗菌蛋白——硫堇的表达，从而对其抗病性产生影响。植物生长调节剂的使用效果受多种因素的影响，而难以达到最佳。气候条件、施用时间、用量、施用方法、施用部位以及作物本身的吸收、运转、整合和代谢等都将影响到其作用效果。茉莉酸能否用于生产还待进一步研究。

5.2.6 农药毒力测定技术及案例

毒力是指农药对有害生物的毒杀作用。一般在相对严格的条件下，用较精密的测试方法，对采用标准化饲养的虫、菌株及杂草进行测定而得。毒力测定是确定农药是否有活性的主要指标，也是判定农药药效及对植物安全性的基本测定项目。室内测定与田间测定有一定的差距，田间试验受寄主、环境和发病条件影响较大。室内测定可以用孢子萌发方法、生长速率法、滤纸片附着法、扩散法（抑菌圈法）、稀释法、气体效率测定法等，其中，生长速率法是杀菌剂毒力测定的常规方法之一。生长速率法案例如下。

试验案例名称：不同农药对马铃薯黑痣病菌的毒力测定技术案例。

试验时间：2015 年。

试验设计及执行人：杨艳丽、陈志刚、王东岳、刘霞、胡先奇。

试验背景：马铃薯黑痣病是世界范围内的病害，全世界各个地区均有发生。在我国的吉林、河北、内蒙古、甘肃等省（自治区）均有此病发生。马铃薯黑痣病又称立枯丝核菌病、茎基腐病、丝核菌溃疡病、黑色粗皮病，是由立枯丝核菌（*Rhizoctonia solani* Kühn）引起的一种土传真菌病害。目前立枯丝核菌最有效的分群方法是融合群划分系统，但是不能仅仅靠这一种方式进行分群。融合群对不同寄主以及不同地理均具有一定的差别。Carling 等 1986 年报道从马铃薯病株上分离到 AG3、AG2-1 和双核丝核菌，AG3 为主要致病融合群。AG3 融合群寄主范围较小，马铃薯为最适宜寄主。因此，AG3 为马铃薯黑痣病主要致病融合群，但其他融合群，包括 AG1、AG2、AG4、AG5、AG7 和 AG9 等也在马铃薯黑痣病的报道中出现过。目前在云南省马铃薯的主要产区，由于常年种植同一种作物，使土壤中的病菌数量急剧的增加，导致马铃薯黑痣病的发生也呈现着上升的趋势，严重影响了马铃薯的质量和产量。本实验拟筛选出针对马铃薯黑痣病菌 AG3 有效的药剂，为田间药效试验选择的药剂提供理论依据。

5.2.6.1 材料和方法

(1) 马铃薯黑痣病菌分离培养

从云南省马铃薯主产区采集马铃薯黑痣病病样,通过组织分离法从具典型症状的马铃薯黑痣病薯块及茎基部表面分离病原菌。将薯块上的菌核或者地上茎部分的菌丝取下,用升汞和乙醇消毒,接着用无菌水清洗干净,用吸水纸吸干水分,放入PDA平板上,于25℃下恒温培养24~48小时后。等菌丝长出后在无菌条件下将菌丝取出,放入PDA中进行分离纯化。依据Parmeter等描述的方法,根据是否形成孢子、菌核、根状菌索及菌丝分枝等形态鉴定病原菌是否为立枯丝核菌。

(2) 主要仪器设备

生化培养箱、湿热灭菌锅、超净工作台、电子天平、光学显微镜。

(3) 马铃薯黑痣病菌室内毒力测定

1) 供试药剂。从报道的防治立枯丝核菌有效成分的药剂中选取8种药剂,对马铃薯黑痣病菌不同融合群菌株进行室内毒力测定(表5-27)。

表5-27 供试药剂

编号	商品名称	提供者	有效成分	含量剂型
1	蔬得康	南京新果园生态农业科技有限公司	10亿/毫克芽孢杆菌	悬浮剂
2	辣根素	中国农业大学	20%辣根素	水乳剂
3	纹弗	世科姆化学贸易有限公司	20%	水分散粒剂
4	甲基硫菌灵	日本曹达株式社	70%	可湿性粉剂
5	扑海因	拜耳作物科学有限公司	500克/升	悬浮剂
6	霜脲,嘧菌脂	世科姆化学贸易有限公司	50%霜脲氰,10%嘧菌酯	水分散粒剂
7	咯菌腈	瑞士先正达作物保护有限公司	25克/升	悬浮种衣剂
8	噁霉灵	青岛海纳科技有限公司	70%	可湿性粉剂

2) 马铃薯黑痣病菌毒力测定方法。采用生长速率法测定噁霉灵、咯菌腈、纹弗、扑海因(异菌脲)、嘧菌脂、甲基硫菌灵、蔬得康、辣根素等8种药剂对马铃薯黑痣病菌的毒力。具体步骤为:①按照所需浓度稀释供试药剂后,将10毫升待测药液混入90毫升PDA培养基,迅速摇匀,分装于4个培养皿中,铺成均匀的平板。②将每种药剂设3个浓度,每个浓度重复3次,同时以不加药的PDA培养基作对照。③均在无菌条件下将直径0.5厘米菌饼置于含药培养基上,每皿中接入3个菌饼,然后置于25℃恒温黑暗条件下培养。④等待培养3天后用十字交叉法测量菌落直径,以其平均数代表菌落大小,按如下公式计算抑菌率。

抑菌率%=（对照菌落净生长量−杀菌剂处理菌落净生长量）/对照菌落净生长量×100

然后选取效果较好的几种药剂进行不同地域的菌株的毒力测定，确定不同地域之间存在的差异，方法同上。

5.2.6.2 结果与分析

（1）菌株分离情况

2014年发病样品采集自云南省10个市（州）的14个采集点，共32个样品，分离纯化出12个菌株进行保存，其中包括了2株地上茎部分（白霉）纯化的菌株和10株地下薯块部分（黑痣）纯化的菌株。2013年采集自云南全省10个市（州）的41个采集点，共95个样品，分离纯化出67个菌株进行保存，其中包括了8株地上茎部分（白霉）纯化的菌株和59株地下薯块部分（黑痣）纯化的菌株。

（2）马铃薯黑痣病菌毒力测定结果

1）筛选药剂结果。通过对供试杀菌剂对丝核菌抑制的室内测定结果发现，纹弗（50毫克/升）和咯菌腈（50毫克/升）对丝核菌的生长都有明显的抑制作用，抑制率达到100%，其次抑制率较好的依次是甲基硫菌灵（150毫克/升）达到了37.8%，辣根素（200毫克/升）达到了14.4%，扑海因（100毫克/升）达到了6.7%（表5-28）。因此，选择纹弗（50毫克/升）、咯菌腈（50毫克/升）和甲基硫菌灵（150毫克/升）对来自昆明、临沧、保山、丽江等地的20个菌株进行毒力测定。

2）不同地区菌株抑制效果分析。用50毫克/升的纹弗，50毫克/升的咯菌腈和150毫克/升的甲基硫菌灵，对来自昆明、临沧、保山、丽江等地的20个菌株进行毒力测定，结果显示，3种药剂对20个丝核菌具有很好的抑制效果，除了50毫克/升的咯菌腈对25号和68号的抑制效果为31.0%、16%之外，其他的抑制率均为100%（表5-29），因此，该3种农药可以在云南的以上地区使用。

表5-28 马铃薯黑痣病菌毒力测定结果

药剂及浓度	菌落直径（厘米）	菌落平均直径（厘米）	抑制率（%）
1蔬得康（100毫克/升）	4.5	4.5	0
2辣根素（200毫克/升）	4.0、3.4、3.8、4.2	3.85	14.4
3纹弗（50毫克/升）	0.5	0.5	100
4甲基硫菌灵（150毫克/升）	2.6、2.7、3、2.9	2.8	37.8
5扑海因（100毫克/升）	4.5、4.5、4.5、3.9	4.2	6.7
6嘧菌酯（100毫克/升）	4.5、4.5、4.5、4.5	4.5	0
7咯菌腈（50毫克/升）	0.5	0.5	100
8噁霉灵（100毫克/升）	4.5、4.5、4.5、4.5	4.5	0
9CK（无水）	4.5、4.5、4.5、4.5	4.5	—
10CK（加水）	4.5、4.5、4.5、4.5	4.5	—

表 5-29 三种药剂对菌株的抑制效果

菌株编号	CK 直径(厘米)	纹弗		甲基硫菌灵		咯菌腈		样品来源及寄主品种
		直径(厘米)	抑制率(%)	直径(厘米)	抑制率(%)	直径(厘米)	抑制率(%)	
1 号	4.5	0	100	0	100	0	100	会泽野马农科院基地-云薯 401
3 号	4.5	0	100	0	100	0	100	丽江市太安乡-丽薯 6 号
4 号	3	0	100	0	100	0	100	丽江市太安乡-丽薯 6 号
7 号	4.5	0	100	0	100	0	100	丽江市太安乡-丽薯 6 号
9 号	4	0	100	0	100	0	100	盈江县-大西洋
12 号	3.4	0	100	0	100	0	100	寻甸板桥乡-丽薯 6 号
23 号	4.5	0	100	0	100	0	100	寻甸县板桥乡-M12-10
25 号	4.2	0	100	0	100	3.7	31.0	寻甸县板桥乡-青薯 9 号
28 号	4.5	0	100	0	100	0	100	保山市隆阳区杨柳乡-爱德 53
32 号	4.5	0	100	0	100	0	100	勐海县农业技术推广站-丽薯 6 号
34 号	4.3	0	100	0	100	0	100	临沧市-合作 88
35 号	4.5	0	100	0	100	0	100	昭阳区-会-2
43 号	3.7	0	100	0	100	0	100	寻甸县农业推广站-昆薯 2 号
46 号	4.3	0	100	0	100	0	100	临沧市-85 克疫
60 号	4.2	0	100	0	100	0	100	临沧市-S88
64 号	4.5	0	100	0	100	0	100	昆明市六哨板桥-青薯 9 号
65 号	4.5	0	100	0	100	0	100	驾车-宣薯 2 号
66 号	4.4	0	100	0	100	0	100	丽江市太安乡-丽薯 6 号
67 号	4.5	0	100	0	100	3.4	16	昆明市诚兴乡-合作 88
68 号	4.5	0	100	0	100	0	100	昭通市靖安-威芋 5 号

5.2.6.3 结论

供试 8 种杀菌剂对丝核菌抑制的室内初步测定结果发现，纹弗（50 毫克/升）和咯菌腈（50 毫克/升）对丝核菌的生长都有明显的抑制作用，抑制率达到 100%，其次具有较好的抑制率的依次是甲基硫菌灵（150 毫克/升）达到了 37.8%。然后用纹弗、咯菌腈和甲基硫菌灵对不同地区菌株进行毒力测定，纹弗、甲基硫菌灵和咯菌腈均有抑制效果，可以用于云南马铃薯产区，控制黑痣病的发生。

5.2.6.4 评价

通过对 20 个菌株毒力测定的结果，纹弗（50 毫克/升）、咯菌腈（50 毫克/升）和甲基硫菌灵（150 毫克/升）都对马铃薯黑痣病菌有很好的抑制效果。但是 25 号和 68 号菌对咯菌腈（50毫克/升）表现出了一定的抗性，原因可能是这两种菌种本身对咯菌腈的抗性。有待进一步开展验证实验。

5.2.7 抗药性测定技术及案例

植物病原的抗药性是指本来对农药敏感的野生型植物病原物，由于遗传变异而对药剂出现敏感性下降的现象。影响病原物抗药性群体形成的主要原因有病原菌群体中潜在的抗药性基因、抗药性遗传特性、药剂作用机制、适合度、病害循环和农业栽培措施及气象条件等。可以采取使用最低有效剂量农药、减少用药次数、化学保护代替化学治疗、避免较大面积内使用同一种农药、多种农药交替使用等方法来降低抗药性的形成。检测农药的抗药性可以指导科学合理使用农药。检测方法有菌丝生长速率法和叶盘漂浮法等。

试验案例名称：云南部分马铃薯产区晚疫病菌抗药性测定技术案例。

试验时间：2011年。

试验设计及执行人：杨艳丽、何洪攀、刘霞、胡先奇、刘彦和。

试验背景：生产上防治马铃薯晚疫病主要是应用化学防治，药剂主要有精甲霜灵、银法利和大生 M-45 等。但随着治疗性杀菌剂的广泛使用，且其对病原菌的作用位点比较单一，病菌容易产生抗药性，且抗药性逐渐增强，导致治疗效果降低，甚至完全失效。筛选能防治晚疫病的高效、低毒低残留杀菌剂，特别是具有不同作用的杀菌剂，是提高杀菌剂防治效果、减缓病原菌抗药性产生的有效途径。精甲霜灵对卵菌有很强的体外、体内活性，是具有保护和治疗作用的内吸性杀菌剂，通常用于茎叶喷雾、种子处理和土壤处理；可以被植物的根、茎、叶吸收，随植物体内水分运转而转移到植物的不同器官，用以防治包括马铃薯晚疫病在内的卵菌病害。甲霜灵主要作用方式是抑制病菌菌丝体生长，孢子囊、卵孢子及厚垣孢子形成；对休止孢萌发没有抑制作用，但是对其芽管的生长有较强的抑制活性。银法利是由最新研制的治疗性杀菌剂氟吡菌胺和强内吸传导性杀菌剂霜霉威盐酸盐复配而成的新型混剂。氟吡菌胺的杀菌机理与目前所有已知的卵菌纲杀菌剂完全不同，主要作用于细胞膜和细胞间的特异性蛋白而表现杀菌活性，独特的薄层穿透性可加强药剂的横向传导性及纵向输送力，对病原菌的各主要形态均有很好的抑制活性，治疗效果好。大生 M-45 可在作物的叶、幼苗、幼果和花期使用，耐雨水冲刷，可在雨前喷施，喷药后作物表面形成一种致密的保护药膜，其抑制病菌的萌发和侵入，从而达到防病的效果。目前，许多国家和地区相继报道马铃薯晚疫病菌对精甲霜灵、银法利、大生 M-45 产生了抗药性。在我国河北、福建、重庆、云南等地也有类似报道，为此，云南马铃薯部分主产区的晚疫病菌对精甲霜灵、银法利和大生 M-45 的抗药性检测是必要的，为马铃薯晚疫病化学防治提供依据。

5.2.7.1 试验材料、仪器设备及方法

（1）试验时间、地点

时间：2011年3月至2011年9月。

地点：云南农业大学马铃薯病害研究室。

（2）试验材料

供试菌株：供试马铃薯晚疫病菌菌株共计53个，分别为2010年采集自中甸县的10

个菌株（ZD），2011年采集自剑川县的16个菌株（JC）、丽江市的2个菌株（LJ）、石林的6个菌株（SL）、小哨的19个菌株（XS）。

抗药性标准菌株（PE84006）和敏感性标准菌株（Pox-67）由黑龙江农业科学院生物技术研究所馈赠。

供试药剂：68%精甲霜灵（瑞士先正达股份有限公司生产）、银法利（德国拜耳作物科学公司生产）、大生M-45（美国罗门斯公司生产）。

供试培养基：黑麦-番茄培养基。

（3）仪器设备

恒温培养箱、超净工作台、灭菌锅、照相机、量筒、锥形瓶、培养皿、接种针、手术刀、移液枪、1.2厘米打孔器、酒精灯等。

（4）试验方法

1) 黑麦-番茄培养基的制备。将浸泡了12小时的80克黑麦粒进行煮沸10~15分钟，冷却后，用四层纱布过滤并弃去残渣，将850毫升滤液与150毫升番茄汁混合，每升混合液加入1.2克$CaCO_3$，并用NaOH调pH至6.5~7.0，将制备好的培养基装于2.5升大锥形瓶中和包装好的培养皿一起放入高压灭菌锅中，高温高压灭菌30分钟，待气压降为零时，打开灭菌锅，将大锥形瓶和培养皿移到无菌超净台上到培养基，冷却后待用。

2) 药剂培养基的制备。将68%精甲霜灵按使用浓度配制药液质量浓度为0.058微克/毫升。将配制好的甲霜灵供试药按浓度和黑麦-番茄培养基混合，最终配成0.058微克/毫升的含药培养基。

将银法利按使用浓度配制药液质量浓度为0.77微克/毫升。将配制好的银法利供试药按浓度和黑麦-番茄培养基混合，最终配成0.77微克/毫升的含药培养基。

将大生M-45按使用浓度配制药液质量浓度为1.70微克/毫升。将配制好的大生M-45供试药按浓度和黑麦-番茄培养基混合，最终配成1.70微克/毫升的含药培养基。

3) 马铃薯晚疫病菌的培养。将2010年采集自中甸县的菌株，2011年采集自丽江、剑川、石林、小哨的53个菌株，抗药性标准菌株（PE84006）和敏感性标准菌株（Pox-67），转到固体培养基中，置于恒温培养箱中17℃黑暗条件下培养10天。

4) 马铃薯晚疫病菌的接种。在无菌条件下，将预培养10天的马铃薯晚疫病菌用1.2厘米的打孔器沿菌落边缘打取菌饼，然后将菌饼接种到含有0.058微克/毫升精甲霜灵、0.77微克/毫升银法利、1.70微克/毫升大生M-45的药剂培养基上和加入灭菌蒸馏水的培养基上，菌面向下置于不同药剂培养基和加入灭菌蒸馏水的培养基的中心，每皿一块，每个处理重复3次。将接种后的培养基平板放入17℃恒温培养箱中，黑暗培养10天左右。

5) 马铃薯晚疫病菌的菌落直径测量。将接种培养10天的培养基在无菌条件下，采用生长速率法，用十字交叉法测量菌落生长直径，计算菌丝生长抑制率。同时用照相机照下照片。

6) 计算方法。用十字交叉法测量菌落直径的平均值按以下公式算出生长抑制率：

$$菌丝生长抑制率(\%) = \left(1 - \frac{药剂处理菌落直径 - 菌块直径}{对照菌落直径 - 菌块直径}\right) \times 100$$

将菌丝生长抑制率换算成抑制效果概率值（y），药剂浓度换算成浓度对数（x），按浓度对数与概率值回归法求得供试药剂对病原菌的剂量反应曲线 $y = a+bx$，并由剂量反应曲线计算试验药剂对病原菌的抑制中浓度 EC_{50}。

5.2.7.2 结果与分析

（1）马铃薯晚疫病菌在含不同杀菌剂培养基中生长状况

供试的 53 个菌株在含甲霜灵的培养基中均不生长，而在不加入药剂的对照培养基中正常生长。供试的 53 个菌株在含银法利的培养基中均不生长，而在不加入药剂的对照培养基中正常生长。供试的 53 个菌株在含大生 M-45 的培养基中均不生长，而在不加入药剂的对照培养基中正常生长（图 5-17）。

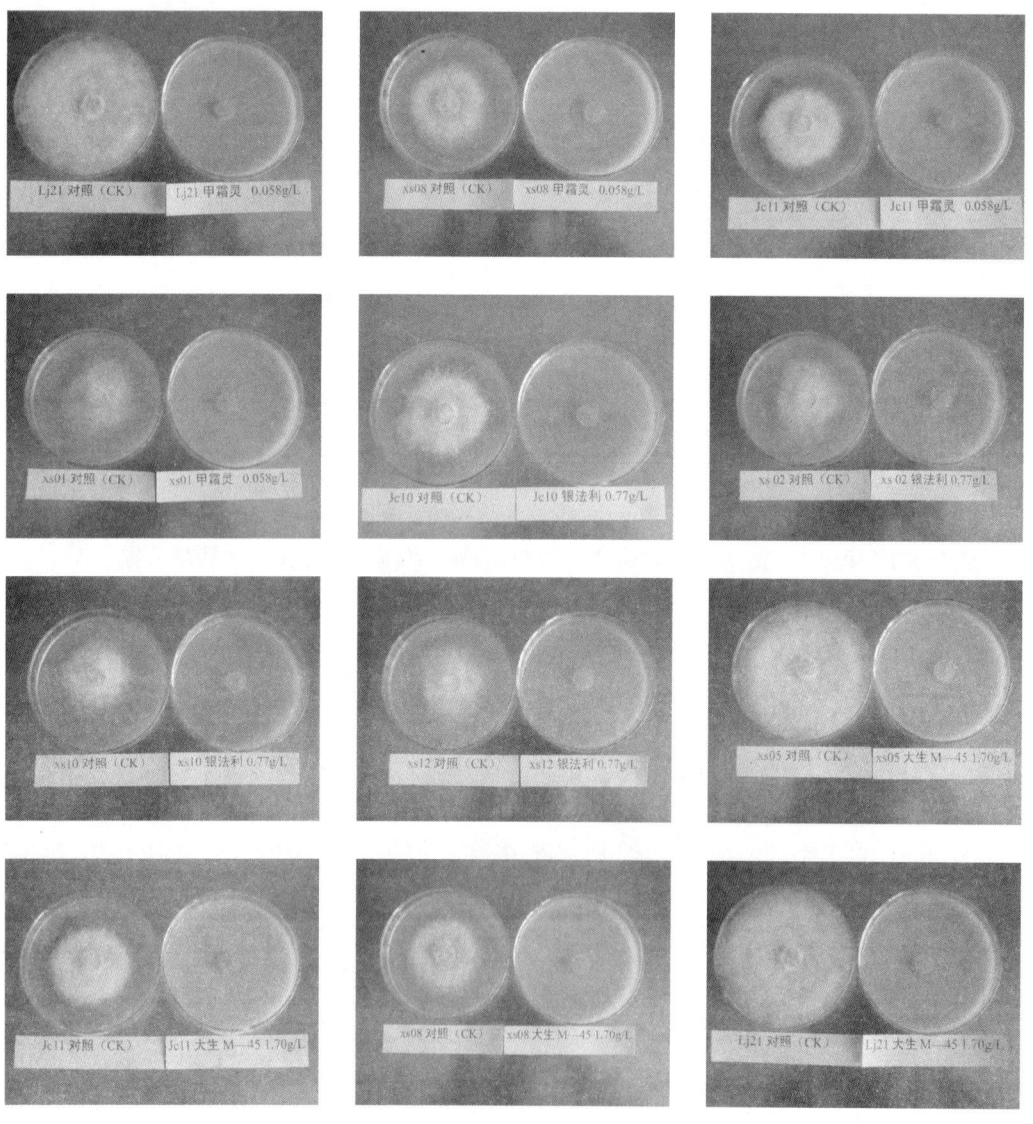

图 5-17 马铃薯晚疫病菌的抗药性测定

（2）马铃薯晚疫病菌对不同农药的抗性

1）马铃薯晚疫病菌对精甲霜灵抗性测定。结果表明，2010年采自中甸县被测10个菌株对精甲霜灵均表现敏感，未发现抗性菌株。10个菌株在空白培养基中的菌落直径在6.63~8.43厘米，平均值为7.66厘米，在含甲霜灵的培养基中菌落直径均为1.20厘米；PE84006在空白培养基的平均菌落直径为4.47厘米，在含甲霜灵的培养基中平均菌落直径为3.50厘米；Pox-67在空白培养基中的菌落直径为4.40厘米。在含甲霜灵的培养基中平均菌落直径为1.20厘米。

结果表明，2011年采自剑川县的16个被测菌株对精甲霜灵均表现敏感，未发现抗性菌株。16个菌株在空白培养基中的菌落直径在3.13~5.80厘米，平均值为4.70厘米，在含甲霜灵的培养基中菌落直径均为1.20厘米；PE84006在空白培养基的平均菌落直径为4.47厘米，在含甲霜灵的培养基中平均菌落直径为3.50厘米；Pox-67在空白培养基中的菌落直径为4.40厘米。在含甲霜灵的培养基中平均菌落直径为1.20厘米。

结果表明，2011年采自丽江市的2个被测菌株对精甲霜灵均表现敏感，未发现抗性菌株。2个菌株在空白培养基中的菌落直径在8.23~8.47厘米，平均值为8.35厘米，在含甲霜灵的培养基中菌落直径均为1.20厘米；PE84006在空白培养基的平均菌落直径为4.47厘米，在含甲霜灵的培养基中平均菌落直径为3.50厘米；Pox-67在空白培养基中的菌落直径为4.40厘米。在含甲霜灵的培养基中平均菌落直径为1.20厘米。

结果表明，供试的6个石林菌株对精甲霜灵均表现敏感，未发现抗性菌株。6个菌株在空白培养基中的菌落直径在7.00~8.50厘米，平均值为7.96厘米，在含甲霜灵的培养基中菌落直径均为1.20厘米；PE84006在空白培养基的平均菌落直径为4.47厘米，在含甲霜灵的培养基中平均菌落直径为3.50厘米；Pox-67在空白培养基中的菌落直径为4.40厘米。在含甲霜灵的培养基中平均菌落直径为1.20厘米。

19个小哨菌株在空白培养基中的菌落直径在5.70~8.23厘米，平均值为7.10厘米，在含甲霜灵的培养基中菌落直径均为1.20厘米；PE84006在空白培养基的平均菌落直径为4.47厘米，在含甲霜灵的培养基中平均菌落直径为3.50厘米；Pox-67在空白培养基中的菌落直径为4.40厘米。在含甲霜灵的培养基中平均菌落直径为1.20厘米，未发现抗性菌株。

2）马铃薯晚疫病菌对银法利抗性测定。10个中甸菌株在空白培养基中的菌落直径在6.63~8.43厘米，平均值为7.66厘米，在含银法利的培养基中菌落直径均为1.20厘米；PE84006在空白培养基的平均菌落直径为4.47厘米，在含银法利的培养基中平均菌落直径为3.60厘米；Pox-67在空白培养基中的菌落直径为4.40厘米。在含银法利的培养基中平均菌落直径为1.20厘米，未检测到抗性菌株。

16个剑川菌株在空白培养基中的菌落直径在3.13~5.80厘米，平均值为4.70厘米，在含银法利的培养基中菌落直径均为1.20厘米；PE84006在空白培养基的平均菌落直径为4.47厘米，在含银法利的培养基中平均菌落直径为3.60厘米；Pox-67在空白培养基中的菌落直径为4.40厘米。在含银法利的培养基中平均菌落直径为1.20厘米，未检测出抗药性菌株。

2个丽江菌株在空白培养基中的菌落直径在8.23和8.47厘米,平均值为8.35厘米,在含银法利的培养基中菌落直径均为1.20厘米;PE84006在空白培养基的平均菌落直径为4.47厘米,在含银法利的培养基中平均菌落直径为3.60厘米;Pox-67在空白培养基中的菌落直径为4.40厘米。在含银法利的培养基中平均菌落直径为1.20厘米,未检测到抗药性菌株。

6个石林菌株在空白培养基中的菌落直径在7.00~8.50厘米,平均值为7.96厘米,在含银法利的培养基中菌落直径均为1.20厘米;PE84006在空白培养基的平均菌落直径为4.47厘米,在含银法利的培养基中平均菌落直径为3.60厘米;Pox-67在空白培养基中的菌落直径为4.40厘米,在含银法利的培养基中平均菌落直径为1.20厘米,未检测出抗药性菌株。

19个小哨菌株在空白培养基中的菌落直径在5.70~8.23厘米,平均值为7.10厘米,在含银法利的培养基中菌落直径均为1.20厘米;PE84006在空白培养基的平均菌落直径为4.47厘米,在含银法利的培养基中平均菌落直径为3.60厘米;Pox-67在空白培养基中的菌落直径为4.40厘米,在含银法利的培养基中平均菌落直径为1.20厘米,未检测出抗药性菌株。

3)马铃薯晚疫病菌对大生M-45抗性测定。10个中甸菌株在空白培养基中的菌落直径在6.63~8.43厘米,平均值为7.66厘米,在含大生M-45的培养基中菌落直径均为1.20厘米;PE84006在空白培养基的平均菌落直径为4.47厘米,在含银法利的培养基中平均菌落直径为3.30厘米;Pox-67在空白培养基中的菌落直径为4.40厘米,在含银法利的培养基中平均菌落直径为1.20厘米未检测出抗药性菌株。

16个剑川菌株在空白培养基中的菌落直径在3.13~5.80厘米,平均值为4.70厘米,在含大生M-45的培养基中菌落直径均为1.20厘米;PE84006在空白培养基的平均菌落直径为4.47厘米,在含大生M-45的培养基中平均菌落直径为3.30厘米;Pox-67在空白培养基中的菌落直径为4.40厘米,在含大生M-45的培养基中平均菌落直径为1.20厘米,未检测出抗药性菌株。

2个丽江菌株在空白培养基中的菌落直径在8.23厘米和8.47厘米,平均值为8.35厘米,在含大生M-45的培养基中菌落直径均为1.20厘米;PE84006在空白培养基的平均菌落直径为4.47厘米,在含大生M-45的培养基中平均菌落直径为3.30厘米;Pox-67在空白培养基中的菌落直径为4.40厘米,在含大生M-45的培养基中平均菌落直径为1.20厘米,未检测出抗药性菌株。

6个石林菌株在空白培养基中的菌落直径在7.00~8.50厘米,平均值为7.96厘米,在含大生M-45的培养基中菌落直径均为1.20厘米;PE84006在空白培养基的平均菌落直径为4.47厘米,在含大生M-45的培养基中平均菌落直径为3.30厘米;Pox-67在空白培养基中的菌落直径为4.40厘米,在含大生M-45的培养基中平均菌落直径为1.20厘米,未检测出抗药性菌株。

19个石林菌株在空白培养基中的菌落直径在5.70~8.23厘米,平均值为7.10厘米,在含大生M-45的培养基中菌落直径均为1.20厘米;PE84006在空白培养基的平均菌落直径为4.47厘米,在含大生M-45的培养基中平均菌落直径为3.30厘米;Pox-67在空白培养基中的菌落直径为4.40厘米，在含大生M-45的培养基中平均菌落直径为1.20厘米，未检测出抗药性菌株。

综上所述，对来自2010年采集自中甸的菌株（ZD），2011年采集自剑川（JC）、丽江（LJ）、石林（SL）和小哨（XS）的菌株，分离纯化后得到的53个菌株，对精甲霜灵、银法利、大生M-45的抗性测定，与抗药性标准菌株（PE84006）和敏感性标准菌株（Pox-67）对比，结果表明53个菌株没有一个能在含有药剂培养基上生长，对3种药剂都表示敏感，没有产生抗性。其原因可能是云南的大部分马铃薯种植区老百姓沿用着传统的方法种植马铃薯，没有认识到马铃薯晚疫病菌的危害，也没有防治意识，很少使用农药，或是使用农药的时间还不长。

5.2.7.3 结论

通过抑菌试验法比较药剂培养基上菌落生长直径，检测云南省5个地区马铃薯晚疫病菌中没有发现抗药性菌株，且敏感度很高，因此这3种药剂仍可以用于防治马铃薯晚疫病。

5.2.7.4 评价

该研究表明被测2010年采集自中甸（ZD），2011年采集自剑川（JC）、丽江（LJ）、石林（SL）和小哨（XS）的马铃薯晚疫病菌株对精甲霜灵、银法利、大生M-45均表现为敏感，与杨志辉测定的1998~2003年采自河北、云南、四川和黑龙江马铃薯晚疫病菌对甲霜灵的敏感性是一致的，而与曹继芬测定的2003~2005年采自云南的马铃薯晚疫病菌对甲霜灵的产生抗性有差异，其测定的地区为昭阳区、彝良、宣威、沾益、会泽、陆良、香格里拉、丽江、大理、昆明、嵩明、寻甸、禄劝、江川、澄江、楚雄、元谋、建水、文山、砚山、盈江、陇川等11个马铃薯产区，共167个马铃薯晚疫病菌中，甲霜灵高抗、中抗、敏感菌株分别为20.4%、7.2%和72.4%，其中香格里拉、丽江的和本试验一致。而本实验检测的云南省5个马铃薯产区晚疫病菌都未发现抗药性菌株。这可能是采集的时间有差异，采集的具体位置有差异。

虽然在我国马铃薯晚疫病防治方面药剂使用历史较长，且长期大量连续使用会产生抗性，但经过本研究对云南5个马铃薯主产区的晚疫病菌的抗药性测定，检测的53个菌株没有一个能在药剂使用浓度范围的含有药剂培养基上生长，对3种药剂都表示敏感，没有产生抗性。因此，甲霜灵、银法利、大生M-45仍可以继续使用。但为了不使云南省马铃薯晚疫病菌产生抗性，还是应当交替使用一些其他药剂，避免抗药性的产生。

5.2.8 病害调查方法及案例

植物病害的分布和危害、发生时期和症状变化、栽培和环境条件对植物病害发生的影响、品种在生产中的表现、防治效果等，都需要通过调查才能掌握。调查分一般调查、重点调查和调查研究，依据调查目的选用调查方法。当一个地区有关病害发生情况资料较少时可先进行一般调查，要求面广，且有代表性；一般在发病盛期进行，进行1~2次调查。经过一般调查发现的重要病害，可作为重点调查的对象，深入了解其分布、发病率、损失、环境影响及防治效果等。调查研究和重点调查的界限很难区分，调查研究一般不是对一种病害做全面的调查，而是针对其中某一问题，调查的面不一定广，但要深入，除田间调查外，更要进行访问和座谈。常用调查术语有发病率（%）、发病程度（用级别表述）、感染指数或病情指数（用数值表述，最严重是 100，完全无病是 0）。使用发病程度还是病情指数视病害特性选择使用。

试验案例名称：云南滇西地区马铃薯立枯丝核菌病发生危害调查。

试验时间：2012 年。

试验设计及执行人：杨艳丽、翁敦荣、王东岳、刘霞、胡先奇。

试验背景：在我国，马铃薯黑痣病由立枯丝核菌引起，为害薯块称为黑痣病，为害地上部茎秆称为茎溃疡病。早在 1922 年和 1932 年分别于台湾省和广东省发现，目前它的分布已经相当普遍。据 2006~2008 年的调查，内蒙古乌兰察布市的马铃薯生产田中，马铃薯黑痣病迅速传播蔓延，2007 年已普遍发生危害，一般发病率为 10%~20%，重者发病率为 30%~50%，致使产量损失 5%~50%。近年来马铃薯产业发展迅速，其种植面积逐年上升，导致重迎茬问题严重，马铃薯黑痣病发生变得普遍，一般年份即可造成马铃薯减产 15%左右，个别年份可达到毁灭全田，严重影响着马铃薯的产量与品质，阻碍了马铃薯产业的发展。

目前马铃薯黑痣病在全国范围内已经有过报道，主要分布在内蒙古、甘肃、黑龙江等马铃薯生产省（自治区）。云南省是马铃薯生产大省之一，有关马铃薯黑痣病的危害未见报道。通过对云南省滇西地区的香格里拉县、丽江市和剑川县进行大田植株和收获时薯块危害发生情况调查，明确该地区的病害发生情况是必要的。

5.2.8.1 试验材料及方法

（1）材料

调查马铃薯品种有'滇薯6号''合作88''丽薯6号''丽薯7号''中甸红''爱德53''云薯301''剑川红''云薯505''5682-S04'等。

（2）试验方法

1）马铃薯立枯丝核菌大田植株调查。选择有代表性地区的不同品种进行大田五点采样，每点取 20 株，对植株基部离地 3 厘米处进行症状观察，统计发病株数，计算发病率。

2）马铃薯黑痣病大田薯块调查。选择有代表性地区的不品种进行大田五点采样，每点取 20 株，挖出薯块，观察马铃薯黑痣病的发病情况，并统计总薯数和总发病薯数，计算发病率。

5.2.8.2 结果与分析

（1）症状特点

1）大田症状特点。立枯丝核菌在土壤中存活，在适合的条件下，首先在根茎部生长，使植株的根茎部出现变黑，表皮部坏死而内凹进去（图 5-18A），随着病情加重，根部出现腐烂（图 5-18B），由于植株长时间受到根部营养和水分供应不足或病原菌代谢物的影响，茎基部会出现气生薯（图 5-18C），近地面基部表皮变成红褐色，茎节膨大，茎基部周围变黑而表皮腐烂（图 5-18D）。当大田温度低湿度大时，病株茎基部表面着生一层白色霉状物（图 5-18E），然后就会顺着主茎生长上去（图 5-18F），该霉状物容易脱落。

图 5-18　立枯丝核菌危害症状
A. 地下主茎坏死；B. 根部腐烂；C. 气生薯；D. 茎节膨大；E. 基部霉状物；F. 主茎感染

2）薯块症状特点。随着马铃薯立枯丝核菌发病时间延长，马铃薯生长受到影响，薯块发育受到抑制，茎基部周围的土壤被马铃薯黑痣病的菌核所凝固（图 5-19A）。薯块受到感染，表面出现黑色菌核，轻度感染的薯块菌核比较少而淡（图 5-19B），不容易发现，和泥土的颜色差不多，通过清洗可清楚地看到菌核。发病稍重薯块表面会出现大量的菌核，颜色比较明显（图 5-19C）。感染较重的薯块，菌核布满表皮，颜色突出，薯块部分表皮因受侵染而造成破裂、锈斑和末端坏死、薯块龟裂、变绿、畸形（图 5-19D）。

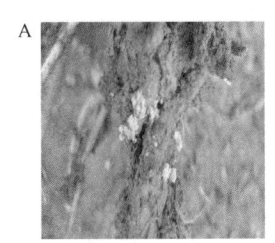

图 5-19　发病薯块症状
A. 土壤中的菌核；B. 薯块轻度感染；C. 薯块稍重感染；D. 薯块较重感染

（2）立枯丝核菌病大田危害情况

调查了滇西地区的玉龙县、香格里拉县和剑川县大田立枯丝核菌病发生和危害情况，结果表明：发病率最高的在香格里拉县发病率在 3.3%～23.3%，平均发病率为 12.83%。其中，马铃薯品种'中甸红'发病率为 13.3%～23.3%，平均发病率为 15.53%。'滇薯 6 号'发病率为 13.3%。'云薯 301'发病率为 10%。'爱德 53 发'病率为 3.3%～16.7%，平均发病率为 7.78%。未知品种发病率为 6.7%～23.3%，平均发病率为 12.77%（表 5-30）。玉龙县立枯丝核菌病发病率为 6.7%～13.3%，平均发病率为 11.25%。其中'丽薯 7 号'发病率为 13.3%，'丽薯 6 号'发病率为 6.7%～11.7%，平均发病率为 9.2%（表 5-31）。剑川县立枯丝核菌病发病率为 7.8%～20%，平均发病率为 12.8%。其中'滇薯 6 号'发病率为 10%。'合作 88'发病率为 7.8%～20%，平均发病率为 12.6%。'丽薯 6 号'发病率为 10%。'剑川红'发病率为 20%。未知品种发病率为 10.8%～15%，平均发病率为 12.3%（表 5-32）。

表 5-30　香格里拉县马铃薯立枯丝核菌病大田发生情况

调查地点	调查时间	品种	调查点数（块）	总株数（个）	发病数（个）	发病率（%）
哈木谷村	2012.07.08	中甸红	1	30	4	13.3
小中甸联合村	2012.07.08	中甸红	1	60	12	20
小中甸联合村	2012.07.08	未知	1	30	7	23.3
哈木谷村	2012.07.08	中甸红	1	60	14	23.3
小中甸联合村	2012.07.08	滇薯 6 号	1	30	4	13.3
小中甸联合村	2012.07.08	云薯 301	1	60	6	10
小中甸联合村	2012.07.08	爱德 53	1	30	1	3.3
小中甸联合村	2012.07.08	爱德 53	1	60	2	3.3
小中甸联合村	2012.07.08	未知	1	60	4	6.7
小中甸联合村	2012.07.08	未知	1	60	5	8.3
小中甸联合村	2012.07.08	爱德 53	1	90	15	16.7
平均						12.83

表 5-31　玉龙县马铃薯立枯丝核菌病大田发生情况

调查地点	调查时间	品种	调查点数（块）	总株数（个）	发病数（个）	发病率（%）
玉龙县太安乡	2012.07.07	丽薯 7 号	1	60	8	13.3
玉龙县太安乡	2012.07.06	丽薯 6 号	1	30	2	6.7
玉龙县太安乡	2012.07.07	丽薯 6 号	1	60	7	11.7
平均						11.25

表 5-32　剑川县马铃薯立枯丝核病大田发生情况

调查地点	调查时间	品种	调查点数（块）	总株数（个）	发病数（个）	发病率（%）
镇上关甸村	2012.07.09	未知	1	90	10	11.1
南镇上关甸村	2012.07.09	滇薯6号	1	30	3	10
南镇上关甸村	2012.07.10	合作88	1	90	7	7.8
南镇上关甸村	2012.07.10	未知	1	120	13	10.8
金华镇庆华村	2012.07.09	合作88	1	30	3	10
金华镇庆华村	2012.07.09	丽薯6号	1	90	12	13.3
金花镇庆华村	2012.07.09	合作88	1	60	12	20
甸南镇上关甸村	2012.07.09	未知	1	60	9	15
甸南镇上关甸村	2012.07.09	滇薯6号	1	30	3	10
金花镇庆华村	2012.07.09	剑川红	1	30	6	20
平均						12.8

（3）马铃薯黑痣病发病情况

调查得出：香格里拉县黑痣病发病率为 2.3%～33.3%，平均发病率为 16.33%。其中'中甸红'发病率为 13.9%～31.2%，平均发病率为 20.33%。'合作88'发病率为 10.9%～14.7%，平均发病率为 12.8%。'爱德53'发病率为 2.3%～20%，平均发病率为 11.15%。'滇薯6号'发病率为 33.3%。'5682-S04'发病率为 10.4%。'丽薯6号'发病率为 27%。'丽薯7号'发病率为 6.7%。'云薯505'发病率为 2.7%。'云薯301'发病率为 23.2%（表 5-33）。玉龙县发病率为 2.5%～50%，平均发病率为 31.53%。其中'丽薯6号'发病率为 2.5%～50%，平均发病率为 26.88%。'丽薯7号'发病率为 10.4%～25%，平均发病率为 17.7%。'合作88'发病率为 50%（表 5-34）。

（4）马铃薯主栽品种立枯丝核病（黑痣病）的发生情况

通过对滇西马铃薯主产县的品种调查，得出：平均发病率为 15.19%。发病率最高的品种为'合作88'，发病率达到 25.23%，其次是'中甸红'，发病率达到 19.63%，最低为'云薯505'，发病率为 2.7%（表 5-35）。

表 5-33　香格里拉县马铃薯黑痣病大田薯块危害情况

采样地点	采样时间	品种	调查点数（块）	总薯数（个）	发病数（个）	发病率（%）
建塘哈木谷尼史村	2012.09.19	中甸红	1	125	20	16
建塘哈木谷尼史村	2012.09.19	合作88	1	150	22	14.7
建塘布伦村	2012.09.19	中甸红	1	144	20	13.9

续表

采样地点	采样时间	品种	调查点数（块）	总薯数（个）	发病数（个）	发病率（%）
建塘哈木谷村	2012.09.19	合作 88	1	156	17	10.9
建塘小中甸联合村塘安和小组	2012.09.20	爱德 53	1	200	40	20
建塘小中甸联合村	2012.09.20	滇薯 6 号	1	99	33	33.3
建塘联合村	2012.09.20	5682-S04	1	297	31	10.4
建塘联合村	2012.09.20	中甸红	1	77	24	31.2
建塘联合村	2012.09.20	丽薯 6 号	1	111	30	27
建塘联合村	2012.09.20	丽薯 7 号	1	299	20	6.7
建塘联合村	2012.09.20	云薯 505	1	300	8	2.7
建塘小中甸联合村碧古小组	2012.09.20	爱德 53	1	430	10	2.3
建塘唐安谷村	2012.09.20	云薯 301	1	327	76	23.2
平均						16.33

表 5-34　玉龙县马铃薯黑痣病大田薯块危害情况

采样地点	采样时间	品种	调查点数（块）	总薯数（个）	发病薯数（个）	发病率（%）
太安乡一社	2012.10.13	丽薯 6 号	1	40	12	30
太安乡一社	2012.10.13	丽薯 6 号	1	70	8	11.4
太安乡一社	2012.10.13	丽薯 7 号	1	40	10	25
太安乡一社	2012.10.13	丽薯 6 号	1	50	25	50
汝寒平村	2012.10.13	丽薯 6 号	1	40	1	2.5
汝寒平村	2012.10.13	合作 88	1	40	20	50
天红村 3 组	2012.10.13	丽薯 6 号	1	43	19	44.2
天红村 1 组	2012.10.13	丽薯 6 号	1	55	23	41.8
天红村花音	2012.10.13	丽薯 6 号	1	50	7	14
天红村花音	2012.10.13	丽薯 7 号	1	48	5	10.4
太安村三社	2012.10.13	丽薯 6 号	1	40	10	25
太安村六社	2012.10.13	丽薯 6 号	1	52	12	23.1
平均						31.53

表 5-35 滇西马铃薯主栽品种立枯丝核病（黑痣病）发生情况

品种	玉龙县发病率（%）		香格里拉县发病率（%）		剑川县发病率（%）		平均发病率（%）
	大田	薯块	大田	薯块	大田	薯块	
丽薯 6 号	9.2	26.89	—	27	13.3	—	19.1
丽薯 7 号	13.3	17.7	—	6.7	—	—	12.57
合作 88	—	50	—	12.8	—	—	25.23
剑川红	—	—	—	—	—	—	20
中甸红	—	—	18.89	20.36	—	—	19.63
滇薯 6 号	—	—	13.3	33.3	—	—	18.87
云薯 301	—	—	10	23.2	—	—	16.6
云薯 505	—	—	—	2.7	—	—	2.7
爱德 53	—	—	7.78	11.15	—	—	9.46
5682-S04	—	—	—	10.4	—	—	10.4
未知	—	—	12.78	—	12.3	—	12.54
平均	—	—	—	—	—	—	15.19

注："—"表示未发病或当地未种植该品种

5.2.8.3 结论

通过病害发生调查，云南滇西地区有马铃薯立枯丝核病（黑痣病）的发生。玉龙县马铃薯立枯丝核菌大田发病率为 11.25%，薯块黑痣病发病率为 31.53%，平均发病率为 21.39%。香格里拉县的马铃薯立枯丝核菌大田发病率为 12.83%，薯块黑痣病发病率为 16.33%。平均发病率为 14.58%。剑川县的马铃薯发病率为 12.8%。因此，玉龙县发病率最高，其次是香格里拉县，最低是剑川县。滇西马铃薯主产的三个主产县，立枯丝核菌病平均发病率为 15.19%。发病率最高的品种为'合作 88'，发病率达到 25.23%，其次是'中甸红'，发病率达到 19.63%，最低为'云薯 505'，发病率为 2.7%。

5.2.8.4 评价

马铃薯黑痣病的流行首先是有菌源存在，很少轮作或不轮作的土地，立枯丝核菌的存活数量会加大，使用带菌种薯是主要的初侵染来源。其次是环境条件，较低的土壤温度和较高的土壤湿度，有利于立枯丝核菌的侵染，种薯幼芽生长慢，在土中埋的时间长，增加了病菌的侵染机会。薯块膨大后土壤湿度太大，特别是排水不良，新薯块上的菌核（黑痣）形成会加重。

在云南省滇西地区，由于特殊的地理环境和气候条件，为马铃薯黑痣病的发生提供了必要的条件，海拔的高低、温度的变化、轮作特点和品种的选择，都会影响病害的发生。香格里拉县、玉龙县和剑川县的危害情况不同。香格里拉县由于海拔较高，常年温度低，土壤湿度较大，当地的种植规模和环境与其他地区有所不同，常年以种植马铃薯和青稞为主，作物种类相对单一，马铃薯品种的选择没有多样化，一直采用一些老品种等。导致马铃薯立枯丝核菌常年在土地中存在。而剑川县和玉龙县随着海拔的降低，地理环境也随之不同，玉龙县以油菜和马铃薯为主要产业，农民传统将马铃薯和油菜轮作，但轮作间隔时间有限，立枯丝核病的危害依然存在，病原菌在土壤中长期保留，不容易完全铲除。剑川县马铃薯种植模式相对比较原始，品种老化，使马铃薯黑痣病没有得到有效的控制，危害无法根治。

因此云南滇西马铃薯主产的三个县气候条件适合该菌的繁殖和生长，只有采用科学的方法，尝试使用新品种，放弃传统的种植模式，才能有效控制病害的发生。建议：①及时更替生产用种，用高级别种薯替换农家自留种；②油菜和马铃薯轮作环节中，油菜或马铃薯收获后加种一季绿肥；③用高垄单行或高垄双行模式代替传统种植模式。

5.2.9 病害防控技术及案例

马铃薯病害的防控遵循我国的植保方针。1975年我国提出"预防为主，综合防治"的植保方针，以农业防治为基础，因地制宜，合理运用化学防治、生物防治、物理防治等措施，兼治多种有害生物。1986年将"综合防治"进一步解释为："综合防治是对有害生物进行科学管理的体系，从农业生态系统总体出发，根据有害生物与环境之间的相互关系，充分发挥自然控制的作用，因地制宜地协调应用必要的措施，将有害生物控制在经济受害允许水平之下，以获得最佳的经济、生态和社会效益"。该定义与国际上常用的有害生物综合治理的内涵一致。

植物病害的控制途径是综合的，有多条途径，按照其作用原理可分为：回避、杜绝、铲除、保护、抵抗和治疗。防治病害可以从三个侧面（病原、寄主和环境条件）、四道防线（拒绝、免疫、保护和治疗）中采用多个措施与方法，并在一定情况下采取回避方式。每个防治途径又可发展出许多防治方法和防治技术，分属于植物检疫、农业防治、抗病性利用、生物防治、物理防治和化学防治等不同领域。

5.2.9.1 马铃薯真菌及卵菌病害防控技术案例

由植物病原真菌（含卵菌）引起的病害，占植物病害的70%～80%。一种作物上可发生几种甚至几十种真菌病害。危害马铃薯的主要病害有晚疫病、早疫病、粉痂病、枯萎病等。

（1）案例一

试验案例名称：云南省马铃薯粉痂病大田防控技术案例。

试验时间：2015年。

试验设计及执行人：杨艳丽、石玉珍、刘霞、胡先奇。

试验背景：马铃薯粉痂病是由马铃薯粉痂菌引起的卵菌病害，主要危害块茎和根部，有时茎也可染病。马铃薯粉痂菌以休眠孢子囊在种薯内或随病残物遗落土壤中越冬，病薯和病土成为翌年马铃薯粉痂病的初侵染源，病害的远距离传播靠种薯调运；田间近距离的传播则靠病土、病肥、灌溉水等。目前针对马铃薯粉痂病主要采用化学防治，但防治难度大，Nattras 发现用有机汞杀菌剂能避免粉痂病的侵染；Bhattacharyya 和 Raj 在田间试验结果表明，甲基-乙基氯化汞、萎绣灵和呋甲硫菌灵对粉痂病的防治效果最好；Parker 报道用氧化锌和代森锰的混合物处理种薯对于防治粉痂病有潜在的作用；Braithwaite、Falloon 等报道，用甲醛、代森锰锌、扶吉胺、氧化锌、氧化铜混合物处理种薯，子代马铃薯粉痂病的发病率大大降低；Nachmias 和 Krikum 利用甲基溴化物进行土壤熏蒸和将威百亩加入到灌溉水中取得了很好的防效；Sands 和 Atwood 建议用甲醛或者硫酸铜对所有与薯块接触的工具和容器进行消毒。本研究采用辣根素、多肽保、红土运、菊花杆 4 种物质，分别在寻甸县和剑川县进行马铃薯粉痂病的大田防控试验，以期获得对该病害防控较好的物质。

1）材料与方法。

供试材料：供试马铃薯品种为'青薯9号''合作88'。供试材料见表 5-36。

表 5-36 供试材料

编号	商品名称	提供者	有效成分	含量剂型
A	辣根素	中国农业大学	20%辣根素	水乳剂
B	多肽保	昆明保腾生化技术有限公司	青霉菌灭活菌丝体	
C	红土运	昆明保腾生化技术有限公司		
D	菊花杆	大田自制		

试验地点：云南省寻甸县六哨乡，海拔 2400 米，土壤为红砂壤；剑川县庆华乡，海拔 2200 米，土壤为红壤。

试验方法：试验设 5 个处理（表 5-37），3 次重复，共计 15 个小区。采用间比设计，小区面积 47.25 平方米，每小区种马铃薯 200 株（20 株/行，10 行，株距 50 厘米，行距 50 厘米），重复间距为 100 厘米，小区间距 40 厘米，四周设保护行。

表 5-37 试验处理

编号	药剂	处理浓度及方法
处理 A	20%辣根素水乳剂	马铃薯播种前，开沟，沟内土壤表面泼洒，A 药剂 355 毫升，兑水 45 升（按照每亩用药 5 升计），盖膜 7 天，揭膜后播种，株距 50 厘米，行距 50 厘米
处理 B	多肽保	马铃薯播种前，开沟，洒水后，将 B 菌肥 425.2 克拌细土后均匀撒施（6 千克/亩），播种，株距 50 厘米，行距 50 厘米
处理 C	红土运	马铃薯播种前，将 C 菌肥 5.67 千克均匀撒施（80 千克/亩），播种，株距 50 厘米，行距 50 厘米
处理 D	菊花杆	马铃薯播种前，每小区均匀撒施 C 菌肥 4.251 千克（60 千克/亩）后混土 20 厘米，开沟播种，株距 50 厘米，行距 50 厘米
处理 E	空白对照（CK）	该小区按照云南马铃薯传统栽培习惯管理，不添加任何药剂，马铃薯单垄种植，株距 50 厘米，行距 50 厘米

注：所有处理如浇水、追肥等管理与常规生产相同

调查方法：马铃薯收获后调查各小区马铃薯发病率及对各小区进行测产并计算防治效果。用新复极差法对各处理进行差异性显著分析。

发病率=发病薯数/调查总薯数×100%

防治效果=（对照区发病率−处理区发病率）/对照区发病率×100%

增产率=（处理区马铃薯产量−对照区马铃薯总产量）/对照区马铃薯总产量×100%

2) 结果与分析。

供试材料对马铃薯生长的影响：试验期间，马铃薯出苗、生长以及薯块均正常，因此可以确定供试材料对马铃薯的生长没有影响。

寻甸县马铃薯粉痂病大田防控试验：方差分析表明供试的4个处理的薯块发病率间没有显著差异性，但4个处理对粉痂病都有一定的防治效果，分别为9.09%、8.32%、12.13%、10.59%（表5-38）。其中，防治效果最好的是处理C，即播种前均匀撒施红土运，其次是处理D，即播种前均匀撒施菊花杆，处理B，即播种前开沟洒水，用多肽保拌土撒施效果最不明显。

剑川县马铃薯粉痂病大田防控试验：方差分析表明，处理后薯块发病率没有显著性差异，但4个处理均有一定防效，分别为21.59%、13.82%、8.81%、9.07%（表5-39）。其中，处理A即播种前开沟洒20%辣根素水乳剂对马铃薯粉痂病的防治效果最好，其次是处理B，即播种前开沟洒水，用多肽保拌土撒施，而处理C，即播种前均匀撒施红土运效果最不明显。

表 5-38　寻甸县试验点不同药剂对马铃薯粉痂病的防治效果

处理	各小区出苗率（%）			平均出苗率（%）	差异显著性		防治效果（%）
	I	II	III		0.05	0.01	
A	15.5	25	19.5	20	a	A	9.09
B	26	18	16.5	20.17	a	A	8.32
C	18.5	18.5	21	19.33	a	A	12.13
D	16	20	23	19.67	a	A	10.59
CK	18.5	25	22.5	22	a	A	

注：$F = 0.218$

表 5-39　剑川县试验点不同药剂对马铃薯粉痂病的防治效果

处理	各小区出苗率（%）			平均出苗率（%）	差异显著性		防治效果（%）
	I	II	III		0.05	0.01	
A	39	45	42	42.00	a	A	21.59
B	52	38	40	43.33	a	A	13.82
C	38	50	48	45.33	a	A	8.81
D	37	52	46	45.00	a	A	9.07
CK	52	43	57	50.67	a	A	

注：$F = 0.76$

不同处理对马铃薯产量的影响：从表 5-40 和表 5-41 中可以看出，各处理的平均产量差异不显著。其中，寻甸县试验点各处理产量均比对照减少。剑川县试验点，处理 D 即菊花杆撒施的增产率最高，为 6.27%，其次是处理 A 即 20%辣根素泼洒，为 5.13%，其他两个处理产量较对照低。

表 5-40　寻甸县试验点不同处理对马铃薯产量的影响

处理	各小区产量（千克）			平均产量（千克）	差异显著性		增产率（%）
	I	II	III		0.05	0.01	
A	243	274.5	274	263.83	a	A	-6.96
B	264	271	230	255.00	a	A	-10.08
C	295	251	283	276.33	a	A	-2.55
D	281.5	284	264	276.50	a	A	-2.49
CK	299.2	284.5	267	283.57	a	A	

注：$F = 1.54$

表 5-41　剑川县试验点不同处理对马铃薯产量的影响

处理	各小区产量（千克）			平均产量（千克）	差异显著性		增产率（%）
	I	II	III		0.05	0.01	
A	115.3	105	111.6	110.6	a	A	5.13
B	110.8	95.6	108.4	104.9	a	A	-0.03
C	81.3	113.7	87.1	94.0	a	A	-10.6
D	117.8	109.1	108.6	111.8	a	A	6.27
CK	99.4	107.1	109.1	105.2	a	A	

注：$F = 1.67$

3）结论。大田试验表明 4 种供试材料对马铃薯粉痂病有不同的防治效果。寻甸县试验点，播种前均匀撒施红土运防效最好，防治效果为 12.13%。在剑川试验中，播种前 20%辣根素处理土壤对马铃薯粉痂病有较好的防效，防治效果为 21.59%，并可增产 5.13%。马铃薯播种前用 20%辣根素处理土壤在寻甸和剑川都有较好的防效。

4）评价。马铃薯粉痂病是较为严重的土传病害，尽管前人使用了多种防控方法，但效果均不理想。本试验所选用的 4 种材料均对马铃粉痂病防治有一定的作用，试验表明：不同药剂处理的防效、产量不同。

在寻甸县防控试验中，4 种材料处理都没有增产作用，播种前均匀撒施红土运防治效果最好，但在剑川试验中效果最不理想，这可能与寻甸和剑川两地的气候条件、栽培管理措施以及使用的马铃薯品种有一定的关系，还需要进一步的试验验证。

在剑川县试验中播种前菊花杆混土可增产 6.27%，但防治效果仅为 9.07%，而 20%辣根素处理可增产 5.13%，防治效果达到 21.59%，且在寻甸县也有一定的防治效果，这说明 20%辣根素对马铃薯粉痂病的防控有很大的研究空间，需要我们改进试验方案进一步验证。

（2）案例二

试验案例名称：6 种杀菌剂对马铃薯粉痂病的温室防治试验技术案例。

试验时间：2015 年。

试验设计及执行人：刘霞、刘建碧、杨艳丽、胡先奇。

试验背景：马铃薯粉痂病具有土传和种传特点，其休眠孢子能在土壤中长期存活，并对环境适应能力较强杀菌剂对其作用极小。仅有甲醛和磺菌胺能有效降低粉痂病的发生程度。杨艳丽等研究表明种植抗病品种和穴施豆饼可降低马铃薯粉痂病的发病程度。近年来随着马铃薯产业的发展、感病品种的大面积种植和轮作减少，马铃薯粉痂病的发生日益严重。本实验室调查发现该病在云南省发生和分布十分普遍。由于粉痂病菌尚不能进行人工培养，在温室利用盆栽试验筛选对该病害防治效果较好的药剂十分必要。

1）材料与方法。

A. 供试的作物品种和材料。

供试品种：'合作 88'，种薯级别为原原种。

供试菌源：马铃薯粉痂病菌来自采集的病薯。

供试土壤：红壤生土（未种植过任何作物）。

供试药剂商品名称、有效成分、含量剂型等，见表 5-42。

B. 方法。

试验采用温室盆栽法。每一种药剂设置 2 个浓度，共设置 13 个处理（表 5-43），每个处理设置 3 个重复，每个重复种植 6 株马铃薯，每盆播种 1 个薯块。规格为：盆高 32.0 厘米，直径 32.0 厘米。

接种方法：用经消毒的刀削下带菌薯块的薯皮，加少量水用搅拌机打碎，检测孢子囊悬浮液浓度，约为 8000 个孢子囊/毫升，每盆接种 100.0 毫升，与生土拌匀，装入盆中。

施药方法：共施药 2 次。第 1 次于播前进行拌土，每个花盆中土的用量按照近似圆柱体来计算，为（0.32 米×0.32 米×3.141×0.32 米）/4 = 0.025 立方米，以处理 2 为例，每立方米含 50%氟啶胺 6.0 毫升，3 次重复。20 盆×0.025 立方米，则土壤用量为 0.5 立方米，使用药剂 3.0 毫升，相应的使用水为 300.0 毫升×20 = 6.0 升，即 3.0 毫升药剂添加到 6 升水中，之后每盆土在播种前灌 300.0 毫升药液。第 2 次于现蕾期进行灌根，药剂计算同上，每盆灌药液 300.0 毫升。所有处理如浇水、追肥等管理与常规生产相同。两次施药量（表 5-43）。

表 5-42 供试药剂

编号	商品名称	生产单位	有效成分	含量剂型
1	福帅得	日本石原产业株式会社北京代表处	50%氟啶胺	悬浮剂
2	金雷	先正达公司	68%代森锰锌·精甲霜灵	水分散粒剂

续表

编号	商品名称	生产单位	有效成分	含量剂型
3	阿米妙收	先正达公司	325克/升苯醚甲环唑·嘧菌酯	悬浮剂
4	阿米多彩	先正达公司	56克/升百菌·嘧菌酯	悬浮剂
5	杀毒矾	先正达公司	64%噁霜灵·代森锰锌	可湿性粉剂
6	瑞镇	先正达公司	50%嘧菌环胺	水分散粒剂
7	CK		自来水	

表 5-43 供试药剂及用量

处理	药剂	制剂用量（克/米³或毫升/米³）	有效成分用量（克/米³或毫升/米³）
1	用带菌土播种，不作任何处理	0	.0
2	用带菌土播种，加50%氟啶胺拌带菌土播种	6.0	3.0
3	用带菌土播种，加50%氟啶胺拌带菌土播种	12.0	6.0
4	用带菌土播种，加68%代森锰锌·精甲霜灵拌带菌土播种	70.0	45.0
5	用带菌土播种，加68%代森锰锌·精甲霜灵拌带菌土播种	94.0	60.0
6	用带菌土播种，加325克/升苯醚甲环唑·嘧菌酯拌带菌土播种	31.0	10.0
7	用带菌土播种，加325克/升苯醚甲环唑·嘧菌酯拌带菌土播种	62.0	20.0
8	用带菌土播种，加56克/升百菌·嘧菌酯拌带菌土播种	36.0	20.0
9	用带菌土播种，加56克/升百菌·嘧菌酯拌带菌土播种	71.0	40.0
10	用带菌土播种，加64%噁霜灵·代森锰锌拌带菌土播种	80.0	45.0
11	用带菌土播种，加64%噁霜灵·代森锰锌拌带菌土播种	107.0	60.0
12	用带菌土播种，加50%嘧菌环胺拌带菌土播种	20.0	10.0
13	用带菌土播种，加50%嘧菌环胺拌带菌土播种	30.0	15.0

调查方法及计算公式：记录出苗时间、花期株高、病级及产量，计算粉痂病发病率、病情指数、增产率以及相对防效。

病级按照欧洲 6 级标准调查（图 5-20）。马铃薯粉痂病病级标准分为 6 级。病斑面积占薯块表面面积 1%～2%为 1 级；病斑面积占薯块表面面积 2.1%～5%为 2 级；病斑面积占薯块表面面积 5.1%～10%为 3 级；病斑面积占薯块表面面积 10.1%～25%为 4 级；病斑面积占薯块表面面积 25.1%～50%为 5 级；病斑面积占薯块表面面积大于 50%为 6 级。

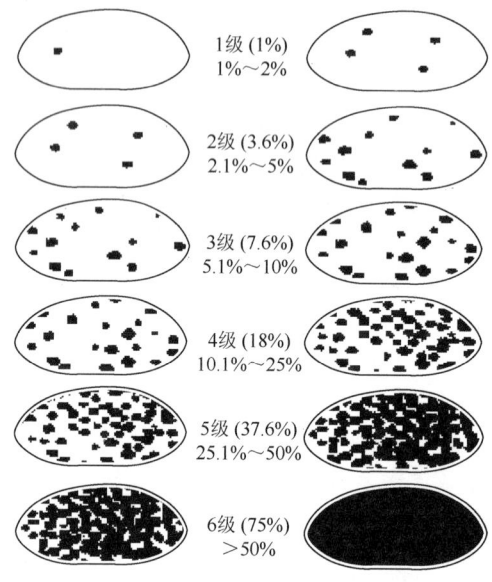

图 5-20　马铃薯粉痂病病级标准

发病率=发病薯数/调查总薯数×100%

增产率=(处理马铃薯产量−对照马铃薯总产量)/对照马铃薯总产量×100%

病情指数=Σ(各级病薯块数×相对级数值)/(调查总薯块数×最高级)×100

防效=(对照区病情指数−处理区病情指数)/对照区病情指数×100%

2）结果与分析。

A. 不同处理对出苗、花期株高及产量的影响。

各药剂处理对马铃薯'合作 88'的出苗均没有影响。处理 4 和 5 马铃薯花期的株高极显著高于处理 1，株高分别为 110.90 厘米、107.50 厘米；处理 2 和 3 马铃薯花期的株高与对照没有明显的差异，其他处理都低于对照，其中处理 10 和 11 马铃薯花期株高仅为 58.51 厘米和 57.93 厘米。

在产量方面，处理 4 和 5 较对照增产分别为 23.97%、14.33%。其他处理导致不同程度的产量降低，其中处理 6 和 7 减产最严重，分别减产 66.8%和 83.75%（表 5-44）。

表 5-44　不同药剂处理对马铃薯生长的影响

处理	齐苗时间	花期株高（厘米）	产量（千克）	增产率（%）
1	2015.4.1	90.84±3.77BCb	2.40±1.32Cc	—
2	2015.4.1	89.25±3.66Bbc	1.80±1.23Ee	−27.55
3	2015.4.1	92.25±4.46Bb	2.35±1.58Cc	−0.83

续表

处理	齐苗时间	花期株高（厘米）	产量（千克）	增产率（%）
4	2015.4.1	110.90±5.08Aa	3.00±2.24Aa	23.97
5	2015.4.1	107.50±4.74Aa	2.70±2.36Bb	14.33
6	2015.4.8	60.67±3.14Ffg	0.80±1.10Hh	−66.80
7	2015.4.8	70.55±2.88Ee	0.38±1.12Ii	−83.75
8	2015.4.8	85.90±4.09CDcd	1.26±1.16Gg	−47.93
9	2015.4.8	82.75±4.87Dd	1.08±2.16Hh	−55.10
10	2015.4.8	58.51±3.37Fg	2.09±3.60Dd	−12.67
11	2015.4.8	57.93±3.40Fg	1.88±1.27Ee	−23.69
12	2015.4.8	61.46±5.57Ffg	1.47±1.09Ff	−39.39
13	2015.4.8	63.09±3.15Fg	1.56±2.72Ff	−35.54

注：不同小写和大写字母分别表示 0.05 和 0.01 显著水平

B. 不同药剂对马铃薯粉痂病的相对防效。

根据调查薯块发病病级，计算发病率、平均病指、相对防治效果并采用邓肯氏新复极差法进行分析。

方差分析表明，处理 2、3、4 和 10 与对照相比在 0.05 水平上无显著差异，处理 5、6、7、8、9、11、12、13 与对照相比在 0.05 和 0.01 水平上有显著差异，因此，325 克/升苯醚甲环唑·嘧菌酯、56 克/升百菌·嘧菌酯和 50%嘧菌环胺对马铃薯粉痂病有较好的防治效果，相对防效在 60.28%~80.14%。而 64%噁霜灵·代森锰锌两个不同浓度出现了不同的防效（表 5-45）。

表 5-45　不同药剂对马铃薯粉痂病的相对防治效果

处理	发病率（%）	平均病指	防治效果（%）
1	67.00	8.46±0.15Aa	—
3	63.13	8.10±0.32Aab	4.26
2	72.26	7.86±0.28ABab	7.09
10	59.46	7.20±0.69ABab	14.89
4	63.00	7.20±0.43ABab	14.89
5	63.38	6.48±0.32Bb	23.40
11	52.25	4.80±0.39Cc	43.26
9	35.42	3.36±0.6Dcd	60.28
8	41.23	3.24±0.42Dcd	61.70
7	29.01	2.58±0.31EDd	69.50
13	25.16	2.16±0.10EDd	74.47
6	20.31	1.70±0.19EDd	79.91
12	17.07	1.68±0.30Ed	80.14

在研究的过程中发现，325 克/升苯醚甲环唑·嘧菌酯悬浮剂、50%嘧菌环胺水分散粒剂处理后，收获的马铃薯薯块出现薯皮变黑变粗糙的现象，分析认为在现蕾期第二次灌根施药，恰好为薯块的膨大期，可能对薯皮的形成造成影响，也可能是药剂的浓度较高造成。建议更换施药方法和浓度，再次进行验证。560 克/升百菌清·嘧菌酯悬浮剂（71.0 毫升/米^3）也出现了部分薯皮变色，但 560 克/升百菌清·嘧菌酯悬浮剂（36.0 毫升/米^3）不存在这种现象，推断是浓度高造成的。

供试的 6 种杀菌剂均对马铃薯粉痂病具有一定的防治效果，50%嘧菌环胺水分散粒剂、325 克/升苯醚甲环唑·嘧菌酯悬浮剂和 56 克/升百菌·嘧菌酯悬浮剂的防效均高于 60.00%，其中 50%嘧菌环胺水分散粒剂（20.0 克/米^3）防治效果最佳，防效为 80.14%。各处理对马铃薯品种'合作 88'的出苗没有影响；50%氟啶胺悬浮剂（12.0 克/米^3）和 68%代森锰锌·精甲霜灵水分散粒剂（70.0 克/米^3，94.0 克/米^3）都对株高具有明显的促进作用。供试药剂除 68%代森锰锌·精甲霜灵水分散粒剂外均导致产量降低，其中 325 克/升苯醚甲环唑·嘧菌酯悬浮剂（31.0 毫升/米^3，62.0 毫升/米^3）对产量影响较大，减产分别为 66.80% 和 83.25%。

3）结论。本次试验表明各个处理对马铃薯品种'合作 88'的出苗均没有影响，但对马铃薯花期株高、产量有不同的影响，68%代森锰锌·精甲霜灵水分散粒剂对马铃薯花期的株高有明显的促进作用，在产量上也有一定的增产作用，但是防治效果不理想。50%嘧菌环胺水分散粒剂对马铃薯花期的株高没有明显的影响，防治效果最佳（80.14%）而产量减少 35.00%左右。325 克/升苯醚甲环唑·嘧菌酯和 560 克/升百菌清·嘧菌酯有较好的防效，但减产达 50.00%左右。因此综合产量、病情指数和相对防效考虑，供试的 6 种药剂不适合用于防治马铃薯粉痂病。

4）评价。马铃薯粉痂病病原菌不产生菌丝，至今无法在人工培养基上进行培养，而且针对该病害的防控研究相对滞后，目前尚未发现对该病害防治效果较好的药剂。本研究选用的 6 种药剂对马铃薯粉痂病进行盆栽防控试验，结果表明，50%嘧菌环胺水分散粒剂的防治效果明显，防效分别为 80.14%和 74.47%。嘧菌环胺为嘧啶胺类内吸性杀菌剂，主要使用于病原真菌的侵入期和菌丝生长期，通过抑制蛋氨酸的生物合成和水解酶的生物活性，导致病菌死亡，嘧菌环胺可迅速被植物叶片吸收，具有较好的保护性和治疗活性，可防治多种作物的灰霉病。金春梅等利用 50%嘧菌环胺水分散粒剂开展了番茄灰霉病田间药效试验，防治效果明显。沈迎春研究了嘧菌环胺对葡萄灰霉病的防治研究，结果表明，50%嘧菌环胺水分散粒剂 125～200 毫克/千克防治葡萄灰霉病效果显著。侯珲等研究发现，50%嘧菌环胺水分散粒剂对苹果斑点落叶病也有较好的防治效果。但目前未见在马铃薯粉痂病防治上的应用报道本试验首次明确嘧菌环胺对粉痂病菌有抑制作用。

5.2.9.2 细菌性病害防控技术案例

细菌性病害是由病原细菌侵染植物所致的病害，如软腐病、溃疡病、青枯病等。危害植物的细菌基本是杆状菌，大多数具有一至数根鞭毛，可通过自然孔口（气孔、皮孔、水孔等）和伤口侵入，借流水、雨水、昆虫等传播，在病残体、种子、土壤中过冬，在高温、高湿条件下容易发病。细菌性病害症状表现为萎蔫、腐烂、穿孔等。马铃薯细菌性病害有马铃薯青枯病、环腐病、黑胫病、疮痂病等。细菌病害一旦发生防控困难。

试验案例名称：马铃薯疮痂病大田防控试验。

试验时间：2015年。

试验设计及执行人：杨艳丽、冯蕊、刘霞、胡先奇。

试验背景：马铃薯疮痂病起初发病时因不影响产量而没有受到太大的关注。近年来马铃薯疮痂病严重发生，造成成熟薯块表面凹凸不平，病斑多样，严重时病斑连成一片，造成薯块品质下降，影响其商品性，市场竞争力下降，从而影响其经济价值。马铃薯疮痂病是由马铃薯疮痂链霉菌引起，目前报道引起马铃薯疮痂病的病原疮痂链霉菌至少有3种，现归于放线菌类，该菌为高等细菌、兼有真菌和细菌的特性。该病最早发现于德国，广泛分布世界主要马铃薯产区。云南近年来由于气候发生变化大，经常出现干旱和持续降雨，导致疮痂病发生日趋严重。本试验选用4种药剂，通过不同处理，筛选出最佳的药剂及使用方法来防治马铃薯疮痂病。

（1）试验材料及方法

1）供试作物品种或药剂。

供试马铃薯品种为'合作88'。

供试药剂商品名称、有效成分、含量剂型等（表5-46）。

表5-46 供试药剂

编号	商品名称	提供者	有效成分	含量剂型
1	辣根素	中国农业大学	20%辣根素	水乳剂
2	蔬得康	南京新果园生态农业科技有限公司	10亿/毫升芽孢杆菌	悬浮剂
3	福气多	日本石原产业株式会社北京代表处	10%噻唑膦	颗粒剂
4	呋喃丹	美国FMC公司	3%呋喃丹	颗粒剂

2）试验地点。云南省寻甸县甸沙乡。海拔1850米，土壤为红砂壤。

3）试验方法。试验设9个处理（表5-47），3次重复，共计27个小区，随机区组排列，每小区种马铃薯72株（9株/行，共8行，株距50厘米，行距50厘米），小区面积为17.6平方米，重复间距为100厘米，小区间距40厘米。所有处理如浇水、追肥等管理与常规生产相同。

表5-47 试验处理

编号	药剂	处理浓度及方式
处理1	20%辣根素水乳剂	马铃薯播种前土壤表面泼洒，20毫升兑水44升（按照每亩用药1升计），盖膜7天，揭膜后开沟单垄播种
处理2	20%辣根素水乳剂	马铃薯播种前，土壤表面泼洒，60毫升兑水44升（按照每亩用药3升计），盖膜7天，揭膜后开沟播种

续表

编号	药剂	处理浓度及方式
处理 3	20%辣根素水乳剂	马铃薯播种前，开沟，沟内土壤表面泼洒，100 毫升兑水 44 升（按照每亩用药 5 升计），盖膜 7 天，揭膜后播种
处理 4	蔬得康	马铃薯播种时，稀释 5 倍，马铃薯种薯薯块浸种 5 分钟，播种
处理 5	蔬得康	马铃薯出苗后，结合第一次培土，每小区取 0.48 升，兑水 43.4 升，灌根（每亩用药 18.18 升）
处理 6	蔬得康	马铃薯出苗后，结合第二次培土（封行前），每小区取 0.16 升，兑水 2.6 升，叶面喷雾（每亩用药 6.06 升）
处理 7	10%噻唑膦颗粒剂（福气多）	38 克（2 千克/亩用量），每小区均匀撒施后混土，开沟播种
处理 8	3%呋喃丹颗粒剂	57 克（3 千克/亩用量），拌细土或细的农家肥，播种时均匀施于塘内，并拌塘
处理 9	空白对照 CK	该小区按照云南马铃薯传统栽培习惯管理，不添加任何药剂，马铃薯单垄种植

4）调查方法。马铃薯出苗后，对出苗率进行调查。收获后调查各小区马铃薯发病率，对各小区进行测产并计算防治效果。用邓肯氏新复极差法对各处理进行差异性显著分析。

5）计算方法。

$$出苗率 = 出苗数/播种数 \times 100\%$$
$$发病率 = 发病薯数/调查总薯数 \times 100\%$$
$$防治效果 = (对照区发病率 - 处理区发病率)/对照区发病率 \times 100\%$$
$$增产率 = (处理区马铃薯产量 - 对照区马铃薯总产量)/对照区马铃薯总产量 \times 100\%$$

（2）结果与分析

1）马铃薯出苗情况。调查小区的出苗数与小区的总播种数即得各小区的出苗率，计算所得出苗率结果及采用邓肯氏新复极差法测定显著（表 5-48）。

处理 2 的马铃薯平均出苗率极显著高于处理 5、处理 8 和处理 7，显著高于处理 4 和处理 6；处理 1 和处理 3 的平均出苗率极显著高于处理 8 和处理 7；对照的平均出苗率极显著高于处理 7，显著高于处理 5、处理 8 和处理 7；处理 2、处理 3、处理 1 和对照差异不显著；处理 4、处理 6、处理 5 与处理 8 的马铃薯平均出苗率差异不显著。这说明 20%的辣根素水乳剂对马铃薯的出苗有一定的促进作用，其中 59 毫升的水乳剂兑水 44 升盖膜 7 天后开沟播种的平均出苗率最高。而蔬得康、10%噻唑膦颗粒剂（福气多）、3%呋喃丹颗粒剂处理的马铃薯平均出苗率均低于对照，说明这三种药剂对马铃薯出苗有一定的抑制作用，其中 10%噻唑膦颗粒剂（福气多）的影响最为明显，其马铃薯的平均出苗率仅为 57.40%。

表 5-48 药剂防治马铃薯疮痂病试验马铃薯出苗率

处理	各小区出苗率（%）			平均出苗率（%）	差异显著性	
	I	II	III		0.05	0.01
2	94.44	93.05	97.22	94.90	a	A
3	98.61	81.94	95.83	92.13	ab	A

续表

处理	各小区出苗率（%）			平均出苗率（%）	差异显著性	
	I	II	III		0.05	0.01
1	87.5	98.61	84.72	90.28	ab	AB
9（CK）	86.11	94.44	77.77	86.11	ab	ABC
4	75	86.11	65.27	75.46	bc	ABCD
6	81.94	68.05	76.38	75.46	bc	ABCD
5	86.11	57.1	58.33	67.18	cd	BCD
8	70.83	59.72	58.33	62.96	cd	CD
7	66.66	45.83	59.72	57.40	d	D

注：$F=6.301$

2）不同处理对疮痂病的防治效果。根据马铃薯块茎的发病率，计算各个处理的平均发病率，防治效果及采用新复极差法测定显著（表5-49）。

从表5-48中的方差分析可知，供试的9个处理的薯块发病率间没有显著差异性，但处理1、处理2、处理3、处理4、处理5、处理6、处理7和处理8相对于处理9（CK）都有一定的防治效果，其防效分别为31.73%、31.73%、26.15%、50.64%、55.10%、59.53%、33.45%、57.51%，其中用0.16升的蔬得康兑水2.6升对马铃薯苗进行叶面喷雾具有较好的防效达到59.53%，其次是辣根素、10%噻唑膦颗粒剂、3%呋喃丹颗粒剂对马铃薯疮痂病均有一定的防效。

表5-49 不同药剂对马铃薯疮痂病的防治效果

处理	各小区发病率（%）			平均发病率（%）	差异显著性		防治效果（%）
	I	II	III		0.05	0.01	
9（CK）	14.46	11.57	15.04	13.69	a	A	—
3	13.61	9.07	7.65	10.11	a	A	26.15
1	9.85	4.86	13.33	9.35	a	A	31.73
2	9.03	7.9	11.11	9.35	a	A	31.73
7	17.23	8.49	1.61	9.11	a	A	33.45
4	7.2	11.49	1.58	6.76	a	A	50.64
5	11.14	7.3	0	6.15	a	A	55.10
8	6.58	6.29	4.58	5.82	a	A	57.51
6	10	5.31	1.31	5.54	a	A	59.53

注：$F=1.095$

3）不同处理对马铃薯产量的影响。分别对各小区收获的马铃薯进行称重，计算各处理的平均产量、增产率，并用新复极差法进行差异显著性分析（表5-50）。

表5-50 不同药剂对马铃薯产量的影响

处理	各小区产量（千克）			平均产量（千克）	差异显著性		增产率（%）
	Ⅰ	Ⅱ	Ⅲ		0.05	0.01	
3	23.8	18.8	19	20.53	a	A	20.27
4	20	23.2	11.6	18.27	a	A	7.03
9（CK）	20.6	18.2	12.4	17.07	a	A	—
2	17	22	11.2	16.73	a	A	—
6	20.2	21.2	6.8	16.07	a	A	—
5	20.4	16.2	9.6	15.40	a	A	—
1	20	15	10	15.00	a	A	—
8	20	7.2	10	12.40	a	A	—
7	15.8	10.6	8	11.47	a	A	—

注：$F = 0.773$；"—"表示较对照减产

从表5-50中可以看出，各处理的平均产量差异不显著，相对于对照来说，处理3和处理4有一定的增产作用，其中用100毫升的20%辣根素水乳剂兑水45升处理3在马铃薯播种前开沟，沟内土壤表面泼洒，盖膜7天，揭膜后播种的增产效果最好，达到了20.27%；其次，蔬得康稀释5倍后浸种5分钟再播种的增产率为7.03%（处理4）。其余处理相对对照来说都没有增产的效果，甚至有一定的减产作用，其中10%噻唑膦颗粒剂（处理7）的减产作用最为明显，其平均产量仅为11.47千克。

（3）结论

20%的辣根素水乳剂对马铃薯的出苗有一定的促进作用；辣根素、蔬得康、10%噻唑膦颗粒剂、3%呋喃丹颗粒剂对马铃薯疮痂病均有一定的防效，但是蔬得康的防治效果是最好的；辣根素和蔬得康对马铃薯都有一定的增产作用，蔬得康的增产作用较明显。

（4）讨论

马铃薯疮痂病一直是国内外难以防治的病害，尽管多人先后试验推荐了多种防治方法，但效果理想的不多，而且在生产上没有得到实际的应用。

本试验所选用的4种药剂均是对土传病虫害有一定的作用，试验表明：不同药剂处理的出苗率、防效、产量不同，相同药剂的不同处理有差异；福气多、呋喃丹对防治马铃薯疮痂病效果不理想；20%的辣根素水乳剂虽然对马铃薯出苗、产量有一定的促进作用，但防治效果不佳。辣根素处理对马铃薯平均产量呈梯度增加，如果辣根素的使用量增加，马铃薯产量可能会随之增产，这有待进一步证明；蔬得康的防治效果较好，对马铃薯也有一定的增产作用。其中蔬得康叶面喷雾防治效果最佳，但还需进行一系列的梯度浓度测试，以确定大田使用时的方法及药剂稀释倍数。

5.2.9.3 马铃薯根结线虫病防控技术案例

马铃薯线虫为害带来的经济损失究竟多大，系统研究报道极少见。但可以肯定的是，胞囊线虫、茎线虫、根结线虫、根腐线虫等都能够给马铃薯生产带来严重的影响，造成经济损失。马铃薯胞囊线虫主要指马铃薯金线虫和马铃薯白线虫，是重要的检疫线虫，是马铃薯上最重要最危险的线虫之一，线虫胞囊很容易传播，并能在土壤中存活多年，在种植马铃薯的情况下，繁殖能力很高。一旦传入，将很快成为马铃薯生产的重要限制因子，世界各马铃薯生产国都严格检疫控制马铃薯胞囊线虫的传播。马铃薯胞囊线虫发生，若缺乏有效的防治措施将会造成严重的产量损失，据估计在英格兰东部，种植前每克土壤有虫卵20粒，每公顷会减产2.5吨，同时对土壤进行处理，进行种子消毒等也将耗费大量的人力和经费，这些损失难以估计。为害马铃薯的茎线虫主要是马铃薯腐烂茎线虫，但在德国和荷兰主要是鳞球茎茎线虫。马铃薯腐烂茎线虫是重要的检疫线虫，是一种重要的马铃薯有害线虫，在亚美尼亚有10%~20%的马铃薯作物受害，乌克兰、荷兰、爱尔兰和加拿大都有较严重影响的报道。根结线虫、根腐线虫等都能够对马铃薯造成危害。根结线虫的为害是明显而又严重的，一般认为，根结线虫对马铃薯为害的损失为25%。美国南卡罗来纳州的马铃薯因受到南方根结线虫的危害，每公顷损失达到2500美元，在南非通过土壤处理可使每公顷马铃薯的利润增加124英镑。在荷兰，马铃薯的损失1/3以上与根部的穿刺短体（根腐）线虫的密度相关。马铃薯胞囊线虫在我国未见报道。有关线虫对马铃薯生产的经济影响的报道在我国极少见。本书主要介绍马铃薯根结线虫。

试验案例名称：马铃薯根结线虫病田间防效试验技术案例。

试验时间：2015年。

试验设计及执行人：胡先奇、杨艳丽、刘霞、符舒。

试验地点：云南省寻甸县甸沙乡。

试验背景：马铃薯作为云南重要的农作物，在推动云南农村经济和增加农民收入的发展进程中，发挥了十分重要的作用。通过几十年特别是近几年的努力，云南省的马铃薯已形成周年生产、长年供应，鲜食菜用型、加工型和饲用型马铃薯共同发展的崭新格局。

马铃薯块茎繁殖时，形成具有强大分枝的根系，有利于根结线虫的生长。根部定居型内寄生线虫造成的农业经济损失严重，其中的胞囊属和根结属线虫对农作物生产造成的危害最大。根结线虫的寄主范围广泛，分布于世界大部分地区，温带、亚热带、热带地区的植物受害尤为严重。马铃薯根结线虫主要为害其根部，表现为侧根和须根较正常增多，并在幼根的须根上形成球形或圆锥形大小不等的白色根瘤，有的呈念珠状。被害株地上部生长矮小、缓慢、叶色异常，不结实或结实不良，产量低，甚至造成植株提早死亡。根结线虫多分布在0~20厘米土壤内，特别是3~9厘米土壤中线虫数量最多，常以卵或2龄幼虫随植株残体遗留在土壤中或粪肥中越冬或翌年环境适宜时以2龄幼虫从嫩根侵入，繁殖为害。在日光温室中可终年为害。线虫可通过带土苗或苗及灌溉水传播。土温25~30℃，土壤湿度为40%~70%条件下线虫繁殖很快，易在土壤中大量积累，10℃以下停止活动，55℃时10分钟死亡。在无寄主条件下可存活一年。

对于马铃薯根结线虫病的危害未见报道,但本研究室自 2008 年以来陆续在云南省寻甸县、马龙县等地发现有马铃薯根结线虫病的发生,因此筛选高效、低毒、低残留、对人畜安全的药剂成为当前线虫防治亟待解决的问题。本试验将通过 4 种不同药剂、不同处理,筛选出对马铃薯根结线虫病防治效果最佳的药剂和方法。

(1) 试验材料及方法

1) 试验地点。云南省寻甸县甸沙乡,海拔 1850 米,土壤为红砂壤,前作有马铃薯根结线虫病的发生。

2) 试验用品种及药剂。试验用品种:'合作 88'试验用药剂见表 5-51。

表 5-51 供试药剂

编号	药剂	提供者
A	20%辣根素水乳剂	中国农业大学
B	蔬得康	南京新果园生态农业科技有限公司
C	10%噻唑膦颗粒剂(福气多)	日本石原产业株式会社北京代表处
D	3%呋喃丹颗粒剂	美国 FMC 公司

3) 试验设计。试验设计采用单因子,随机区组,3 次重复,每小区种马铃薯 72 株(9 株/行,8 行,株距 50 厘米,行距 50 厘米),小区面积为 17.6 平方米,重复间距为 100 厘米,小区间距 40 厘米。共设 9 个处理(表 5-52)。

表 5-52 试验设计

处理	处理方式	使用方法	使用量
1	20%辣根素水乳剂	马铃薯播种前土壤表面泼洒,盖膜 7 天,揭膜后开沟单垄播种	20 毫升兑水 44 升(按照每亩用药 1 升计)
2	20%辣根素水乳剂	马铃薯播种前,土壤表面泼洒,盖膜 7 天,揭膜后开沟播种	60 毫升兑水 44 升(按照每亩用药 3 升计)
3	20%辣根素水乳剂	马铃薯播种前,开沟,沟内土壤表面泼洒,盖膜 7 天,揭膜后播种	100 毫升,兑水 44 升(按照每亩用药 5 升计)
4	蔬得康	马铃薯种薯薯块浸种 5 分钟,播种	稀释 5 倍
5	蔬得康	马铃薯出苗后,结合第一次培土,灌根	每小区 0.48 升,兑水 43.4 升
6	蔬得康	马铃薯出苗后,结合第二次培土(封行前),叶面喷雾	每小区 0.16 升,兑水 2.6 升
7	10%噻唑膦颗粒剂(福气多)	每小区均匀混土后撒施	38 克(2 千克/亩用量)
8	3%呋喃丹颗粒剂	拌细土或细的农家肥,播种时均匀施于塘内,并拌塘	57 克(3 千克/亩用量)
9	对照		

4）调查方法。收获时采用薯块病情 5 级分级标准，分别对每个小区调查发病情况，每个小区随机调查 10 株的马铃薯薯块，并分级，按照级别取样，记录发病率和每个薯块的病级。

分级标准执行云南农业大学线虫研究室制定的 5 级标准：0 级，无根结，无坏死；1 级，能见到根结，但根结少、小，不明显，无坏死；2 级，有根结，出现根结的表面积小于薯块表面积的 5%，无明显坏死；3 级，根结明显，占薯块表面积的 5%~25%，有坏死；4 级，根结占薯块表面积的 25% 以上，有明显坏死。

5）计算公式。

病情指数 = ∑(病级数值×相应级别植株数)/(调查总株数×最高病级)×100%

增产率 = (处理区马铃薯产量−对照区马铃薯总产量)/对照区马铃薯总产量×100%

发病率 = 发病薯数/调查总薯数×100%

防治效果 = (对照区发病率−处理区发病率)/对照区发病率×100%

（2）结果与分析

1）不同处理的病情指数与发病率。试验结果表明，总体上每个处理的平均病情指数都不高，为 0.071~10.7；处理 7 的平均病情指数最低，为 0.071，其次是处理 4，为 0.345；处理 1 的平均病情指数最高，为 10.7。各处理的平均发病率不高，平均发病率最低的是处理 7，为 0.282%；平均发病率最高的是处理 1，为 6.27%。与空白对照处理 9 的平均发病率相比较，处理 3、处理 4、处理 5、处理 7、处理 8 的平均发病率都低于它，而处理 1、处理 2、处理 6 的平均发病率都高于它（表 5-53）。

方差分析表明，处理 1~8 的病指和发病率与对照（处理 9）在 0.05 和 0.01 水平上都没有显著差异。

表 5-53　不同处理的病情指数与发病率

处理	病情指数			平均病情指数	差异显著性		发病率（%）			平均发病率（%）	差异显著性	
	I	II	III		0.05	0.01	I	II	III		0.05	0.01
7	0.094	0.118	0	0.071	a	A	0.375	0.471	0	0.282	a	A
4	0	0.638	0.397	0.345	a	A	0	0.638	1.59	0.743	a	A
8	0.329	0	2.15	0.826	a	A	3.71	0.317	1.17	1.73	a	A
5	3.07	0.079	0.292	1.15	a	A	0.526	0	5.05	1.86	a	A
3	0.625	3.149	3.25	2.34	a	A	1.11	4.28	4.34	3.24	a	A
9（CK）	4.15	0.602	2.74	2.50	a	A	9.68	0.938	0	3.54	a	A
6	7.34	0.469	0	2.60	a	A	5.23	2.41	3.66	3.77	a	A
2	0	3.33	16.3	6.54	a	A	0	1.62	13.3	4.97	a	A
1	0	0.405	31.7	10.7	a	A	0	4.20	14.6	6.27	a	A

注：病情指数 $F = 0.755$；发病率 $F = 0.674$。

2）不同处理的增产率和防治效果。

A. 增产率。根据试验结果表明，处理 3 和处理 4 对马铃薯有增产作用，其余处理均没有增产作用。处理 3 的增产率最高，为 19.9%，其次是处理 4，增产率为 7%。处理 1、处理 2、处理 5、处理 6、处理 7、处理 8 的增产率都为 0。

B. 防治效果。试验结果表明，处理 7 的防治效果最佳，达到了 97.2%；其次分别是：处理 4，防效为 86.2%；处理 5，防效为 67%；处理 8，防效为 54%；处理 3，防效为 6.4%。而处理 1、处理 2、处理 6 都无明显的防治效果（表 5-54）。

表 5-54　不同处理的增产率与防治效果

处理	小区产量（千克）			平均产量（千克）	差异显著性		增产率(%)	防治效果(%)
	Ⅰ	Ⅱ	Ⅲ		0.05	0.01		
7	15.8	10.6	8.0	11.5	a	A	−32.7	97.2
4	20.0	23.2	11.6	18.3	a	A	+7.0	86.2
5	20.4	16.2	9.60	15.4	a	A	−9.94	67.0
8	20.0	7.20	10.0	12.4	a	A	−27.5	54.0
3	23.8	18.8	19.0	20.5	a	A	+19.9	6.40
6	20.2	21.2	6.80	16.1	a	A	−5.85	—
9（CK）	20.6	18.2	12.4	17.1	a	A		
1	20.0	15.0	10.0	15.0	a	A	−12.3	—
2	17.0	22.0	11.2	16.7	a	A	−2.34	—

注：$F = 0.773$；"—"表示防治效果不明显

（3）结论

20%辣根素水乳剂每亩用药 5 升和蔬得康稀释 5 倍后浸种对马铃薯有一定的增产作用。20%辣根素水乳剂、蔬得康、10%噻唑膦颗粒剂、3%呋喃丹颗粒剂对马铃薯根结线虫病都有一定的防治效果，其中 10%噻唑膦颗粒剂的防治效果最佳，为 97.2%；20%辣根素水乳剂的防治效果最差，仅为 6.4%。以经济效益为目的，防治马铃薯根结线虫病最应选用的药剂和处理方法是蔬得康稀释 5 倍后浸种。

（4）评价

试验采用 4 种药剂和 9 种处理，试验结果表明：不同药剂，防治效果不同；同种药剂不同处理，防治效果也不同。从增产率、防治效果和经济效益分析，蔬得康稀释 5 倍后浸种效果较佳。10%噻唑膦颗粒剂是目前有机磷农药中对根结线虫防治效果较好的药剂，其对一年生作物持效期可达 2~3 个月，对多年生作物可达 4~6 个月，是近年来正在推广使用。福气多对果实的传导能力极低，在果实中几乎测不到残留，本试验中"福气多"每亩用药 2 千克混土撒施的防治效果虽最佳，但出现一定的减产作用，所以不建议使用福气多进行马铃薯根结线虫病的防治。

5.2.10　发病规律研究及案例

植物病害的发生规律包含两个方面：一是寄主植物与病原物在个体水平上的相互作用，这个过程以病原物为主线，涉及病原物的越冬和越夏，病原物的释放和传播，病原物对寄主植物的侵染过程及病害的发展。二是植物病害在寄主群体中的发展和流行规律，主要涉及病害流行的因素，病害流行的过程和病害流行的变化。不同的病害，其病原物的侵染过程和病害循环的特点不同。了解各种病害循环特点是认识病害发生发展规律的核心，也是对病害流行进行系统分析，预测预报及制定防治病害策略与方法的重要依据。

试验案例名称：宣威市马铃薯晚疫病田间发病规律研究技术案例。

试验时间时间：2003年。

试验设计及执行人：杨艳丽、唐旭兵、胡先奇、罗文富。

试验背景：据研究报道，马铃薯晚疫病田间发生流行主要与种薯带菌情况、气候、品种和生育期等相关。在种植感病品种的情况下，气候条件是影响晚疫病发生流行的主导因子。低温多雨的气候条件，是造成病害流行的主要条件。病菌喜日暖夜凉高湿条件，相对湿度95%以上，18~22℃条件下，有利孢子囊的形成。6月上旬至7月上旬，马铃薯正处在现蕾开花期，如果雨日多，雨量大，寡日照，则晚疫病一定会大流行；反之，天气晴热少雨，相对湿度低于25%，则该病发生轻或不发生；品种及生育期，一般植株株型披散、叶面平滑的品种容易感病，株型直立，叶片具有绒毛的品种抗病性强。若为感病品种，植株又正处开花阶段，只要白天22℃左右，相对湿度高于95%持续8小时以上；夜间10~13℃，叶上有水滴，持续14小时的高温条件，晚疫病即可发生，发病后14~20天病害蔓延全田或引起大流行。感病的品种往往种薯带菌率很高，播种带菌的薯块多不能发芽或发芽后即死去，有的可以存活，但多成为中心病株。从生育期角度看，幼苗期抗病性强，进入花期后，抗性明显减弱，因而花期以后，最易感病；管理粗放，地势低洼，排水不良，株间湿度大，利于病害发生。偏施氮肥，植株徒长和生长不良的地块也易引起该病的发生，磷营养不足，易引起病害发生。宣威市是云南省马铃薯种植大市，常年种植面积80万~100万亩，由于当地夏秋降雨集中、大面积种植单一品种'马尔科'（'Mira'）、农民自留种习惯等因素影响，种薯带菌率逐年升高，马铃薯晚疫病的危害日趋加重。本研究选择云南省宣威市板桥镇耿屯村作为试验点，对当地马铃薯初侵染源，不同品种马铃薯晚疫病田间发病情况，不同种植模式晚疫病发生情况等进行定点观察和记录，并对当地温度、湿度以及田间小气候作了观察记录。对马铃薯晚疫病田间发病规律进行初步研究。

（1）材料和方法

1）试验地点：宣威市板桥镇耿屯村，海拔1950米，随机选择马铃薯田进行调查。

2）试验材料：选择七个马铃薯品种，'PB06''PB08''PB31''PB04''会-2''合作88''Mira'。

3）试验方法。

A. 调查种薯的带菌率，每村选择5户，每户每个品种抽100个薯块调查带菌情况。

B. 中心病株的调查，选择5个代表田块，每块田选择50株调查中心病株情况。

C. 随机选择当地马铃薯种植田块，对田块内种植的马铃薯各品种晚疫病发病株数、病级调查。每2天观察记录一次。

D. 选择玉米、马铃薯套种的种植模式，以净种为对照，不同的套种模式为处理，调查不同处理的马铃薯晚疫病发病株数及病级，每处理选择50株，每2天调查一次。

E. 观察记录调查期间的田间温度、湿度，每小时记录一次。

（2）结果与分析

1）种薯带菌情况。宣威市'Mira'种薯带菌率为36%，'会-2'种薯带菌率为17%。

2）中心病株出现情况。最先发现中心病株是在 6 月 4 日，统计表明，'Mira'中心病株出现率 20%，'合作 88'为 5%，'会-2'未发现中心病株。

3）大田发病开始时期。晚疫病中心病株是在 6 月 4 日出现，大田发生是在 6 月 25 日。

4）马铃薯不同品种晚疫病发生情况不同。马铃薯晚疫病在同一时间内按'PB04''PB06''PB08''PB31''Mira'的品种顺序田间发病病级依次增高。其中'PB04''PB06''PB08''PB31'4 个品种在第一次调查时病级为 2 级，'Mira'为 4 级，至 8 月 5 日收获前，'PB04''PB06''PB08'病级均为 5 级，'PB31'病级为 6 级，'Mira'为 9 级，且于 7 月 27 日已达 9 级（图 5-21）。在一个月时间内，PB 系列的 4 个品种病级增长趋于平稳，'Mira'病级增长幅度较大，在 7 月 16～20 日期间出现了一次较大的增长。如图 5-22 所示，从马铃薯晚疫病田间发病病株数情况看，第一次调查时，'Mira'所调查的植株 100%发病，'PB04''PB31'发病株数均未达 20%，'PB06''PB08'发病株数未达 30%。20 天以后，'PB08''PB31''PB06''PB04'4 个品种晚疫病田间发病率相继达到 100%，从调查情况看，'PB08''PB31''PB04''PB06'4 个品种马铃薯晚疫病达到全田发病至少比'Mira'要晚 20 天。

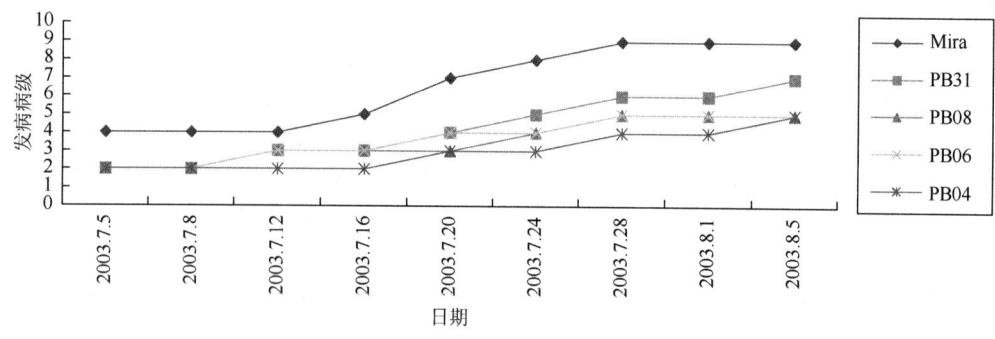

图 5-21 不同品种晚疫病病级

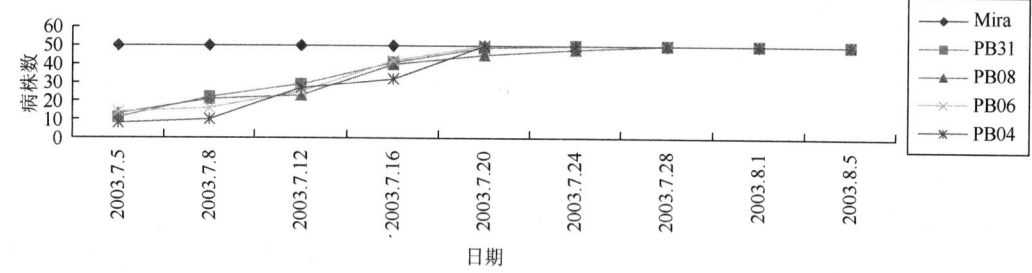

图 5-22 不同品种晚疫病病株数

5）不同的种植模式马铃薯晚疫病田间发病率、发病程度不同。如图 5-23 所示，'Mira'套种玉米采用 2 套 8 中，6 月 30 日至 7 月 2 日两天内晚疫病病级增长了两级，同一时间内，6 套 4 模式晚疫病病级几乎未出现增长，该图显示，6 套 4 中，马铃薯晚疫病病级增长幅度趋于平稳，其增长速度较为缓慢，2 套 8 模式中有两次病级飞跃。在 8 月 5 日前，6 套 4 模式晚疫病病级均低于同一时间内 2 套 8 模式中的病级。如图 5-24 所示，新品种

'PB06'套种玉米模式中,4套2模式晚疫病病株数随时间变化增长趋于平稳,在7月20日以前,其发病株数均低于同一时间内净种模式。整体上看来,净种模式发病株数为持续增长,4套2、4套4两种模式常有趋于平稳后再增长,并未全程持续增长。

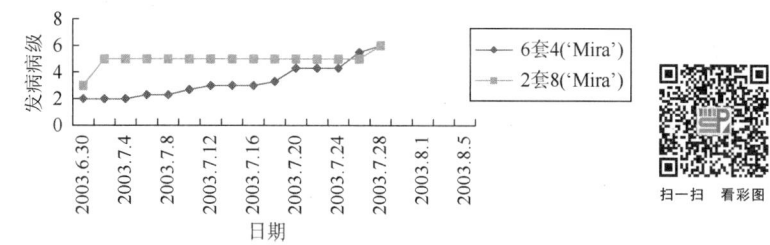

图 5-23 'Mira'不同种植模式晚疫病病级

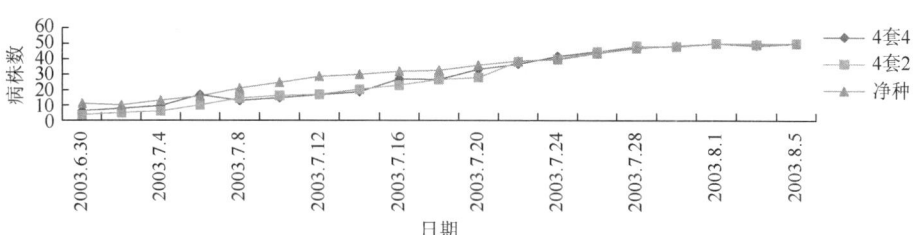

图 5-24 'PB06'不同种植模式晚疫病病株数

6)温度、湿度影响马铃薯晚疫病田间发病。3 种种植模式在 7 月 7 日后、7 月 18 日后、7 月 26 日后均出现了病株数的急剧增加,尤其 4 套 4 模式极为明显,而以上 3 个日期后的增长波峰过后,出现短期内的平稳,病株数低速增长。与此对应图 5-25,7 月 6 日和 7 月 25 日,田间相对湿度均出现高峰,而 7 月 9 日至 7 月 17 日相对湿度趋于平稳,接近 60%,不利于晚疫病流行。

7 月 8 日、7 月 18 日、7 月 29 日 'Mira' 6 套 4 模式分别都出现了病级急剧增长,几乎呈直线上升趋势。

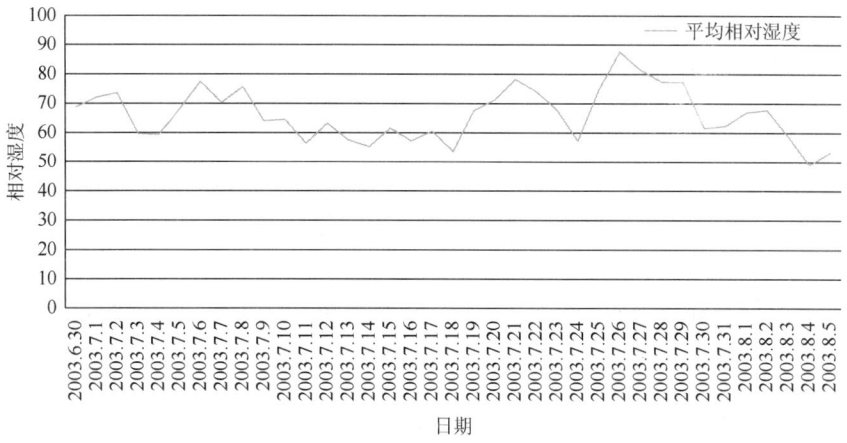

图 5-25 田间相对湿度

综上所述，马铃薯晚疫病的发生与流行是病菌、相对湿度以及品种抗性的综合效应。如上调查显示，'Mira'种薯带菌率达36%，植株发病率也非常高，而不带菌的种薯发病率相对较轻。由此看来，马铃薯晚疫病菌主要在块茎中越冬。带菌种薯是病害侵染的主要来源，病薯播种后，多数病芽失去发芽能力或出或发芽后即死去，少数病薯的病菌随种薯发芽而开始活动、扩展并向幼芽蔓延，形成病斑，即中心病株，其后中心病株对其附近植株的下部叶片进行再侵染，逐渐形成显著的发病中心，田间病株上的孢子囊或随空气传播或落到地面，可随雨水灌溉进行扩散。因此采用适当的套种模式如用玉米与马铃薯套种4套2、6套4模式，对马铃薯晚疫病菌的传播能起到有效的抑制作用。

温湿度对马铃薯晚疫病发生情况，空气相对湿度严重影响马铃薯晚疫病的发生和流行，6月初，田间的带菌种薯中病菌孢子开始萌发，有中心病株出现。至6月25日后，宣威降雨量增加，田间相对湿度上升，孢子大量繁殖，并随风雨传播，晚疫病大量滋生与蔓延，造成了晚疫病由中心病株向周围扩散，再侵染，病害流行开始。晚疫病的发生和流行同降雨量的大小、相对湿度的高低有着密切的关系。

品种对马铃薯晚疫病有重要的影响作用。'PB06'等水平抗性抗病品种自发病初期至收获时发病程度一直趋于平稳，对马铃薯晚疫病显示较好抗性，而'Mira'等感病品种在相对湿度较高时病级增长幅度十分明显。尤其进入花期后，马铃薯由营养生长向生殖生长转变，抗病性明显减弱，植株极易感病，'Mira''会-2'等老品种马铃薯，很快就达到了全田发病，植株很快就完全枯死，病级高达9级。而'PB06'等在收获时仍在继续生长，病级最高只达到6级。

（3）评价

温湿度记录表明，2003年宣威在6月初至25日前后出现了一次高温干旱天气，因此所述规律仅代表2003年，还需进一步对宣威马铃薯晚疫病发病规律调查研究。

影响马铃薯晚疫病发生和流行的主要因素是空气相对湿度，连续数天相对湿度高于75%就可能有中心病株出现。相对湿度持续期、降雨、露、冰雹等是增加相对湿度的前提条件。所以，相对湿度持续期、露、冰雹等也应列为影响晚疫病流行的主要因素加以研究。

种薯带菌是马铃薯晚疫病的主要初侵染源，田边杂草是否是晚疫病菌越冬场所，有待进一步研究。

5.3 马铃薯虫害研究和防控技术及案例

马铃薯生长及贮藏过程中常受到害虫的危害，导致马铃薯产量和质量下降，马铃薯害虫主要有马铃薯块茎蛾、地老虎、蛴螬、蚜虫等。云南省开展了相关害虫的发生危害及防控技术的研究，相关案例如下。

5.3.1 玉米马铃薯套作对马铃薯块茎蛾发生危害的影响

试验案例名称：玉米马铃薯套作对马铃薯块茎蛾发生危害的影响。

试验时间：2012~2013年。

试验设计及执行人：李正跃、陈斌、桂富荣、严乃胜、张立敏、王浩元。

试验地点：云南省宣威市板桥镇马铃薯种植区，海拔1967米，北纬26°05′52.3″，东经104°04′27.5″。

试验背景：马铃薯块茎蛾又名马铃薯麦蛾，是马铃薯上的主要害虫之一，主要危害茄科植物，其中以马铃薯、茄子、烟草等受害最重。在大田和贮藏期都能危害马铃薯块茎。马铃薯块茎蛾并无严格的滞育现象，只要温度湿度适宜，又有适宜的食物，冬季仍能正常生长发育。在我国南方，马铃薯块茎蛾的各个虫态均能越冬，但主要以幼虫在田间的烟草残枝或残留的薯块内越冬，在北方只有少数蛹可以越冬。春季越冬代成虫出现后，首先会在春播马铃薯或烟苗上繁殖，春播马铃薯收获后，一部分虫体随薯块进入仓库内危害仓储马铃薯，一部分迁移到烟草大田危害。若田间继续播种秋薯，还可以转移到秋薯田间继续危害。云南马铃薯主要种植区曲靖和昭通有马铃薯和玉米套作的传统，本试验旨在明确套作栽培对马铃薯块茎蛾的影响。

（1）材料与方法

1）试验设计。玉米马铃薯套作按照2∶2、3∶2和4∶2（行比）种植模式，每小区270平方米。

玉米马铃薯套种：播幅2米，玉米株距0.2米，马铃薯株距0.3米，玉米种植密度3334株/亩，马铃薯种植密度2222株/亩。马铃薯单作株距0.3米，行距0.5米，种植密度4445株/亩。玉米单作播幅1.5米，株距0.2米，种植密度4445株/亩。种2行空1行。

玉米品种为'会单-4号'，马铃薯品种为'宣薯2号'。2012年玉米于3月30日播种，马铃薯于3月15日播种；2013年玉米于3月31日播种，马铃薯于3月16日播种。

2）调查方法。

成虫密度：采用扫网法调查。每个小区5点取样，每点5网，一个来回为1网。仔细收集扫网中的昆虫，分别装入自封袋带回实验室内鉴定计数。每7天调查一次。

被害叶率（蛀食道密度）调查：在每个处理的各小区内Z字形10点取样，每点2株，计数每株马铃薯上被马铃薯块茎蛾幼虫蛀食造成的隧道的叶片数量，统计被害叶率。

被害株率调查：在马铃薯生长期，在每个处理的各小区内Z字形10点取样，每点5株，计数有被马铃薯块茎蛾幼虫蛀食造成隧道的株数，统计不同小区内被害株率。

田间薯块中虫口密度：马铃薯收获期，在各小区内Z字形10点取样，每点挖5株，将每株所有薯块带回室内，每日定时观察，统计不同处理区马铃薯薯块的出虫率。

田间马铃薯茎秆中虫口：田间马铃薯收获前，在各小区内Z字形10点取样，每点5株，按当地收获方式，将马铃薯地上部分带回室内保存，每天定时观察出虫数量，检查马铃薯块茎蛾成虫数量。

3）数据统计分析方法。田间种群密度、被害株率、被害叶率、叶片蛀食道密度、天敌密度与寄生率等均采用多重比较Duncan新复极差法进行比较，所有统计分析均利用唐启义等（2012）DPS数据分析系统（12.0）完成。

（2）结果与分析

1）成虫种群动态比较。结果表明，在玉米马铃薯2∶2、3∶2、4∶2套作种植模式与马铃薯单作种植下，马铃薯块茎蛾成虫种群动态基本一致，均呈双峰形变化，2012年，马铃薯块茎蛾于6月15日达第一个发蛾高峰，于7月12日达第二个高峰，2013年由分别6月14日和7月19日达两个高峰。但从整个调查期间来看，玉米马铃薯2∶2、3∶2套作系统中马铃薯块茎蛾平均种群密度高于马铃薯单作田。

2）被害叶率。马铃薯块茎蛾在田间对马铃薯的危害主要以蛀食马铃薯叶肉，在马铃薯苗期，单作与套作田马铃薯叶片被害率间无明显差异，而从封行生长期开始直到成熟期，单作田马铃薯块茎蛾危害率均明显高于套作玉米的马铃薯田。从总体来看，2012~2013年，单作田间叶片被害率均高于套作田，表现出马铃薯与玉米套作对马铃薯块茎蛾蛀食叶片的控制作用。

3）被害株率。从田间被害来看，马铃薯单作田与套作田被害株率变化趋势相同，均表现出随着马铃薯的生长发育及马铃薯块茎蛾种群的发展，田间被害株率日趋增加，表现为单作马铃薯田被害株率显著高于套作田（$P<0.01$）。

4）不同模式下马铃薯叶片上蛀食道密度。结果表明，在玉米马铃薯2∶2、3∶2、4∶2间作种植与马铃薯单作种植模式下，马铃薯块茎蛾幼虫取食造成的蛀食道密度结果表明，在前3次调查中，无论是单作田还是套作田，蛀食道密度均较低，随着马铃薯的生长及马铃薯块茎蛾种群的繁殖扩大，危害造成的叶片蛀食道逐渐增加，总体表现为单作田蛀食道密度＞4∶2＞2∶2＞3∶2。

5）不同种植模式下马铃薯茎秆虫口密度。马铃薯单作与套作田间马铃薯地上部分块茎蛾虫口密度结果表明，马铃薯单作田茎秆中虫口密度高于2∶2、3∶2和4∶2模式，其中3∶2模式下虫口密度最低，低于玉米马铃薯2∶2、4∶2套作种植模式及马铃薯单作田。

6）不同种植模式下马铃薯薯块虫口密度。结果表明，百薯虫量间差异显著，其中单作田间薯块中虫口密度显著高于套作田。表现为单作薯田百薯虫量显著高于套作种植模式田（$P<0.01$），高于玉米马铃薯3∶2种植模式田间百薯虫量最低。

7）薯块中天敌昆虫种类及其数量。经对收获后的薯块在室内保存检查，尽管有马铃薯块茎蛾出现，但无论是单作还是套作田马铃薯薯块，除发现被球孢白僵菌和莱氏野村菌感染致死个体外，未发现有寄生性天敌或捕食性天敌昆虫，尤其是在田间调查及叶片观察时，姬小蜂和金小蜂等寄生性天敌昆虫也未发现。然而，各处理区内马铃薯块茎蛾被感染率间无显著差异。

（3）评价

1）影响马铃薯块茎蛾的机理分析。作物多样性种植控制主要害虫的原因很多，一般是由多种控制机理共同作用的结果。Tahvanainen等曾提出"天敌假说"，认为植物多样性的增加为天敌提供了栖息地（避难所或越冬、越夏场所）与替代食物（害虫或花粉、花蜜），保证天敌较高的虫口基数，有利于目标作物上害虫的防治。本研究发现套作田中的天敌昆虫种群数量高于单作田，与"天敌假说"相契合，表明了天敌在间作田对害虫的控制有着重要的作用；Vandermeer提出"资源集中假说"，认为特定的植物组合可能直接影响害虫对寄主植物的定位，Samantha提出利用作物多样性生态控制害虫的"推（push）-拉（pull）"策略，认为利用对昆虫具有引诱或驱避作用的植物的配置来达到控制害虫的目的。本实验中，玉米并非马铃薯块茎蛾的寄主植物，其挥发性物质对马铃薯块茎蛾的定位可能产生了一定的干扰作用，从而降低了套作田中的种群密度；Perrin 提出"物理阻碍假说"，认为非寄主植物与寄主植物套作，非寄主植物可以对寄主植物形成遮蔽隐藏的作用。本实验为玉米马铃薯套作模式，其中玉米作为非寄主植物，并且其植株个体比较高大，可以对马铃薯起到很好的遮蔽作用，从而影响马铃薯块茎蛾的寄主定位。

由上可以看出，玉米马铃薯套作对马铃薯块茎蛾种群密度的影响基本上是天敌假说、资源集中假说、推拉策略和物理阻隔假说所提出的机理共同作用的结果。由此可见，其对害虫的控制机理需要从多方面进行探究。

2) 马铃薯块茎蛾的天敌资源及其利用

有关马铃薯块茎蛾的天敌昆虫种类研究报道较少，本研究根据田间摘取叶片后在室内观察，初步发现几种可能寄生马铃薯块茎蛾幼虫的天敌昆虫，再通过与扫网中调查获得的天敌昆虫进行比较，以初步确定天敌种类。侯茂林和 Altier 作物-天敌相互作用也可能有利于混作系统中天敌的增强，作物多样性大的地块比单一作物纯作具有更大的化学多样性，因此对天敌更合适、更有吸引力，这样通过栖境管理和行为调节为生物防治开拓了空间，并在一定程度上维持和增强优势天敌种群，多作系统中天敌增强也可能是作物与天敌相互作用的结果。确定马铃薯块茎蛾的天敌种类，有利于有的放矢的保护利用天敌昆虫对马铃薯块茎蛾进行生态调控，减少化学农药的使用，对农田生境的保护和可持续利用有着积极的意义。

5.3.2 玉米马铃薯套作对玉米田天敌昆虫群落组成的影响研究

试验案例名称：玉米马铃薯套作对玉米田天敌昆虫群落组成的影响研究。

试验时间：2013~2014 年。

试验设计及执行人：李正跃、陈斌、桂富荣、严乃胜、周俊青。

试验地点：云南省寻甸大河桥农场，年平均降雨量为 1045 毫米。种植区内选取种植模式为玉米纯作和玉米马铃薯套作（3∶2）田各 3 块，共 6 个实验小区，每个小区面积为 200 平方米。

试验背景：农田天敌昆虫群落是农田节肢动物群落和生物多样性研究的重要内容，不同的种植模式对农田生态系统中昆虫群落组成具有一定的影响，因而昆虫群落多样性研究一直是害虫综合防治及群落生态学研究的重要内容。有关稻田、麦田、玉米田、棉田等农田中节肢动物及天敌昆虫群落多样性已有研究报道，玉米马铃薯套种作为一种重要的种植模式，而对玉米马铃薯套种对玉米田天敌昆虫群落组成影响的研究还很少见报道。因此，本研究从玉米马铃薯套种田天敌昆虫群落组成进行调查分析，以探讨玉米马铃薯套种对玉米田天敌昆虫群落组成的影响。

（1）材料与方法

1) 调查方法。

扫网调查：每个小区采用五点取样法选取五点进行扫网，每个点扫 3 次（来回算 1 次），共 30 个点。植物生长期内每 7 天调查一次，所采集到的标本带回实验室进行鉴定。

Malaise 网调查：每个小区南北两界各设两个马氏网，共 20 个网。植物生长期内每 7 天调查一次，每次进行 24 小时调查。所采集到的标本带回实验室进行鉴定。

调查期间种植区进行常规管理，期间不使用农药。

2）分析方法。

群落丰富度指数：丰富度分析采用 Margalef 指数，dMa=$(S-1)/\ln N$，S 为物种数，N 为全部物种的个体总数。

群落多样性指数：物种多样性分析采用 Shannon-Wiener 多样性指数，$H' = \sum_{i=1}^{s} P_i \ln P_i$，$P_i = n_i/N$，$P_i$ 为第 i 种个体数占总个体数 N 的比率，N 为全部物种的个体总数。

Simpson 优势集中性指数：优势度分析采用 Simpson 优势度指数，$D = 1-[n_i(n_i-1)/N(N-1)]$，$n_i$ 为样地内第 i 个物种的个体数，N 为样地内所有物种的个体数。

Pielou 均匀度指数：均匀度分析采用 Pielou 指数，$J = H'/\ln S$，S 表示物种数。

数据处理：采用 DPS（9.5）软件对数据进行统计分析。

（2）结果与分析

1）天敌昆虫群落组成与结构。套作玉米田天敌昆虫有 4 个目 13 个科 42 个种。包括膜翅目有 9 科 25 属 36 种，占总物种数的 85.7%；双翅目有 2 科 2 属 3 种；脉翅目有 1 科 1 属 1 种；鞘翅目有 1 科 2 属 2 种；蜻蜓目 1 科 1 属 1 种。

单作玉米田有天敌昆虫 4 个目 12 个科 34 个种。包括膜翅目有 8 科 24 属 28 种；双翅目有 2 科 2 属 2 种；鞘翅目有 1 科 2 属 2 种；蜻蜓目 1 科 1 属 1 种。

2）天敌昆虫群落多样性特征指数。

A. 单作玉米田天敌昆虫群落多样性指数。根据整个调查期间，单作玉米田天敌昆虫的物种丰富度、个体数量、Shannon（H）多样性指数、均匀度、优势集中性指数、BRILLOUIN、McIntosh（Dmc）多样性指数结果来看，天敌昆虫群落多样性指数随时间的推移及玉米的生长发育而变化。在玉米生长初期，物种丰富度、个体数量、Shannon（H）多样性指数、均匀度、优势集中性指数、BRILLOUIN、McIntosh（Dmc）多样性指数均较低，分别为 3.00±0.43、3.33±0.54、0.89±0.19、1.41±0.29、0.68±0.21、0.00±0.00、0.87±0.23；到 8 月 3 日时，物种丰富度、个体数量、Shannon（H）多样性指数、均匀度、优势集中性指数分别为 BRILLOUIN、McIntosh（Dmc）多样性指数分别为 8.67±1.34、12.67±2.45、0.92±0.04、2.79±0.29、1.00±0.17、1.19±0.33、0.87±0.04。

B. 套作玉米田天敌昆虫群落多样性指数。根据整个调查期间，套作玉米田天敌昆虫的物种丰富度、个体数量、Shannon（H）多样性指数、均匀度、优势集中性指数、BRILLOUIN、McIntosh（Dmc）多样性指数结果来看，天敌昆虫群落多样性指数随时间的推移及玉米的生长发育而变化。在玉米生长初期，物种丰富度、个体数量、Shannon（H）多样性指数、均匀度、优势集中性指数、BRILLOUIN、McIntosh（Dmc）多样性指数均较低，分别为 2.67±0.17、2.67±0.47、1.00±0.00、1.39±0.28、1.00±0.13、1.00±0.06、0.74±0.32；到 8 月 3 日时，物种丰富度、个体数量、Shannon（H）多样性指数、均匀度、优势集中性指数、BRILLOUIN、McIntosh（Dmc）多样性指数分别为 8.00±0.45、

12.00±3.27、0.86±0.01、2.51±0.26、0.77±0.02、0.91±0.02、1.79±0.24。

C. 单作与套作玉米田天敌昆虫群落多样性指数比较。整个调查期间玉米单作田和套作田天敌昆虫的物种丰富度、个体数量、Shannon（H）多样性指数、均匀度、优势集中性指数、BRILLOUIN、McIntosh（Dmc）多样性指数结果表明，套作田天敌昆虫物种丰富度、个体数量、Shannon（H）多样性指数、均匀度、优势集中性指数、BRILLOUIN、McIntosh（Dmc）多样性指数略高于单作玉米田，但差异不显著。

3）玉米田天敌昆虫物种多样性数量动态变化。从玉米田天敌昆虫群落物种多样性结果来看，单作和套作田天敌昆虫物种多样性随时间动态变化，群落物种多样性从6月4日到6月9日呈现上升趋势，6月4日时单作田和套作田天敌昆虫的物种多样性指数分别为3.00±0.43和2.67±0.17；到6月9日时，单作田和套作田天敌昆虫的物种多样性指数分别为5.67±0.34和6.34±0.43；在6月9日后开始下降，直到7月24日，开始增加，到8月3日达到最大值，单作田和套作田天敌昆虫的物种多样性指数分别为7.00±0.45和8.67±0.43。

4）玉米田天敌昆虫群落Shannon多样性指数动态变化。从整个调查期间玉米单作田和套作田天敌昆虫的Shannon多样性指数来看，套作田天敌昆虫Shannon多样性指数略高于单作玉米田，但差异不显著（$F=0.15$，$P>0.05$）。

同时，从玉米田天敌昆虫群落Shannon多样性指数结果来看，单作和套作田天敌昆虫Shannon多样性指数随时间动态变化，群落Shannon多样性指数从6月4日的到6月9日呈现上升趋势，6月4日时单作田和套作田天敌昆虫的Shannon多样性指数分别为1.39±0.28和1.41±0.29；到6月9日时，6月9日时单作田和套作田天敌昆虫的Shannon多样性指数分别为2.29±0.49和2.25±0.36；在6月9日后开始下降，直到7月24日后，开始增加，到8月3日达到最大值，单作田和套作田天敌昆虫的Shannon多样性指数分别为2.51±0.26和2.79±0.29。

5）结论。调查结果显示玉米单作田天敌昆虫共计4个目13个科34个种，套作玉米田天敌昆虫共计4个目12个科42个种。

单作玉米田和套作玉米田天敌昆虫的物种丰富度、个体数量、Shannon（H）多样性指数、均匀度、优势集中性指数、BRILLOUIN、McIntosh（Dmc）多样性指数随时间的推移及玉米的生长发育而逐渐变化。

玉米马铃薯套作对玉米田优势天敌昆虫种群动态具有一定影响，翼外蚜茧蜂和分盾细蜂是单作与套作玉米田优势天敌种类，单作与套作玉米田翼外蚜茧蜂种群动态变化趋势不尽一致，而单作与套作玉米田分盾细蜂种群动态变化趋势基本一致。

玉米马铃薯套作是当前许多地区普遍采用的一种种植模式，对于玉米马铃薯套种系统天敌昆虫群落组成及其结构尚无研究报道。本研究从玉米马铃薯间作套种系统的整体着手，并采用马氏网和扫网法结合调查套作系统天敌昆虫群落多样性组成与结构。

（3）评价

1）玉米马铃薯套作天敌昆虫群落组成。对于马铃薯玉米套作田的昆虫种群组成和动态的相关报道很少，对于玉米套作其他作物的研究相对较多。蒋佩兰等的报道指出玉米田中的天敌昆虫种类有42种，数量与本研究得到的结果大致相同，但是种类有一定的差别。蒋佩兰等的报道中江西玉米田的天敌主要由捕食性天敌组成；侯美玲等报道广西玉米田捕食性天敌昆虫有 86 种，没有寄生性天敌的报道。本研究所调查到的天敌种类主要为寄生性天敌，与蒋佩兰等与侯美玲等人的研究有一定的出入，这可能是地域原因造成的差异。

2）玉米马铃薯套作田天敌动态。关于玉米马铃薯套作田的天敌动态研究，国内还没有相关的报道，但国内有玉米单作田的天敌动态研究。侯美玲等曾报道玉米田中捕食性天敌的动态研究，其中指出了蜘蛛等捕食性天敌在玉米生长中期种群数量最多，前期和末期数量少；杜开书等的研究也主要集中在捕食性天敌，尤其是瓢虫的种群动态研究，其研究表明瓢虫的种群动态与侯美玲等研究得出的捕食性天敌的动态基本一致。本研究所调查的主要为寄生性天敌，其中两个主要的寄生性天敌的种群数量动态是玉米生长中期少，而前期和后期种群数量大，与捕食性天敌的动态不同。本研究和侯美玲等人的研究可以作为相互的补充。

5.3.3 玉米马铃薯套作对小绿叶蝉种群的控制作用及对其时空动态格局的影响

试验案例名称：玉米马铃薯套作对小绿叶蝉种群的控制作用及对其时空动态格局的影响。
试验时间：2012～2013 年。
试验设计及执行人：陈斌、李正跃、张立敏、严乃胜、桂富荣、昝庆安、王浩元。
试验地点：云南农业大学寻甸县大河桥农场。
试验背景：小绿叶蝉是田间马铃薯上的重要害虫之一，该虫以成虫和若虫刺吸危害马铃薯嫩梢枝叶，影响营养运输，造成叶片卷曲，光合作用下降，使其生长受阻，并且传播病害，从而降低马铃薯产量。有关小绿叶蝉在马铃薯上的种群动态及空间格局尚未见研究报道。本研究通过系统调查比较马铃薯单作及玉米套作马铃薯田间小绿叶蝉种群密度，分析不同种植模式下小绿叶蝉种群时空格局间的差异和影响因素，以期为马铃薯小绿叶蝉种群的控制提供依据。

（1）材料方法

设置玉米套作马铃薯小区实验，分别设置马铃薯单作和玉米套作马铃薯（行比 3∶2）两种处理，每个处理 3 次重复，每个实验小区 125 平方米。施肥及其他管理措施均按照当地玉米、马铃薯的栽培管理方式进行。

采用五点取样法在马铃薯单作、玉米套作马铃薯实验小区进行扫网调查，每点扫 5 网，每 7 天取样一次，将取样标本带回室内进行种类鉴定和数量统计，并分别统计小绿叶蝉雌虫和雄虫的数量。利用 Microsoft Excel 2007 和 R version 3.1.1 完成数据整理和统计分析。

1）时间动态测定。对比马铃薯单作田和套作田小绿叶蝉种群动态，分析小绿叶蝉雌虫、雄虫及其种群在不同年份、不同种植模式间的差异，对比不同种植模式间小绿叶蝉种群数量的周期性变动。

2）空间分布型测定。据样本计算方差 S^2 和均值 m，分别采用丛生指标 I、聚集指数 Ca、扩散系数 C、负二项式分布 K 和聚集度 m^*/m 综合分析测定小绿叶蝉的空间分布格局，计算公式如下。

丛生指标（David and Moore，1954）：$I = (S^2/m) -1$，当 $I<0$ 时为均匀分布；当 $I = 0$ 时为随机分布；当 $I>0$ 时为聚集分布。

聚集指数 Ca 指标（Kuno，1968）：$Ca = (S^2/m-1)/m$，当 $Ca<0$ 时为均匀分布；当 $Ca = 0$ 时为随机分布；当 $Ca>0$ 时为聚集分布。

扩散系数 C（Beall，1953）：$C = S^2/m$，当 $C<1$ 时为均匀分布；当 $C = 1$ 时为随机分布；当 $C>1$ 时为聚集分布。

负二项式分布 K 指标（丁岩钦，1980）：$K = m^2/(S^2-1)$。当 $K<0$ 时为均匀分布；当 $K\to +\infty$ 时为随机分布；当 $0<K<8$ 时为聚集分布。

聚集度 $m*/m$ 指标（Lloyd，1967）：即平均拥挤度与其平均密度之比：当 $m*/m<1$ 时为均匀分布；当 $m*/m = 1$ 时为随机分布；当 $m*/m>1$ 时为聚集分布。

$$m* = \left[\sum_{j=1}^{Q} X_j(X_j-1)\right] / \left(\sum_{j=1}^{Q} X_j\right)$$

其中，Q 为样方数，X_j 为第 j 个样方中个体数。

3）聚集原因分析。Taylor（1961，1965，1978）幂法则：$\lg S^2 = \lg(a) + b\lg(m)$。当 $\lg(a) = 0$，$b = 1$，$S^2 = m$ 时为随机分布；当 $\lg(a)>0$，$b = 1$，$S^2/m = a$ 时为聚集分布，但不依赖于密度；当 $\lg(a)>0$，$b>1$，$S^2/m = amb-1$ 时为聚集分布，依赖于密度；当 $\lg(a)<0$，$b<1$ 时为均匀分布。

Blackith（1961）聚集均数 λ：$\lambda = (X/2Kc)\gamma$，其中 γ 为自由度，$2Kc$ 为概率为 0.05 时的 χ^2 分布值。当 $\lambda>2$ 时，其聚集是由昆虫本身的聚集习性和环境条件或由其中一个因素所引起；当 $\lambda<2$ 时，其聚集是由环境条件引起。

（2）结果与分析

1）对马铃薯小绿叶蝉种群动态的影响。对比不同年度、单作和套作系统中小绿叶蝉的种群密度（图5-26），发现小绿叶蝉雌虫、雄虫和种群总数在不同年度间均无显著性差异，但马铃薯单作田小绿叶蝉雌虫及其种群总数显著高于马铃薯套作田。2012 年，小绿叶蝉种群数量略低于 2013 年，但 2012 年种群数量变动幅度明显高于 2013 年；马铃薯单作田小绿叶蝉雌虫、雄虫和种群总数均高于马铃薯玉米套作田，且单作田小绿叶蝉种群数量变动幅度显著高于套作田。

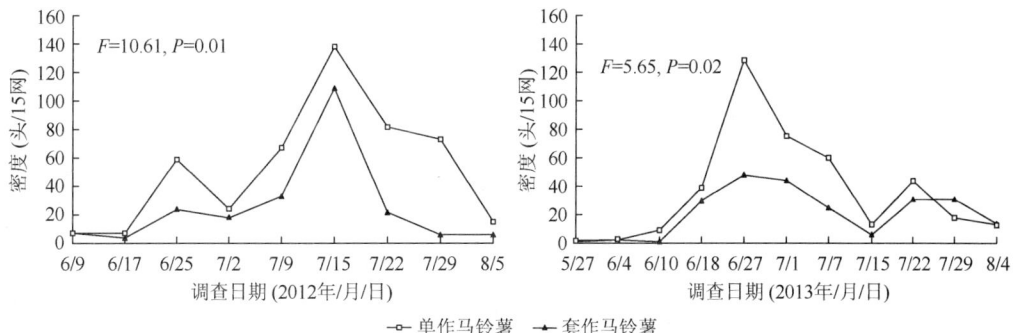

图 5-26 2012 年和 2013 年小绿叶蝉种群密度时间动态（头/15 网）

对比2012和2013年马铃薯单作和玉米套作马铃薯模式下小绿叶蝉种群动态，结果表明（图5-27），在整个调查季节，小绿叶蝉的种群动态均呈双峰型变化，2012年的第一高峰种群密度低于第二高峰种群密度，7月中旬小绿叶蝉种群密度最高；2013年的高峰期出现的时间滞后于2012年，第一高峰种群密度高于第二高峰种群密度，6月下旬种群密度最高。连续两年调查结果均表明单作田小绿叶蝉种群密度整体上均显著高于套作田的小绿叶蝉种群密度。

2）对小绿叶蝉种群空间分布格局的影响。分别采用丛生指标 I、聚集指数 Ca、扩散系数 C、负二项式分布 K 和聚集度 $m*/m$、综合分析测定 2012 年和 2013 年马铃薯单作与玉米套作马铃薯田小绿叶蝉的空间分布格局（表5-55和表5-56），分别记均匀分布为0，聚集分布为1，随机分布为2，对比分析调查期内不同种植模式下小绿叶蝉的种群空间分布图式（图5-27和图5-28）。

表5-55 2012年马铃薯单作和套作玉米小绿叶蝉空间分布型参数

种植模式	种群	时间	指标 I	指标 Ca	扩散系数 C	指标 K	指标 $m*/m$	分布型
单作	雌虫	6月9日	0.5716	1.7148	1.5716	0.5831	2.7148	聚集
		6月17日	—	—	—	—	—	—
		6月25日	1.8880	0.7654	2.8880	1.3065	1.7654	聚集
		7月2日	0.2142	0.3213	1.2142	3.1127	1.3213	聚集
		7月8日	−0.6837	−0.2442	0.3163	−4.0955	0.7558	均匀
		7月15日	1.7260	0.3547	2.7260	2.8196	1.3547	聚集
		7月21日	0.1220	0.0446	1.1220	22.4083	1.0446	聚集
		7月29日	1.1559	0.5254	2.1559	1.9033	1.5254	聚集
		8月5日	2.8981	3.1052	3.8981	0.322	4.1052	聚集
	雄虫	6月9日	−0.0713	−0.5346	0.9287	−1.8704	0.4654	均匀
		6月17日	0.1836	0.3935	1.1836	2.5415	1.3935	聚集
		6月25日	4.8310	3.2938	5.8310	0.3036	4.2938	聚集
		7月2日	0.6021	0.6451	1.6021	1.5502	1.6451	聚集
		7月8日	−0.5143	−0.3086	0.4857	−3.2407	0.6914	均匀
		7月15日	0.8681	0.2003	1.8681	4.9915	1.2003	聚集
		7月21日	1.4464	0.5424	2.4464	1.8437	1.5424	聚集
		7月29日	1.6607	0.6227	2.6607	1.6058	1.6227	聚集
		8月5日	0.000	2.25E−10	1.000	4.45E+10	1.0000	随机
	总体	6月9日	0.7958	1.7052	1.7958	0.5865	2.7052	聚集
		6月17日	0.1836	0.3935	1.1836	2.5415	1.3935	聚集
		6月25日	6.1720	1.5692	7.1720	0.6373	2.5692	聚集
		7月2日	1.3036	0.8147	2.3036	1.2274	1.8147	聚集
		7月8日	−0.4286	−0.0959	0.5714	−10.422	0.9041	均匀

续表

种植模式	种群	时间	指标 I	指标 Ca	扩散系数 C	指标 K	指标 m^*/m	分布型
单作	总体	7月15日	2.0155	0.2191	3.0155	4.5646	1.2191	聚集
		7月21日	1.8783	0.3478	2.8783	2.8749	1.3478	聚集
		7月29日	3.1937	0.6562	4.1937	1.5238	1.6562	聚集
		8月5日	3.0000	3.0000	4.0000	0.3333	4.0000	聚集
套作	雌虫	6月9日	0.1431	0.4294	1.1431	2.3289	1.4294	聚集
		6月17日	1.0008	7.5075	2.0008	0.1332	8.5075	聚集
		6月25日	0.7858	0.5894	1.7858	1.6968	1.5894	聚集
		7月2日	0.1431	0.4294	1.1431	2.3289	1.4294	聚集
		7月8日	−0.1786	−0.1339	0.8214	−7.4661	0.8661	均匀
		7月15日	4.9850	1.3118	5.9850	0.7623	2.3118	聚集
		7月21日	−0.0102	−0.0109	0.9898	−91.689	0.9891	均匀
		7月29日	−0.1430	−0.7150	0.8570	−1.3986	0.2850	均匀
		8月5日	0.3213	1.2049	1.3213	0.8300	2.2049	聚集
	雄虫	6月9日	0.5715	2.8575	1.5715	0.3500	3.8575	聚集
		6月17日	1.0008	7.5075	2.0008	0.1332	8.5075	聚集
		6月25日	−0.2145	−0.8042	0.7855	−1.2435	0.1958	均匀
		7月2日	0.9559	1.1029	1.9559	0.9067	2.1029	聚集
		7月8日	−0.1979	−0.2283	0.8021	−4.38	0.7717	均匀
		7月15日	1.8379	0.5302	2.8379	1.8862	1.5302	聚集
		7月21日	0.0358	0.0672	1.0358	14.8905	1.0672	聚集
		7月29日	0.5715	2.8575	1.5715	0.3500	3.8575	聚集
		8月5日	−0.0713	−0.5346	0.9287	−1.8704	0.4654	均匀
	总体	6月9日	1.1073	2.0762	2.1073	0.4816	3.0762	聚集
		6月17日	0.8568	3.2125	1.8568	0.3113	4.2125	聚集
		6月25日	0.8571	0.5357	1.8571	1.8667	1.5357	聚集
		7月2日	1.6428	1.3690	2.6428	0.7304	2.3690	聚集
		7月8日	−0.2727	−0.1240	0.7273	−8.0667	0.8760	均匀
		7月15日	5.8899	0.8105	6.8899	1.2338	1.8105	聚集
		7月21日	0.4480	0.3055	1.4480	3.2738	1.3055	聚集
		7月29日	0.0000	6.25E−12	1.0000	1.6E+11	1.0000	随机
		8月5日	0.0000	6.25E−12	1.0000	1.6E+11	1.0000	随机

表 5-56 马铃薯单作和套作小绿叶蝉空间分布 Taylaor 幂函数法则分析

年份	种植模式	种群	Taylor 幂法则回归	相关系数
2012	单作	雌虫	$\lg S^2 = 0.21950+0.93550\times\lg(m)$	$R=0.7303$
		雄虫	$\lg S^2 = 0.21126+1.22160\times\lg(m)$	$R=0.9373$
		总体	$\lg S^2 = 0.32404+1.17325\times\lg(m)$	$R=0.8737$
	套作	雌虫	$\lg S^2 = 0.22575+1.26984\times\lg(m)$	$R=0.9328$
		雄虫	$\lg S^2 = 0.19436+1.14763\times\lg(m)$	$R=0.9463$
		总体	$\lg S^2 = 0.23785+1.32892\times\lg(m)$	$R=0.9261$
2013	单作	雌虫	$\lg S^2 = 0.07711+1.34125\times\lg(m)$	$R=0.9677$
		雄虫	$\lg S^2 = 0.09501+1.15669\times\lg(m)$	$R=0.9539$
		总体	$\lg S^2 = 0.16152+1.28475\times\lg(m)$	$R=0.9814$
	套作	雌虫	$\lg S^2 = 0.08199+1.12158\times\lg(m)$	$R=0.9895$
		雄虫	$\lg S^2 = -0.00383+0.68310\times\lg(m)$	$R=0.6480$
		总体	$\lg S^2 = 0.15416+1.15290\times\lg(m)$	$R=0.9824$

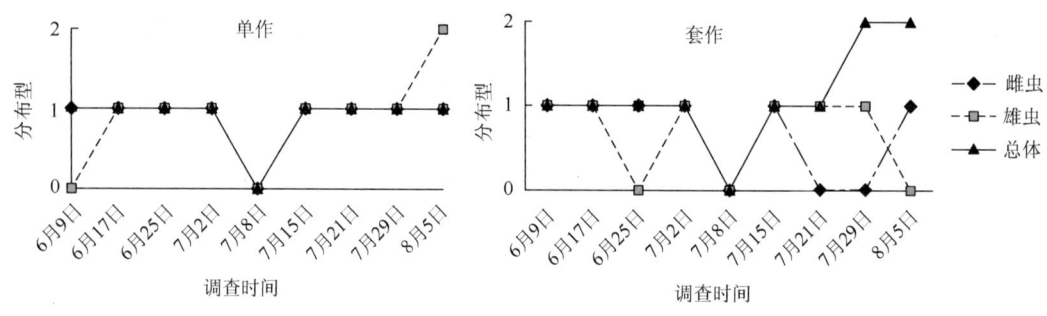

图 5-27 2012 年马铃薯小绿叶蝉空间分布图式动态分析

由图 5-28 知，2012 年小绿叶蝉雌虫在马铃薯单作和间作田以聚集分布为主，其中单作田在调查中期出现均匀分布，套作田在调查后期出现均匀分布；雄虫在马铃薯单作和套作田也以聚集分布为主，其在单作调查前期和中期出现均匀分布，后期出现随机分布，套作田调查中后期出现均匀分布；总体上看，小绿叶蝉在单作和套作马铃薯田的总体空间分布以聚集分布为主，但套作田内的聚集强度低于间作田，且套作田内小绿叶蝉的分布类型变化较丰富，在调查后期出现随机分布。

由表 5-55 和图 5-28 知，2013 年小绿叶蝉雌虫在马铃薯单作田以聚集分布为主，在调查前期和后期出现少量均匀分布型，而在马铃薯套作田随时间变化呈现为"均匀-聚集"交替变化趋势；雄虫在在马铃薯单作田内以均匀分布为主，套作田内以聚集分布为主；总体来看，小绿叶蝉在马铃薯单作和套作田以聚集分布为主，但在马铃薯单作田在前期和后期出现少数均匀分布，而马铃薯套作田前期和中期出现少数均匀分布格局。

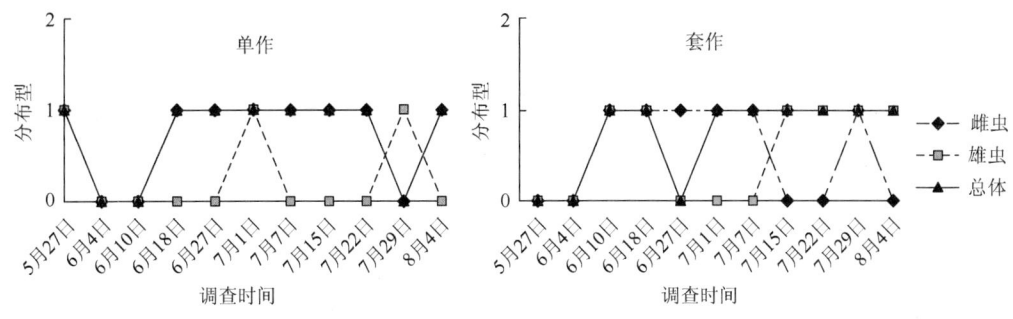

图 5-28 2013 年马铃薯小绿叶蝉空间分布图式动态分析

综合以上结果，小绿叶蝉雌虫、雄虫和总体种群空间格局随时间变化呈现不同的变化趋势，但在不同年份，不同种植模式下，其空间格局均以聚集分布为主，其中套作田小绿叶蝉空间格局类型较单作田变化丰富，且聚集强度低于单作田。

3）小绿叶蝉种群聚集原因分析。首先采用 Taylor 幂函数法则检验马铃薯小绿叶蝉种群空间分布型并分析空间分布格局是否与种群密度相关（表 5-56）；其次，根据 Blackith 昆虫种群空间聚集均数，进一步分析不同种群密度下马铃薯小绿叶蝉种群聚集分布的原因（表 5-57）。

由 Taylor 幂函数法则回归方程分析结果知，连续两年马铃薯单作和玉米套作马铃薯田间调查中，小绿叶蝉种群参数中绝大多数 $\lg(a)$ 大于 0，b 大于 1，种群空间分布型表现为依赖于密度的聚集分布（表 5-57）。

表 5-57　马铃薯单作和间作小绿叶蝉空间分布 Blackith 指数分析

时间	种植模式	种群	公共 K 值	$2K_c$ 值	聚集度 λ	种群密度 m
2012 年	单作	雌虫	2.294 93	4.589 86	2.070 939	0.965 746
		雄虫	1.407 81	2.815 62	2.629 063	0.760 727
		总体	1.554 77	3.109 54	2.580 077	0.775 171
	套作	雌虫	1.340 96	2.681 92	2.651 347	0.754 334
		雄虫	1.662 80	3.325 6	2.544 067	0.786 143
		总体	1.441 67	2.883 3	2.617 777	0.764 007
2013 年	单作	雌虫	3.719 65	7.439 3	1.858 45	1.076 166
		雄虫	2.872 74	5.745 48	2.140 753	0.934 251
		总体	2.924 29	5.848 58	2.123 57	0.941 81
	套作	雌虫	4.305 99	8.611 98	1.663 003	1.202 643
		雄虫	5.633 91	11.267 8	1.220 363	1.638 856
		总体	2.931 89	5.863 78	2.121 037	0.942 935

根据 Blackith 提出的昆虫种群空间聚集原因的计算方法知，当 $\lambda = 2$ 时，种群密度 $m = 0.95$ 头。因此，当小绿叶蝉平均密度 <0.95 头/丛时，其在马铃薯田的聚集与当时马

铃薯生长状况有关，而当平均密度≥0.95头/丛时，小绿叶蝉在马铃薯田的聚集分布除与马铃薯的生长发育状况有关外，还可能与其本身的习性有关。2012年和2013年单作田和套作田内马铃薯小绿叶蝉总体种群密度均低于0.95，故本研究中的小绿叶蝉种群聚集原因主要与马铃薯生长状况有关。但2012年和2013年单作田雌虫以及2013年间作田雌、雄虫种群密度均大于0.95，故单独分析雌虫或雄虫种群聚集原因时，除与马铃薯的生长发育状况有关外，还与该虫聚集习性有关。

（3）评价

玉米套作马铃薯种植具有良好的经济效益和生态效应，已成为云南省马铃薯的主要种植模式。本研究针对不同种植模式下马铃薯重要害虫小绿叶蝉发生的时间动态进行对比分析，发现两种种植模式下，马铃薯单作田小绿叶蝉雌虫、雄虫和种群总数均高于玉米马铃薯套作田，且单作田小绿叶蝉种群数量变动幅度显著高于间作田。研究结果表明玉米套作马铃薯可降低田间小绿叶蝉的种群密度，减少种群数量波动幅度。

作物多样性种植对昆虫空间分布有一定的影响。本研究发现小绿叶蝉种群空间格局以聚集分布为主，但套作田中小绿叶蝉聚集强度低于单作田，表明玉米套作马铃薯种植可降低小绿叶蝉种群的聚集程度，该结果与周海波等、董洁等报道的间作对麦长管蚜空间分布格局影响的研究结果一致，也与张晓明等研究发现的作物间作对烟粉虱未成熟虫期种群空间分布格局影响的研究结果相似。由此表明，适当的作物套作可以影响害虫的空间分布，使其聚集程度降低。同时，本研究发现，小绿叶蝉种群空间格局随时间变化呈现不同的变化趋势，套作田小绿叶蝉空间格局类型较单作田变化丰富，与上述文献报道存在差异，这可能与调查时间地点以及目标害虫不同有关。

本研究还发现，马铃薯小绿叶蝉空间分布型表现为依赖于密度的聚集分布，且当小绿叶蝉平均密度＜0.95头/丛时，其在马铃薯田的聚集与马铃薯生长发育状况有关，而当平均密度≥0.95头/丛时，小绿叶蝉在马铃薯田内的聚集分布与马铃薯生长发育和该虫聚集习性有关。该结果与程鸣坷和周坚，朱俊庆研究结果一致，即小绿叶蝉的空间聚集分布与种群密度相关，且不同密度下聚集原因有所不同。然而，朱建国等研究得出茶小绿叶蝉田间的空间分布型都为波阿松随机分布型，种群中虫体个体间的相互作用不大，不同茶树品种上小绿叶蝉空间分布型差异不大。陈向阳等通过聚集度指标法测定草坪上小绿叶蝉空间分布型为聚集分布，分布的基本成分为个体群，而且个体间相互吸引，这与本研究结果不同，这可能是由于以上研究只对单一虫口密度下的分布格局进行分析比较，而对不同虫口密度下的分布型未作深入探讨。

作物套作种植对小绿叶蝉种群动态的影响包括直接影响和间接影响。本研究根据马铃薯单作田与套作田间小绿叶蝉种群数量消长动态和空间分布格局，来比较套作种植对小绿叶蝉种群时空动态的影响，探究影响小绿叶蝉种群时空动态的原因。然而天敌也是影响害虫种群动态的重要因素，套作能增加农田的生物多样性，从而会提高自然天敌对小绿叶蝉的控制作用。因此，套作对小绿叶蝉天敌种群动态的影响以及其与小绿叶蝉种群动态的相关性都有待进一步研究。并且，不同种植模式下小绿叶蝉的种群动态也会存在差异，不同田间配置的套作模式对小绿叶蝉种群动态的影响也有待进一步的研究。

5.3.4 金龟子绿僵菌 KMa0107 对马铃薯块茎蛾的侵染致病效应

试验案例名称：金龟子绿僵菌 KMa0107 对马铃薯块茎蛾的侵染致病效应。

试验时间：2014~2015 年。

试验设计及执行人：李正跃、郑亚强、宋盛杰、陈斌、肖关丽、杨磊、罗春萍。

试验地点：云南农业大学植物保护学院。

试验背景：马铃薯块茎蛾是田间与储藏期马铃薯植株及薯块的主要害虫。至今化学防治仍是防治该虫的主要措施，化学防治带来的 3R（即抗性、再增猖獗、残留）问题使人们认识到寻找安全有效的生物防治措施将成为马铃薯块茎蛾综合治理的发展方向。虫生真菌因其自然的及其与环境的相容性，在害虫种群自然控制及害虫生防制剂开放中备受关注，对马铃薯块茎蛾的寄生真菌种类及其毒力研究也已成为马铃薯块茎蛾研究的重内容，然而主要种类均为球孢白僵菌，孙跃先等在室内测定了球孢白僵菌和布氏白僵菌对马铃薯块茎蛾 3 龄幼虫的毒力，发现球孢白僵菌和布氏白僵菌对马铃薯块茎蛾幼虫均具有一定的毒力，其中高毒力球孢白僵菌株在 10^8 个/毫升孢子浓度接种处理马铃薯块茎蛾 3 龄幼虫后，其校正死亡率近 90%。国外研究发现，球孢白僵菌对贮藏期马铃薯块茎蛾具有良好的控制作用。金龟子绿僵菌作为一种传统的虫生真菌，也是当今国内外真菌杀虫剂的重要类群，已广泛用于农林害虫的综合防治中。而有关绿僵菌对马铃薯块茎蛾侵染致病效应研究尚未见报道。因此，开展绿僵菌对马铃薯块茎蛾的致病性研究，将有利于马铃薯块茎蛾生防菌株的筛选及绿僵菌杀虫剂的开发。

（1）材料和方法

1）供试虫源。马铃薯块茎蛾［*Phthorimaea operculella*（Zeller）］为室内饲养繁殖建立的稳定种群。

2）供试菌株及其孢子悬浮液的配制。金龟子绿僵菌 KMa0107 菌株分离自罹病棕色金龟（*Holotrichia titanis*）幼虫。将该菌在萨氏葡萄糖琼脂基于 25℃±1℃，16L：8D 条件的光照培养箱中培养 7 天，挑取培养基表面的分生孢子，用含 0.05%吐温-80 湿润剂的 0.003 摩尔/升 KH_2PO_4 缓冲液将分生孢子制成浓度为 $1.15×10^8$ 孢子/毫升的孢子悬浮液，再逐步稀释成 $1.15×10^7$、$1.15×10^6$、$1.15×10^5$、$1.15×10^4$ 和 $1.15×10^3$ 孢子/毫升浓度梯度供试验用。

同时，取少量配制好的孢子悬浮液涂于 0.05%含氯霉素的萨氏培养基上于 28℃±1℃、16L：8D 培养 48 小时，再在显微镜下检测孢子萌发率。

3）毒力测定方法。采用浸渍法接种，选取龄期一致的 2、3、4 龄马铃薯块茎蛾幼虫，分别浸于 $1.15×10^8$、$1.15×10^7$、$1.15×10^6$、$1.15×10^5$、$1.15×10^4$ 和 $1.15×10^3$ 孢子/毫升孢子悬浮液中，以 0.05%吐温-80 无菌水作为空白对照，浸渍 5 秒后取出，用灭菌滤纸吸干多余水分。然后将接种后的幼虫放入直径 12 厘米的消毒培养皿内，每皿放置 10 头，每个处理 30 头，重复 5 次。在培养皿盖覆有一张吸少量蒸馏水的滤纸保湿，培养皿内放入新鲜马铃薯薯块（'合作88'）供食，然后置于 25℃、光照 16L：8D 和相对湿度（85±5）%培养箱中培养。每日定期检查并记录死亡的马铃薯块茎蛾数量，并将死亡的幼虫挑到皿底放有湿滤纸的灭菌培养皿中保湿培养，根据虫体是否长出菌丝及菌丝形态确定各虫的死亡原因。处理期间，每 2 天更换一次新鲜薯块。

4)侵染致病效应分析。"时间-剂量-死亡率"模型（time-dose-mortality model，TDM）中的时间效应（如 LT_{50} 和 LT_{90}）、剂量效应（如 LC_{50} 和 LC_{90}）及时间与剂量间的互作效应计算与分析均通过 DPS 数据处理系统 14.0 软件完成。

（2）结果与分析

1）马铃薯块茎蛾幼虫的逐日死亡动态。试验中所配制的孢子悬浮液各组成成分对金龟子绿僵菌分生孢子无毒副作用，镜检发现其孢子萌发率均在 95% 以上。测定过程中，空白对照组幼虫的死亡率均为 6.67%，均未表现出绿僵菌感染的症状及绿僵菌菌丝长出。

绿僵菌 KMa0107 菌株不同浓度孢子液对供试马铃薯块茎蛾 2、3、4 龄幼虫的感染致病力不同，各浓度处理后马铃薯块茎蛾各龄幼虫逐日累计死亡率（图 5-29）。结果表明，在连续 7 天的观察时限内，马铃薯块茎蛾幼虫的累积死亡率随着接种浓度的升高而增加。在接种第 2 天，经绿僵菌各浓度孢子悬浮液处理后的幼虫均开始死亡，且 2、3、4 龄幼虫分别在接种后第 5、6 和 7 天达到死亡高峰，随接种浓度的增加，各处理幼虫的死亡率也随之增加，用 1.15×10^8 孢子/毫升接种后，马铃薯块茎蛾 2、3 和 4 龄幼虫死亡率分别为 96.67%、90.00% 和 83.33%。

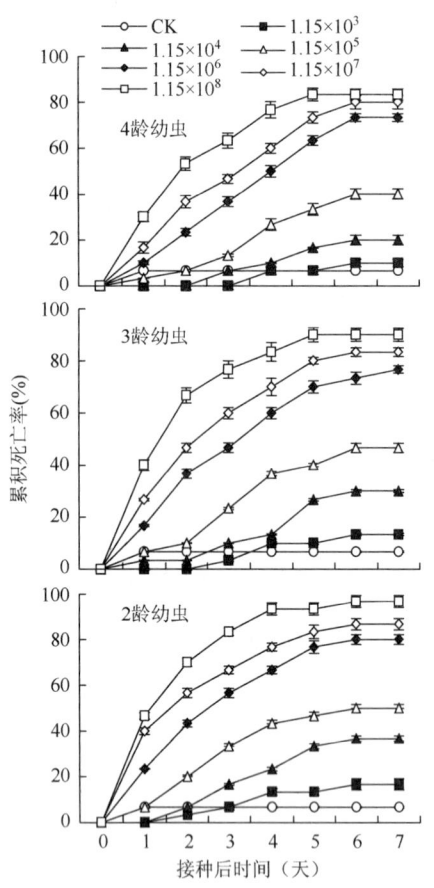

图 5-29 马铃薯块茎蛾逐日累积死亡率

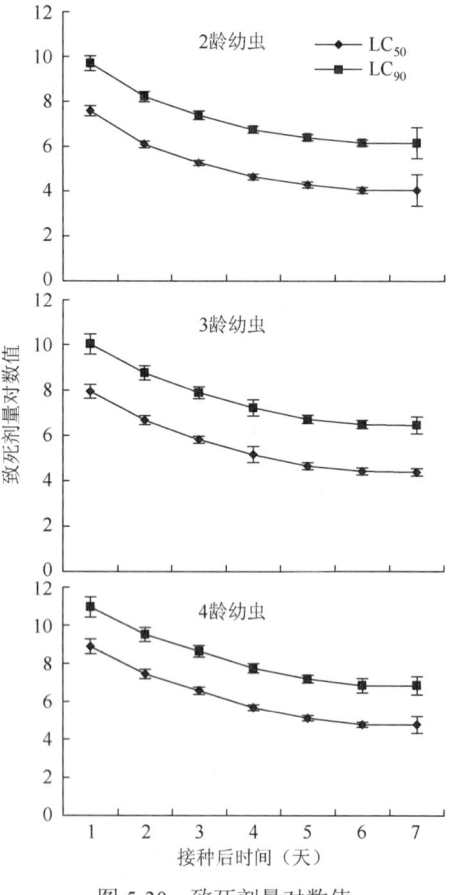

图 5-30 致死剂量对数值

2）绿僵菌菌株 KMa0107 对马铃薯块茎蛾幼虫的侵染致病力。根据马铃薯块茎蛾 2、3、4 龄幼虫前 7 天的累计死亡率数据，与对照组的自然死亡率进行校正后，进行"时间-剂量-死亡率"模型模拟分析和参数估计，获得绿僵菌菌株 KMa0107 对马铃薯块茎蛾幼虫侵染致病力，其中 TDM 模型的方程系数 γ_1 即表示侵染致病效应（表 5-58）。由表 5-58 中结果可以看出，绿僵菌 KMa0107 对马铃薯块茎蛾 2、3 和 4 龄幼虫侵染致死的效应参数（TDM 模型的方程系数 γ_1）较高，分别为 0.5665、0.4632 和 0.3765，表明接种绿僵菌后对马铃薯块茎蛾幼虫均具有一定的侵染致病力，其中对 2 龄幼虫的侵染致死的效应参数（TDM 模型的方程系数 γ_1）最大，其次为 3 龄和 4 龄幼虫，由此表明马铃薯块茎蛾 2 龄幼虫对接种孢子浓度的增加的反应最为敏感，而 4 龄幼虫对接种孢子浓度增加的反应敏感程度较弱。同时，各处理剂量与时间效应参数的 t 测验值均达到极显著水平（$P<0.01$），即标准误差相对于参数估计值极小，表明绿僵菌菌株 KMa0107 对马铃薯块茎蛾的侵染致病剂量效应与时间效应极显著。时间效应参数在 2、3、4 龄幼虫接种后第 6 天时，与实验观察中的死亡高峰期相吻合。

表 5-58　绿僵菌对马铃薯块茎蛾幼虫的 TDM 模型模拟与参数估计

	估计值	方程系数 γ_1	标准误	T 检验值	估计值	参数	方差 var(τ)	协方差 cov(τ, β)
2 龄幼虫	γ_1	0.5665	0.0718	7.8885	τ_1	0.5665	0.0017	0.0017
	γ_2	−4.6600	0.4856	9.5973	τ_2	−4.6600	0.0746	−0.0102
	γ_3	−4.3837	0.4437	9.8809	τ_3	−3.8191	0.0621	−0.0097
	γ_4	−4.3314	0.4343	9.9736	τ_4	−3.3500	0.0564	−0.0093
	γ_5	−4.5016	0.5066	8.8866	τ_6	−2.7893	0.0501	−0.0088
	γ_6	−4.1812	0.4285	9.7574	τ_5	−2.9883	0.0523	−0.0090
	γ_7	−4.7292	0.5288	8.9437	τ_7	−2.6550	0.0485	−0.0086
	γ_8	−16.890	1.4523	0	τ_8	−2.6550	0.1977	−0.0086
3 龄幼虫	γ_1	0.4632	0.0753	7.6544	τ_1	0.4632	0.0027	0.0027
	γ_2	−4.9504	0.5005	9.8906	τ_2	−4.9504	0.1204	−0.0164
	γ_3	−4.8758	0.5037	9.6799	τ_3	−4.2192	0.1091	−0.0163
	γ_4	−4.6565	0.4641	10.0340	τ_4	−3.7210	0.0969	−0.0155
	γ_5	−4.4784	0.4572	9.7968	τ_6	−3.3365	0.0892	−0.0150
	γ_6	−4.4243	0.4729	9.3562	τ_5	−3.0461	0.0851	−0.0147
	γ_7	−5.0130	0.5389	9.3024	τ_7	−2.9150	0.0820	−0.0144
	γ_8	−6.7488	1.1941	5.6518	τ_8	−2.8937	0.0817	−0.0143
4 龄幼虫	γ_1	0.3765	0.0840	6.8983	τ_1	0.3765	0.0027	0.0027
	γ_2	−5.5191	0.5837	9.4556	τ_2	−5.5191	0.1326	−0.0166
	γ_3	−5.2503	0.5794	9.0617	τ_3	−4.6826	0.1144	−0.0164

续表

	估计值	方程系数 γ_1	标准误	T检验值	估计值	参数	方差 var(τ)	协方差 cov(τ, β)
4龄幼虫	γ_4	−5.0918	0.5308	9.5932	τ_4	−4.1733	0.1023	−0.0158
	γ_5	−4.6019	0.5196	8.8571	τ_6	−3.3280	0.0883	−0.0149
	γ_6	−4.5630	0.4967	9.1875	τ_5	−3.6561	0.0926	−0.0152
	γ_7	−4.8470	0.5190	9.3392	τ_7	−3.1300	0.0841	−0.0145
	γ_8	−37.0098	2.6831	0	τ_8	−3.1300	0.0841	−0.0145

由 DPS 系统所建的金龟子绿僵菌对马铃薯块茎蛾的侵染致病模型均通过 Hosmer-Lemeshow 拟合异质性检验，其中 2 龄幼虫，模拟 $C = 3.57$，$df = 8$，$X^2_{0.05} = 15.51$；3 龄幼虫 $C = 6.83$，$df = 8$，$X^2_{0.05} = 15.51$；4 龄幼虫 $C = 8.68$，$df = 8$，$X^2_{0.05} = 14.07$。

综合以上结果，不同浓度下金龟子绿僵菌 KMa0107 对马铃薯块茎蛾 2、3、4 龄幼虫具有明显的侵染致病力，且存在该绿僵菌菌株与马铃薯块茎蛾幼虫间的互作关系。

3）绿僵菌菌株 KMa0107 对马铃薯块茎蛾幼虫侵染致病的剂量效应。根据 TDM 模型估计的绿僵菌接种马铃薯块茎蛾幼虫后不同时间的剂量效应值结果，接种绿僵菌孢子悬浮液使其侵染致死马铃薯块茎蛾不同龄期幼虫，侵染所需的孢子悬浮液浓度随接种天数的增加而随之减少（图 5-30）。其 2 龄幼虫在接种后第 3、5 和 7 天时，LC_{50} 估计值分别为 1.85×10^6、1.89×10^5 和 1.10×10^5 孢子/毫升，即表现为相应的 LC_{50} 和 LC_{90} 也随之而降低。3 龄和 4 龄幼虫被接种后第 3、5 和 7 天时，LC_{50} 估计值分别为 6.59×10^7、4.45×10^5、2.41×10^5 孢子/毫升与 3.69×10^7、1.28×10^6、5.85×10^5 孢子/毫升。

从 LC_{90} 估计值来看，马铃薯块茎蛾 2 龄幼虫在接种后第 3、5 和 7 天时，LC_{90} 估计值分别为 2.43×10^8、2.49×10^7 和 1.44×10^7 孢子/毫升。3 龄和 4 龄幼虫在被接种后第 3、5 和 7 天时，LC_{50} 估计值分别为 7.97×10^8、5.86×10^7、2.93×10^7 孢子/毫升与 4.34×10^9、1.51×10^8、6.89×10^7 孢子/毫升。

4）绿僵菌对马铃薯块茎蛾幼虫侵染致病的时间效应。金龟子绿僵菌对马铃薯块茎蛾各龄幼虫侵染致病的时间随着接种浓度的增加而逐渐降低（表 5-59）。当用 1.15×10^5 孢子/毫升孢子悬浮液接种 2 龄幼虫时，致死 LT_{50} 为 5.91 天，用 1.15×10^8 孢子/毫升孢子悬浮液接种时 LT_{50} 降为 1.33 天。用 1.15×10^5 孢子/毫升接种 3 龄和 4 龄幼虫时的 LT_{50} 分别为 4.18 天和 5.14 天，当用 1.15×10^7 孢子/毫升孢子悬浮液接种 3 龄和 4 龄幼虫时其 LT_{50} 分别降为 1.67 天和 2.42 天，在用高浓度 1.15×10^8 孢子/毫升接种 3 龄和 4 龄幼虫时，其 LT_{50} 则从接种 1.15×10^6 孢子/毫升时的 1.67 天和 2.42 天降低到很小范围，以至超出估算范围。

表 5-59 金龟子绿僵菌对马铃薯块茎蛾各龄幼虫的 LT_{50} 和 LT_{90}

幼虫龄期	LT_{50}/LT_{90}	不同处理浓度（孢子/毫升）下的致死时间（天）			
		10^5	10^6	10^7	10^8
2 龄幼虫	LT_{50}	5.91	3.31	2.04	1.33
	LT_{90}	—	—	—	3.57

续表

幼虫龄期	LT_{50}/LT_{90}	不同处理浓度（孢子/毫升）下的致死时间（天）			
		10^5	10^6	10^7	10^8
3龄幼虫	LT_{50}	4.18	2.70	1.67	—
	LT_{90}	—	—	—	4.39
4龄幼虫	LT_{50}	5.14	3.55	2.42	—
	LT_{90}	—	—	—	5.38

注："—"表示在相应接种处理浓度下无法估算此值

从接种处理后供试马铃薯块茎蛾各龄幼虫的 LT_{90} 值来看，在低于 1.15×10^8 孢子/毫升的浓度处理中，各龄幼虫的最终死亡率均低于90%，因此计算不出 LT_{90} 值。

由此可见，在相同接种浓度下，马铃薯块茎蛾2龄幼虫致死所需的时间最短，其次为3龄幼虫，4龄幼虫致死所需的时间最长。且在接种处理后前3天时间内，可引起种群50%个体的致病而死亡。

（3）评价

金龟子绿僵菌是当前害虫微生物生物制剂开发应用中的重要虫生真菌。本研究发现，金龟子绿僵菌 KMa0107 对马铃薯块茎蛾幼虫具有较强的致病力，用浓度 1.12×10^7 孢子/毫升接种马铃薯块茎蛾 2、3 和 4 龄幼虫后第 7 天时的累积死亡率分别为 96.67%、90.00% 和 80.00%，在同浓度孢子悬浮液处理后，其累积死亡率均高于球孢白僵菌，表明该菌株在马铃薯块茎蛾生物防治中具有良好的开发潜能。

昆虫虫龄是影响虫生真菌的侵染致病力的重要因素之一，不同龄期幼虫体壁结构与发达程度存在一定差异，因而使真菌孢子的侵染能力也存在一定差异。此外，昆虫不同龄期对不同种虫生真菌侵染的敏感性也不相同，如小菜蛾 2 龄幼虫对玫烟色拟青霉的侵染敏感性高于 3 龄和 4 龄幼虫，而 3 龄和 4 龄幼虫对球孢白僵菌的侵染却比 2 龄幼虫更为敏感。本研究发现，马铃薯块茎蛾 2 龄幼虫对绿僵菌菌株 KMa0107 的侵染敏感性高于 3 龄和 4 龄，但其 2 龄幼虫与 3 龄和 4 龄幼虫对球孢白僵菌及其他虫生真菌的侵染敏感性间是否存在差异，还值得进一步深入研究。

本研究利用"时间-剂量-死亡率"模型分析了绿僵菌 KMa0107 对马铃薯块茎蛾不同龄期幼虫的致病力，明确了绿僵菌菌株 KMa0107 对马铃薯块块茎蛾 2、3 和 4 龄幼虫侵染致病的时间效应和剂量效应，表明 2、3、4 龄幼虫在接种后第 7 天时，LC_{50} 估计值为 10^5 孢子/毫升，LC_{90} 估计值为 10^7 孢子/毫升。当用浓度为 1.15×10^7 孢子/毫升孢子悬浮液接种 2、3、4 龄幼虫时，其 LT_{50} 均小于 3 天，分别为 2.04 天、1.67 天和 2.42 天，表明当接种 1.15×10^7 孢子/毫升绿僵菌孢子悬浮液后 3 天内即可引起 50% 个体的感染死亡，该结论也与生物测定结果相同。由此表明，金龟子绿僵菌 KMa0107 对马铃薯块茎蛾幼虫的侵染致病效应可通过"时间-剂量-死亡率"模型进行拟合完成。

5.3.5 马铃薯冬作区不同药剂对地下害虫防效及残留分析技术及案例

试验案例名称： 马铃薯冬作区不同药剂对地下害虫防效及残留分析技术案例。

试验时间：2015～2016 年。

试验设计及执行人：谢文娟、陈际才。

试验地点：德宏芒市大湾村。

试验背景：试验地设在德宏州农业技术推广中心大湾基地，东经 98°36′、北纬 24°29′，海拔 900 米，试验期间平均气温偏高，降雨量偏少，靠增加灌溉次数提供马铃薯生长发育所需水分，12 月中旬出现短期低温天气，前作为水稻，沙壤土，肥力中等。

（1）材料与方法

供试作物：马铃薯'丽薯6号'。

供试药剂：①联苯·噻虫胺（1%颗粒），生产企业：真格生物科技有限责任公司。②乐斯本（15%颗粒），生产企业美国陶氏益农公司。③妙丹克百·敌百虫（敌百虫2%克百威1%颗粒），生产企业陕西安德瑞普生物化学有限公司。④丁硫·毒死蜱（5%颗粒），生产企业浙江省绍兴天诺农化有限公司。⑤辛硫·甲拌磷10%（甲拌磷4%辛硫磷6%粉末）生产企业山东省淄博市淄川黉阳农药有限公司。⑥克百威（3%颗粒），生产企业：安阳市红旗药业有限公司。⑦毒辛（5%颗粒），生产企业：江苏嘉隆化工有限公司。

试验设计：试验采用随机区组排列试验设计，设 8 个处理 3 次重复，小区面积 20 平方米，以不施用地下害虫防治药剂处理为对照，其他田间操作措施均相同，本试验最终目的是筛选出冬马铃薯生产中安全有效的地下害虫防治药剂，因此不同药剂施用量以厂家最大指导量施用。处理 1，联苯·噻虫胺（1%颗粒）500 克/亩；处理 2，乐斯本（15%颗粒）150 克/亩；处理 3，妙丹克百·敌百虫（敌百虫2%克百威1%颗粒）300 克/亩；处理 4，丁硫·毒死蜱（5%颗粒）150 克/亩；处理 5，辛硫·甲拌磷10%（甲拌磷4%辛硫磷6%粉末）300 克/亩；处理 6，克百威（3%颗粒）250 克/亩；处理 7，毒辛（5%颗粒）300 克/亩；处理 8 空白对照。

播种前进行深犁细耙，施农家肥 1000 千克为底肥，N∶P∶K=15∶15∶15 复合肥 80 千克、尿素 10 千克、过磷酸钙 40 千克、硼砂 2 千克、锌肥 1 千克。第一次追肥在齐苗期，结合中耕管理追施尿素 10 千克；第二次追肥在现蕾期，追施尿素 5 千克。

（2）试验结果

1）不同药剂对马铃薯块茎虫害的防治效果。以被害块茎计算，7 个不同药剂施用处理防效均高于对照，其中联苯·噻虫胺（1%颗粒）和乐斯本（15%颗粒）防治效果最好，均为 100%；其次为丁硫·毒死蜱（5%颗粒），防治效果为 96.7%；克百威（3%颗粒）和毒辛（5%颗粒）防治效果相当，均在 90% 以上。克百·敌百虫（3%颗粒）和辛硫·甲拌磷（5%粉末）效果最差，防效均在 85% 以下（图 5-31）。

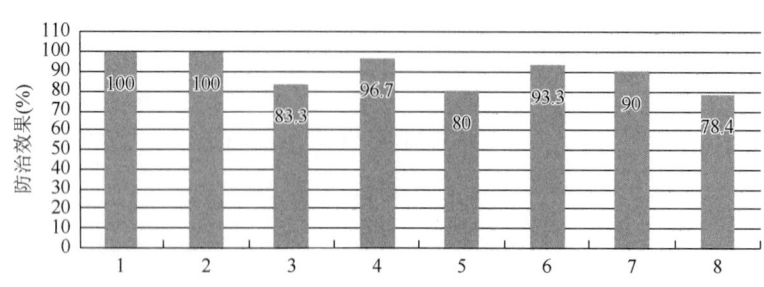

图 5-31　不同药剂对马铃薯块茎虫害的防治效果（%）

2）不同药剂处理块茎的农药残留情况。收获的块茎不含农药残留（表5-60）。说明所选用的药剂在冬马铃薯生长过程可能不被马铃薯吸收，或者吸收以后在马铃薯生育晚期也已经完全被分解，因此表明在冬马铃薯生产中可以有效安全的施用以上农药用于防治地下害虫。

表5-60 马铃薯块茎农药残留检测

检测项目	农残名称试验处理	烯酰吗啉	嘧菌酯	联苯聚酯	毒死蜱	克百威	敌百虫	辛硫磷	甲拌磷
农药残留含量	①	未检出	未检出	未检出	—	—	—	—	—
	②	未检出	未检出	—	未检出	—	—	—	—
	③	未检出	未检出	—	—	未检出	未检出	—	—
	④	未检出	未检出	—	—	未检出	未检出	—	—
	⑤	未检出	未检出	—	—	—	—	未检出	未检出
	⑥	未检出	未检出	—	—	未检出	—	—	—
	⑦	未检出	未检出	—	未检出	—	—	未检出	—
	CK（对照）	未检出	未检出	—	未检出	未检出	未检出	—	—

注：1) 依据GB/T 20769—2008，NY/T 761—2008
2) 检出限：烯酰吗啉0.50微克/千克、嘧菌酯0.05微克/千克、克百威0.10微克/千克、辛硫磷1.00微克/千克、联苯菊酯0.008毫克/千克、毒死蜱0.008毫克/千克、敌百虫0.008毫克/千克、甲拌磷0.006毫克/千克
3) "—"表示未施该农药

（3）试验结果

供试的7种药剂均能防治马铃薯地下害虫，且无残留问题。

（4）评价

以上几种药剂德宏市场零售价为：联苯·噻虫胺100克/25元；乐斯本100克/35元；妙丹克百·敌百虫100克/25元；丁硫·毒死蜱100克/40元；辛硫·甲拌磷100克/15元；克百威100克/15元；毒辛100克/8元，不同厂家及地区销售价格可能存在差异。德宏州以上药剂按厂家最大指导施用量施用投入成本为：联苯·噻虫胺100元/亩、乐斯本52.5元/亩、妙丹克百·敌百虫75元/亩、丁硫·毒死蜱60元/亩、辛硫·甲拌磷45元、克百威37.5元/亩、毒辛18元/亩。以德宏冬马铃薯平均单产为1800千克/亩，以2016年冬马铃薯平均价格2500元/吨计算，施用药剂处理均能增加经济效益，7个药剂处理较对照（CK）分别增收972.0、972.0、220.5、823.5、72.0、670.5、522.0元/亩，其中处理7毒辛投入产出比最高达1:29，其次为处理2乐斯本1:18.5，处理6克百威为1:17.9，处理3和处理5投入产出比较低，仅为1:2.9和1:1.6。不同地区不同生产企业药剂零售价格存在一定差异，选择药剂时可根据当地情况选择安全高效广谱低价的杀虫剂进行虫害防治。

供试的7个药剂对冬马铃薯地下害虫均有很好的防治效果。联苯·噻虫胺（1%颗粒），和乐斯本（15%颗粒）防治效果最佳，两者可以在生产中推广应用。经过检测，7种药剂在马铃薯收获时块茎均不含农药残留，因此表明当前市面上所销售的地下害虫防治药剂能安全有效地在冬马铃薯生产中应用。以上药剂试验仅研究了冬马铃薯播种覆土前施用药剂

的残留情况，未研究其他作物及冬马铃薯覆土后药剂施用残留情况，因此药剂施用一定要依照药剂说明及特性安全施用，以确保作物安全收获。

5.4 云南马铃薯重要病害晚疫病大田防控技术案例

马铃薯晚疫病是危害云南马铃薯生产的重要病害，常年造成 20%~50%的产量损失，严重的可导致绝收，大田防控技术实施可以有效减少损失。

试验案例名称： 马铃薯晚疫病大田防控技术案例。

试验时间： 2016 年。

试验设计及执行人： 黄开顺、王进。

试验地点： 昭通市昭阳区靖安镇松杉村西魁种植专业合作。

试验背景： 对 2015 年初选有苗头的 7 个品种进行晚疫病药剂防治效果比较，以期得出各品种药剂防控的真实效果，指导示范推广。

试验点地理气候概况： 该区年平均温度 10℃，年降雨量 900 毫米。马铃薯、荞麦为主要农作物，大春一季种植。土壤类型为山地黄棕壤。海拔 2165 米，东经 103°41′30″、北纬 27°35′32″，东西坡向。中等肥力，前作为马铃薯。

（1）试验设计

参试品种：'靖薯 6 号' '冀张薯 8 号' 'YS505' '云薯 801' 'S10-209' '05-320' 'ZT014' 'ZT003'，以'会-2'为对照。

试验处理及田间设置：试验设用药防治和不用药防治两个处理。每处理均以 8 个品种为裂区。用药防治处理：自疫病初发（现蕾至初花期）开始每隔 7~10 天用药防治一次共 4 次。不用药防治处理：全生长期均不用药防治。

田间设置：选地力均匀的地块，双行垄作，复带 1.1 平方米，每组每裂区（品种）三个复带，长 10 米、宽 3.3 米，小区面积 33 平方米。不设重复。

主要技术：播种期 3 月 15 日、切块播种。双行垄作，1.1 米下线，小行距 40 厘米，株距 40 厘米，密度 2908 株/亩，地膜全程覆盖。每亩施农家肥 800 千克，尿素 40 千克、专用肥（N:P:K = 7:5:9）2 包（计 80 千克）2:1 混匀后按每亩 78 千克一次性作底肥施用。于 5 月 20 日用 70%丙森锌、6 月 17 日用杜帮克露、6 月 26 日用银法利、7 月 4 日用安克实施药剂防治。同时喷等量清水于对照。全生长期实行地膜全程覆盖。生长期自晚疫病初发起每隔 7~15 天，田间目测各品种晚疫病发生，计算发病百分率，共观察 8 次。成熟收获时各小区单收并作大小分级称重。

（2）结果分析

1）晚疫疫病发生情况。自晚疫病开始发病起每隔 7~10 天，田间目测观察各品种晚疫病发生情况，直至感病率达 100%止，共观察 8 次。结果表明：用药防治可显著降低晚疫病发病率，防治的比不防的平均可降低发病率 14.42%。参试 8 个品种用药防治均有一定效果，各品种防效最好的是'ZT003'，比不防治降低发病率 31.88%；其次是对照'会-2'，比不防治的降低发病率 23.13%；再次是'冀张薯 8 号'比不防降低 18.75%。防效最差的前三位是：'05-320'防效仅比不防降低 3.5%；其次是'靖薯 6 号'，比不防降低 4.25%；再次是'S10-209'比不防降低 4.32%；7 月 6 日以前防治效果最好，发病率降低 34.75%，次后逐渐降低（表 5-61）。

表 5-61 马铃薯晚疫病防控试验田间观察记载表

品种	处理名称	晚疫病感病率（%）								平均感病率（%）
		6月29日	7月6日	7月13日	7月27日	8月2日	8月12日	8月19日	8月25日	
冀张薯8号	不防	80	100	100	100	100	100	100	100	97.50
	防	20	40	70	100	100	100	100	100	78.75
	防比不防增	-60	-60	-30	0	0	0	0	0	-18.75
ZT003	不防	60	90	95	100	100	100	100	100	93.13
	防	20	30	40	50	60	90	100	100	61.25
	防比不防增	-40	-60	-55	-50	-40	-10	0	0	-31.88
云薯801	不防	20	70	90	100	100	100	100	100	85.00
	防	5	7	20	100	100	100	100	100	66.50
	防比不防增	-15	-63	-70	0	0	0	0	0	-18.50
YS505	不防	10	15	20	50	80	100	100	100	59.38
	防	2	5	10	30	50	90	100	100	48.38
	防比不防增	-8	-10	-10	-20	-30	-10	0	0	-11.00
S10-209	不防	10	15	20	30	40	90	100	100	50.63
	防	5	10	15	30	40	70	100	100	46.25
	防比不防增	-5	-5	-5	0	0	-20	0	0	-4.38
靖薯6号	不防	5	15	20	35	50	90	100	100	51.88
	防	1	5	5	30	50	90	100	100	47.63
	防比不防增	-4	-10	-15	-5	0	0	0	0	-4.25
05-320	不防	10	15	20	30	50	70	90	100	48.13
	防	2	5	10	30	50	70	90	100	44.63
	防比不防增	-8	-10	-10	0	0	0	0	0	-3.50
对照会-2号	不防	60	80	90	100	100	100	100	100	91.25
	防	10	20	40	80	95	100	100	100	68.13
	防比不防增	-50	-60	-50	-20	-5	0	0	0	-23.13
各品种平均	不防	31.875	50	56.875	68.125	77.5	93.75	98.75	100	72.11
	防	8.125	15.25	26.25	56.25	68.125	88.75	98.75	100	57.69
	防比不防增	-23.75	-34.75	-30.625	-11.875	-9.375	-5	0	0	-14.42

2）产量结果。从产量方面看防效，参试 8 个品种，防治效果平均单产为 2405.42 千克/亩，比不防亩增 569.05 千克，增 37.47%。防效从好到差依次为'冀张薯 8 号'1394 千克/亩，比不防亩增 600.03 千克，增 75.57%；'ZT003'2515.28 千克/亩，比不防亩增 909.14 千克，增 56.6%；'会-2'2121.32 千克/亩，比不防亩增 747.51 千克，增 54..41%；'S10-209'3242.59 千克/亩，比不防亩增 1016.89 千克，增 45.69%；'靖薯 6 号'2606.19 千克/亩，比不防亩增 666.7 千克，增 34.38%；'云薯 801'1939.49 千克/亩，比不防亩增 369.72 千克，增 23.55%；'05-320'2424.36 千克/亩，比不防亩增 131.32 千克，增 5.73%；'YS505'3000.15 千克/亩，比不防亩增 111.12 千克，增 3.85%（表 5-62）。

表 5-62　马铃薯晚疫病防效试验田间产量结果统计表

处理名称	单产（千克/亩）		防比不防增		防治效果位次
	不防治	防治	千克/亩	%	
冀张薯 8 号	793.98	1394.01	600.03	75.57	1
ZT003	1606.14	2515.28	909.14	56.60	2
云薯 801	1569.78	1939.49	369.72	23.55	6
YS505	2889.03	3000.15	111.12	3.85	8
S10-209	2225.70	3242.59	1016.89	45.69	4
靖薯 6 号	1939.49	2606.19	666.70	34.38	5
05-320	2293.04	2424.36	131.32	5.73	7
会-2（CK）	1373.81	2121.32	747.51	54.41	3
平均	1836.37	2405.42	569.05	37.47	

3）商品率效益分析。根据测产时对各小区马铃薯分级称重结果计算得出各品种商品率，试验数据反映，实施药防的商品薯比例均有明显增加，各品种平均防治比不防治提高商品薯 30.02%（表 5-63）。

表 5-63　马铃薯晚疫病防效试验商品率

处理名称	商品率（%）		防比不防增（%）
	防治	不防	
冀张薯 8 号	52.17	3.31	48.87
ZT003	81.93	49.69	32.24
云薯 801	71.88	39.12	32.75
YS505	72.64	45.23	27.42
S10-209	76.77	55.67	21.10
靖薯 6 号	72.90	55.40	17.50
05-320	69.77	41.67	28.10
会-2（CK）	61.25	29.07	32.18
平均	69.91	39.89	30.02

4) 产值分析。根据试验各品种的亩产及商品率、商品薯及小薯的市场单价计算得各处理及品种的亩产值。试验反映，平均亩产值防治的为 3298.46 元/亩，比不防治的 2006.10 元/亩，增 1292.35 元，增 84.63%（表 5-64）。

表 5-64　马铃薯晚疫病防效试验产值

处理名称	不防治鲜薯亩产值			防治鲜薯亩产值			防比不防亩增产值	
	商品薯 1.6 元/千克	小薯 0.8 元/千克	元/亩	商品薯 1.6 元/千克	小薯 0.8 元/千克	元/亩	元/亩	%
冀张薯 8 号	31.76	614.17	645.93	1163.69	533.36	1697.05	1051.13	162.73
ZT003	1005.44	646.50	1651.94	3297.13	363.65	3660.79	2008.85	121.61
云薯 801	1135.92	764.48	1900.40	2230.41	436.39	2666.80	766.40	40.33
YS505	2573.41	1265.95	3839.36	3486.97	656.64	4143.60	304.25	7.92
S10-209	1972.89	789.29	2762.17	3982.81	602.66	4585.48	1823.30	66.01
靖薯 6 号	1292.99	692.00	1984.99	3039.74	565.08	3604.82	1619.83	81.60
05-320	1066.72	1070.09	2136.81	2706.27	586.36	3292.62	1155.82	54.09
会-2	347.74	779.50	1127.24	2078.89	657.61	2736.50	1609.26	142.76
平均	1178.36	827.75	2006.10	2748.24	550.22	3298.46	1292.35	84.63

5) 投入成本分析。本试验的投入成本药防的比不防的增加投入，一是人工喷药成本平均亩增人工一个工，每工每日 80 元；二是 4 次用药成本合计为 50 元。两项合计药防比不防亩增投入为 130 元（表 5-65）。

表 5-65　马铃薯品种药防效果试验投入成本分析表

处理名称	投入成本							
	工时成本				农药成本		合计	
	防治用工（个）	不防治用工（个）	元/个	合计（元/亩）	防治用药（元/亩）	不防治用药（元/亩）	防治（元/亩）	不防治（元/亩）
冀张薯 8 号	1	0	80	80	50	0	130	0
ZT003	1	0	80	80	50	0	130	0
云薯 801	1	0	80	80	50	0	130	0
YS505	1	0	80	80	50	0	130	0
S10-209	1	0	80	80	50	0	130	0
靖薯 6 号	1	0	80	80	50	0	130	0
05-320	1	0	80	80	50	0	130	0
会-2（CK）	1	0	80	80	50	0	130	0
平均	1	0	80	80	50	0	130	0

6）纯收入及投入产出比分析。各品种平均防治的亩纯收入 3168.46 元，投入产出比为 1∶8.94，比不防治的亩增纯收入 1162.35 元，增 76.25%（表 5-66）。

表 5-66 马铃薯晚疫病防效试验投入产出比

处理名称	亩增纯收入				投入产出比
	防治（元/亩）	不防治（元/亩）	防比不防增		
			千克/亩	%	
冀张薯 8 号	1567.05	645.93	921.13	142.60	7.09
ZT003	3530.79	1651.94	1878.85	113.74	14.45
云薯 801	2536.80	1900.40	636.40	33.49	4.90
YS505	4013.60	3839.36	174.25	4.54	1.34
S10-209	4455.48	2762.17	1693.30	61.30	13.03
靖薯 6 号	3474.82	1984.99	1489.83	75.05	11.46
05-320	3162.62	2136.81	1025.82	48.01	7.89
会-2	2606.50	1127.24	1479.26	131.23	11.38
平均	3168.46	2006.10	1162.35	76.25	8.94

（3）评价

经上述对晚疫病发病率、亩产量、亩产值、投入成本、商品率、纯收入及投入产出比的分析，说明采用药剂防控晚疫病是一条增产、增值增加纯收入十分显著的技术措施。在当前大面严重缺乏抗病品种情况下值得在生产中推广应用。

6 综合评价及建议

6.1 品种选育

云南马铃薯品种选育工作围绕适合地方区域发展需要，选育适应不同生态区种植品种，形成了'靖薯''丽薯''德薯''凤薯''宣薯''云薯'和'滇薯'等系列品种。

靖薯系品种'靖薯1号''靖薯2号'经过在曲靖市沾益、宣威、会泽、马龙等地多年多点的试验示范，各示范点用种单位及农户普遍认为，'靖薯1号''靖薯2号'产量高，抗晚疫病，高抗青枯病、病毒病、环腐病，大中薯比率高，食味好，水肥条件较好的地块增产效果明显，具有较好的市场应用前景，可以加快良种生产，尽快推广应用，为农民增收、为马铃薯产业做出贡献。

'丽薯'系品种先后选育了'丽薯1号''丽薯2号''丽薯6号''丽薯7号''丽薯10号''丽薯11号''丽薯12号''丽薯13号'和'丽薯15号'等国家及云南省审定品种，其中'丽薯1号'为云南省首个国家级审定品种，累计推广面积已达300万亩，曾在生产上发挥重要作用；'丽薯6号'具有结薯早、薯块膨大快的显著特点，且薯形好、商品率高，在大春作区及冬作区均能获得高产，已成为云南省冬作区薯农的首选品种，2014年、2015年连续两年被云南省农业厅确定为主推品种；'丽薯7号'红皮黄肉，蒸煮口感好，符合滇西北地区城乡居民的消费习惯，也受到薯农的欢迎。

'凤薯'系选育出'凤薯3号''凤薯4号''凤薯95-18'和'凤薯95-15'4个品种，参加云南省马铃薯新品种区域试验和生产示范，筛选出'H6号''凤薯6号''B4''S33'等早熟高产的蔬菜和加工兼用型品系。

'宣薯'系品种有'宣薯2号''宣薯4号''宣薯5号''宣薯6号'和'宣薯7号'。其中'宣薯2号'在2013年被国家农业部推荐为西南区主导品种，累计推广上万亩。'宣薯6号''宣薯7号'已通过省区试验和田间鉴评，适宜云南省春作马铃薯种植区域推广种植。

'德薯'系选育出的'德薯2号'和'德薯3号'，具有优质高产、商品率高、抗性强、适应性广等特点，不论在山区种薯生产繁殖和坝区冬季商品薯生产的应用，都得到了种植区农户的欢迎，具有良好的推广应用前景。但是，由于马铃薯是用块茎作种繁殖的作物，生产量和用种量都很大，种薯繁殖系数低、退化快，以及商品薯、种薯产业链的构建不稳定等因素，目前，'德薯'系推广应用主要的问题还是种薯生产不足，导致了种植面积不能迅速扩大，影响了新品种增产效益的发挥。特色品种'剑川红'产值效益显著，产品深受消费者的青睐。'剑川红'马铃薯作为典型的高原特色农产品，拥有高海拔、光照强、虫害少、无农残、品质佳。'剑川红'这样的地方特色品种，应该是将来重点发展的方向。

6.1.1 存在问题

近年来，云南全省在马铃薯品种选育方面取得了很多成果，审定了一大批品种，但也存在以下一些问题。

1）全省性主推品种单一。目前全省春作区品种以'合作88''会-2'为主，冬作区以'丽薯6号'为主。各地选育出的品种不少，但推广范围受限，难以产业化发展。

2）种质资源缺乏。尤其是云南省马铃薯产业发展急需的早熟、抗晚疫病的品种资源稀少，影响早熟和晚疫病育种的进程；由于近年来云南省干旱比较严重，而霜冻现象也时有发生，但抗旱和抗霜冻材料筛选困难，也影响了云南省开展抗旱和抗霜冻马铃薯育种工作。

3）缺乏先进的育种手段。云南省马铃薯育种手段还以常规育种为主，分子标记辅助育种技术还没有在育种中广泛使用，导致马铃薯育种技术水平相对滞后，效率较低，育种周期长。

4）缺乏完善的推广体系。云南省虽然不断地审定马铃薯新品种，但由于缺乏相对应的推广体系，一些好的马铃薯新品种要依靠育种单位来进行推广。但是育种单位往往没有足够的资金支持，所以马铃薯新品种推广比较困难。

5）育种机构缺乏有效合作。云南省马铃薯育种单位较多，但通常都各自为政，相互沟通联系较弱，有限的资源难以共享。

6.1.2 技术措施

1）积极引进马铃薯种质资源，进行马铃薯种质资源创新。
2）针对云南不同季节对马铃薯品种的不同要求选配杂交组合。
3）进一步完善云南省马铃薯育种体系，加强合作交流，合理分工，充分利用资源，建立起快速准确的育种材料评价体系，加快马铃薯育种进程。
4）大力推进分子标记辅助育种工作开展。
5）加强新品种的推广力度。包括建立完善的种薯繁育体系，生产合格脱毒种薯和建成系统的马铃薯新品种推广体系。

6.2 种薯繁育

6.2.1 经验做法

云南各地结合自身特点，积极探索和构建种薯繁育体系，形成了以下一些好的做法。

1）"一分地"工程。就是一户一分地的种薯扩繁模式，即将生产出的原原种，交由种薯基地的农户每户种植一分地，收获后，次年再全部种植成一亩，依此扩繁，逐年增加脱毒种薯种植面积，逐步替换生产用种，多年的实践证明，"一分地"的扩繁模式，有效地解决了种薯扩繁成本高、质量难以控制的难题。

2) "小群体大规模"的组织形式。"小群体大规模"的脱毒马铃薯生产方式就是在种薯生产基地内,成立马铃薯脱毒种薯生产农民专业合作社,合作社的法人由当地有威望、懂经营、会管理、公道正派的村民担任,合作社的社员志愿加入,服从法人的指挥和安排,法人按照社员的意愿安排和组织脱毒马铃薯种薯生产、管理和销售。合作社的每一户社员为一个小群体,一个合作社或多个合作社的种薯生产为大规模生产,可以生产出大量的合格脱毒种薯,满足市场的种薯需求。

3) 龙头企业规模化、标准化生产。以云南英茂农业有限公司为典型代表的规模化、专业化马铃薯种薯生产企业,经过近5年的探索,已经形成从核心苗至马铃薯种薯生产全链标准化生产体系,荣获"云南省农业产业化经营重点龙头企业""云南省优质种业基地""云南省农业科技示范园"等荣誉称号。公司依托云南独特的地理优势,建立辐射周边低海拔国家的云南马铃薯种薯区域合作发展模式,推进云南优质马铃薯种薯资源供应到周边低海拔国家和地区。并已启动英茂与越南、缅甸、孟加拉国等国家的合作,并签署合作协议。公司紧紧抓住国家"马铃薯主粮化"发展战略和"一带一路"历史机遇,初步构建了面对东南亚种薯市场的布局,为云南马铃薯种薯走向国际市场打开了一条通道,对未来云南优质种薯的市场国际化推进具有战略意义。

6.2.2 存在问题

云南省马铃薯种薯繁育虽具有一定的发展优势,也有一定的设施条件基础,但缺乏有效的质量监督管理认证机制,生产经营活动缺乏有效的法律保护措施,使云南省的马铃薯种薯繁育发展处于一个初级、自发和混乱的状态,种薯质量参差不齐,市场发育不良,有限的几家马铃薯种业企业很难将云南省的马铃薯种业做大做强,主要存在以下问题。

1) 品种类型单一,技术储备不足。长期以来云南省马铃薯育种以高产、抗病为主要目标,早熟和加工专用型品种选育比较落后。由于农户自留种比例大,新品种推广应用没有与种薯生产体系有机结合,因此在生产上普遍应用的品种仍是相对较老的品种,一批新育成的专用型品种还未在生产上发挥作用,结构性品种过剩依然存在,一些外引的马铃薯加工专用型品种在云南种植过,却因适应性差,农民种植难度大而失败。目前急需良好的种薯生产体系和马铃薯新品种选育工作相衔接,改变马铃薯种业品种单一的突出问题。

2) 种薯的技术研究滞后,质量监督不力。缺乏公益性的马铃薯脱毒核心种苗生产单位,对马铃薯脱毒技术、病毒检测技术、产地检验、质量认证等技术进行研究,为云南省的马铃薯种业提供技术上的支撑。

3) 质量监控体系缺失,种薯的生产经营活动缺乏法律、法规的保障。尽管我国已颁布了一系列与种薯相关的国家、行业标准和技术规程,云南省也出台了一些与种薯相关的地方标准,但整个种薯生产未建立系统有效的质量检测和监控,尤其是田间繁育过程中没有专业的病虫害检测队伍。因此,大多数种薯生产企业根据自己的技术水平和条件进行种薯质量自检,国家标准、地方标准难以执行,以繁殖代数替代了种薯级别,难以保证其种薯的质量。据市场用户的反映,经销商往往只能根据生产商的信誉度、品种的繁殖代数来采购种薯,而无法获得具有法律效应的检测依据。

4)马铃薯种薯生产农机研究力量缺乏。缺乏专业人士研究适用于云南省马铃薯种薯基地的小型农机,农机使用中的问题阻碍了云南省马铃薯种薯标准化基地的建设。

6.2.3 技术措施

云南省马铃薯种薯(种苗)的规模化生产,需要开展高效、低成本的生产技术研究,解决生产中存在的一些核心问题(生产成本高、质量控制技术缺乏、高效灵敏度高的病毒检测技术缺乏、种薯贮藏设施条件差等)。在种薯(种苗)生产规模化生产技术研究体系中的关键技术措施为:①针对生产中出现的新型病毒的危害,开展这些新型病毒的脱毒、检测技术研究;②针对原原种、原种生产环节成本居高不下的情况,开展高效低成本的相关环节的生产技术研究;③针对云南省马铃薯贮藏环节损耗大的问题,开展马铃薯种薯贮藏期间病害防治技术和适于云南种薯贮藏方式的研究。

6.3 栽培技术

云南多样性的气候和生态特点,使马铃薯可以多季栽培,周年生产,形成了春作、冬早、秋作种植区,不同种植区因地制宜使用不同的栽培技术。经过技术人员和种植农户多年试验和经验积累,总结出高垄双行栽培、玉米套作马铃薯栽培、甘蔗套种马铃薯栽培、烤烟后间种马铃薯栽培等模式,不同地区在各种模式基础上又延伸出一些具体的栽培技术。这些技术模式经过反复试验,大多形成了技术规范或生产技术指导意见。

6.3.1 存在问题

栽培技术在实施过程中,其效果受多方因素影响,主要表现为以下几方面。

(1)水利条件制约

云南省春作马铃薯大部分种植在山坡旱地上,农田水利设施不健全,缺乏灌溉设备,生产的自然条件差,抗灾能力弱,一旦发生自然灾害,就会造成马铃薯的大幅度减产,生产不稳定,造成年际间的产量波动幅度较大。所以,抗旱保水技术一直是各地不断探索的方向。

(2)技术推广困难

长期以来,农民群众形成了马铃薯是一种粗放种植作物的观念,把它叫做"懒汉庄稼",对其栽培技术没有足够重视,精耕细作习惯尚未形成,栽培管理技术较为粗放。近年来,由于冬马铃薯市场价格走高,经济效益好,农民的栽培管理措施日趋精细,但是对于栽培面积大、经济效益一般的春作马铃薯在投入和技术上仍未给予足够的重视。

(3)机械化水平低

云南是一个多山的省份,全省山地面积占94%,各类地形地貌之间条件差异很大,类型复杂多样。马铃薯多数生长在山区、半山区,地理条件差,坡度大,道路不畅通,生产规模小,不利于机械化作业,同时由于针对山区、半山区的机械化机具的研究开发不足，严重制约了云南省马铃薯机械化生产的发展。另外，由于外出务工和在家务农之间的经济收入差距悬殊，农村青壮年劳动力大多选择外出务工，家乡则由老人和儿童留守，导致劳动力不足。而云南马铃薯栽培多采用传统人力或畜力种植，各地甚至各农户之间的种植习惯、种植标准以及种植方式都有差异，导致行距、株距、播种深度不一致。此外，部分农业机械与农艺要求不能很好地相互结合，影响农民利用农业机械的积极性。以上多重因素导致了云南省马铃薯生产过程中机械化程度低，生产效率低下。

（4）单产水平低

马铃薯是一种增产潜力较大的作物，在农业生产技术先进的发达国家，大面积生产平均单产在45吨/公顷以上，部分高产田块可达到75吨/公顷以上，而云南省由于自然环境差、投入不足、生产技术落后等原因，单产水平低，仅为16吨/公顷，相当于我国的平均水平。

6.3.2 技术措施

（1）轮作换茬

马铃薯忌连作，宜轮作，为了经济有效地利用土壤肥力和预防土壤传播的病虫害及杂草，应与禾谷类作物、豆类作物轮作，轮作年限2年以上，原则上应当避免与茄科作物、块根块茎类作物轮作。

（2）选地与整地

马铃薯对土壤要求不十分严格，可以在不同类型的土壤中正常生长，但以表土层深厚、结构疏松、排水通气良好和富含有机质的土壤最为适宜，特别是孔隙度大、通气良好的土壤，才能满足根系发育和块茎增长对氧气的需要。沙壤或壤土、泥炭土、腐殖土最为适宜，以上类型土壤种植马铃薯出苗快、块茎形成早、薯块整齐、薯皮光滑、产量和淀粉含量均高。马铃薯田整地应精细，才能有利于块茎的形成和膨大，促进群体繁茂，减轻杂草危害。一般应实行深翻、耙糖保墒或起垄等作业，耕作深度根据土层的深厚及肥力状况来确定，一般以20~30cm为宜。

（3）科学施肥

马铃薯对肥料三要素的需求量，以钾最多，氮次之，磷最少。据科研人员的研究结论，每生产1000千克块茎，植株需要吸收氮5~6千克、磷2千克、钾8~10千克。施肥的基本原则是要结合土壤肥力状况实行配方施肥，肥料应当以有机肥为主，化肥为辅；重施底肥，早施追肥，增施钾肥。具体施肥时应当结合播种施足基肥，可一次性施入，也可先施所需氮素总量的80%以上，磷、钾素全部，剩余部分结合中耕培土作为追肥施入，基肥应以腐熟的堆肥为主，每亩施用农家肥1~2吨、氮磷钾复合肥50千克左右，一般集中施入播种沟内。在其生长的中后期如发现缺肥现象应及时进行叶面追肥，一般以钾肥为主。

（4）播前种薯处理与播种

播前种薯处理主要包括种薯消毒与切块，消毒措施主要为使用能够杀灭真菌和细菌性病害的杀菌剂溶液浸泡或者喷洒种薯，切块要至少在播种3天以前进行，一般以切成

30~50 克为宜，每块有 1~2 个芽眼，如切到病薯，切刀要放入消毒液中消毒，以防传病，切块后可以草木灰拌种，切面木栓化后即可播种。由于小整薯比同等大小的切块芽眼多，出苗快而整齐、生长健壮，抗旱、抗病能力强，具有显著增产效果，因此提倡整薯播种，一般以 20~50 克健壮的小整薯为宜。播种密度一般取决于品种特性和当地的种植制度。一季作区应当尽量选择生育期长的高产品种，如地上部茎叶繁茂的'合作88'，每亩的播种密度应当在 3500~4500 株，适当稀植可以充分发挥单株生产潜力；混种区和冬作区由于生长季节短，为充分利用光热资源，播种密度可以适当增加，一般每亩应当在 4500~5500 株。

（5）中耕培土

中耕培土可使结薯层土壤疏松通气，提高土温，利于根系生长、匍匐茎伸长和块茎膨大。齐苗后，及早进行第一次中耕，深度 8~10 厘米，并结合除草，有促进根系生长的作用；第二次中耕距第一次 10~15 天，宜稍浅，两次培土的总厚度不超过 15 厘米，以增厚结薯层，避免薯块外露而降低品质。

（6）水分管理

马铃薯苗期植株较小，耗水不多，一般不需灌溉，土壤含水量保持在最大持水量的50%~60%即可，但若干旱严重时，仍需灌水，以利幼苗生长。植株开花后至茎叶开始枯黄时耗水量最大，占全生育期的 50%以上，土壤含水量保持最大持水量的 60%~75%为宜，如土壤缺水应及时灌溉；如雨水多应注意排水，保证土壤通气，防止根系早衰。

（7）收获

当植株大部分茎叶枯黄至枯萎时，块茎很容易与匍匐茎分离，周皮变硬而厚，块茎干物质含量达到最高限度，为鲜食块茎的最适收获期。种用块茎应提前 1~2 周收获，以减少病毒、细菌等在块茎中的积累，以获得生理上的健康种薯。收获应选择土壤含水量低、天气晴朗时进行，避免块茎在烈日下长时间曝晒，以防降低种用和食用品质。

6.4 病虫害防控

6.4.1 马铃薯晚疫病

马铃薯晚疫病是马铃薯生产中最严重的病害，被视为国际第一大作物病害。云南农业大学植物保护学院、云南师范大学薯类作物研究所和云南省农业科学院植物保护所从 20 世纪 80 年代开始对晚疫病菌的群体结构组成进行研究，并跟踪群体结构的变化，开展马铃薯晚疫病菌致病机理研究，克隆并获得果胶酯酶致病基因 1 个，并获得 GenBank 登录号（JQ907400），并从晚疫病菌线粒体水平分析病原菌的遗传多样性。完成 34 份国内外新引进新品种（系）的晚疫病主效抗病基因的分子检测工作。云南农业大学、云南师范大学薯类作物研究所从 20 世纪 90 年代开始了马铃薯水平抗性品种的选育工作，目前由云南农业大学选育出的水平抗性品种'滇薯 6 号'在云南山区得到使用，对控制晚疫病起到了积极的作用。目前云南省农业科学院、云南农业大学拥有健康种薯生产技术，但是云南健康种薯使用率不到 30%，薯农仍然沿用传统的自留种模式，生产和使用健康种薯是云南最大的困难。

6.4.2 马铃薯细菌性病害

在云南，危害马铃薯的细菌性病害主要有马铃薯青枯病、环腐病和黑胫病，这 3 种细菌性病害在马铃薯春作区为零星发生，只在宣威市的 2 个乡镇、会泽县的 2 个乡镇、马龙县的 2 个乡镇有发生，但是以上发病区也是云南冬马铃薯生产的供种区域，病害在冬作区被放大，严重的发病率可达 50%，严重影响冬马铃薯的生产。目前，国际国内对马铃薯青枯病一无抗病品种，二无特效药剂，防治方法主要通过合理轮作和对种薯进行带菌检测是最经济有效的预防措施。然而目前云南省对青枯病的控制一直没有一种实用的快速检测方法，从而很难预测种薯的潜伏侵染情况。开发一种快速、准确简便的马铃薯种薯青枯病带菌检测技术，是防治青枯病发生蔓延的关键问题。

6.4.3 马铃薯粉痂病

云南农业大学从 2005 年开始对粉痂病进行系统研究，首次在国内运用电镜技术对马铃薯粉痂病的病原进行了研究，观察到了马铃薯粉痂菌的休眠孢子囊和游动孢子，初步掌握了马铃薯粉痂病病原的形态结构。基本掌握其在云南的发生发展规律，该项工作在国内处于领先水平；研究了施肥水平、土壤 pH、土壤类型以及海拔对马铃薯粉痂病发生的影响；建立分子检测技术，为种薯检疫提供手段。多年研究结果表明：马铃薯粉痂病在云南马铃薯产区普遍发生，平均发病率达 47.65%、严重度为 0.681、病情指数达 11.69；云南省栽培的 39 个马铃薯品种感粉痂病。前期控病技术在温室取得了较好效果，也建立了防控技术措施，并进行了连续 5 年的大田多点防控试验，但是大田防效甚微，选育和利用抗病品种仍然是控制粉痂病的关键措施，目前报道表明中国缺乏抗粉痂病的资源，在云南省只有高感晚疫病的品种'米拉'和品质较差的'会-2'较抗粉痂病，由于'米拉'对晚疫病的高度感病，'米拉'的种植面积目前只在云南省宣威市有少量种植，'会-2'由于淀粉含量低，也只在会泽县的火红乡有种植，而云南省目前年栽培面积超过 300 万亩、深受加工企业和群众欢迎的品种'合作 88'高感粉痂病，已经严重影响到了云南马铃薯种薯和商品薯的质量，同时因为该感病品种的大面积种植使得土壤中粉痂病菌的积累越来越多，病害越来越严重，因此，利用和选育抗病品种是迫在眉睫的工作，抗病品种的应用将减轻马铃薯粉痂病在云南的发生危害程度。

6.4.4 存在问题

1）马铃薯晚疫病研究及防控存在的主要问题：缺乏基础（前瞻）研究的协同公关，突破性成果少；集成技术的使用受药械不足和山地的影响，推广面积有限，难以起到全省控制病害、减少损失的作用。

2）马铃薯细菌性病害存在的主要问题：缺乏系统的快速检测技术；缺乏对种薯生产的全程跟踪检测。

3）马铃薯粉痂病存在的主要问题：缺乏抗源，缺乏抗粉痂病的品种；缺乏综合防控技术。

6.4.5 技术措施

1) 马铃薯晚疫病研究及防控措施：建议整合云南农业大学、云南农业科学院和云南师范大学薯类作物研究所，积极在国家和省部级单位争取单独列项，集中精力协同攻关，在前瞻性核心科学问题方面有所突破。综合防控方面的主导思想"预防为主，综合防控"。防控方法：采取以抗病品种的选育和使用为核心，使用健康种薯和定期更换种薯，建立预警系统和实时指导薯农进行药剂防治的方法。措施：利用云南农业大学、云南农业科学院和云南师范大学薯类作物研究所的现有基础，积极开展抗病品种的选育工作；利用云南农业技术推广体系积极开展健康种薯的生产和使用；利用云南植保体系建立晚疫病预警系统，在主产区建立预警站，培训和指导薯农进行统防统治。

2) 马铃薯细菌性病害：以检测种薯，严格控制源头，杜绝菌源传播为主要手段。措施有：利用云南大专院校和科研机构的资源，研发检测技术；充分发挥云南省种子管理站功能，对在云南进行种薯生产和销售的企业进行质量监管，按照云南省地方标准发放种薯质量合格证，并对种薯进行追溯。

3) 马铃薯粉痂病：云南农业大学、云南农业科学院和云南师范大学薯类作物研究所联合攻关，利用现有资源，进行抗病基因的挖掘和利用，同时加强与国际马铃薯中心的合作，引进抗病资源，积极开展抗病品种的选育工作；开展健康种薯的生产和使用；严格控制种薯质量；研发综合防控技术。

6.5 发展建议

1) 进一步加强云南省现代农业马铃薯产业技术体系建设的各项工作，加大政策、资金支持力度。实践表明，云南省现代农业马铃薯产业技术体系通过高产示范、综合技术推广，推动了农业增效和农民增收，促进了高原特色农业发展，形成了一支研发、试验示范、技术推广紧密结合的队伍，在马铃薯产业发展中发挥着越来越重要的支撑作用。

2) 汇聚各方力量，整合社会资源，构建马铃薯产业发展人、财、物的协同机制。云南省马铃薯产业的发展，单靠产业技术体系的力量还是难以支撑，建议政府从更高视角、更高更广层面上构建产业发展的协同合作机制，汇集全省的研发力量进行技术攻关，逐步解决制约产业水平提高的瓶颈因素，农技推广部门积极配合，把生产技术推广至千家万户，全面提高大面积产量水平。

3) 依托云南省马铃薯产业技术研发中心，围绕种薯繁育、病虫害防控、栽培技术做好以下工作：①加强种薯繁育体系建设。②建立病虫害综合防控体系。③总结完善集成一系列规范栽培技术。通过试验，进一步针对不同区域、不同条件，形成一系列生产技术指导意见，指导广大农户生产，从而解决大面积生产水平提高的问题。④加快马铃薯种业发展。⑤做大做强冬季马铃薯。滇西南属于热带和亚热带气候，冬季温暖少雨，比较适宜马铃薯生长。冬马铃薯价格高，效益比较好，建议在适宜的地区，积极引导农户种植冬马铃薯，把云南的冬马铃薯做大做强。⑥着力打造具有云南优势的马铃薯品牌或地方性标志。云南有着良好的生态形象，宣威、昭通等地的马铃薯已在广东等地获得地域品牌认同，建议采取"产地标志+个别品牌"的形式打造云南地方性品牌，如云南省的马铃薯均可使用一个标志，如"滇薯"或"云薯"，这个标志代表云南，而不同区域，可以在统一标志后加上自己独特的品牌或区域标志，如'会泽紫薯''剑川红'等。统一标志可以使消费者识别出马铃薯的大区域，独特标志（品牌）有利于使消费者辨认同一区域的不同产品。

主要参考文献

曹继芬，孙道旺，杨明英，等.2006.云南番茄致病疫霉的交配型、甲霜灵敏感性及毒力类型.菌物学报，25（3）：488-495.

曹继芬，孙道旺，杨明英，等.2007.云南省马铃薯、番茄晚疫病菌对甲霜灵敏感性及地理分布.西南农业学报，20（5）：1027-1031.

丁秀英，张军，苏宝林.2001.水杨酸在植物抗病中的作用.植物学通报，18（2）：163-168.

方中达.1998.植物研究方法.3版.北京：中国农业出版社.

高薪.2007.茉莉酸甲酯（MJ）对植物抗性信号转导的诱导.江西农业学报，19（10）：84-86.

韩彦卿，秦宇轩，朱杰华，等.2010.2006—2008年中国部分地区马铃薯晚疫病菌生理小种的分布.中国农业科学，43（17）：3684-3690.

刘庆安，甘立军，夏凯.2008.茉莉酸甲酯和水杨酸对黄瓜根结线虫的防治.南京农业大学学报，31（1）：141-145.

刘霞，杨艳丽，罗文富.2006.云南马铃薯粉痂病发生情况初步研究.植物保护，32（3）：63-67.

刘彦和.2013.云南马铃薯产业现状及前景展望.云南农业，2013（5）：85.

闵凡祥，王晓丹，胡林双，等.2010.黑龙江省马铃薯干腐病菌种类鉴定及致病性.植物保护，36（4）：112-115.

彭德良，简恒，廖金铃，等.2016.中国线虫学研究（第六卷）.北京：中国农业科学技术出版社.

孙茂林.2003.云南薯类作物的研究和发展.昆明：云南科技出版社.

王拱辰，郑重，叶琪明，等.1996.常见镰刀菌鉴定指南.北京：中国农业出版社.

魏巍，朱杰华，张宏磊，等.2013.河北和内蒙古马铃薯干腐病菌种类鉴定.植物保护学报，40（4）：296-300.

杨素祥.2006.云南马铃薯晚疫病菌群体的遗传多样性研究.昆明：云南师范大学硕士学位论文.

杨艳丽，胡先奇，鲁邵凤，等.2007.云南省马铃薯晚疫病菌生理小种的组成与分布.华中农业大学学报，26（3）：297-301.

杨艳丽，王利亚，罗文富.2007.马铃薯粉痂病综合防治技术初探.植物保护，33（3）：118-121.

杨艳丽.2016.云南马铃薯产业技术与经济研究.北京：科学出版社.

杨宇红，冯兰香，谢丙炎，等.2003.番茄晚疫病菌对甲霜灵的抗性.植物保护学报，30（1）：57-62.

杨志辉，桂秀梅，朱杰华，等.2008.马铃薯晚疫病菌对甲霜灵的抗性及霜脲氰和霜霉威交互抗药性的研究.中国农学通报，24（5）：335-338.

于海英，彭德良，胡先奇，等.2009.马铃薯腐烂茎线虫28S rDNA-D2/D3区序列分析.植物病理学报，39（3）：254-261.

袁善奎，赵志华，刘西莉，等.2005.马铃薯晚疫病菌对甲霜灵和霜脲氰的敏感性检测.农药学学报，7（3）：237-241.

张建平，哈斯，林团荣，等.2013.不同杀菌剂对马铃薯疮痂病的防效试验.中国马铃薯，27（2）：83-86.

张笑宇，胡俊，安智慧.2009.几种药剂对马铃薯疮痂病菌的室内毒力.内蒙古农业大学学报，30（4）：49-50.